Allgemeine Chemie

Peer Schmidt

Allgemeine Chemie

Springer Spektrum

Peer Schmidt
Institut für Materialchemie
BTU Cottbus – Senftenberg Fakultät
für Umwelt und Naturwissenschaften
Senftenberg, Deutschland

ISBN 978-3-662-57845-2 ISBN 978-3-662-57846-9 (eBook)
https://doi.org/10.1007/978-3-662-57846-9

Die Deutsche Nationalbibliothek verzeichnet diese Publikation in der Deutschen Nationalbibliografie; detaillierte bibliografische Daten sind im Internet über http://dnb.d-nb.de abrufbar.

Springer Spektrum

Planung: Rainer Münz

Springer Spektrum ist ein Imprint der eingetragenen Gesellschaft Springer-Verlag GmbH, DE und ist ein Teil von Springer Nature
Die Anschrift der Gesellschaft ist: Heidelberger Platz 3, 14197 Berlin, Germany

Vorwort

Das Studienbuch Allgemeine Chemie bereitet die wichtigsten Inhalte von Grundvorlesungen zur Allgemeinen Chemie didaktisch für das Selbststudium auf. Es soll Ihnen helfen, die Schwerpunkte der Allgemeinen Chemie in einer gut strukturierten und übersichtlichen Form zu erfassen und sich dabei ganz gezielt auf Prüfungssituationen vorzubereiten. In gleicher Weise ist das Buch geeignet, im Studienalltag Informationen zu einzelnen Themen der Allgemeinen Chemie zu sammeln und zu wiederholen. Das strukturierte, selbstständige Lernen mit diesem Arbeitsbuch ist in einem Fernstudiengang Chemie erprobt. Darüber hinaus sind vielfältige Erfahrungen des Autors aus Grundvorlesungen und Übungen mit Studierenden der Fachrichtungen Chemie, Physik, naturwissenschaftliches Lehramt, Material- und Werkstoffwissenschaften wie auch Maschinenbau in die Gestaltung dieses Buches eingeflossen.

Das Studienbuch richtet sich hauptsächlich an Studierende im Grundstudium der Chemie oder an Studierende im Nebenfach Chemie. Bei der Vermittlung des Stoffes schlägt es eine Brücke vom schulischen Lehrstoff zu den Schwerpunkten der ersten Semester eines chemisch oder naturwissenschaftlich orientierten Studiums. Die Gliederung dieses Buches erfasst dabei noch einmal wesentliche Schwerpunkte im Leistungskanon deutschsprachiger Abiturkurse zur Chemie – auch Interessierten ohne Studium bietet es so verständlich aufbereitete Inhalte.

In vier kompakten Abschnitten werden die wesentlichen Konzepte des Aufbaus der Materie, die Einordnung der Elemente im Periodensystem, die Prinzipien der chemischen Bindung in Metallen, Molekülen und Ionenkristallen sowie die Grundlagen des Energieumsatzes und der Geschwindigkeit von chemischen Reaktionen vermittelt. Ein erster Abschnitt mit einem historischen Überblick zur Entwicklung der Chemie als Wissenschaft sowie zu wichtigen chemischen Begriffen und Symbolen ist dem Buch vorangestellt.

Dabei führt das Studienbuch in konzentrierter Form durch die Inhalte des erfolgreichen Lehrbuchs zur *Allgemeinen und Anorganischen Chemie* von Binnewies et al. Sie finden bei der ergänzenden Lektüre des Lehrbuches weitere, vertiefende Diskussionen, ergänzende Informationen, beispielsweise zu berühmten Persönlichkeiten, Exkurse zu aktuellen Themen in Wissenschaft und Technik sowie einige zusätzliche Abbildungen. Links verweisen jeweils auf die weiterführenden Informationen des Lehrbuchs und unterstützen Sie so beim selbstständigen Lernen und Erarbeiten der Grundlagen der Chemie.

Peer Schmidt

[M. Binnewies, M. Finze, M. Jäckel, P. Schmidt, H. Willner, G. Rayner-Canham, Allgemeine und Anorganische Chemie, ISBN 978-3-662-45066-6, Springer-Spektrum, Heidelberg, 2016.]

Inhaltsverzeichnis

Allgemeine Chemie – eine Einführung

Inhaltsverzeichnis

Lernziele

In ersten Abschnitt lernen Sie noch einmal kurz die wichtigsten chemischen Grundbegriffe und Symbole kennen, die es Ihnen erlauben, die „Sprache" der Chemiker richtig zu nutzen und sich im Laboralltag zurechtzufinden.

Binnewies, Allgemeine und Anorganische Chemie, ► Kap. 1: Einführung

Dieser Abschnitt folgt den inhaltlichen Schwerpunkten des ersten Kapitels in der dritten (aktualisierten) Auflage des *Binnewies*. In komprimierter Form werden hier wesentliche Inhalte zu chemischen Begriffen vorgestellt.

Historischer Überblick zum Verständnis des Aufbaus der Materie und zu Prozessen der Stoffwandlung

P. Schmidt, *Allgemeine Chemie*, https://doi.org/10.1007/978-3-662-57846-9_1

1.1 Altertum

Die Beschäftigung mit chemischen Stoffwandlungen und Versuche zur Deutung der Beobachtungen während dieser Prozesse begleiten die Menschen schon seit Jahrtausenden. Zunächst wurden rein empirische (auf Erfahrungen basierende) Erkenntnisse gesammelt und angewendet, ohne aber ein Verständnis für den Aufbau der Stoffe und die Prinzipien ihrer Stoffwandlung zu entwickeln. Auch wenn wir deshalb die Chemie als wissenschaftliche Disziplin nicht bis in diese Zeit zurückdatieren, finden sich doch bei der Bezeichnung historischer Zeiträume deutliche Bezüge zu Errungenschaften bei der Beherrschung chemischer Prozesse und Technologien.

- **Kupfersteinzeit (8000–2000 v. Chr.)**

Die ersten Metalle, die der Mensch verarbeitete und nutzte, waren die in gediegener (elementarer) Form vorkommenden Elemente Gold, Silber und Kupfer. Erst nach und nach wurden metallurgische Verfahren entwickelt, die es ermöglichten, Metalle auch aus ihren Erzen (mineralischen Verbindungen) zu gewinnen. Eines der ersten auf diese Weise hergestellten Metalle war das Kupfer, das in Holzkohleöfen aus Cuprit (Cu_2O), Malachit ($Cu_2(OH)_2CO_3$) oder sulfidischen Vorkommen (Cu_2S, $CuFeS_2$) erhalten wurde. Eine sichere Beherrschung der Verbrennungsprozesse und das Erreichen von Temperaturen über 1100 °C (Schmelztemperatur von Kupfer: 1083 °C) war für die Entwicklung dieser metallurgischen Verfahren notwendig.

- **Bronzezeit (3000–800 v. Chr.)**

Die Verwendung von Kupfer für Alltagsgegenstände verbreitete sich über den Mittelmeerraum rasch nach Mitteleuropa. Dennoch blieb der Gebrauch eingeschränkt, da Kupfer ein relativ weiches Metall ist und sich in Waffen und Werkzeugen o. Ä. schnell abnutzt. Verwendet man dagegen Kupfer in Legierungen, können die mechanischen Eigenschaften deutlich verbessert werden. Bronze – eine Legierung aus Kupfer und Zinn – ist deutlich härter als die Ausgangsmaterialien. Für die Verarbeitung von Bronze mussten wiederum mehrere Schritte in einer „Metallurgiekette" kombiniert werden, wofür neben den technischen Entwicklungen auch soziale und ökonomische Randbedingungen geschaffen werden mussten (verstärkter Handel mit Erzen und Metallen).

- **Eisenzeit (1200–300 v. Chr.)**

Eisen wurde zunächst in elementarer Form aus „Meteoriteisen", d. h. aus Fundstücken von Meteoriteneinschlägen, an der Erdoberfläche gewonnen. Die Verhüttung von Eisenoxiden zum Metall gelang erst mit der Beherrschung von Verbrennungsprozessen mit Temperaturen von etwa 1300 °C (Schmelztemperatur von Zementit – Gusseisen: 1250 °C). Aufgrund der guten mechanischen Eigenschaften und der sehr guten Verarbeitbarkeit verbreitete sich Eisen schnell als Material für Haushaltgegenstände, Werkzeuge und Waffen.

- **Entwicklung des Handwerks bis 300 v. Chr.**

Neben den metallurgischen Prozessen, die den vorgeschichtlichen Epochen heute ihre charakteristischen Namen geben, wurden in der Zeit bis etwa 300 v. Chr. weitere Prozesse entwickelt, die auf chemischen Reaktionen basieren. Neben der bereits sehr vielfältigen Herstellung von Baustoffen, Keramiken und Gläsern wurden auch Farbstoffe gewonnen und Methoden zur Verarbeitung und Haltbarmachung von Lebensmitteln entwickelt (Bier, Wein, Backwaren).

1.2 Alchemie

Eine erste theoretische und philosophische Auseinandersetzung mit den Stoffen und Prozessen, die an einer chemischen Reaktion beteiligt sind, erfolgte im klassischen Griechenland in einem Zeitraum ab etwa 500 v. Chr. (Thales, Heraklit). Zunehmend experimentell gestützte Erkenntnisse der „Alchemie" führten zur Entwicklung von neuen Theorien zu den Prinzipien der Stoffwandlung. Die Alchemie entwickelte sich zunächst in Ägypten und fand ihre Blüte im Mitteleuropa des 16./17. Jahrhunderts.

■ Elemente

Empedokles (500 v. Chr.) nahm an, dass die Welt aus unveränderlichen Urstoffen besteht: Erde, Wasser, Luft und Feuer. Hieraus entwickelte sich die „Vier-Elemente-Theorie". Aristoteles (400 v. Chr.) beschrieb die vier „Elemente" dabei als veränderliche, ineinander umwandelbare Urformen der Materie. In unserem heutigen Verständnis würden wir eher Aggregatzustände mit diesen Urformen verbinden: fest, flüssig, gasförmig. Allerdings ist es erstaunlich, wie präsent die Symbolik der „vier Elemente" auch heute noch in der bildenden und darstellenden Kunst ist – nach über 150 Jahren des modernen Periodensystems. Der Film „Das fünfte Element" spielt mit diesem Motiv genauso wie viele Produktsymbole (vier Zeichen/Farben/Segmente). Suchen Sie einmal in einer Suchmaschine im Internet nach Bildern für „Elemente": Sie finden viele Ikonografien der vier Elemente, weniger die modernen Elemente des Periodensystems!

Im aristotelischen Verständnis (Aristoteles, griechischer Philosoph) war auch das Wesen der chemischen Reaktion bereits verankert. So wurde die Umwandlung eines Elements in ein anderes als „Transmutation" beschrieben, bei der sich mindestens eine „Qualität" (Eigenschaft) des Stoffes ändern müsse (trocken, nass, kalt, heiß). Mit Beginn einer systematisierten Untersuchung der Stoffeigenschaften und der Entdeckung neuer Elemente erweiterte sich der Elementbegriff im Zeitalter der Alchemie zusehends. Neben einigen Elementen im heutigen Sinne (eine Reihe von Metallen, Kohlenstoff, Phosphor, Schwefel) wurde aber auch Wasser zunächst noch als Grundstoff und damit als Element angesehen.

■ Atome

Leukipp und sein Schüler Demokrit nahmen an, dass Materie aus einheitlichen Bausteinen besteht. Sie beschrieben die kleinsten, unteilbaren Bestandteile der Materie als Atome (griech. ατομοσ = *atomos*, unteilbar). Das Konzept des Atomismus, des Aufbaus der Stoffe aus kleinen Grundbausteinen, stand lange Zeit der philosophischen Auffassung entgegen, dass Materie endlos und kontinuierlich teilbar sei. Erst mit der Entdeckung einer Vielzahl von chemischen Elementen im 17. bis 19. Jahrhundert setzte sich der Begriff langsam durch, weil er sinnvoll zur Erklärung von Eigenschaften der Elemente sowie des Verlaufs chemischer Reaktionen eingesetzt werden konnte. Robert Boyle (17. Jh.) erklärte beispielsweise die Vielfalt der bekannten Stoffe und ihrer Reaktionen durch die große Anzahl an Möglichkeiten der Kombination der kleinsten Bausteine. Allerdings nahm man in dieser Zeit auch an, dass man durch Veränderung der Zusammensetzung der Grundbausteine ein Element in ein anderes umwandeln (transmutieren) und somit aus unedlen Metallen Gold herstellen könnte. Erst viel später war man in der Lage, die Existenz und Anordnung der Atome in makroskopischen Stoffen tatsächlich nachzuweisen. Heute verwenden wir den Begriff des Atoms immer noch für die kleinsten, (auf chemischem Weg) nicht teilbaren Bausteine der Materie.

▪ Alchemie

Der Begriff der Alchemie geht wahrscheinlich auf die geografischen Ursprünge der Untersuchung von Prinzipien der Stoffwandlung zurück: *khemit* = schwarzes Land = Ägypten; griech. *chemeia* = Kunst der Ägypter; arab. *alkimya* = Wortübernahme von *chemeia*. Durch die arabische Besetzung der iberischen Halbinsel im 8. bis 15. Jahrhundert gelangte die Alchemie schließlich nach Mitteleuropa und erschloss sich Handlungsfelder im Bergbau und in der Metallurgie, in der Glas- und Porzellanherstellung, der Gewinnung von Farbstoffen sowie der Pharmazie. Als Hauptwerke dieser Periode gelten die Schriften „De re metallica" (Metallkunde) von Georgius Agricola (1556) und „Alchemia" von Andreas Libau (Libavius, 1597).

1.3 Chemie als Naturwissenschaft

▪ Elemente und Verbindungen

Der Ursprung der Chemie als Naturwissenschaft liegt im 18. Jahrhundert. In einer systematischen Auseinandersetzung mit experimentellen Beobachtungen wurden wesentliche Vorstellungen zum Aufbau der Stoffe und ihren Reaktionen formuliert. So konnte nach der Entdeckung des Sauerstoffs als Element durch Scheele (1771) und Priestley (1774) die Stahl'sche Phlogistontheorie widerlegt werden. Lavoisier formulierte die Verbrennung als Umsetzung mit Luft bzw. Sauerstoff und konnte daraus das Gesetz der Erhaltung der Masse ableiten (1789). Nach der Entdeckung des Wasserstoffs durch Cavendish formulierte Lavoisier erstmals, dass Wasser kein Element, sondern eine Verbindung als Produkt der chemischen Reaktion der Elemente Wasserstoff und Sauerstoff ist. Die weitere Entwicklung führte zu einer sinnvollen Beschreibung der Zusammensetzung chemischer Verbindungen (Gesetz der konstanten Proportionen – Proust 1799; Gesetz der multiplen Proportionen – Dalton 1803). Mit der Entdeckung weiterer Elemente wurde eine eindeutige Unterscheidung auch in der Symbolik notwendig. Die heute verwendete Buchstabensymbolik wurde 1814 von Berzelius eingeführt, die uns bekannte Formelsprache zur Beschreibung der Summenformeln von Verbindungen entwickelte sich im weiteren Verlauf des 19. Jahrhunderts.

▪ Atombau und Periodensystem der Elemente

Eine erste Systematisierung und Ordnung der zu Beginn des 19. Jahrhunderts bekannten über 50 Elemente gelang Döbereiner (Triadenregel, 1829 veröffentlicht). Dabei waren jeweils drei Elemente in „Gruppen" nach ihren Atommassen und der Ähnlichkeit im chemischen Verhalten zusammengefasst. Newlands' Gesetz der Oktaven (1864) zeigte, dass sich gruppenspezifische Eigenschaften nach jeweils acht Elementen (und damit ähnlich wie in der Musik nach einer Oktave) wiederholten. Das unabhängig voneinander durch Mendeleev und Meyer (1869) aufgestellte „periodische System der Elemente" fasste die Erkenntnisse zusammen, konnte aber aufgrund der weiter beibehaltenen Ordnung der Elemente nach den Atommassen einige Fehler nicht vermeiden (z. B. waren Zink und Cadmium in einer Gruppe den Erdalkalimetallen zugeordnet). Für die damals noch unbekannten Edelgase war in dieser Systematisierung überhaupt kein Platz vorgesehen. Im ausgehenden 19. und beginnenden 20. Jahrhundert gelang schließlich eine schrittweise Aufklärung und sinnvolle Beschreibung des inneren Aufbaus der Atome (Rutherford, Bohr). Danach wurde die Periodizität der Elemente durch den Aufbau der Elektronenhülle und des Atomskerns definiert und nach diesen Kriterien eine Ordnung im heute gültigen Periodensystem vorgenommen.

Chemische Begriffe und Regeln

P. Schmidt, *Allgemeine Chemie*, https://doi.org/10.1007/978-3-662-57846-9_2

IUPAC: International Union of Pure and Applied Chemistry
► https://iupac.org/what-we-do/books/color-books/

Wenn Sie als Chemiker aktiv werden, ist es sinnvoll und notwendig, eine einheitliche Sprache und Symbolik zu verwenden. Die Regeln für die Verwendung von Symbolen, Zeichen, Formeln und Einheiten werden für die chemischen Wissenschaftszweige von der IUPAC (International Union of Pure and Applied Chemistry) herausgegeben. Auch wenn Sie bereits hinreichende Erfahrungen im Laboralltag haben, sollen wesentliche Grundbergriffe und Regeln zur Benennung von Elementen und Verbindungen den weiteren Kapiteln vorangestellt werden. Auf diese Weise können Sie Ihren chemischen Wortschatz noch einmal überprüfen und sich ggf. einheitliche Begriffe aneignen.

2.1 Chemische Begriffe

■ Stoffe

Wenn wir die stoffliche Beschaffenheit unserer unmittelbaren Umgebung beschreiben wollen, kann „Materie" als universeller Oberbegriff verwendet werden: Materie ist demnach alles, was Volumen und Masse besitzt – unabhängig von seiner Erscheinungsform. Materie setzt sich aus einer Vielzahl von Stoffen zusammen. Die Bezeichnung „Stoff" ist wiederum noch sehr allgemein und in der Regel nicht genau definiert. So bezeichnen wir ein Gestein als „Granit", obwohl es sich um ein Gemisch der Mineralien Feldspat, Quarz und Glimmer handelt, die wiederum z. T. komplexe chemische Zusammensetzungen aufweisen. Andererseits bezeichnen wir selbstverständlich das Element Kohlenstoff als „Stoff", ohne dass damit klar wird, in welcher kristallinen Form es vorliegt.

■ Gemische

Prinzipiell können „Stoffe" als *heterogene Gemische* mit veränderlicher Zusammensetzung vorkommen. Zu den heterogenen Gemischen zählen **Gemenge** (fest + fest), **Suspensionen** (fest + flüssig), **Emulsionen** (flüssig + flüssig) oder **Aerosole** (fest/flüssig + gasförmig). Die Trennung in ihre Bestandteile erfolgt durch physikalische Methoden (Flotation, Sedimentation, Filtration, Extraktion, ...).

Homogene Gemische haben eine einheitliche Erscheinung und kommen immer in derselben Phase vor: feste Lösungen (Mischkristalle oder Legierungen), flüssige Lösungen (z. B. Wasser/Ethanol) oder Gasgemische (Luft). Als **Phase** bezeichnet man dabei eine sich bezüglich charakteristischer Eigenschaften einheitlich verhaltende Menge. Zum Beispiel haben homogene flüssige Mischungen einen einheitlichen Brechungsindex, sodass wir visuell nur *eine* Flüssigkeit wahrnehmen. Homogene Mischungen sind in ihrer Zusammensetzung variabel. Wird die Grenze der Löslichkeit erreicht, tritt eine weitere Phase auf, und ein heterogenes Gemisch entsteht. Auch die homogenen Gemische werden durch physikalische Methoden getrennt (Kristallisation, Extraktion, Destillation, ...). Am bekanntesten ist Ihnen sicher die Destillation einer homogenen Lösung von Alkohol (Ethanol) und Wasser.

■ Reine Stoffe

In ihrer chemischen Zusammensetzung genau definierte Substanzen werden als reine Stoffe bezeichnet. Sie können als Elemente oder Verbindungen vorliegen. Reine Stoffe sind dabei immer einphasig, d. h. sie besitzen einheitliche, homogene chemische und physikalische Eigenschaften.

■ Elemente

Elemente bestehen einheitlich aus nur *einer* Atomsorte, z. B. Fe, Si, C. Es ist dabei unerheblich, in welcher strukturellen Zusammensetzung (Molekülform), z. B. O_2, N_2, P_4, S_8, oder in welcher kristallinen Modifikation, z. B. C(Diamant)/C(Graphit), $P_{schwarz}/P_{weiß}/P_{rot}$, das Element jeweils vorliegt.

▪ Verbindungen

Verbindungen bestehen aus *mindestens zwei* Atomsorten, sie sind das Ergebnis chemischer Reaktionen der Elemente untereinander: H_2O, CO_2, Fe_2O_3, P_4O_{10}. Verbindungen können allerdings auch aus drei (z. B. HNO_3, H_2SO_4) oder einer Vielzahl von Elementen bestehen (vgl. $Hg_{12}Tl_3Ba_{30}Ca_{30}Cu_{45}O_{127}$ als keramischer Hochtemperatursupraleiter).

▪ Atome

Atome sind die kleinsten, auf chemischem Weg nicht weiter teilbaren Bestandteile der Materie. Wir werden im weiteren Verlauf sehen, dass sie für jedes Element einen charakteristischen Aufbau haben. Sprechen wir im Folgenden von Atomen, meinen wir ungeladene und ungebundene (isolierte) Teilchen eines Elements: O, N, P, S usw.

▪ Moleküle

Moleküle sind Struktureinheiten mit einer ganz bestimmten Anzahl von Atomen. Sie sind durch Verknüpfung von Atomen in einer chemischen Bindung gekennzeichnet. Dabei gibt es homoatomare Moleküle: O_2, N_2, P_4, S_8, wie auch heteroatomare Moleküle: H_2O, CO_2, P_4O_{10}. Moleküle können dabei als neutrale wie auch als geladene Teilchen (Ionen) vorliegen (Hg_2^{2+}, S_2^{2-}, SO_4^{2-}). Kommen Verbindungen in langreichweitigen, periodischen Strukturen mit einer unbegrenzten Anzahl von Atomen vor (C(Diamant), Fe_2O_3), sollte die Bezeichnung „Molekül" nicht verwendet werden, da eine klare räumliche Begrenzung der Struktureinheit nicht möglich ist.

▪ Ionen

Ionen sind geladene Teilchen. Sie können aus lediglich einem Atom oder auch aus Molekülen bestehen. Positiv geladene Teilchen nennt man *Kationen*, negativ geladene *Anionen*. Die Ladung der Ionen wird hinter dem Elementsymbol oder der Summenformel des Moleküls als hochgestelltes Symbol angegeben: H^+, NH_4^+, Fe^{2+}, OH^-, O^{2-}, CO_3^{2-}, PO_4^{3-}.

▪ Chemische Nomenklatur

Die Namen der Elemente und chemischen Verbindungen sind von der IUPAC in ihrem „Red Book" definiert. Dennoch werden in der Praxis nicht alle Verbindungen gemäß dem aktuellen System der IUPAC-Regeln benannt. Viele schon lange von den Chemikern verwendete Stoffe haben ihre traditionellen Bezeichnungen als Trivialnamen behalten. So werden die Bezeichnungen *Wasser*, *Salzsäure*, *Salpetersäure* oder *Natronlauge* im Labor weiterhin allgemein verständlich sein und Verwendung finden. Die IUPAC-Empfehlungen für eine systematische Bezeichnung von Verbindungen sehen eine strikte Umbenennung auch gar nicht vor. Die Regeln geben aber sinnvolle Hinweise und Anregungen zur einheitlichen und damit zu einer für alle Chemiker (und Naturwissenschaftler) verständlichen Benennung von Stoffen und deren Schreibweise in Form von Formeln (Binnewies, ▶ Abschn. 1.3).

Binnewies, ▶ Abschn. 1.3: Nomenklatur – systematisch oder traditionell?

Wichtig

- **Für die Namen einiger Elemente wird eine Schreibweise festgelegt, die dem Elementsymbol und damit auch weitgehend der englischen Schreibweise entspricht: Co: Cobalt (statt Kobalt), I: Iod (statt Jod), Bi: Bismut (statt Wismut), Cs: Caesium (statt Cäsium). Für die Chemie gelten grundsätzlich die „wissenschaftlichen" Schreibweisen wie *Calcium*, *Silicium* oder *Zirconium* (nicht: Kalzium, Silizium, Zirkonium).**

2

- Vermeiden Sie es, ein Element in der Mehrzahl zu verwenden: „Sauerstoffe" o. Ä. Es gibt im Periodensystem nur *ein* Element „Sauerstoff". Kommt das Element in einer Verbindung in größerer Anzahl vor, so enthält die Verbindung mehrere Sauerstoff-*Atome*.
  Die Halogene Fluor, Chlor, Brom und Iod bilden mit Wasserstoff Verbindungen der Zusammensetzung HF, HCl usw. Werden mehrere dieser Verbindungen im Zusammenhang benannt, sind es die Halogenwasserstoffverbindungen, nicht die „Halogenwasserstoffe".
  Schließlich können Elemente in verschiedenen strukturellen Einheiten und/oder mit unterschiedlichen physikalischen Eigenschaften auftreten. So gibt es nur ein Element Kohlenstoff, aber mehrere Kohlenstoffmodifikationen (Graphit, Diamant) und verschiedene Kohlenstoffmaterialien (Aktivkohle, Ruß, Kohlenstoff-Nanoröhren …).
- In der Formel einer Verbindung steht im einfachsten Fall vorne das Kation, dahinter das Anion: NaCl, MgO, ZnS. Allgemeingültig werden die Elemente nach zunehmender Elektronegativität (den Begriff werden wir noch behandeln) der betreffenden Atome aufgeführt: H_2S, H_2SO_4, OF_2. Ausnahmen davon werden bei der Bezeichnung der Kohlenwasserstoffverbindungen (z. B. CH_4, C_2H_5OH, CH_3COOH) oder auch beim Ammoniak (NH_3) gemacht.
- **Endung -id:** Die Element-Anionen werden mit der Endung -id gekennzeichnet, z. B. Carbid (C^{4-}), Nitrid (N^{3-}), Oxid (O^{2-}) oder Fluorid (F^-).
- **Endung -at:** Anionen von Molekülen erhalten die Endung -at: Carbonat (CO_3^{2-}), Silicat (SiO_4^{4-}), Phosphat (PO_4^{3-}), Sulfat (SO_4^{2-}). Die Endung -at stellt dabei in der Regel klar, dass das jeweilige Zentralatom (das Nichtmetall) in der höchsten Oxidationszahl gemäß der Stellung im Periodensystem vorliegt.
- **Endung -it:** Die Endung -it kennzeichnet dagegen ein Anion, in dem die Oxidationszahl des Nichtmetalls um zwei Einheiten niedriger ist: Natriumnitrit ($NaNO_2$), Kaliumsulfit (K_2SO_3). Die IUPAC empfiehlt allerdings, zunehmend auf Verbindungsnamen mit der Endung -it zu verzichten und stattdessen die Oxidationszahl des Nichtmetalls (als römische Ziffer in Klammern) anzugeben: Selenat(IV) (SeO_3^{2-}) und Selenat(VI) (SeO_4^{2-}). Für einige gebräuchliche Verbindungen wird die hergebrachte Bezeichnung aber nicht aus dem Laboralltag verschwinden, sodass Sie diese Namen weiterhin kennen sollten: Natriumsulfit (Na_2SO_3), Natriumnitrit ($NaNO_2$).
- Kann ein Metall als Kation in unterschiedlichen Oxidationsstufen vorliegen, verwendet man für die Namen der Verbindungen ebenfalls die Angabe der Oxidationszahl (als römische Ziffer in Klammern): Kupfer(I)-oxid (Cu_2O) und Kupfer(II)-oxid (CuO), Blei(II)-oxid (PbO) und Blei(IV)-oxid (PbO_2), Eisen(II)-oxid (FeO) und Eisen(III)-oxid (Fe_2O_3).
- Bei den neutralen, molekularen Verbindungen der Nichtmetalle ist die Angabe der Oxidationsstufe dagegen nicht gebräuchlich: Kohlenstoffmonoxid (CO) und Kohlenstoffdioxid (CO_2), Distickstoffmonoxid (N_2O), Stickstoffmonoxid (NO) und Stickstoffdioxid (NO_2).

▪ Trivialnamen und Mineralnamen

Neben Stoffbezeichnungen, die den IUPAC-Empfehlungen entsprechen, und traditionellen Namen ist noch eine Vielzahl von Trivialnamen in Gebrauch: Braunstein (MnO_2, Mangan(IV)-oxid), Soda (Na_2CO_3, Natriumcarbonat), Kalk ($CaCO_3$, Calciumcarbonat) oder Lachgas (N_2O, Distickstoffmonoxid). Diese Bezeichnungen tragen durch ihre Kürze und Prägnanz im Laboralltag zur Verständigung bei.

Im Sinne der IUPAC-Nomenklatur haben auch Mineralnamen den Charakter von Trivialnamen. Die Namen selbst beschreiben dabei die Zusammensetzung der Stoffe nur unvollständig oder gar nicht: Diamant (C), Bleiglanz (PbS), Zinkblende (ZnS), Zinnstein (SnO_2), Rutil (TiO_2), Quarz (SiO_2). Als Chemiker sollten

Sie die Namen der wichtigsten Mineralien kennen, um sich auch über die Verarbeitung von Erzen und anderen Rohstoffen verständigen zu können.

Einige Mineralnamen haben unmittelbar Bedeutung für die Fachsprache der Chemie: Typen von Kristallstrukturen werden oft nach dem entsprechenden Mineral benannt. So spricht man beispielsweise vom Steinsalz-Typ (NaCl), vom Zinkblende-Typ (ZnS) oder vom Rutil-Typ (TiO_2). Die Mineralnamen und andere Trivialnamen werden zudem benutzt, um verschiedene *Modifikationen* (d. h. Stoffe gleicher Zusammensetzung, aber unterschiedlicher Struktur) zu unterscheiden. Beispiele sind „Graphit" und „Diamant" (im Falle des Kohlenstoffs), „Rutil" und „Anatas" (für TiO_2), „Zinkblende" und „Wurtzit" (ZnS) oder „Calcit" und „Aragonit" ($CaCO_3$).

Fragen

1. Benennen Sie die folgenden Elemente: Br, Au, Se, Bi, Er, Li, Mo, Ru, Co, La, B, Eu, Te, Si, N, Ne.
2. Geben Sie die Summenformel für folgende Verbindungen an, die im Laboralltag überwiegend mit ihren traditionellen Namen benannt werden: Salzsäure, Schwefelsäure, Salpetersäure, Essigsäure, Ammoniak, Natronlauge.
3. Geben Sie den systematischen Namen für folgende Verbindungen an: KBr, $KBrO_4$, ZnS, $BaSO_4$, $AlPO_4$, V_2O_5, Re_2O_7.
4. Finden Sie heraus, welche Verbindungen Korund, Fluorit, Spinell, Perowskit und Zirkon sind.

2.2 Chemische Reaktionen

Die DIN-Norm 32642 (Symbolische Beschreibung chemischer Reaktionen) erläutert, wie Reaktionsgleichungen zu formulieren sind. Die Norm gibt zudem an, worin sich ein Reaktionsschema und eine Reaktionsgleichung unterscheiden. Ein Reaktionsschema gibt danach eine *qualitative*, symbolische Beschreibung für eine oder mehrere Reaktionen ohne Angabe der Anzahlverhältnisse der beteiligten Stoffe durch stöchiometrische Zahlen (Koeffizienten). Solche Schemata werden vor allem dann verwendet, wenn ein Überblick über aufeinanderfolgende Reaktionen oder über mehrere Reaktionsmöglichkeiten eines Stoffes gegeben werden soll (Binnewies, ► Abschn. 1.1).

Binnewies, ► Abschn. 1.1: Reaktionsgleichungen und Reaktionsschemata

Reaktionsgleichungen

Reaktionsgleichungen sind grundsätzlich unter Verwendung der Stöchiometriezahlen auszugleichen, sodass die Elementbilanz der Ausgangsstoffe und der Reaktionsprodukte gleich ist. Die Ausgangsstoffe und Reaktionsprodukte werden durch einen Reaktionspfeil getrennt. Die Stöchiometriezahlen der Reaktionsgleichungen bezeichnen dabei das relative Verhältnis der Stoffe zueinander, nicht die konkrete Anzahl von Teilchen (Molekülen oder Atomen).

$$2\,CO + O_2 \rightarrow 2\,CO_2$$

$$H_2 + Cl_2 \rightarrow 2\,HCl$$

Phasensymbole

Reaktionsgleichungen können anschaulicher sein, wenn den Formeln in der Reaktionsgleichung eine Angabe über den Aggregatzustand des betreffenden Stoffes hinzugefügt wird. Für die bekannten Aggregatzustände *fest*, *flüssig* und *gasförmig* nutzt man international die Symbole **s** *(solid)*, **l** *(liquid)* und **g** *(gaseous)*. Für Stoffe (bzw. Teilchen), die in wässriger Lösung vorliegen, kann das Symbol **aq** *(aqueous solution)* verwendet werden, andere Lösemittel werden häufig durch das verallgemeinerte Phasensymbol **sol** *(solution)* gekennzeichnet. Die Phasensymbole werden in runden Klammern in normaler Schrift direkt hinter die Formel gesetzt:

$$2\,Na(s) + Cl_2(g) \rightarrow 2\,NaCl(s)$$

$$Fe(s) + 2\,HCl(aq) \rightarrow FeCl_2(aq) + H_2(g)$$

Für Reaktionen in Lösungen wird häufig die sogenannte Ionengleichung bevorzugt. Auf diese Weise wird deutlich gemacht, welche Ionen an der Reaktion tatsächlich beteiligt sind. Für das eben gezeigte Beispiel der Auflösung von Eisen in HCl ergibt sich die folgende Ionengleichung. In dieser Schreibweise wird deutlich, dass die Chlorid-Ionen nicht am Lösevorgang beteiligt sind:

$$Fe(s) + 2\,H^+(aq) \rightarrow Fe^{2+}(aq) + H_2(g)$$

- **Reaktionsdoppelpfeile**

Läuft eine Reaktion nicht vollständig ab, wird anstelle des einfachen Reaktionspfeils der *Gleichgewichtspfeil* (mit einfachen Pfeilspitzen) verwendet. Dadurch wird ausgedrückt, dass im Endzustand – dem chemischen Gleichgewicht – Ausgangsstoffe und Reaktionsprodukte nebeneinander vorliegen. Die Bildung von Ammoniak aus den Elementen erfolgt in einem Gleichgewicht:

$$N_2(g) + 3\,H_2(g) \rightleftharpoons 2\,NH_3(g)$$

Ein Doppelpfeil mit vollständigen Pfeilspitzen zeigt an, dass neben der (nach rechts laufenden) *Hinreaktion* auch die unter anderen Bedingungen ablaufende *Rückreaktion* betrachtet wird. Ein typisches Beispiel dieser Art ist die Reaktionsgleichung für das Entladen und das Laden eines Bleiakkumulators (Autobatterie):

$$Pb(s) + PbO_2(s) + 2\,H_2SO_4(aq) \rightleftarrows 2\,PbSO_4(s) + 2\,H_2O(l)$$

Der Aufbau der Materie und die Stellung der Elemente im Periodensystem

Inhaltsverzeichnis

Voraussetzungen

In diesem Abschnitt sollen der Aufbau der Atome und die Ordnung der chemischen Elemente im Periodensystem im Mittelpunkt stehen. Folgende Grundbegriffe haben Sie bereits kennengelernt:

- Element
- Atom
- Ion
- Molekül
- Verbindung
- Reaktion
- Phasensymbole (s), (l), (g), (aq)

Dazu kennen Sie bereits einige Elementarteilchen, die für den Aufbau der Atome und damit für die chemischen Stoffeigenschaften Bedeutung haben:

- Protonen
- Neutronen
- Elektronen

Lernziele

Das Verständnis für den Aufbau der Atome ist essenziell im weiteren Verlauf Ihres Studiums, ermöglicht es Ihnen doch, die Einordnung der chemischen Elemente in das Periodensystem zu verstehen. Das Periodensystem der Elemente (PSE) ist schließlich eines der wichtigsten Werkzeuge in Ihrem weiteren Berufsleben als Chemiker, Naturwissenschaftler oder Ingenieur. Aus der Stellung der Elemente im Periodensystem können Sie chemische und physikalische Eigenschaften der Elemente und ihre Reaktivitäten wie auch die Zusammensetzung einzelner chemischer Verbindungen und deren Eigenschaften ableiten, ohne dass Sie mit viel Mühe für jede individuelle Substanz Daten zusammentragen müssen. Sagen wir es so: Das PSE ist Ihr Navigationssystem durch die Chemie. Die versierte Nutzung ermöglicht es Ihnen, systematisch Ihr Ziel zu erreichen und gedankliche Sackgassen zu vermeiden.

Binnewies, Allgemeine und Anorganische Chemie, 7 Kap. 2: Aufbau der Atome, ► Kap. 3: Ein Überblick über das Periodensystem

Dieser Abschnitt begleitet die inhaltlichen Schwerpunkte der ► Kap. 2 und 3 in der dritten (aktualisierten) Auflage des Binnewies.

Atombau

P. Schmidt, *Allgemeine Chemie*, https://doi.org/10.1007/978-3-662-57846-9_3

3

Wir haben bereits gesehen, dass der Begriff des Atoms für die kleinsten und nicht weiter teilbaren Bausteine der Materie über mehrere Epochen grundlegender Bestandteil des naturwissenschaftlichen Weltbildes war. Zu Beginn des 20. Jahrhunderts wandelte sich das Bild durch die Entdeckung noch kleinerer Bestandteile der Atome. Die betreffenden Untersuchungen und deren Interpretation sind eigentlich eher der Physik als Wissenschaft zuzuordnen. Zum Verständnis des chemischen Verhaltens der Elemente ist aber gleichermaßen ein Grundverständnis durch den Chemiker notwendig. Als Chemiker werden wir uns allerdings nicht mit allen mittlerweile bekannten Bausteinen der Atome – den Elementarteilchen – befassen, sondern nur mit den für die chemischen Eigenschaften der Elemente wesentlichen Teilchen: Protonen, Neutronen und Elektronen.

3.1 Elementarteilchen

Binnewies, ► Abschn. 2.1: Atomkern und Elementarteilchen

Vereinfacht können wir formulieren, dass ein Atom aus einem Atomkern besteht, der den weitaus größten Teil der Masse des Atoms enthält, und einer Atomhülle, die nahezu vollständig das Volumen des Atoms ausfüllt (Binnewies, ► Abschn. 2.1). Die Eigenschaften von Atomkern und -hülle werden durch die Existenz verschiedener Elementarteilchen geprägt. Streng genommen bezeichnet das Wort Elementarteilchen nur diejenigen Teilchen, die tatsächlich „elementar" und damit physikalisch unteilbar sind. Aufgrund des andauernden Fortschritts im Wissenschaftsgebiet der Teilchenphysik ändert sich die Zuordnung gelegentlich. Aktuell ist das **Standardmodell der Elementarteilchenphysik** mit der Anschauung akzeptiert, dass Quarks, Leptonen und Bosonen elementare Baustein der Materie sind, während Mesonen, Baryonen und Hadronen aus den Elementarteilchen *zusammengesetzte Teilchen* sind. Die für den Chemiker zum Verständnis des Atombaus wichtigen Protonen und Neutronen zählen zu den Baryonen.

▪ Elektronen

Ende des 19. Jahrhundert führte Joseph John Thomson Hochspannungsexperimente durch. Er brachte dazu zwei Elektroden in ein Glasrohr ein, füllte es mit einem Gas und legte elektrische Spannungen von einigen Tausend Volt an. Die dabei beobachtete Leuchterscheinung, die sich durch elektrische und magnetische Felder beeinflussen ließ und die von der mit dem Minuspol verbundenen Elektrode (Kathode) ausging, nannte er Kathodenstrahlung. Offenbar handelte es sich um negativ geladene Teilchen, die durch Einwirkung der hohen elektrischen Feldstärke entstanden und von der Kathode zur Anode hin beschleunigt wurden. Aus Ablenkungsversuchen in elektrischen und magnetischen Feldern konnte Thomson die *spezifische Ladung* der Teilchen, das Verhältnis von Ladung zu Masse, bestimmen. Er nannte die Teilchen Elektronen.

▪ Protonen

Führt man das Experiment etwas anders aus und durchbohrt die Kathode, lässt sich auf analoge Weise auch ein Strom positiv geladener Teilchen nachweisen, die sogenannten *Kanalstrahlen*. Verwendet man das leichteste aller chemischen Elemente, den Wasserstoff, als Füllgas, bestehen die Kanalstrahlteilchen aus Protonen. Damit war der Beweis erbracht, dass Atome nicht unteilbar sind; sie lassen sich in positive und negative Teilchen zerlegen.

1909 gelang Robert Millikan ein Experiment zur Bestimmung des Zahlenwertes der kleinsten Einheit der elektrischen Ladung, der *Elementarladung e*. Millikan erzeugte durch Versprühen von Öl elektrisch aufgeladene winzige Tröpfchen und untersuchte ihr Verhalten im elektrischen Feld eines Plattenkondensators. Dort wirken sich zwei Kräfte auf die Bewegung der Öltröpfchen aus: Gewichtskraft (G) und elektrostatische Kraft (F_{el}). Aus Messungen der Bewegungsgeschwindigkeit in

Abhängigkeit von der Teilchengröße und Polung des Kondensators ließ sich der genaue Zahlenwert der Elementarladung bestimmen. Alle höheren positiven wie negativen Ladungen sind ganzzahlige Vielfache dieser Elementarladung. Mithilfe von Ladungszahlen gibt man an, wie viele Elementarladungen ein Ion aufweist: Al^{3+}, SO_4^{2-}.

▪ Neutronen

Erst sehr viel später, im Jahre 1932, gelang James Chadwick der Nachweis eines weiteren Teilchens als Bestandteil der Atome, des ungeladenen Neutrons. Die drei Teilchen – Elektronen, Protonen und Neutronen – werden Elementarteilchen genannt. Sie sind die Bausteine der Atome. Heute wissen wir, dass Protonen und Neutronen aus noch kleineren Teilchen aufgebaut sind. Sie sind aber für das Verständnis chemischer Zusammenhänge nicht von Bedeutung. In ◘ Tab. 3.1 sind Masse und Ladung von Elektron, Proton und Neutron zusammengestellt.

Wir sehen, dass die Masse eines Protons beinahe genauso groß ist wie die eines Neutrons. Beide sind deutlich schwerer als ein Elektron (etwa im Verhältnis der Masse eines Oberklasseautos zur Masse von einem Liter Wasser). Proton und Neutronen sind gemeinsame Bausteine des Atomkerns – sie werden als **Nukleonen** bezeichnet (lat. *nucleus,* Kern). (Nur der Kern des Wasserstoffatoms ^1H enthält keine Neutronen.) Aufgrund ihrer Masse konzentriert sich 99,9 % der Masse eines Atoms im Atomkern.

Die Anzahl der Protonen im Atomkern wird **Kernladungszahl** genannt. Aufgrund der Ordnung der Elemente nach ihrem Atombau entspricht die Kernladungszahl der **Ordnungszahl**. Die Ordnungszahl ist charakteristisch für jedes chemische Element und in neutralen Atomen identisch mit der Anzahl der Elektronen in der Elektronenhülle. Bis auf das Vorzeichen sind die Ladung des Elektrons und die des Protons identisch. Der Durchmesser eines Atoms liegt in der Größenordnung von 10^{-10} m (100 pm), der des Atomkerns beträgt hingegen nur etwa 10^{-15} m (das ist in etwa so, als wenn Sie ein Reiskorn in die Mitte eines Fußballstadions legen …).

▪ Die atomare Masseneinheit

Wenn man die Masse eines Atoms in Gramm oder Milligramm angibt, ist der Zahlenwert eine extrem kleine, wenig einprägsame Zahl. Für die Angabe von Atommassen verwendet man die atomare Masseneinheit *unit* mit dem Einheitenzeichen u. 1 u entspricht etwa der Masse eines Nukleons. Seit 1961 gilt folgende Definition:

> **Wichtig**
> **Atomare Masseneinheit u:**
> **1 u entspricht genau 1/12 der Masse eines Atoms des Kohlenstoff-Isotops $^{12}_{6}C$. Dabei gilt: 1 u = 1,66054 · 10^{-24} g.**

Alle Massen von Atomen und Molekülen werden in Vielfachen dieser Einheit angegeben.

◘ **Tab. 3.1** Masse und Ladung von Elementarteilchen

	Elektron	Proton	Neutron
Masse	0,9109 · 10^{-27} g =0,0005486 u	1,6726 · 10^{-24} g =1,00726 u	1,6749 · 10^{-24} g = 1,00865 u
Ladung	e^- =−1,602 · 10^{-19} C	e^+ =+1,602 · 10^{-19} C	

3

Tab. 3.2 Natürliche Isotope einiger Elemente

	Symbol	Protonenzahl (Ordnungszahl)	Neutronenzahl
Wasserstoff	$^{1}_{1}H$	1	0
	$^{2}_{1}H$ (Deuterium)	1	1
	$^{3}_{1}H$ (Tritium)	1	2
Sauerstoff	$^{16}_{8}O$	8	8
	$^{17}_{8}O$	8	9
	$^{18}_{8}O$	8	10
Fluor[a]	$^{19}_{9}F$	9	10
Phosphor[a]	$^{31}_{15}P$	15	16
Quecksilber	$^{196}_{80}Hg$	80	116
	$^{198}_{80}Hg$	80	118
	$^{199}_{80}Hg$	80	119
	$^{200}_{80}Hg$	80	120
	$^{201}_{80}Hg$	80	121
	$^{202}_{80}Hg$	80	122
	$^{204}_{80}Hg$	80	124

[a]=Reinelemente, bestehen aus nur *einem* Isotop

Isotope

Die meisten Elemente bestehen aus Atomen mit verschiedenen Massen; ihre Atomkerne weisen eine unterschiedliche Anzahl von Neutronen auf. Solche Atome mit gleicher Protonen-, jedoch unterschiedlicher Neutronenanzahl bezeichnet man als Isotope (Tab. 3.2). Die Elemente können aus einem (z. B. Aluminium, Fluor) oder auch aus mehr als zehn Isotopen (z. B. Zinn) bestehen. Gibt es von einem Element nur ein stabiles Isotop, so spricht man von einem **Reinelement**. Das chemische Verhalten aller Isotope eines Elementes ist gleich. Manche physikalischen Eigenschaften der einzelnen Isotope unterscheiden sich jedoch aufgrund ihrer unterschiedlichen Masse deutlich voneinander. Zur eindeutigen Bezeichnung eines Isotops wird die folgende Schreibweise verwendet: Dem Elementsymbol werden die tiefgesetzte Protonenzahl (Ordnungszahl) und die hochgesetzte Nukleonenanzahl vorangestellt. Die gesamte Nukleonenanzahl wird auch als **Massenzahl** bezeichnet.

$$^{\text{Nukleonenzahl}}_{\text{Ordnungszahl}}\text{Elementsymbol}$$

Da die Ordnungszahl immer eindeutig dem Element zugeordnet ist, findet man häufig auch eine verkürzte Schreibweise, in der nur die Nukleonenzahl dem Elementsymbol vorangestellt wird (z. B. ^{14}C für das Isotop $^{14}_{6}C$).

$$^{\text{Nukleonenzahl}}\text{Elementsymbol}$$

Beim Element Wasserstoff treten geringfügige Unterschiede im chemischen Verhalten zwischen den drei Isotopen $^{1}_{1}H$, $^{2}_{1}H$ und $^{3}_{1}H$ auf. Dies lässt sich auf die großen relativen Unterschiede der Atommassen der einzelnen Isotope zurückführen. Für die beiden schwereren Isotope des Wasserstoffs haben sich eigene Namen und Symbole eingebürgert. $^{2}_{1}H$ wird auch als *Deuterium* (Symbol D), $^{3}_{1}H$ als *Tritium* (Symbol T) bezeichnet.

Binnewies, ▶ Abschn. 2.1: Atomkern und Elementarteilchen

Informieren Sie sich zum Nachweis von Isotopen in einem Massenspektrometer im Binnewies, ▶ Abschn. 2.1.

Wenn Sie in Tabellenwerken die Atommassen der Elemente recherchieren, finden Sie immer nur *eine* Massenangabe. Das ist die Masse des Elements in seinen natürlichen Vorkommen auf der Erde. Dabei werden die Massen im

Tab. 3.3 Berechnung der mittleren relativen Atommasse einiger Elemente

	Symbol	Masse des Isotops (u)	Häufigkeit (%)	Relative Atommasse (u)
Wasserstoff	$^{1}_{1}H$	1,00782	99,984	1,0079
	$^{2}_{1}H$ (Deuterium)	2,01410	0,0156	
	$^{3}_{1}H$ (Tritium)	3,01605	Spuren	
Sauerstoff	$^{16}_{8}O$	15,99491	99,759	15,9994
	$^{17}_{8}O$	16,99913	0,037	
	$^{18}_{8}O$	17,99916	0,204	
Fluor[a]	$^{19}_{9}F$	18,9984	100	18,9984
Phosphor[a]	$^{31}_{15}P$	30,97376	100	30,9738
Quecksilber	$^{196}_{80}Hg$	195,9658	0,15	200,590
	$^{198}_{80}Hg$	197,9667	10,10	
	$^{199}_{80}Hg$	198,9683	17,00	
	$^{200}_{80}Hg$	199,9683	23,10	
	$^{201}_{80}Hg$	200,9703	13,20	
	$^{202}_{80}Hg$	201,9706	29,65	
	$^{204}_{80}Hg$	203,9735	6,85	

[a]=Reinelemente, bestehen aus nur *einem* Isotop

prozentualen Verhältnis der Isotopen berücksichtigt. So besteht das Element Bor aus den natürlichen Isotopen $^{10}_{5}B$ und $^{11}_{5}B$, die in einem Verhältnis von 19,8 % zu 80,2 % vorliegen. Die mittlere relative Atommasse des Bors ist dann: $0{,}198 \cdot 10 + 0{,}802 \cdot 11 = 10{,}812$. Weitere Berechnungen der mittleren relativen Atommassen finden Sie in Tab. 3.3.

Massendefekt und Kernbindungsenergie

Der Atomkern des Heliums besteht aus zwei Protonen und zwei Neutronen. Addiert man die Massen der Nukleonen, ergibt sich ein Wert von 4,0319 u. Die experimentelle Bestimmung der Masse des Helium-Atomkerns liefert aber einen etwas kleineren Wert: 4,0015 u. Diese Diskrepanz gilt nicht nur für den Atomkern von Helium, sondern für alle aus mehreren Nukleonen bestehenden Atomkerne. Sie sind stets leichter als die Summe der Massen der Nukleonen. Man bezeichnet diese Erscheinung als *Massendefekt* (Abb. 3.1). Bei Helium beträgt er mit 0,0304 u etwa 0,75 % der Gesamtmasse. Durch die Einstein'sche Gleichung wissen wir, dass Masse und Energie äquivalent zueinander sind. Prinzipiell kann also Masse in Energie und Energie in Masse umgewandelt werden:

$$E = m \cdot c^2$$

Für das Beispiel des Heliums wird bei der Bildung von 4,0015 g Heliumkernen aus Protonen und Neutronen eine Energie von $0{,}03 \cdot 9 \cdot 10^{10}$ kJ $= 2{,}7 \cdot 10^{9}$ kJ (bzw. 28 meV) frei. Ein Mol Helium-Kerne ist um den genannten Energiebetrag stabiler als die Bausteine, zwei Mol Protonen und zwei Mol Neutronen. Um die Heliumkerne in ihre Bestandteile zu spalten, müsste dieser Energiebetrag wieder aufgewendet werden. Man bezeichnet die sich aus dem Massendefekt ergebende Energie als die *Kernbindungsenergie*. Durch diese Energie werden die Nukleonen in einem Atomkern zusammengehalten. Obwohl sich die gleichartigen Ladungen der Protonen im Kern abstoßen müssten, bleiben die Nukleonen in einem sehr kleinen Volumen zusammen: Der Absolutwert der Kernbindungsenergie ist um ein Vielfaches größer als die Abstoßungsenergie der Protonen. Der Wert der Kernbindungsenergie nimmt mit steigender Atommasse der Elemente zu (Abb. 3.2).

3

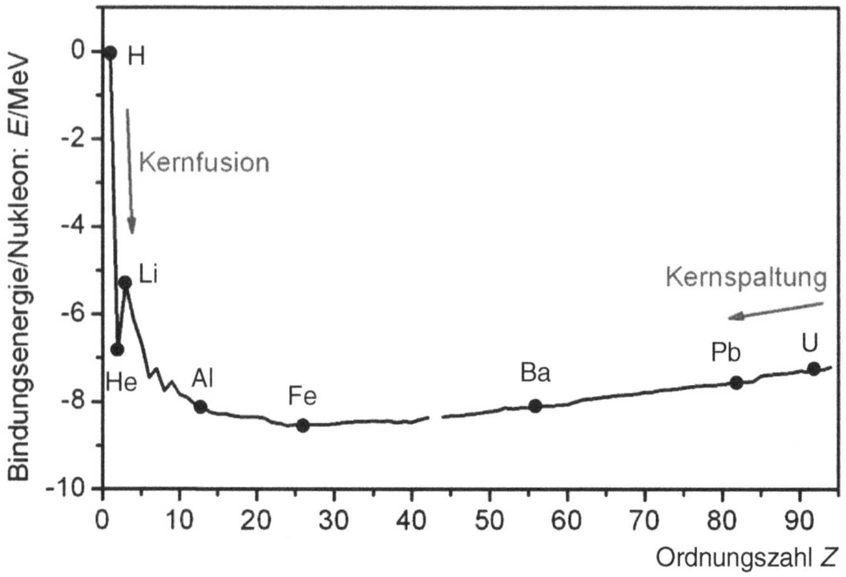

Abb. 3.1 Relativer Massendefekt pro Nukleon für die natürlichen chemischen Elemente (Maximum des Massendefekts bei Eisen)

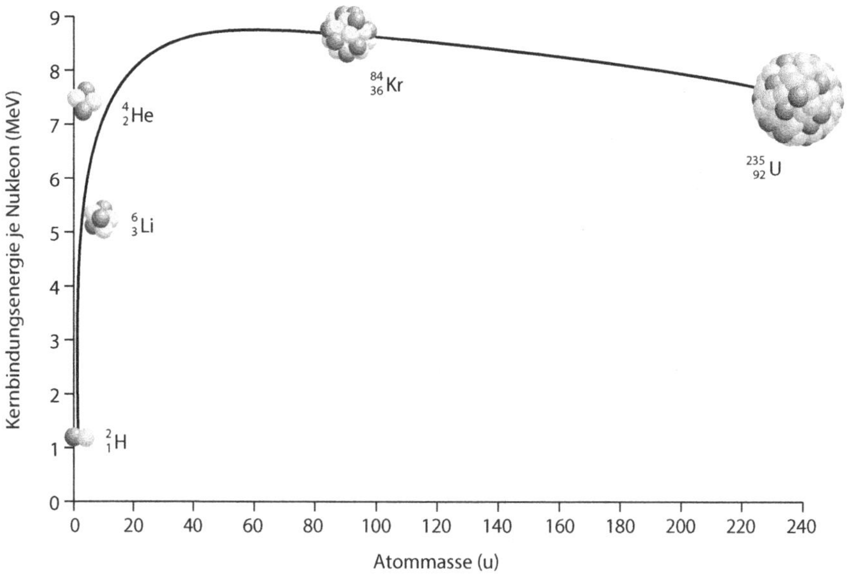

Abb. 3.2 Kernbindungsenergie je Nukleon in Abhängigkeit von der Atommasse

Um die Stabilität der Atomkerne aber sinnvoll vergleichen zu können, betrachtet man nicht die Zahlenwerte des Massendefekts (bzw. der Kernbindungsenergie) pro Atom, sondern pro Nukleon. Für den Fall des Heliums mit vier Nukleonen ergibt sich so für den Massendefekt pro Nukleon ein Wert von 0,03/4 u (Abb. 3.1) bzw. eine Kernbindungsenergie von etwa 7 meV (Abb. 3.2). Die Auftragung der gewichteten Kernbindungsenergie der Atomkerne der Elemente gegen die Atommasse zeigt einen charakteristischen Verlauf mit einem Maximum bei den Elementen um die Ordnungszahl 26. Für Eisen ergibt sich der größte Wert pro Nukleon. Der Kern des Eisen-Atoms ist demnach als der stabilste aller Atomkerne anzusehen.

3.2 Radioaktivität

Ende des 19. Jahrhunderts machten Henri Becquerel sowie Marie und Pierre Curie die Beobachtung, dass einige natürlich vorkommende Stoffe kontinuierlich Strahlung aussenden. Dieser Effekt wird als Radioaktivität bezeichnet. Man unterscheidet dabei α-, β- und γ-Strahlung. Die α-Strahlung besteht aus Helium-Atomkernen, die β-Strahlung aus Elektronen, beide also aus geladenen Teilchen. Die γ-Strahlung hingegen ist eine sehr kurzwellige und damit energiereiche elektromagnetische Strahlung, vergleichbar mit Röntgenstrahlung. Die Reichweite und Durchdringungstiefe nimmt in der Reihenfolge α, β, γ stark zu.

▪ Natürliche radioaktive Zerfallsprozesse

Radioaktive Strahlung ist mit der Umwandlung von Atomkernen verbunden. Sendet ein radioaktiver Stoff α-Strahlen aus, muss sich die Zahl der Protonen und der Neutronen jeweils um zwei verringern. Aus dem Atom eines α-Strahlers entsteht ein Atom mit einer um zwei geringeren Kernladungszahl, also ein Atom eines anderen Elements. Das Isotop ${}^{226}_{88}Ra$ beispielsweise zerfällt unter Abgabe von α-Strahlung in ${}^{222}_{86}Rn$ (▪ Abb. 3.3).

$$\alpha : {}^{226}_{88}Ra \rightarrow {}^{222}_{86}Rn + {}^{4}_{2}He$$

Bei einem β-Zerfall werden Elektronen als Strahlung abgegeben. Diese Elektronen stammen jedoch nicht aus der Elektronenhülle, sondern aus dem Atomkern des Isotops. Sie entstehen durch den Zerfall eines Neutrons in ein Proton und ein Elektron. Sendet also ein Isotop β-Strahlen aus, entsteht dabei ein Isotop gleicher Massenzahl und einer um eins höheren Kernladungszahl (▪ Abb. 3.4).

$$\beta : {}^{1}_{0}n \rightarrow {}^{1}_{1}p + e^{-}$$

$$\beta : {}^{40}_{19}K \rightarrow {}^{40}_{20}Ca + e^{-}$$

Häufig entsteht bei Zerfallsprozessen der gebildete Atomkern nicht in seinem stabilsten Zustand, dem Grundzustand, sondern in einem angeregten Zustand. Der stabilere Grundzustand wird dann in einem gesonderten Prozess durch Abgabe von γ-Strahlung erreicht (▪ Abb. 3.5).

$$\gamma : {}^{238}_{92}U + n \rightarrow {}^{239}_{92}U^{*} \rightarrow {}^{239}_{92}U + \gamma$$

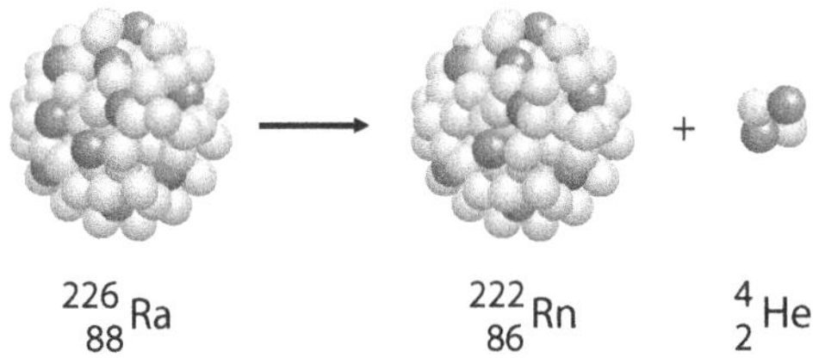

▪ **Abb. 3.3** Schematischer Verlauf des α-Zerfalls von ${}^{226}_{88}Ra$

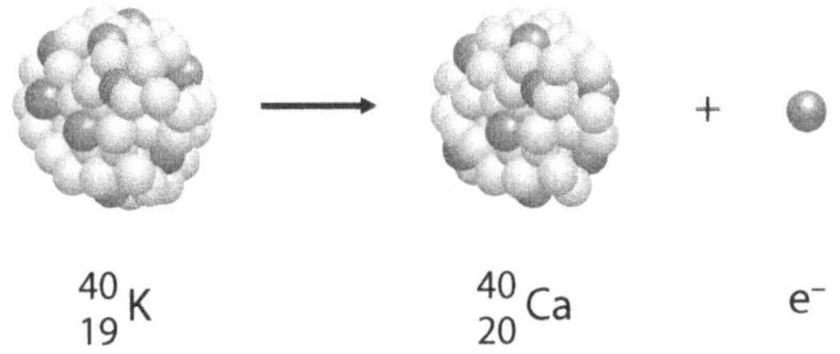

▪ **Abb. 3.4** Schematischer Verlauf des β-Zerfalls von ${}^{40}_{19}K$

3

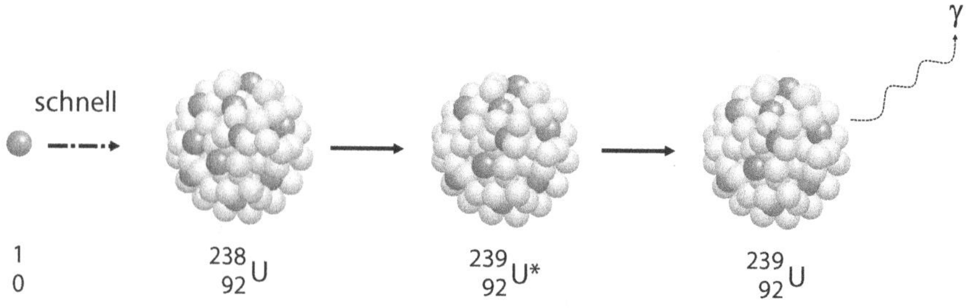

Abb. 3.5 Schematischer Verlauf des γ-Zerfalls von $^{238}_{92}U$

- **Zerfallsgesetz**

Die Geschwindigkeit des radioaktiven Zerfalls folgt einem einfachen Gesetz: Pro Zeiteinheit zerfällt immer der *gleiche Anteil* der jeweils vorhandenen radioaktiven Kerne. Bezeichnet man die Anzahl der zu einem beliebigen Zeitpunkt vorhandenen radioaktiven Kerne mit N, gilt für den zeitlichen Verlauf das Zerfallsgesetz:

$$-dN/dt = k \cdot N$$

Man bezeichnet den Faktor k als *Zerfallskonstante*. Ihr Zahlenwert ist für den jeweils betrachteten Zerfallsprozess charakteristisch; er wird weder von der Art der chemischen Bindung noch von der Temperatur oder vom Druck beeinflusst. Integriert man das Zerfallsgesetz in den Grenzen von 0 bis t, so ergibt sich:

$$N(t) = N_0 \cdot e^{-k \cdot t}$$

N_0 ist hier die zum Zeitpunkt $t=0$, $N(t)$ die zum Zeitpunkt t vorhandene Anzahl radioaktiver Kerne. Häufig wird der sehr anschauliche Begriff der *Halbwertszeit* ($t_{1/2}$) verwendet. Innerhalb dieser Zeit zerfällt die Hälfte der jeweils vorhandenen Kerne (Abb. 3.6). Dabei gilt:

$$N\left(t_{1/2}\right) = {}^1\!/_2 N_0$$

- **Zerfallsreihen**

Bei den gezeigten Kernreaktionen entstehen nicht immer stabile Kerne, sodass sich weitere Zerfallsreaktionen anschließen können. Man kennt heute vier Zerfallsreihen der schweren Elemente, von denen drei bei natürlichen Prozessen vorkommen: die *Thorium-Reihe*, die *Uran-Reihe* und die *Actinium-Reihe*, während die *Neptunium-Reihe* künstlich erzeugt wird. Innerhalb dieser Reihen liegt die Mehrzahl aller radioaktiven Atomkerne der Ordnungszahlen von 95 bis 82. Am Ende der Reihen stehen jeweils die stabilen Kerne von Blei bzw. Bismut.

- **Die „C14-Methode"**

Bei der Bestimmung der Herkunft und des Alters sehr alter Proben spricht man manchmal von der „C14-Methode" oder der *Radiocarbon-Methode*. Richtigerweise handelt es sich dabei um die ^{14}C-Methode – eine Bestimmung der Radioaktivität, die vom Zerfall des Kohlenstoffisotops mit der Massenzahl 14 ausgeht. Durch kosmische Strahlung entsteht in der Erdatmosphäre aus dem Stickstoff-Isotop $^{14}_{7}N$ das Kohlenstoff-Isotop $^{14}_{6}C$. Das Isotop $^{14}_{6}C$ ist ein β-Strahler mit einer Halbwertszeit von 5730 Jahren. Über die Photosynthese gelangt das radioaktive Isotop in alle Pflanzen und damit über die Nahrungskette in Tiere und Menschen. Jedes Lebewesen weist zu Lebzeiten das gleiche Verhältnis von $^{14}_{6}C$ zu den beiden anderen Kohlenstoff-Isotopen $^{12}_{6}C$ und $^{13}_{6}C$ auf. Nach dem Tod eines Lebewesens nimmt der Anteil an $^{14}_{6}C$ im Gegensatz zu den stabilen Isotopen durch radioaktiven Zerfall nach dem Zerfallsgesetz ständig ab. Durch Bestimmung des verbliebenen $^{14}_{6}C$-Anteils lässt sich mithilfe der Halbwertszeit

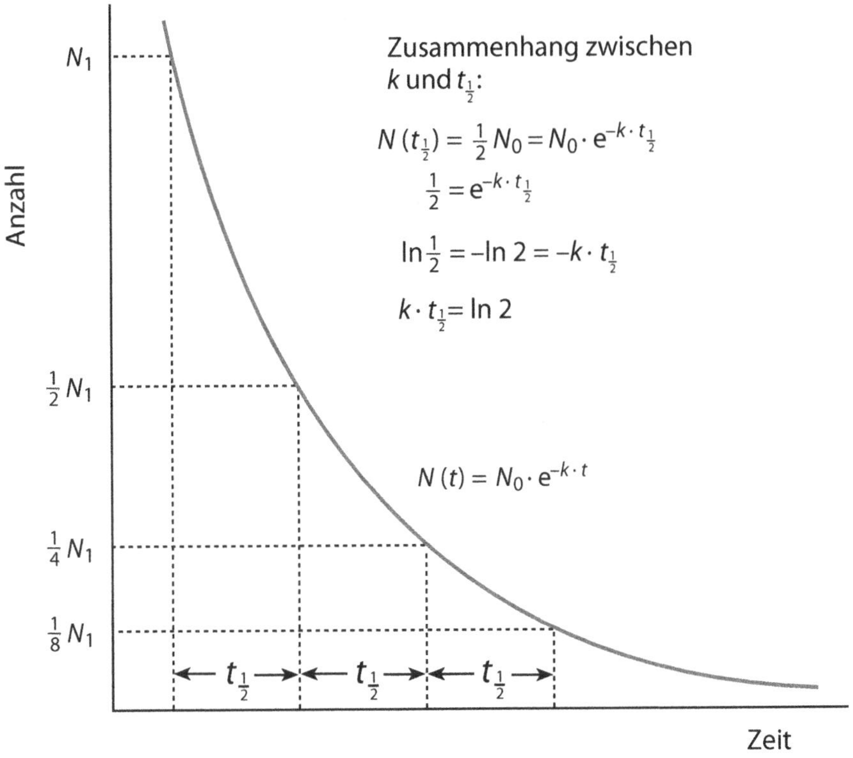

Abb. 3.6 Radioaktiver Zerfall: Zusammenhang zwischen Halbwertszeit und Teilchenanzahl des radioaktiven Isotops

das Alter einer organischen Probe des Lebewesens ermitteln. Für eine hinreichende Genauigkeit sollte das Alter der Probe in der gleichen Größenordnung wie die Halbwertszeit liegen. Man kann also mit der ^{14}C-Methode Altersangaben über den Verlauf von Jahrhunderten machen – nicht jedoch für erst wenige Jahre zurückliegende Zeiträume.

Fragen

5. Berechnen Sie die mittlere relative Atommasse von Eisen mit folgenden natürlichen Isotopen:
   ^{54}Fe (5,80 %), ^{56}Fe (91,72 %), ^{57}Fe (2,20 %), ^{58}Fe (0,28 %).
6. Formulieren Sie eine Zerfallsreaktion für den α-Zerfall von $^{210}_{84}Po$.
7. Formulieren Sie eine Zerfallsreaktion für den β-Zerfall von $^{14}_{6}C$.
8. Recherchieren Sie die vollständige Zerfallsreihe von $^{235}_{92}U$ – geben Sie jeweils die Art der Zerfallsprozesse an.

3.3 Kernreaktionen

Künstliche radioaktive Prozesse

Bei den natürlichen radioaktiven Vorgängen erfolgt die Umwandlung von Atomkernen durch spontane Zerfallsprozesse (Binnewies, ▶ Abschn. 2.2). Solche Prozesse können aber auch erzwungen werden, indem man bestimmte Atome mit Teilchen wie Protonen, Neutronen, Deuteronen ($^{2}_{1}H$-Kernen) oder α-Teilchen geeigneter Energie beschießt. Der britische Physiker Ernest Rutherford entdeckte im Jahre 1919 als erste Reaktion dieser Art die Bildung von $^{17}_{8}O$ beim Beschuss von $^{14}_{7}N$ mit α-Teilchen:

Binnewies, ▶ Abschn. 2.2: Kernreaktionen

$$^{14}_{7}N + ^{4}_{2}He \rightarrow ^{17}_{8}O + ^{1}_{1}p.$$

Diese Reaktion wird in der Fachsprache auch in einer verkürzten Schreibweise formuliert. Aufgrund der beteiligten Teilchen nennt man die Reaktion, bei der durch Einwirkung eines α-Teilchens ein Proton freigesetzt wird, eine (α, p)-Reaktion.

$$^{14}_{7}N(\alpha,p)^{17}_{8}O$$

1932 entdeckte Chadwick eine (α, n)-Reaktion. Noch heute verwendet man diese Reaktion, um Neutronen zu erzeugen. Man vermischt dazu ein Berylliumsalz mit einer Radiumverbindung als α-Strahler.

$$^{9}_{4}Be + ^{4}_{2}He \rightarrow ^{12}_{6}C + ^{1}_{0}n$$

$$^{9}_{4}Be(\alpha,n)^{12}_{6}C$$

▪ Reaktionen mit Neutronen

Besonders leicht können Kernumwandlungen durch Neutronen bewirkt werden, da diese als ungeladene Teilchen keine Abstoßung erfahren und relativ leicht in Atomkerne eindringen können. So lassen sich durch Neutroneneinfang Transurane, d. h. Elemente mit einer Ordnungszahl größer als 92, künstlich herstellen. Häufig schließen sich an die Neutroneneinfangreaktion noch β-Zerfälle an, sodass noch höhere Transurane entstehen. Ein technisch bedeutsamer Prozess ist die Bildung des Plutonium-Isotops ^{239}Pu aus ^{238}U (◘ Abb. 3.7):

$$^{238}_{92}U + ^{1}_{0}n \rightarrow ^{239}_{92}U + \gamma \rightarrow ^{239}_{93}Np + \beta \rightarrow ^{239}_{94}Pu + \beta$$

▪ Kernspaltung

Otto Hahn und Fritz Straßmann versuchten 1938, durch Beschuss von natürlichem Uran mit Neutronen Transurane zu erzeugen. Als Produkte fanden sie jedoch Isotope von leichteren Atomkernen: Krypton und Barium. Offenbar hatte eine Kernspaltung stattgefunden (◘ Abb. 3.8). Diese Kernspaltung läuft jedoch nur dann ab, wenn die Energie bzw. die Geschwindigkeit der Neutronen, mit denen das Uran beschossen wird, in einem bestimmten Bereich liegt; sie dürfen nicht zu schnell sein. Das können Sie sich bildlich mit dem Beschuss einer Fensterscheibe vorstellen: ein „langsamer" Fußball zertrümmert die Scheibe – eine schnelle Pistolenkugel durchschlägt die Scheibe, die aber nicht zu Bruch geht.

$$^{235}_{92}U + ^{1}_{0}n \rightarrow ^{89}_{36}Kr + ^{144}_{56}Ba + 3^{1}_{0}n + \gamma$$

Wir haben bereits gesehen, dass der Massendefekt und damit die Kernbindungsenergie pro Nukleon bei Eisen ein Maximum hat. Das bedeutet, dass alle schwereren Kerne das Bestreben zur Spaltung haben sollten, um leichtere Kern in der

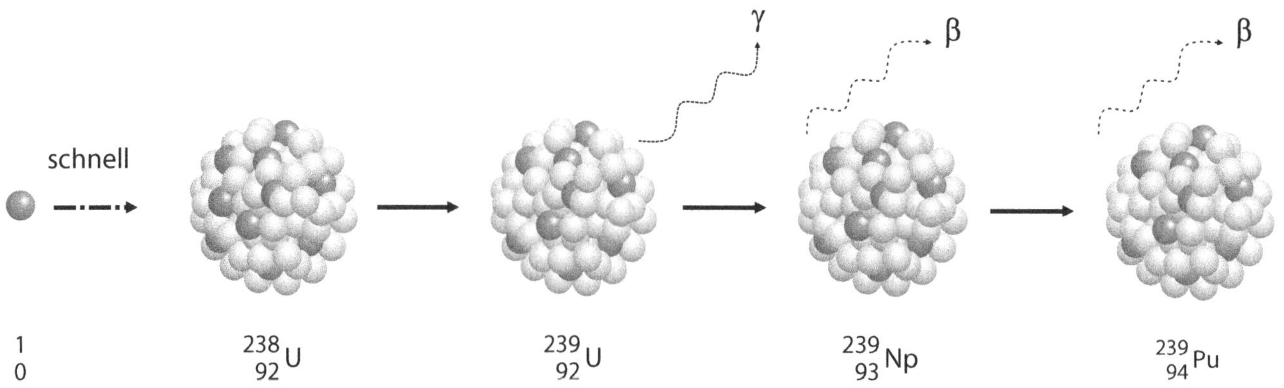

◘ **Abb. 3.7** Schematischer Verlauf des Zerfalls von ^{238}U unter Bildung von ^{239}Pu

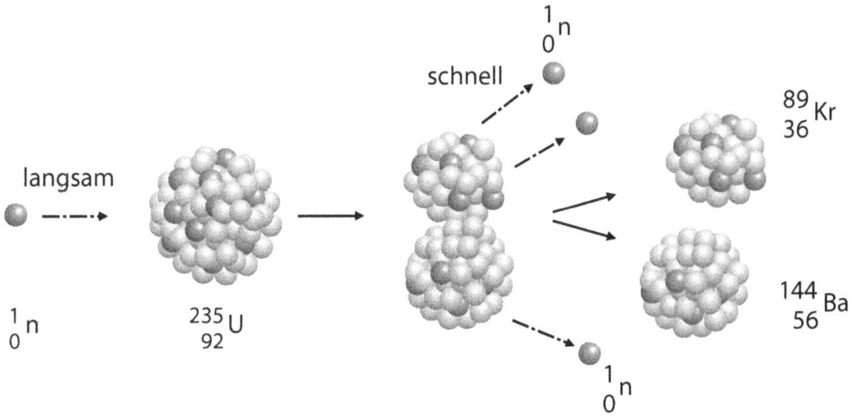

Abb. 3.8 Schematischer Verlauf der Kernspaltung von ^{235}U

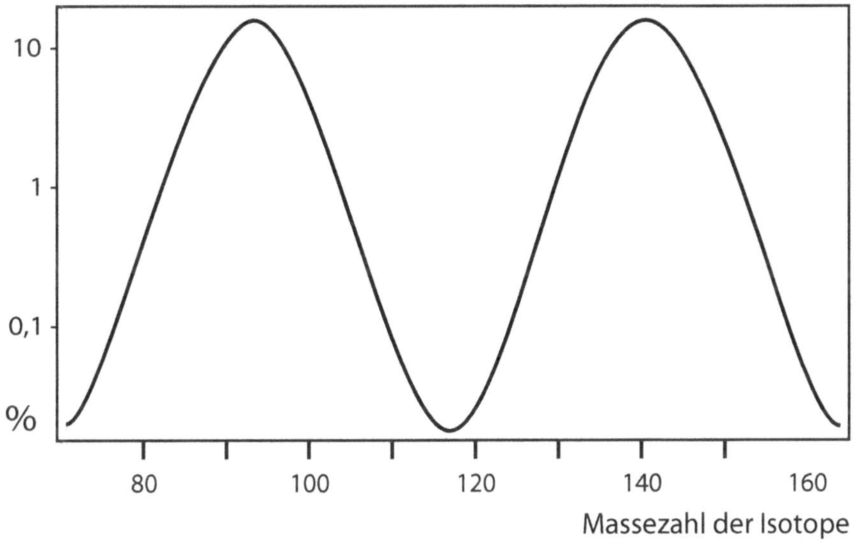

Abb. 3.9 Statistische Verteilung der bei der Kernspaltung von ^{235}U entstehenden Isotope

Nähe des Energiemaximums zu bilden. Tatsächlich entstehen beim Zerfall von ^{235}U nicht nur Krypton- und Bariumkerne. Vielmehr bilden sich Kerne mit einer Verteilung um die Maxima bei den Massenzahlen 90 und 140 (Abb. 3.9). So werden auch radioaktive Isotope von Iod und Caesium gebildet, deren Verbindungen leicht vom Körper aufgenommen werden. Deshalb wird insbesondere die radioaktive Belastung durch die Isotope ^{131}I und ^{137}Cs bei Reaktorunfällen analysiert.

Kritische Masse

Wie Sie aus der Reaktionsgleichung erkennen, entstehen bei der Spaltung von ^{235}U drei (schnelle) Neutronen, während nur eines benötigt wird, um die Reaktion auszulösen. Bremst man die entstehenden Neutronen ab, können sie eine weitere Kernspaltung auslösen. Durch die ständig neu gebildeten Neutronen kann so eine Kettenreaktion in Gang gesetzt werden (Abb. 3.10). Dabei werden keine zusätzlichen Neutronen mehr benötigt, und das gesamte ^{235}U wird in kürzester Zeit unter Freisetzung gewaltiger Energiemengen gespalten. Der spontane Ablauf der Kettenreaktion setzt jedoch voraus, dass eine bestimmte Mindestmenge, die kritische Masse, an spaltbarem Material vorhanden ist. Die kritische Masse beschreibt die Menge bzw. das Volumen an spaltbarem Material, das notwendig ist, eine genügend große Anzahl

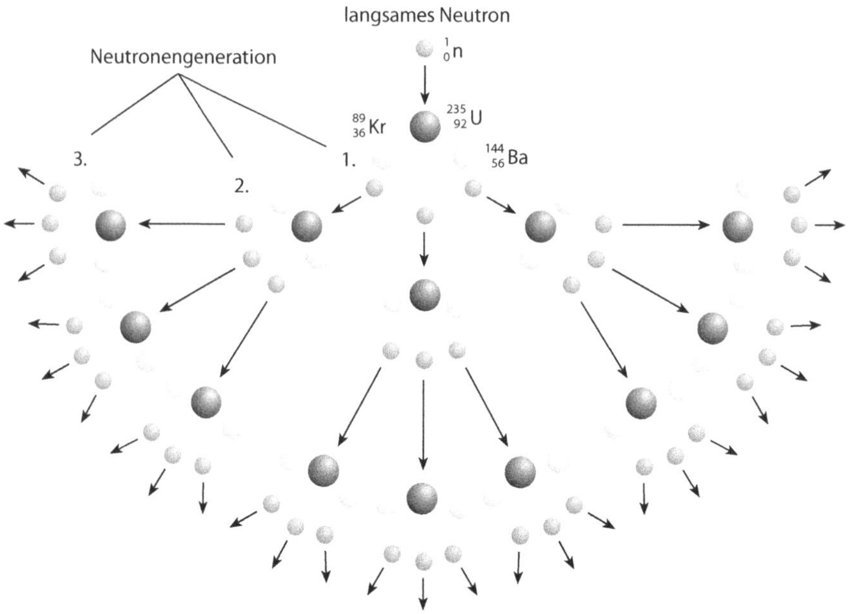

Abb. 3.10 Kettenreaktion bei der Kernspaltung

an Neutronen im Inneren abzubremsen und für den Erhalt der Kettenreaktion bereitzustellen. Bei Unterschreiten der kritischen Masse verlassen die schnellen Neutronen das Material über die Oberfläche in größerer Zahl, als für den Erhalt der Spaltungsreaktion notwendig ist. In einer Atombombe werden zwei jeweils unterkritische Massen spaltbaren Materials vereinigt, mit langsamen Neutronen bestrahlt und so zur Reaktion gebracht.

Bei der Verwendung von Uran ist nur das Isotop $^{235}_{92}U$ spaltbar. Die natürlichen Vorkommen von Uran enthalten nur geringe Mengen (0,720 %) des Isotops $^{235}_{92}U$, aber 99,27 % $^{238}_{92}U$. Natürliches Uran ist daher militärisch nicht einsetzbar; seine kritische Masse wäre viel zu groß. Um Uran als Energiequelle oder in Atomwaffen einsetzen zu können, muss das Isotop ^{235}U angereichert werden. Da das chemische Verhalten aller Uran-Isotope identisch ist, kommen chemische Trennverfahren nicht in Betracht. Die physikalische Trennung der einzelnen Isotope gelingt mithilfe einer Zentrifuge unter Ausnutzung der massenabhängigen Zentrifugalkräfte der Teilchen. Dazu wird die flüchtige Verbindung Uran(VI)-fluorid (UF_6) eingesetzt. Da Fluor ein Reinelement ist ($^{19}_{9}F$), sind die gravimetrischen Eigenschaften der UF_6-Gasteilchen in der Zentrifuge nur von der Masse des Uran-Isotops abhängig. Der Massenunterschied zwischen den zu trennenden Molekülen $^{235}UF_6$ und $^{238}UF_6$ beträgt dennoch nur etwa 0,85 %, sodass die Trennwirkung gering ist und die Anreicherung in Kaskaden mehrere hundert Male wiederholt werden muss; ^{235}U wird dabei schließlich auf etwa 4 % angereichert.

Binnewies, ▶ Abschn. 2.2: Kernreaktionen

Lesen Sie dazu den Exkurs zur Isotopentrennung im Binnewies, ▶ Abschn. 2.2.

■ Energiegewinnung durch Kernspaltung

Um Kernenergie friedlich nutzen zu können, müssen die bei der Spaltungsreaktion entstehenden Neutronen zunächst abgebremst werden, damit sie die Kettenreaktion in Gang setzen können. Für dieses Abbremsen der Neutronen benötigt man Teilchen (Moderatoren), die etwa die gleiche Masse besitzen wie die Neutronen selbst. Hierzu wird häufig Wasser verwendet, dessen Protonen einen erheblichen Teil der kinetischen Energie der Neutronen aufnehmen. Die beim Reaktorunglück von Fukushima außer Kontrolle geratenen Reaktoren waren Siedewasserreaktoren. Auch Graphit vermag Neutronen abzubremsen. Die Reaktorkatastrophe von Tschernobyl ereignete sich mit einem graphitmoderierten Reaktortyp. Die Anzahl der für die Kernspaltung zur Verfügung stehenden langsamen Neutronen muss sehr genau geregelt werden. Ist sie zu gering, findet keine Kettenreaktion statt; ist sie zu groß, wird der Reaktor überkritisch, und die Kettenreaktion gerät außer Kontrolle. Die Regelung des Neutronenflusses erfolgt durch sogenannte *Regelstäbe,* die aus einem Material bestehen, das Neutronen einfängt, wie Borcarbid oder Cadmium. Diese Regelstäbe werden gerade so weit in den Reaktor eingefahren, dass die Kettenreaktion kontrolliert abläuft. Der Reaktorkern besteht aus einem Bündel von sogenannten *Brennstäben.* Dies sind rund 4 m lange, druck- und korrosionsbeständige Rohre aus einer Zirconiumlegierung, die mit UO_2-Tabletten gefüllt sind.

Die bei der Kernspaltung freiwerdende Energie entsteht in Form von Wärme. Wie in einem konventionellen Kohle-, Öl- oder Gaskraftwerk wird Wasserdampf erhitzt, um damit über eine Turbine einen Generator anzutreiben (◘ Abb. 3.11). Das von den Brennstäben überhitzte Wasser aus dem Reaktorkern treibt die Turbine aber nicht direkt an. Es wird vielmehr genutzt, um in einem Sekundärkreislauf Wasserdampf für den Antrieb zu erzeugen. Mehrere Barrieren verhindern dabei, dass radioaktive Stoffe aus dem Reaktor in die Umwelt gelangen.

▪ Brutreaktoren

Beim Betrieb jedes Kernreaktors laufen Nebenreaktionen ab. Bei einer dieser Kernreaktionen bildet sich aus $^{238}_{92}U$ durch Neutroneneinfang und anschließenden β-Zerfall $^{239}_{94}Pu$. Es hängt von der Energie der Neutronen ab, in welchem Umfang diese Reaktion abläuft. Langsame (thermische) Neutronen führen bevorzugt zur Spaltung von $^{235}_{92}U$, schnelle Neutronen führen zur Bildung großer Anteile von $^{239}_{94}Pu$. Die künstliche Herstellung von Plutonium als Kernbrennstoff geschieht durch Umwandlung von $^{238}_{92}U$ in $^{239}_{94}Pu$ mithilfe schneller Neutronen in einem speziellen Reaktor, dem *Schnellen Brüter.* Der Begriff „schneller Brüter“ bezieht sich auf die Geschwindigkeit der für das Brüten erforderlichen

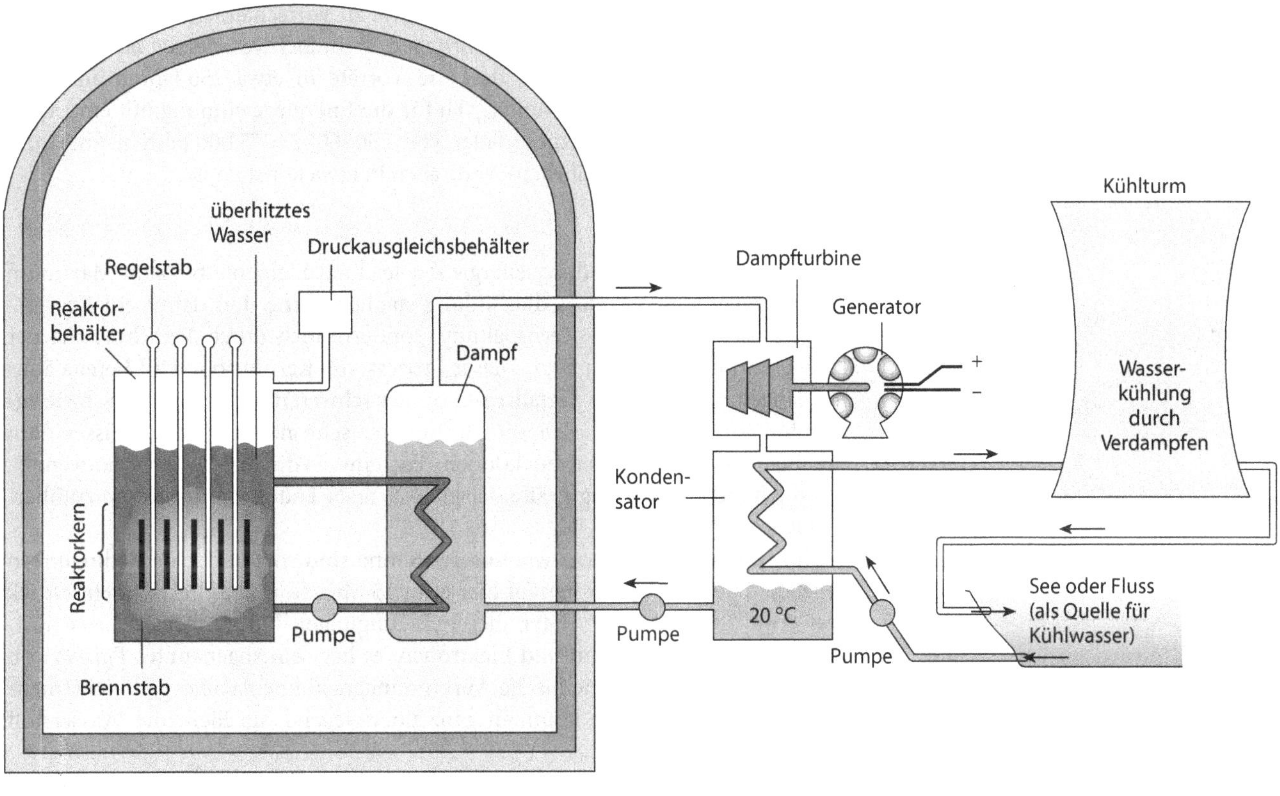

◘ Abb. 3.11 Schematische Darstellung eines Kernkraftwerks

3

Neutronen. Auf diese Weise gelingt es, auch das sonst für die Energiegewinnung unbrauchbare $^{238}_{92}U$ zu nutzen. Die Technologie der *Schnellen Brüter* ist aufgrund der hohen Wärmeentwicklung deutlich aufwendiger als bei einem konventionellen Reaktor. Man nutzt statt Wasser als Wärmeüberträger flüssiges Natrium. Dieses tritt mit einer Temperatur von 395 °C in den Reaktor ein und verlässt ihn wieder mit 545 °C. Die Wärme des Primärkreislaufs wird über einen Wärmetauscher an einen gleichfalls mit flüssigem Natrium betriebenen Sekundärkreislauf abgegeben. Die Wärme in diesem Kreislauf dient dann dazu, Wasserdampf zu erzeugen, der eine Turbine antreibt. Aufgrund der hohen Reaktivität des flüssigen Natriums insbesondere gegenüber Wasser sind die Ansprüche an die Sicherheitstechnik außerordentlich hoch, zudem ist die Regelung eines Schnellen Brüters deutlich komplizierter als in einem herkömmlichen Kernreaktor.

$$^{238}_{92}U + ^{1}_{0}n \rightarrow ^{239}_{92}U + \gamma \rightarrow ^{239}_{93}Np + \beta \rightarrow ^{239}_{94}Pu + \beta$$

Das gebildete Plutonium kann durch seinen folgenden Zerfall als Kernbrennstoff dienen.

$$^{239}_{94}Pu + ^{1}_{0}n \rightarrow ^{144}_{56}Ba + ^{94}_{38}Sr + 2^{1}_{0}n + \gamma$$

Aufgrund des großen Anteils an $^{238}_{92}U$ in natürlich vorkommendem Uran ergibt sich rein rechnerisch ein etwa 100-mal größerer nutzbarer Energiebetrag bei der Verwendung von Uran im Schnellen Brüter. Tatsächlich kann bei der Nutzung dieser Technologie etwa 60-mal mehr Energie erzeugt werden als bei der Spaltung von $^{235}_{92}U$. $^{239}_{94}Pu$ wird auch bei der Wiederaufbereitung von konventionellen Uran-Brennelementen nach dem PUREX-Verfahren gewonnen. Es wird dann in sogenannten Mischoxid-Brennelementen für Leichtwasserreaktoren verwendet.

In ganz ähnlicher Weise könnte man $^{232}_{90}Th$ in spaltbares $^{233}_{92}U$ umwandeln:

$$^{232}_{90}Th + ^{1}_{0}n \rightarrow ^{233}_{90}Th + \gamma \rightarrow ^{233}_{91}Pa + \beta \rightarrow ^{233}_{92}U + \beta$$

Da der Anteil an Thorium in der Erdkruste etwa fünfmal so groß ist wie der von Uran, ergeben sich im Prinzip riesige, bisher weitgehend ungenutzte Energievorräte. Man schätzt die weltweiten Ressourcen an wirtschaftlich nutzbarem Uran heute auf ca. 15 Mio. t. Bei einem jährlichen Verbrauch von derzeit etwa 60.000 t ergibt sich daraus rechnerisch, dass die Vorräte in etwa 250 Jahren am Ende sind. Bezieht man auch $^{238}_{92}U$ und $^{232}_{90}Th$ für die Energiegewinnung mit ein, ergibt sich rechnerisch eine Nutzungsdauer von $250 \cdot 60 \cdot 5 = 75.000$ Jahren, unter der Voraussetzung, dass der jährliche Verbrauch in etwa konstant ist.

Kernfusion

Der Verlauf der Kernbindungsenergie der leichten Elemente bis zum Maximum bei Eisen verdeutlicht, dass die Bildung stabiler Kerne und damit ein Energiegewinn nicht nur durch Kernspaltung, sondern auch durch Verschmelzen der leichteren Kerne möglich sind. Dieser Prozess, die Kernfusion, wird bereits ähnlich lange untersucht wie Zerfallsreaktion der schweren Elemente. Die Schwierigkeit besteht darin, dass sich die Atomkerne sehr nahekommen müssen, um miteinander verschmelzen zu können. Extreme Bedingungen sind notwendig, um die hohen Abstoßungskräfte der gleichartigen Ladungen der Kerne zu überwinden.

Im Inneren eines Sterns wie unserer Sonne sind solch extreme Bedingungen gegeben: Die Temperatur beträgt hier etwa 15 Mio. K, und es herrscht ein Druck von etwa 200 Mrd. Bar. Unter diesen Bedingungen besteht Materie aus positiv geladenen Atomkernen und Elektronen, es liegt ein sogenanntes *Plasma* vor. Neutrale Atome oder chemische Verbindungen können dabei gar nicht mehr existieren. In der Sonne kommen ganz überwiegend die Elemente Wasserstoff

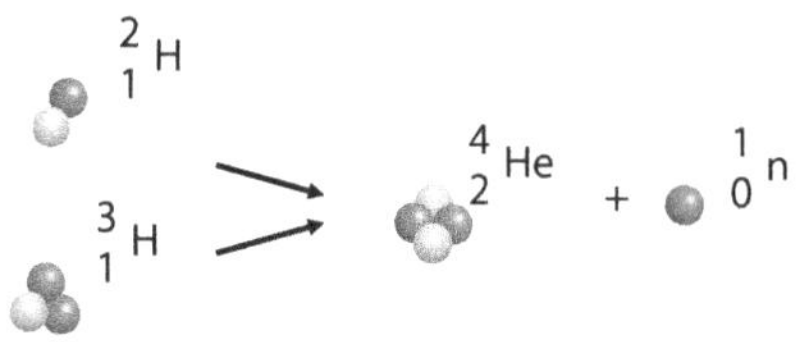

Abb. 3.12 Schematischer Verlauf der Fusionsreaktion bei der Bildung von $^{4}_{2}$He aus Wasserstoffkernen

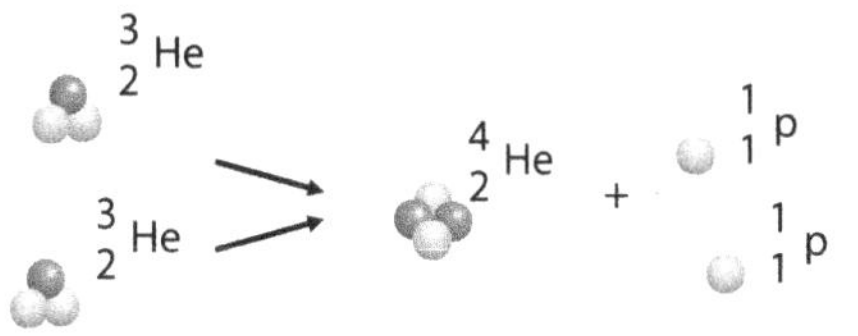

Abb. 3.13 Schematischer Verlauf der Fusionsreaktion bei der Bildung von $^{4}_{2}$He aus $^{3}_{2}$He-Kernen

und Helium vor. Durch den hohen Druck im Inneren des Sterns kommen sich die Atomkerne des Wasserstoffs trotz der Abstoßung der positiven Ladungen der Protonen so nahe, dass sie in einem mehrstufigen Prozess zu Atomkernen des Heliums verschmelzen. Bei diesem Prozess wird außerordentlich viel Energie frei, überwiegend in Form von Wärme. Da gleichzeitig auch Positronen (e^+), Neutrinos (ν) und γ-Strahlung freigesetzt werden, kann man den gesamten Prozess vereinfacht folgendermaßen beschreiben:

$$4\,^{1}_{1}\mathrm{H} \rightarrow \,^{4}_{2}\mathrm{He} + 2e^{+}(+\nu+\gamma)$$

Aus heutiger Sicht erscheint es unmöglich, diese in der Sonne seit mehr als vier Milliarden Jahren ablaufende Kernreaktion auf der Erde kontrolliert ablaufen zu lassen. Physiker gehen aber davon aus, dass die Fusion von Deuterium und Tritium zu Helium technologisch eher beherrschbar sein wird (Abb. 3.12). Dabei läuft folgende Reaktion ab:

$$^{2}_{1}\mathrm{H} + \,^{3}_{1}\mathrm{H} \rightarrow \,^{4}_{2}\mathrm{He} + \,^{1}_{0}\mathrm{n}$$

Darüber hinaus lassen sich Fusionsreaktionen unter Beteiligung von $^{3}_{2}$He und $^{6}_{3}$Li formulieren (Abb. 3.13). Der Vorteil dieser Reaktionen liegt in der deutlich geringeren Menge an gebildeten radioaktiven Produkten. Die Überwindung der Abstoßungskräfte wird für schwerere Kerne aufgrund der zunehmenden Anzahl an Protonen im Kern jedoch immer schwieriger – die Bedingungen für die erfolgreiche Fusion immer extremer. $^{3}_{2}$He ist außerdem nur in geringem Maße auf der Erde verfügbar. Größere Ressourcen lagern dagegen im Mondgestein.

$$^{3}_{2}\mathrm{He} + \,^{3}_{2}\mathrm{He} \rightarrow \,^{4}_{2}\mathrm{He} + 2\,^{1}_{1}\mathrm{p}$$

Für einen kontrollierten Ablauf von Fusionsreaktionen unter irdischen Bedingungen müssen die „Kernbrennstoffe" auf Temperaturen von etwa 150 Mio. K aufgeheizt und das dabei gebildete Plasma ungeheuer verdichtet werden. Gegenwärtig versucht man, diese Prozesse in Versuchsreaktoren zu untersuchen.

Fragen

9. Beim Zerfall von $^{235}_{92}$U entstehen Kerne mit Massenzahlen um 90 und 140: Welche Zerfallsprodukte (Isotope) können das sein?
10. Warum müssen zur Isotopentrennung Reinelemente verwendet werden?
11. Aus welchen Teilchen besteht ein Plasma?

3

3.4 Elektronenhülle

Binnewies, 3. Auflage 2016, S. 29 ff: Der Aufbau der Elektronenhülle

Ergänzende Informationen zu diesem Abschnitt finden Sie im Binnewies, 3. Auflage 2016, S. 29 ff.

Lange bevor die Struktur des Atoms experimentell untersucht werden konnte, wurden wesentliche Erkenntnisse zum Verhalten elektromagnetischer Strahlung gesammelt. Isaac Newton beobachtete um 1700, dass das Sonnenlicht durch ein Prisma zerlegt werden kann und so ein kontinuierliches, sichtbares Spektrum von rot bis violett entsteht. Im Jahre 1860 untersuchte Robert Bunsen die Lichtemission von Flammen und von elektrischen Entladungen in Gasen. Er beobachtete, dass Emissionsspektren nicht kontinuierlich sind, sondern aus einer Serie farbiger Linien bestehen. Er fand heraus, dass jedes chemische Element ein ganz charakteristisches Spektrum besitzt. Andere Forscher zeigten später, dass das Emissionsspektrum von Wasserstoff aus mehreren Gruppen von Spektrallinien besteht, einer im ultravioletten Bereich, einer im sichtbaren Bereich und mehreren Gruppen im infraroten Bereich des elektromagnetischen Spektrums. Nicht zuletzt gehen eine Reihe von Elementnamen auf die Beobachtung ihrer dominierenden Spektralfarben zurück, z. B. Rubidium (lat. *rubidus* = rot), Thallium (griech. *thallos* = grün), Indium (von *indigoblau*) oder Caesium (lat. *caesius* = himmelblau).

▪ Bohr'sches Atommodell

Die Interpretation des Wasserstoffspektrums gelang schließlich auf der Basis des Bohr'schen Atommodells. 1913 schlug der dänische Physiker Niels Bohr eine Theorie vor, die eine Analogie zu den Planetenbahnen im Sonnensystem herstellt. Die Elektronen bewegen sich danach auf Kreisbahnen mit definiertem Radius um den Atomkern im Zentrum. Eine solche Bahn ist jeweils stabil, wenn die Coulomb'sche Anziehungskraft durch den Atomkern gleich der Zentrifugalkraft der Kreisbewegung des Elektrons ist. Die Bahnen entsprechen definierten Energiebeträgen, die von den Elektronen bei ihrer Bewegung auf den Bahnen nicht abgegeben werden. Bohr kennzeichnete diese Energieniveaus durch ganze Zahlen 1, 2, 3, … n, sogenannte **Quantenzahlen**.

Wird einem Atom von außen durch Wärme oder elektrische Entladung Energie zugeführt, können die Elektronen auf weiter vom Atomkern entfernt liegende Bahnen angehoben werden. Diese angeregten Elektronen fallen jedoch wieder auf niedrigere Energieniveaus zurück und geben die dabei freiwerdende Energie in Form von Strahlung ab, z. B. als sichtbares Licht. Der Zustand, in dem alle Elektronen möglichst niedrige Niveaus besetzen, wird als *Grundzustand* bezeichnet. Ein *angeregter Zustand* liegt vor, wenn sich ein oder mehrere Elektronen durch Energieaufnahme weiter vom Kern entfernen. Durch den definierten Übergang von angeregten Zuständen in den Grundzustand sind in verschiedenen Serien diskrete Spektrallinien beobachtbar. Für das Wasserstoffatom charakteristisch sind die Übergänge auf das Niveau $n = 1$ in der Lyman-Serie, auf $n = 2$ (Balmer-Serien), auf $n = 3$ (Paschen-Serie), auf $n = 4$ (Bracket-Serie) und auf $n = 5$ (Pfund-Serie). Die energiereichste Serie ist die Lyman-Serie – sie strahlt im UV-Bereich. Im Bereich des sichtbaren Lichts ist die Balmer-Serie zu beobachten. Die weiteren Serien erscheinen im infraroten (IR-)Bereich.

Mithilfe des Modells von Bohr konnte das Verhalten des Wasserstoff-Atoms fast vollständig korrekt beschrieben werden. Für Atome mit mehreren Elektronen werden die Zusammenhänge komplizierter – es treten weit mehr Linien auf, als durch das einfache Bohr'sche Modell vorausgesagt werden. Auch eine Erweiterung des Modells durch mögliche Ellipsenbahnen durch Sommerfeld und Wilson konnte die Probleme nicht lösen.

Wellenmechanisches Atommodell

Das im Vergleich zum Bohr'schen Atommodell wesentlich leistungsfähigere quantenmechanische Atommodell ging aus den Arbeiten des französischen Physikers Louis de Broglie hervor. Er zeigte 1924, dass sehr kleine, sich bewegende Teilchen auch als sogenannte *Materiewellen* betrachtet werden können. Umgekehrt kann man eine elektromagnetische Welle, wie beispielsweise sichtbares Licht, auch als Fluss kleiner Teilchen ansehen, die *Photonen* genannt werden. So kann man sich Elektronen als Teilchen oder aber als Wellen vorstellen.

Auf der Basis dieses *Welle-Teilchen-Dualismus* entwickelte der österreichische Physiker Erwin Schrödinger 1926 eine Differenzialgleichung, die das Verhalten von Elektronen im Umfeld eines Atomkerns beschreibt. Das Elektron wird nicht mehr wie im Bohr'schen Modell als ein Teilchen beschrieben, das sich auf einer Bahn um den Atomkern bewegt, sondern als Teilchenwelle.

Die **Schrödinger-Gleichung** beschreibt den Zusammenhang zwischen der sogenannten *Wellenfunktion* Ψ (griech. Buchstabe Ψ = Psi) eines Elektrons und seiner gesamten (E) bzw. potenziellen Energie (V). Legt man ein kartesisches Koordinatensystem (x, y, z) zugrunde, so lässt sich für ein Atom mit nur einem Elektron folgender Zusammenhang formulieren:

$$\frac{\delta^2\Psi}{\delta x^2} + \frac{\delta^2\Psi}{\delta y^2} + \frac{\delta^2\Psi}{\delta z^2} + \frac{8\pi m_e}{h^2}(E - V) \cdot \Psi = 0$$

In der Schrödinger-Gleichung treten also neben der Wellenfunktion Ψ auch ihre zweiten Ableitungen nach den Ortskoordinaten auf. Die in die Gleichung einsetzbaren Wellenfunktionen Ψ bezeichnet man als Lösungen der Schrödinger-Gleichung. Die Schrödinger-Gleichung ist zunächst nur eine mathematische Beziehung, ihre Lösungen vermitteln aber eine anschauliche Vorstellung vom Bau der Elektronenhülle eines Atoms. Anschaulich interpretieren lässt sich das Quadrat der Wellenfunktion, Ψ^2. Nach dem deutsch-britischen Physiker Max Born beschreibt es die *Wahrscheinlichkeit,* mit der sich ein Elektron an einer beliebigen Stelle im Umfeld des Atomkerns aufhält. Diese Aussage entspricht der Heisenberg'schen Unschärferelation (Werner Heisenberg, 1927). Im Gegensatz zum Bohr'schen Atommodell, das eine exakte Aussage über den Aufenthaltsort und die Energie eines Elektrons macht, beschreibt die Heisenberg'sche Unschärferelation, dass es im atomaren Bereich prinzipiell unmöglich ist, den Ort und gleichzeitig die Geschwindigkeit eines Teilchens genau festzulegen. Dadurch ergibt sich für ein Elektron prinzipiell eine Aufenthaltswahrscheinlichkeit.

Die Schrödinger-Gleichung hat entsprechend den verschiedenen Energiezuständen der Elektronen eine Reihe von mathematischen Lösungen. Diese Wellenfunktionen Ψ werden auch als *Orbitale* bezeichnet. Im Raum hat die Wellenfunktion die allgemeine Form:

$$\Psi_{n,l,m} = R_{n,l}(r) \cdot Y_{l,m}(\vartheta, \varphi)$$

Darin beschreibt der Radialteil R die Ausdehnung eines Orbitals, während der Winkelteil Y die Form und Orientierung des Orbitals wiedergibt. Jedes einzelne Orbital lässt sich durch drei ganze Zahlen charakterisieren, die mit den Buchstaben n, l und m_l gekennzeichnet und (wie im Bohr'schen Modell) *Quantenzahlen* genannt werden. Zusätzlich zu den drei Quantenzahlen in der ursprünglichen Theorie musste eine vierte Quantenzahl definiert werden, um die Ergebnisse eines späteren Experiments zu erklären. Entsprechend der möglichen Rotationsrichtungen eines Elektrons in zwei verschiedene Richtungen wird die Spinorientierung als *Spinquantenzahl* (m_s) angegeben.

3

> **Wichtig**
> **Die Quantenzahlen können nicht beliebige Werte annehmen. Folgende Werte sind möglich:**
> - **Die Hauptquantenzahl *n* kann positive, ganzzahlige Werte von 1 bis zu beliebig hohen Werten annehmen.**
> - **Die zugehörige Nebenquantenzahl *l* kann ganzzahlige Werte von null bis *n* - 1 annehmen.**
> - **Für die magnetische Quantenzahl m_l ergeben sich dann ganzzahlige Werte von $-l$ bis $+l$.**
> - **Die magnetische Spinquantenzahl m_s nimmt Werte von +1/2 oder −1/2 an.**

Es hat sich als nützlich erwiesen, die verschiedenen Orbitale durch Buchstaben zu beschreiben. Wir sprechen bei $l=0$ von einem s-Orbital, bei $l=1$ von einem p-Orbital, bei $l=2$ von einem d-Orbital und bei $l=3$ von einem f-Orbital. (Die Buchstaben *s, p, d* und *f* stammen aus der Spektroskopie, sie stehen für: *sharp*, ***p**rincipal*, ***d**iffuse* und ***f**undamental*.) Jedem dieser Symbole wird die Hauptquantenzahl *n* vorangestellt. So ergibt sich beispielsweise für das durch die Quantenzahlen $n=2$ und $l=1$ charakterisierte Orbital das Symbol 2p.

Die Anzahl der möglichen Werte für m_l ist gleich der Anzahl der jeweiligen Orbitale. So kann m_l bei $l=1$ (p-Orbital) die Werte −1, 0 und +1 annehmen. Dementsprechend gibt es auch drei p-Orbitale. Für $l=2$ erhält man fünf d-Orbitale ($m_l=-2, -1, 0, +1, +2$). Für die Hauptquantenzahl $n=3$ ergeben sich damit insgesamt neun Kombinationen von Quantenzahlen; sie entsprechen einem 3s-, drei 3p- und fünf 3d-Orbitalen. Für die Hauptquantenzahl $n=4$ ergeben sich 16 Kombinationen von Quantenzahlen, entsprechend einem 4s-, drei 4p-, fünf 4d- und sieben 4f-Orbitalen (◘ Tab. 3.4). Theoretisch könnte man diesen Gedanken noch weiterführen. Wie wir jedoch sehen werden, stellen die f-Orbitale praktisch die Grenze der Orbitaltypen für die Elemente des Periodensystems in ihrem elektronischen Grundzustand dar.

Binnewies, Abschn. 2.3: Der Aufbau der Elektronenhülle

Die Lösungen der Schrödinger-Gleichung werden meist als exakte Darstellung der Elektronen eines Atoms aufgefasst, dies ist jedoch nicht ganz richtig. In Atomen schwerer Elemente bewegen sich die Elektronen nahe am Atomkern teilweise mit extrem hoher Geschwindigkeit (nahe der Lichtgeschwindigkeit *c*). Die Masse eines sich bewegenden Körpers hängt aber von seiner Geschwindigkeit ab, dieser Effekt spielt bei sehr hohen Geschwindigkeiten eine große Rolle. Dabei ist die Masse *m* des bewegten Teilchens größer ist als die Ruhemasse m_0. Als Folge dieser **relativistischen Effekte** kommt es zu Abweichungen des tatsächlichen Verhaltens von Elektronen. Eine Lösung bietet die *Dirac-Gleichung* (Paul A. M. Dirac, 1928) (Binnewies, Abschn. 2.3).

◘ Tab. 3.4 Quantenzahlen und mögliche Besetzung der Zustände

Schale	Haupt-quantenzahl *n*	Neben-quantenzahl *l*	Orbitalform	Magnetquantenzahl m_l	Spin *s*	Mögliche Anzahl der Elektronen
K	1	0	s	0	+1/2, −1/2	2
L	2	0	s	0	+1/2, −1/2	2
		1	p	−1, 0, +1	+1/2, −1/2	6
M	3	0	s	0	+1/2, −1/2	2
		1	p	−1, 0, +1	+1/2, −1/2	6
		2	d	−2, −1, 0, +1, +2	+1/2, −1/2	10
N	4	0	s	0	+1/2, −1/2	2
		1	p	−1, 0, +1	+1/2, −1/2	6
		2	d	−2, −1, 0, +1, +2	+1/2, −1/2	10
		3	f	−3, −2, −1, 0, +1, +2, +3	+1/2, −1/2	14

Fragen

12. Welche Bedeutung hat das Quadrat der Wellenfunktion Ψ^2?
13. Überprüfen Sie, ob es elektronische Zustände mit folgenden Quantenzahlen gibt: ($n = 3$, $l = 0$); ($n = 2$, $l = 1$); ($n = 1$, $l = 2$), ($n = 3$, $l = 2$, $m_l = -2$), ($n = 2$, $l = 1$, $m_l = +2$).

3.5 Atomorbitale

Es ist äußerst schwierig, die Bedeutung einer Wellenfunktion anschaulich zu machen. Für die Berücksichtigung der Abhängigkeit der Wellenfunktion von den vier Quantenzahlen müsste entsprechend eine vierdimensionale grafische Darstellung verwendet werden.

Wichtig

Die Orbitale werden in folgender Weise durch die Quantenzahlen bestimmt:

- ***n*** **Größe des Orbitals (die Schale K, l, M, N)**
- ***l*** **Form des Orbitals (s, p, d, f)**
- **m_l Orientierung des Orbitals im Raum (z. B. p_x, p_y, p_z)**
- ***s*** **Spinorientierung des Elektrons**

Die grafischen Darstellungen der Orbitale präsentieren in der Regel die Funktionswerte für Ψ^2 und veranschaulichen damit die räumliche Verteilung der Elektronen. Diese Darstellungen zeigen also an, mit welcher Wahrscheinlichkeit ein Elektron an einem bestimmten Ort anzutreffen ist. Eine hohe Elektronendichte ist immer dort zu erwarten, wo sich ein Elektron besonders häufig aufhält. Entsprechend ergibt sich für Bereiche, in denen Elektronen selten anzutreffen sind, eine niedrigere Elektronendichte (Binnewies, Abschn. 2.3).

Binnewies, Abschn. 2.3: Der Aufbau der Elektronenhülle

Die s-Orbitale

Die Elektronen in einem s-Orbital haben eine kugelsymmetrische Aufenthaltswahrscheinlichkeit und damit eine kugelförmige Verteilung der Elektronendichte (Abb. 3.14). Mittelpunkt der Kugel ist jeweils der Atomkern. Das Volumen eines 2s-Orbitals ist ungefähr viermal so groß wie das eines 1s-Orbitals. In beiden Fällen besetzt der Atomkern ein sehr kleines Volumen im Zentrum der Kugel. Meistens werden die Kugeln mit Aufenthaltswahrscheinlichkeiten von 90 % dargestellt. Die äußere Fläche der Kugel ist dann jeweils ein Bereich gleicher Elektronendichte. Der gesamte Bereich mit endlicher Aufenthaltswahrscheinlichkeit lässt sich nicht darstellen, da die Elektronendichte nur asymptotisch mit wachsendem Abstand vom Atomkern auf null sinkt.

Abgesehen vom Größenunterschied zwischen dem 1s-Orbital und dem 2s-Orbital hat das 2s-Orbital in einem bestimmten Abstand vom Atomkern eine kugelförmige Fläche, auf der die Elektronendichte gleich null ist (Abb. 3.15). Eine solche Fläche, auf der die Wahrscheinlichkeit, ein Elektron

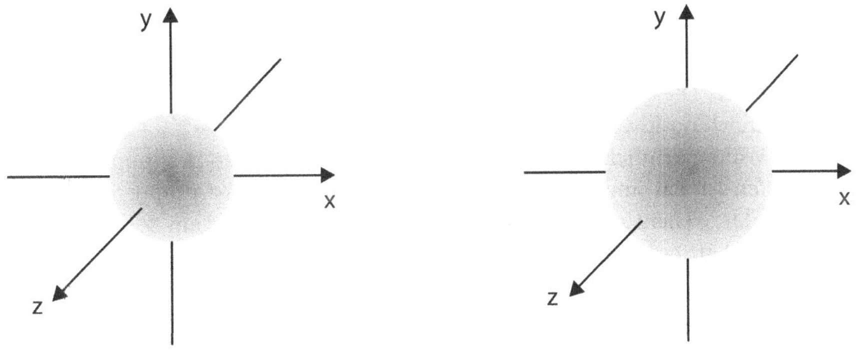

Abb. 3.14 Aufenthaltswahrscheinlichkeit von Elektronen: Form der 1s- und 2s-Orbitale

3

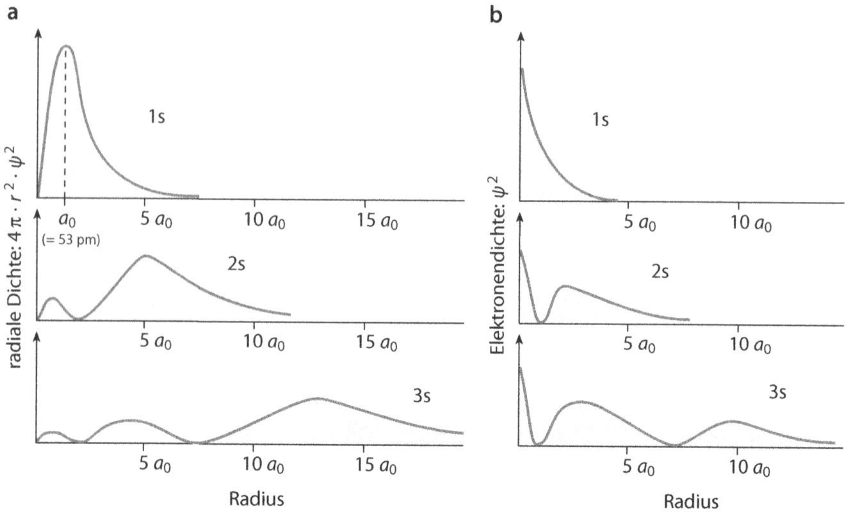

Abb. 3.15 Verteilung der Elektronendichte als Funktion des Abstands zum Atomkern für Elektronen im 1s-, 2s- und 3s-Orbital des Wasserstoff-Atoms: a Aufenthaltswahrscheinlichkeit in einer Kugelschale mit dem Radius *r* *(Radialverteilung)*; b zum Vergleich: Aufenthaltswahrscheinlichkeit in einem einzelnen Volumenelement im Abstand *r* *(Elektronendichte)*

anzutreffen, gleich null ist, bezeichnet man allgemein als *Knotenfläche.* Nimmt die Hauptquantenzahl um eins zu, so steigt auch jeweils die Anzahl der Knotenflächen um eins.

Für das 1s-Elektron eines Wasserstoff-Atoms ergibt sich die größte Aufenthaltswahrscheinlichkeit bei einem Abstand von 53 pm vom Atomkern. Dieser Wert entspricht genau dem Radius a_0 der Umlaufbahn des Elektrons für den Grundzustand des Wasserstoff-Atoms im Bohr'schen Modell. Mit steigender Hauptquantenzahl halten sich die Elektronen im Mittel in größerem Abstand vom Atomkern auf. Die Gesamtflächen der Elektronendichtekurven sind aber jeweils gleich groß, da die Anzahl der Elektronen in einem Orbital gleich ist.

Elektronen in s-Orbitalen unterscheiden sich grundlegend von denen in p-, d- oder f-Orbitalen. Zum einen ist aufgrund ihrer Kugelsymmetrie nur bei s-Orbitalen die Elektronendichte unabhängig von der Richtung. Zum anderen gibt es eine begrenzte Wahrscheinlichkeit dafür, dass sich ein Elektron in einem s-Orbital am Ort des Atomkerns aufhält. Alle anderen Orbitale ergeben am Kern eine Knotenfläche mit einer Elektronendichte von null.

▪ Die p-Orbitale

Die Elektronendichteverteilung der p-Orbitale ist nicht kugelsymmetrisch. Es ergeben sich jeweils zwei getrennte Bereiche, zwischen denen der Atomkern liegt (◘ Abb. 3.16, 3.17). Die sich aus der Kombination der Quantenzahlen ergebenden drei p-Orbitale weisen in die Richtungen der drei Achsen in einem kartesischen Koordinatensystem; dementsprechend werden sie p_x-, p_y- und p_z-Orbital genannt. Im rechten Winkel zur jeweiligen Achse liegt eine Knotenebene, in der auch der Atomkern liegt. Das $2p_z$-Orbital beispielsweise hat eine Knotenebene in der *xy*-Ebene. Die Funktionswerte der ursprünglichen Wellenfunktion Ψ sind in einem Bereich positiv, im anderen negativ.

Die Wahrscheinlichkeit, mit der ein Elektron an einer bestimmten Stelle anzutreffen ist, hat immer einen positiven Wert, denn sie ist proportional zum Quadrat der Wellenfunktion Ψ^2. Auch wenn die Wellenfunktion Ψ selbst negative Werte hat, ergeben sich durch Quadrieren positive Werte – d. h. es gibt *keine negative Aufenthaltswahrscheinlichkeit:* Bei gleichem Betrag der Wellenfunktion ist die Wahrscheinlichkeit – und damit die Elektronendichte – in den

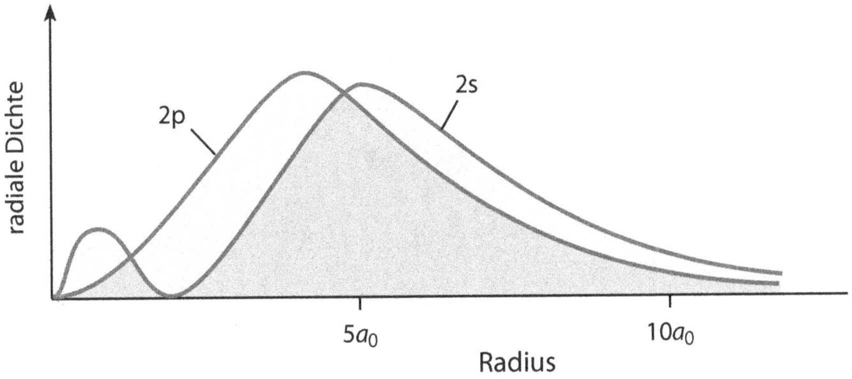

Abb. 3.16 Verteilung der Elektronendichte als Funktion des Abstands zum Atomkern für Elektronen im 2s- und 2p-Orbital des Wasserstoff-Atoms (Radialverteilung)

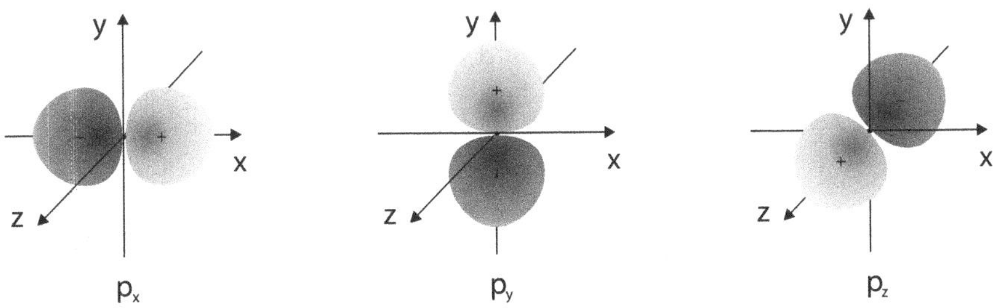

Abb. 3.17 Aufenthaltswahrscheinlichkeit von Elektronen: Form der p-Orbitale

beiden Bereichen mit positivem und negativem Vorzeichen der Wellenfunktion gleich. Bei der Diskussion von chemischen Bindungen spielt jedoch auch das Vorzeichen der Wellenfunktion eine Rolle. Aus diesem Grund gibt man bei der Darstellung von Atomorbitalen häufig auch das Vorzeichen der Wellenfunktion für die einzelnen Bereiche an.

Wie bei den s-Orbitalen ergeben sich auch bei den p-Orbitalen mit steigender Hauptquantenzahl zusätzliche Knotenebenen. Daher sieht ein 3p-Orbital ähnlich, aber nicht genauso aus wie ein 2p-Orbital aus. Die Unterschiede in den Orbitalgeometrien für verschiedene Hauptquantenzahlen sind jedoch für eine qualitative Diskussion von Bindungsverhältnissen nur von untergeordneter Bedeutung.

Die d-Orbitale

Die fünf d-Orbitale haben eine komplexere Form. Drei von ihnen liegen entlang der Winkelhalbierenden zwischen den Achsen des kartesischen Koordinatensystems, die anderen beiden sind entlang der Achsen orientiert (Abb. 3.18). In allen Fällen liegt auch hier der Atomkern im Schnittpunkt der Achsen. Das d_{z^2}-Orbital ähnelt in gewisser Weise einem p_z-Orbital, mit dem Unterschied, dass es zusätzlich einen Ring hoher Elektronendichte in der *xy*-Ebene aufweist. Das $d_{x^2-y^2}$-Orbital ist identisch mit dem d_{xy}-Orbital, es ist jedoch um 45° gedreht.

Die f-Orbitale

Die Gestalt der f-Orbitale ist noch komplexer als die der d-Orbitale. Es gibt insgesamt sieben f-Orbitale, von denen vier jeweils sechs Bereiche aufweisen. Zwei Orbitalgeometrien weisen acht Bereiche der Aufenthaltswahrscheinlichkeit der Elektronen auf und eines ähnelt dem d_{z^2}-Orbital, hat jedoch nicht einen, sondern zwei Ringe (Abb. 3.19). Diese Orbitale sind selten an Bindungen beteiligt, sodass wir sie hier nicht im Detail besprechen.

3

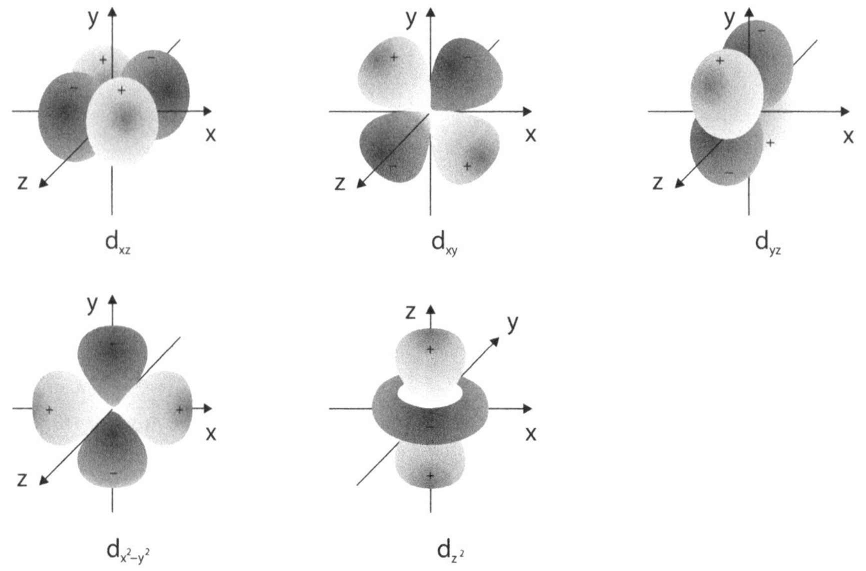

Abb. 3.18 Aufenthaltswahrscheinlichkeit von Elektronen: Form der d-Orbitale

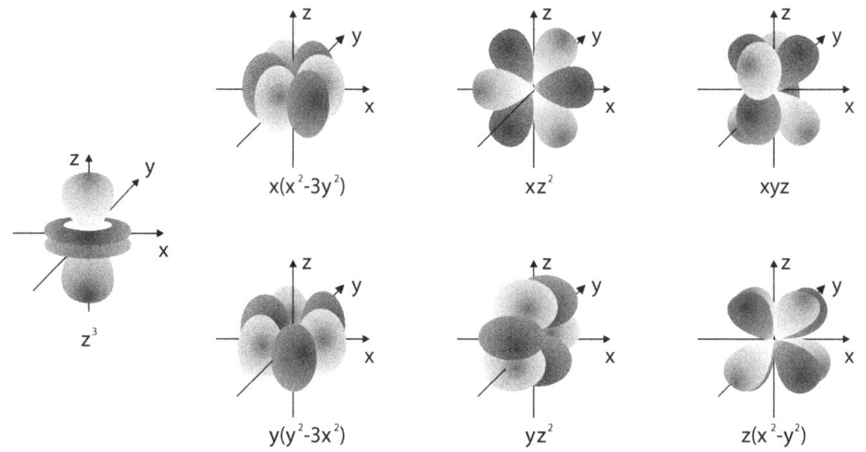

Abb. 3.19 Aufenthaltswahrscheinlichkeit von Elektronen: Form der f-Orbitale

Fragen

14. Welche Aufenthaltswahrscheinlichkeit haben Elektronen, wenn die Wellenfunktion ein negatives Vorzeichen hat?

3.6 Besetzung der Orbitale mit Elektronen und Elektronenkonfiguration

Binnewies, Abschn. 2.3: Der Aufbau der Elektronenhülle

Im Bohr'schen Atommodell entsprachen die einzelnen Elektronenbahnen definierten Energiebeträgen. Auch bei Betrachtung mit dem wellenmechanischen Modell entspricht jedes Orbital einer bestimmten Energie, wenn auch etwas differenzierter: Aufgrund der Unterscheidung der Größe der Orbitale (1s, 2s, 3s...) sowie der Orbitalformen (3s, 3p, 3d...) wird der Energiebetrag maßgeblich durch die Hauptquantenzahl n und in geringerem Ausmaß auch durch die Nebenquantenzahl l bestimmt (Binnewies, Abschn. 2.3).

Regeln zur Besetzung von Orbitalen

Für das chemische Verhalten der Atome ist es von großer Bedeutung, welche Orbitale von den Elektronen besetzt sind. Dies wird durch drei einfache Regeln beschrieben:
- **Energieprinzip: Die Orbitale eines Atoms in seinem Grundzustand werden in der Reihenfolge ihrer Energien mit Elektronen besetzt. Das energieärmste Orbital ist das 1 s-Orbital, es wird zuerst besetzt.**
- **Pauli-Prinzip: Jedes Orbital kann maximal zwei Elektronen aufnehmen.**
- **Hund'sche Regel: Entartete – also energetisch gleichwertige – Orbitale gleichen Typs werden so besetzt, dass sich die maximale Anzahl ungepaarter Elektronen gleichen Spins ergibt.**

Das **Pauli-Prinzip** besagt in allgemeiner Form, dass zwei Elektronen eines Atoms nicht in allen vier Quantenzahlen übereinstimmen dürfen. Wird ein Orbital durch die Quantenzahlen n, l und m_l beschrieben, müssen sich die Elektronen in diesem Orbital wenigstens in der Spinquantenzahl m_s unterscheiden. Da diese nur die Werte +1/2 und −1/2 annehmen kann, können sich maximal zwei Elektronen in einem Orbital aufhalten. Diese weisen stets entgegengesetzten oder *antiparallelen* Spin auf.

Ein **Atomorbitalschema** stellt die Besetzung der Orbitale in Diagrammform dar. Die Ordinate (y-Achse) bezeichnet dabei den Energiewert eines Orbitals, beginnend bei den kernnahen Orbitalen. Entlang der Abszisse (x-Achse) wird die Anzahl der Elektronen aufgetragen. Die einzelnen Orbitale werden dabei als waagerechte Linien oder auch als Kästchen symbolisiert. Die Besetzung der Orbitale durch die Elektronen wird mit Pfeilen dargestellt, deren unterschiedliche Richtung (*spin up* und *spin down*) den Spinzustand der Elektronen kennzeichnet.

Für das am einfachsten aufgebaute Atom – das Wasserstoff-Atom – erfolgt die Besetzung nach den oben genannten Regeln durch *ein* Elektron im 1s-Orbital. Dem Energieprinzip folgend, wird das 1 s-Orbital im Helium-Atom durch *zwei* Elektronen besetzt, deren Spinorientierung durch gegenläufige Pfeilrichtungen markiert ist (Abb. 3.20).

Elektronenkonfiguration

Um die Besetzung der Orbitale auch ohne das zugehörige Energieniveauschema verdeutlichen zu können, wird häufig folgende Symbolik verwendet: Man benennt die Hauptquantenzahl ($n = 1, 2, 3, \ldots$) sowie die Orbitalform (s, p, d, f) und stellt die Anzahl der Elektronen als hochgestellte Zahl dar. Für den Grundzustand des Wasserstoff-Atoms ergibt sich so die Schreibweise $1s^1$. Für ein Atom mit zwei Elektronen, das Helium, folgt die Bezeichnung $1s^2$. Wir bezeichnen die vollständige Darstellung der Besetzung der Orbitale in dieser Symbolik als Elektronenkonfiguration.

Die gebotene Besetzung nach dem Energieprinzip ist nicht immer ganz klar. So führt die Besetzung eines Orbitals mit einem zweiten Elektron zu einer beträchtlichen elektrostatischen Abstoßung. Der Energiebetrag, der notwendig ist, die Abstoßung zweier Elektronen in einem Orbital zu kompensieren, wird als **Spinpaarungsenergie** bezeichnet. Für das Heliumatom ergibt sich demnach eine

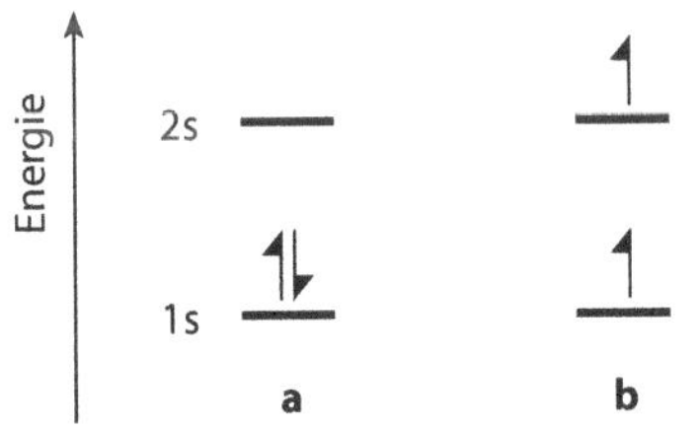

Abb. 3.20 Zwei mögliche Elektronenkonfigurationen für Helium: $1s^2$ (a), $1s^1 2s^1$ (b)

Alternative zu der Konfiguration $1s^2$ in der Besetzung $1s^1 2s^1$ (▣ Abb. 3.20). Die Energie des 1s- und 2s-Orbitals unterscheidet sich hier um $4\ MJ \cdot mol^{-1}$, während die Spinpaarungsenergie bei $3\ MJ \cdot mol^{-1}$ liegt. Der energetisch günstigste Zustand – der Grundzustand – ist damit die Konfiguration $1s^2$ und nicht $1s^1 2s^1$.

Das Lithium-Atom hat drei Elektronen: Gemäß den Besetzungsregeln wird das 1s-Orbital mit zwei Elektronen gefüllt, das dritte Elektron befindet sich im nächstenergiereicheren Orbital, dem 2s-Orbital. Die Elektronenkonfiguration des Lithiums ist dann: $1s^2 2s^1$. In Atomen mit mehr als drei Elektronen ist der Energieunterschied zwischen einem s- und dem p-Orbital der gleichen Hauptquantenzahl immer größer als die Spinpaarungsenergie. So ist die Elektronenkonfiguration von Beryllium $1s^2 2s^2$ und nicht $1s^2 2s^1 2p^1$.

Bei Bor beginnt die Besetzung der p-Orbitale. Das Bor-Atom hat im Grundzustand die Elektronenkonfiguration $1s^2 2s^2 2p^1$. Die drei p-Orbitale, p_x, p_y und p_z, weisen exakt die gleiche Energie auf, man sagt, sie sind entartet. Aus diesem Grund kann man nicht entscheiden, in welchem der drei p-Orbitale sich das Elektron aufhält. Üblicherweise geht man von einem einfach besetzten p_x-Orbital aus.

Kohlenstoff enthält zwei Elektronen in p-Orbitalen. Für deren Besetzung bestehen jedoch drei verschiedene Möglichkeiten:

a. zwei Elektronen mit antiparallelem Spin besetzen ein p-Orbital [↑↓][ ][ ]
b. zwei Elektronen mit parallelem Spin besetzen zwei verschiedene p-Orbitale [↑][↑][–]
c. zwei Elektronen mit entgegengesetztem Spin befinden sich in zwei verschiedenen p-Orbitalen [↑][↓][ ]

Variante (a) ist aufgrund der Spinpaarungsenergie ausgeschlossen. Eine Unterscheidung der Varianten (b) und (c) gelingt nur über eine detaillierte Auseinandersetzung mit der Quantentheorie. Demnach sollten Elektronen, die sich in zwei Orbitalen gleichen Typs befinden (hier p-Orbitale), parallelen Spin aufweisen – Variante (b) ist also der energieärmste Zustand. Dass bevorzugt ungepaarte Elektronen mit parallelem Spin vorliegen, ist bereits in der Hund'schen Regel formuliert. Man spricht auch vom Prinzip der größten *Spinmultiplizität.*

Die Besetzung der 2p-Orbitale ist beim Element Neon mit der Konfiguration $1s^2 2s^2 2p^6$ abgeschlossen. In den Elementen der höheren Ordnungszahlen (und Elektronenzahlen) werden die energetisch folgenden Orbitale 3s und 3p besetzt (Na: $1s^2 2s^2 2p^6 3s^1$). Der Abschluss der Valenzschale für eine Hauptquantenzahl n mit der Elektronenkonfiguration $ns^2 np^6$ erfolgt dann jeweils bei den Edelgasen (Ar: $1s^2 2s^2 2p^6 3s^2 3p^6$, außer He: $1s^2$). Diese besonders stabile Elektronenkonfiguration wird als *Edelgaskonfiguration* bezeichnet.

Anstelle der vollständigen Angabe der Elektronenkonfiguration verwendet man oft eine Kurzform, bei der die inneren Elektronen durch das in eckige Klammern gestellte Elementsymbol des entsprechenden Edelgases dargestellt werden. Für die Elektronenkonfiguration von Aluminium, $1s^2 2s^2 2p^6 3s^2 3p^1$, schreibt man dann: $[Ne]3s^2 3p^1$, für Calcium: $[Ar]4s^2$. In dieser Darstellungsform werden die äußeren Elektronen – die *Valenzelektronen* – besonders hervorgehoben. Die Valenzelektronen eines Atoms sind für vor allem die chemische Bindung entscheidend.

▪ Besetzung der d-Orbitale

Bis zum Element Argon sind die 3s- und 3p-Orbitale vollständig besetzt ($3s^2 3p^6$). Innerhalb der Hauptquantenzahl 3 müsste dann die Besetzung der d-Orbitale folgen. Im Widerspruch dazu findet man jedoch für die folgenden Elemente Kalium die Konfiguration $[Ar]4s^1$ und für Calcium $[Ar]4s^2$. Diese Elektronenkonfiguration ist energetisch günstiger als die Konfiguration

$3s^23p^63d^1$ bzw. $3s^23p^63d^2$. Grund dafür ist die günstigere Elektronendichteverteilung des 4s-Orbitals in kernferneren Bereichen und damit eine geringere Abstoßungsenergie der Elektronen. Die 3d-Orbitale haben dagegen aufgrund ihrer Orbitalform eine höhere Elektronendichteverteilung im kernnahen Bereich. In der Folge liegt die Energie für das 4s-Niveaus etwas unterhalb der Energie des 3d-Niveaus. Das 4p-Niveau liegt dann aber energetisch deutlich höher als das 3d-Niveau.

So beginnt nach Calcium die Besetzung der 3d-Orbitale (◘ Abb. 3.21). Gemäß den Besetzungsregeln können die fünf d-Orbitale mit maximal zehn Elektronen besetzt werden (vgl. ◘ Tab. 3.4.). Deren Auffüllung erfolgt vom Scandium bis zum Zink. Bei den Elementen mit besetzten d-Orbitalen in der Valenzschale spricht man von **Nebengruppenelementen**. Elemente mit besetzten s- oder p-Orbitalen in der Valenzschale bezeichnet man entsprechend als **Hauptgruppenelemente**. Für die Nebengruppenelemente wird häufig das Synonym Übergangsmetalle oder Übergangselemente verwendet, auch wenn es streng genommen nicht ganz richtig ist. Die IUPAC definiert diese als Elemente mit unvollständig besetzten d-Schalen. Die Elemente Zn, Cd und Hg gehören mit ihrer d^{10}-Konfiguration also eigentlich nicht zu den Übergangsmetallen, was die Verwendung des Begriffes etwas missverständlich macht.

Aufgrund der geringen energetischen Unterschiede der s- und d-Orbitale kommt es bei der Besetzung der 3d-, 4d- und 5d-Orbitale für einige Atome zu Abweichungen von der Abfolge s^2d^x. So hat das Chrom-Atom eine stabile Konfiguration $3d^54s^1$ (nicht $3d^44s^2$). Für das Kupfer-Atom ist die Elektronenkonfiguration $3d^{10}4s^1$ günstiger als $3d^94s^2$. In gleicher Weise findet man bei den 4d-Elementen Palladium und Silber jeweils die $4d^{10}$-Konfiguration (◘ Tab. 3.5). Die Beispiele zeigen, dass Konfigurationen mit *halb-* oder *vollbesetzten Unterschalen* eine erhöhte Stabilität aufweisen. Der heute noch verwendete Begriff der „Schale" nimmt dabei Bezug auf die triviale Annahme des Bohr'schen Atommodells.

Für die Elemente, in denen zusätzlich die f-Orbitale besetzt werden, sind die Verhältnisse noch komplizierter. Die 4f-, 5d- und 6s-Orbitale haben sehr ähnliche Energien, sodass eine systematische Abfolge in der Elektronenkonfiguration entsteht: Ba: $[Xe]6s^2$, La: $[Xe]5d^16s^2$, Ce: $[Xe]\ 4f^15d^16s^2$, … Lu: $[Xe]\ 4f^{14}5d^16s^2$, Hf: $[Xe]\ 4f^{14}5d^26s^2$, …

Trotz der Abweichungen in den Elektronenkonfigurationen einiger Elemente bei der Besetzung der d-und f-Orbitale kann man ein allgemeingültiges System zur Reihenfolge der Besetzung von Orbitalen aufstellen (◘ Abb. 3.22). Die daraus resultierenden Elektronenkonfigurationen der Nebengruppenelemente sind in ◘ Tab. 3.5 angegeben.

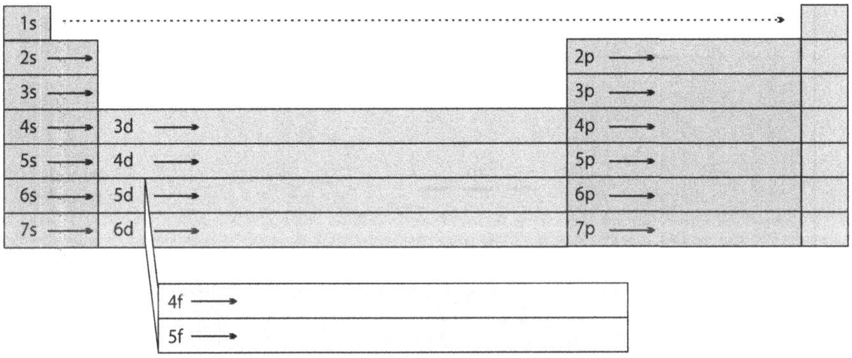

◘ **Abb. 3.21** Prinzipielles Schema zur Abfolge der Besetzung der Orbitale

3

Tab. 3.5 Elektronenkonfigurationen der Valenzschale der Nebengruppenelemente im Grundzustand

4. Periode		**5. Periode**		**6. Periode**	
Element	**Konfiguration [Ar]**	**Element**	**Konfiguration [Kr]**	**Element**	**Konfiguration [Xe]**
Sc	$3d^14s^2$	Y	$4d^15s^2$	La	$5d^16s^2$
Ti	$3d^24s^2$	Zr	$4d^25s^2$	Hf	$4f^{14}5d^26s^2$
V	$3d^34s^2$	Nb	$4d^45s^1$	Ta	$4f^{14}5d^36s^2$
Cr	$3d^54s^1$	Mo	$4d^55s^1$	W	$4f^{14}5d^46s^2$
Mn	$3d^54s^2$	Tc	$4d^55s^2$	Re	$4f^{14}5d^56s^2$
Fe	$3d^64s^2$	Ru	$4d^75s^1$	Os	$4f^{14}5d^66s^2$
Co	$3d^74s^2$	Rh	$4d^85s^1$	Ir	$4f^{14}5d^76s^2$
Ni	$3d^84s^2$	Pd	$4d^{10}5s^0$	Pt	$4f^{14}5d^96s^1$
Cu	$3d^{10}4s^1$	Ag	$4d^{10}5s^1$	Au	$4f^{14}5d^{10}6s^1$
Zn	$3d^{10}4s^2$	Cd	$4d^{10}5s^2$	Hg	$4f^{14}5d^{10}6s^2$

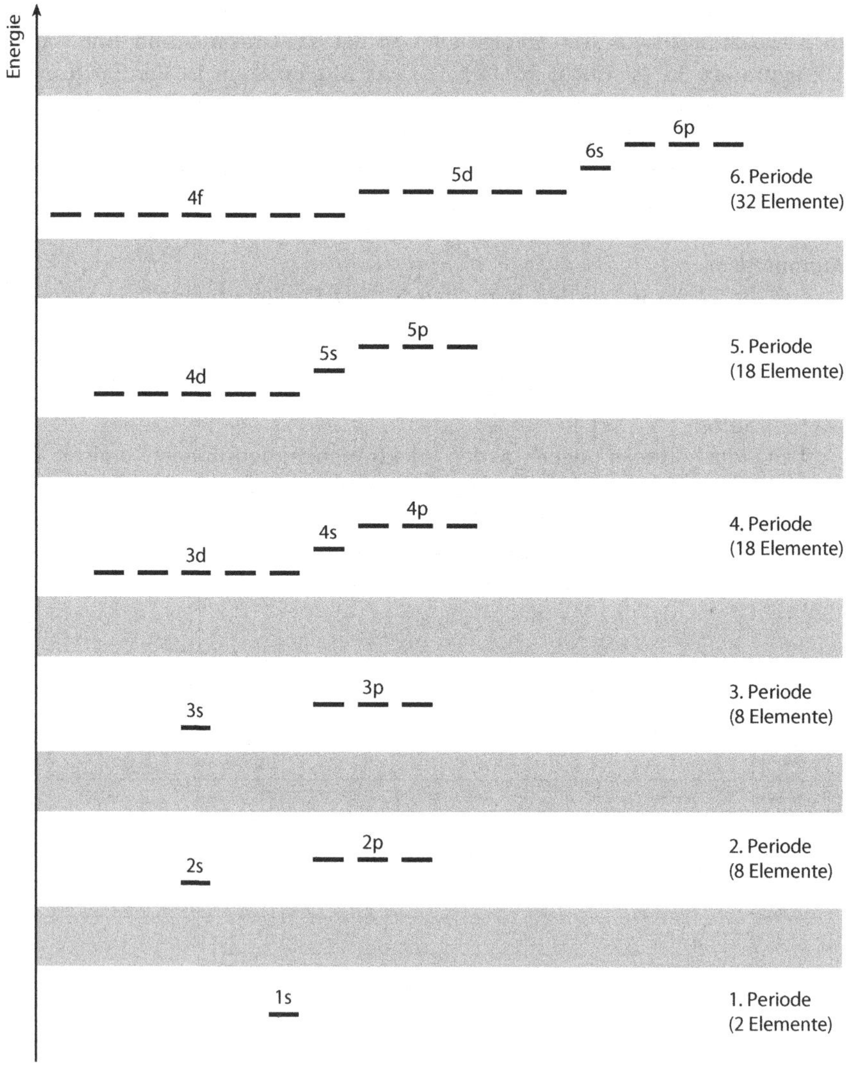

Abb. 3.22 Reihenfolge der Orbitalenergien bei den meisten Atomen der 1. bis 6. Periode. Die grauen Bereiche deuten an, dass die aufeinander folgenden Gruppen von Orbitalen ähnlicher Energie durch relativ große Energielücken getrennt sind

▪ Allgemeines Ordnungsprinzip der Besetzung von Orbitalen

Wir haben bereits gesehen, dass die Besetzung einer „Schale" jeweils bei den Edelgasen abgeschlossen ist. Für die folgenden Elemente wird eine Elektronenkonfiguration mit der nächsthöheren Quantenzahl erstellt. Ordnet man nun die Elemente mit steigender Ordnungszahl entsprechend ihrer Elektronenkonfiguration nebeneinander und beginnt immer mit der nächsthöheren Quantenzahl eine neue Zeile, erhält man ein System mit sieben Zeilen (den Hauptquantenzahlen) und 18 Spalten (Anzahl der Elektronen bei Besetzung von s-, p-, und d-Orbitalen). Dieses Ordnungssystem nennen wir das Periodensystem der Elemente (◘ Abb. 3.23). Die Zeilen des Periodensystems repräsentieren sieben **Perioden**, in den Spalten sind 18 **Gruppen** dargestellt. In einer Gruppe stehen jeweils Elemente mit der gleichen Anzahl an Valenzelektronen. Diese Elemente haben eine hohe chemische Ähnlichkeit. Vertreter einer Periode haben bei gleicher Hauptquantenzahl einen unterschiedlichen Aufbau der Valenzschale und unterscheiden sich deutlich in ihrer Reaktivität sowie der Art der chemischen Bindung in den Elementen und Verbindungen.

Sie können also aus dem Periodensystem nicht nur die Elektronenkonfiguration jedes Elements „ablesen". Sie werden vielmehr bei der richtigen Nutzung wichtige chemische Eigenschaften der Elemente ableiten können.

▪ Elektronenkonfiguration von Ionen

Elektronenkonfigurationen mit vollständig besetzten Schalen sind offenbar besonders stabil. So ist die Bildung von Ionen unter Aufnahme oder Abgabe von Elektronen bis zur Edelgaskonfiguration (ns^2np^6) leicht verständlich. Für die leichten Hauptgruppenelemente wie Magnesium oder Aluminium lässt sich die Elektronenkonfiguration und damit ihre Ladungszahl entsprechend vorhersagen: Die Metall-Atome geben bei der Bildung von Verbindungen meist alle Elektronen der äußeren Schale ab und werden so zu Kationen (Mg^{2+}, Al^{3+}) mit der Elektronenkonfiguration des nächstleichteren Edelgasatoms (◘ Abb. 3.23). Atome elektronenreicher Elemente wie Fluor oder Sauerstoff

	HG		Nebengruppen										Hauptgruppen					
Gruppe Konfiguration	1 s^1	2 s^2	3 d^1	4 d^2	5 d^3	6 d^4	7 d^5	8 d^6	9 d^7	10 d^8	11 d^9	12 d^{10}	13 p^1	14 p^2	15 p^3	16 p^4	17 p^5	18 p^6
bevorzugte Oxidationszahl bzw. Ladung	+1	+2	+3	+4	+5	+6	+7	+3	+3	+2	+1	+2	+3	+4/+2 −4	+5/+3 −3	+6/+4 −2	+7/+5 −1	0
Periode 1	H																	He
2	Li	Be											B	C	N	O	F	Ne
3	Na	Mg											Al	Si	P	S	Cl	Ar
4	K	Ca	Sc	Ti	V	Cr	Mn	Fe	Co	Ni	Cu	Zn	Ga	Ge	As	Se	Br	Kr
5	Rb	Sr	Y	Zr	Nb	Mo	Tc	Ru	Rh	Pd	Ag	Cd	In	Sn	Sb	Te	I	Xe
6	Cs	Ba	La	Hf	Ta	W	Re	Os	Ir	Pt	Au	Hg	Tl	Pb	Bi	Po	At	Rn
7	Fr	Ra	Ac	Rf	Db	Sg	Bh	Hs	Mt	Ds	Rg	Cn	Nh	Fl	Mc	Lv	Ts	Og

Konfiguration $s^2d^1f^n$
bevorzugte Ox.zahl/Ladung +3/(+4/+2)

Lanthanoide	Ce	Pr	Nd	Pm	Sm	Eu	Gd	Tb	Dy	Ho	Er	Tm	Yb	Lu
Actinoide	Th	Pa	U	Np	Pu	Am	Cm	Bk	Cf	Es	Fm	Md	No	Lr

◘ **Abb. 3.23** Periodensystem der Elemente

nehmen Elektronen auf, bis sie die Konfiguration des nächstschwereren Edelgases erreichen. Auf diese Weise erreichen folgende Ionen jeweils die Konfiguration des Neons ($1s^22s^22p^6$): N^{3-}, O^{2-}, F^-, Na^+, Mg^{2+}, Al^{3+} (man sagt, sie sind *isoelektronisch*).

Insbesondere bei den schweren Hauptgruppenelementen beobachtet man den Trend zu Bildung verschiedener Ionen, deren Ladungen sich jeweils um zwei Einheiten unterscheiden: Tl^+ und Tl^{3+}, Pb^{2+} und Pb^{4+}. Nur die Ionen mit der jeweils höheren Ladung haben eine Edelgaskonfiguration. Die um zwei Einheiten geringere Ladung entsteht, wenn nur die p-Elektronen bei der Ionisation abgegeben werden, die s-Elektronen jedoch in der Valenzschale verbleiben *(Inert-Pair-Effekt)*. Für Tl^+ und Pb^{2+} (wie auch für das äußerst stabile Ion Bi^{3+}) resultiert die Elektronenkonfiguration [Xe] $6s^2$.

Die Vorhersage der Elektronenkonfiguration für Kationen der Nebengruppenelemente ist etwas weniger eindeutig. Die maximale Ladung des Kations entspricht auch hier der Anzahl der Valenzelektronen: V ([Ar] $3d^3$ $4s^2$) $\rightarrow$ V^{5+} ([Ar]), Mo ([Kr] $4d^5$ $5s^1$) $\rightarrow$ Mo^{6+} ([Kr]). Bei der Bildung von Ionen unter unvollständiger Abgabe der Valenzelektronen werden zuerst die Elektronen mit der höchsten Hauptquantenzahl abgegeben. So bildet Eisen Fe^{2+}-Ionen ([Ar] $3d^6$) und Fe^{3+}-Ionen ([Ar] $3d^5$). Ausgehend vom Element (Fe: [Ar] $3d^6$ $4s^2$) wurden zuerst die 4s-Elektronen abgegeben.

? Fragen

15. Mithilfe welcher Regeln können Sie die Elektronenkonfiguration eines Atoms bestimmen?
16. Warum ist die Elektronenkonfiguration von Cr ($3d^54s^1$) stabil?
17. Machen Sie ein Spiel: Beginnen Sie beim Element Scandium (Sc) und machen Sie auf dem Periodensystem den „Rösselsprung" (den Zug des Springers) wie im Schachspiel. Bestimmen Sie die Elektronenkonfiguration des erhaltenen Elements und beginnen Sie von diesem Element aus mit einem neuen „Rösselsprung".

Periodensystem der Elemente

P. Schmidt, *Allgemeine Chemie*, https://doi.org/10.1007/978-3-662-57846-9_4

Mit der zunehmenden Entdeckung neuer Elemente zu Beginn des 19. Jahrhunderts nahm auch die Systematik bei der Erfassung von Stoffeigenschaften zu. 1829 veröffentlichte Johann Döbereiner eine Regel zur Beschreibung von Gruppen von jeweils drei Elementen („Triadenregel"), die sich in ihren Eigenschaften ähneln. Die weitere Entwicklung wurde schließlich durch eine Einigung über die relativen Atommassen der etwa 60 bis dahin bekannten Elemente auf dem „Karlsruher Kongress" (1860) vorangetrieben. 1864 formulierte John Newlands das „Oktavengesetz" – eine Regel zur Ordnung der Elemente nach ihren Atommassen. Die Eigenschaften der so geordneten Elemente wiederholten sich nach jedem achten Element.

■ Mendeleevs System der Elemente

Inwieweit die Erkenntnisse einzelner Wissenschaftler damals unter Kollegen bekannt waren, ist heute unklar. Jedenfalls kam es in der Folge des Karlsruher Kongresses 1869 unabhängig voneinander zu sehr ähnlichen Ergebnissen bei der Ordnung der periodischen Eigenschaften der Elemente durch Lothar Meyer und Dimitrij Mendeleev (Mendelejew). In Mendeleevs Systematik waren die damals bekannten Elemente in der Reihenfolge ihrer Atommasse in acht Gruppen (Spalten) angeordnet. Jede der Gruppen repräsentierte ähnliche Eigenschaften der Elemente. Die Gruppen I bis VII enthielten zusätzlich jeweils zwei Untergruppen. So wurden in der Gruppe I die Elemente Li, Na, K, Rb und Cs ebenso erfasst wie Cu, Ag und Au; in der Gruppe II Be, Mg, Ca, Sr und Ba wie auch Zn, Cd und Hg. Heute können wir diese Unterteilung aufgrund des Atombaus differenzieren: Die Gruppe I beinhaltete die heutigen Gruppen 1 und 11, Gruppe II die Gruppen 2 und 12. Die Gruppe VIII war schließlich in vier Untergruppen unterteilt.

Die Elemente wurden aufsteigend nach ihren Atommassen aneinandergereiht und nach ihren Eigenschaften und denen ihrer Verbindungen in die Tabelle eingeordnet. An einigen Stellen konnte keine passende Zuordnung getroffen werden. Mendeleev nahm an, dass diese Lücken unbekannten Elementen entsprächen. Eine Lücke im Periodensystem befand sich zur damaligen Zeit zwischen Silicium und Zinn. Mendeleev nannte das fehlende Element Eka-Silicium (Es) und sagte einige seiner Eigenschaften mit bemerkenswerter Präzision voraus. 15 Jahre später wurde dieses Element von Clemens Winkler entdeckt und *Germanium* genannt. In ähnlicher Weise wurden die fehlenden Elemente Eka-Bor und Eka-Aluminium vorhergesagt, sie fanden ihren Platz im Periodensystem als Scandium und Gallium.

Das Periodensystem nach Mendeleev hatte dennoch Unzulänglichkeiten:

1. Bei einer Anordnung der Elemente nach der Reihenfolge ihrer Atommassen können die Elemente nicht immer in der Gruppe mit den entsprechenden Eigenschaften eingeordnet werden. Die Elemente Nickel und Cobalt wie auch Iod und Tellur mussten zunächst in ihrer Reihenfolge vertauscht werden.
2. Nach 1870 wurden weitere Elemente entdeckt, wie z. B. Holmium und Samarium, die in der Tabelle keinen sinnvollen Platz fanden.
3. Einige Elemente, die der gleichen Gruppe zugeordnet waren, unterscheiden sich teilweise gravierend in ihren chemischen Eigenschaften. Der Unterschied wird besonders in der Gruppe I deutlich: Die sehr reaktiven Alkalimetalle sind mit den sehr unreaktiven Münzmetallen (Kupfer, Silber, Gold) zusammengefasst.
4. Von jeder Gruppe, die in die Tabelle eingesetzt wurde, musste zumindest ein Element bekannt sein. Da jedoch zu Mendeleevs Zeit noch keines der Edelgase entdeckt war, wurde hierfür in der Tabelle keine Lücke gelassen.
5. Die strikte Einhaltung der Ordnung in acht Gruppen führte zu weiteren Lücken und damit zur Vorhersage von Elementen, die gar nicht existieren.

■ **Moseleys Gesetz**

Eine Ordnung der Elemente anhand der Ordnungszahl anstatt nach Atommassen gelang erst in der frühen Hälfte des 20. Jahrhunderts. Man hatte entdeckt, dass die Atome eines Elements bei der Bestrahlung mit Röntgenstrahlen selbst Röntgenstrahlen einer für das jeweilige Element charakteristischen Wellenlänge emittieren. Henry Moseley zeigte 1913, dass die Wellenlänge λ (griech. Buchstabe λ = *lambda*) der von verschiedenen Elementen emittierten Röntgenstrahlen durch eine einfache Formel, das Moseley'sche Gesetz, beschrieben werden kann:

$$\frac{1}{\lambda} = \frac{3}{4} \cdot R_{\infty}(Z - 1)^2$$

R_{∞} ist die sogenannte Rydberg-Konstante, Z ist eine ganze Zahl, die – wie Moseley zeigen konnte – identisch ist mit der Anzahl der Protonen im Atomkern des jeweiligen Elements. Die Anzahl der Protonen konnte der Ordnungszahl des Elements zugeordnet und so ein neues Ordnungsprinzip aufgestellt werden.

4.1 Das moderne Periodensystem

Im modernen Periodensystem ist die Ordnungszahl – und damit die Anzahl der Protonen – das entscheidende Kriterium für die Abfolge der Elemente. Die Einordnung in die Gruppen und Perioden des Systems erfolgt aufgrund der Elektronenkonfiguration: Es gibt sieben Perioden und 18 Gruppen. Aufgrund von charakteristischen Elektronenkonfigurationen kann man Elementgruppen nochmals typisierend zusammenfassen.

Wichtig

- **Die Hauptgruppenelemente werden durch Besetzung der s- und p-Orbitale in der Valenzschale gebildet. Die Elemente der Gruppen 1 und 2, sowie 13 bis 18 zählen zu den Hauptgruppenelementen.**
- **Die Nebengruppenelemente werden durch Besetzung der d-Orbitale in der Valenzschale gebildet. Die Elemente der Gruppen 3 bis 12 zählen zu den Nebengruppenelementen.**
- **Die *Edelgase* weisen eine vollständige Besetzung der Valenzschale auf. Die Elemente der Gruppe 18 zählen zu den Edelgasen.**
- **Die Lanthanoide und Actinoide sind durch die Besetzung der f-Orbitale gekennzeichnet. Die Elemente mit den Ordnungszahlen 58 (Ce) bis 71 (Lu) zählen zu den Lanthanoiden, die Elemente mit den Ordnungszahlen 90 (Th) bis 103 (Lr) zu den Actinoiden.**

Nach Empfehlungen der IUPAC (International Union of Pure and Applied Chemistry) werden heute die Gruppen des Periodensystems von 1 bis 18 durchnummeriert. Die Lanthanoide und Actinoide (außer Lanthan und Actinium selbst) werden in die Nummerierung der Gruppen *nicht* einbezogen (Binnewies, ► Abschn. 3.1).

Binnewies, ► Abschn. 3.1: Das moderne Periodensystem

■ **Die Perioden**

Die Perioden sind die waagerechten Zeilen des Periodensystems. Innerhalb einer Periode erfolgt die Anordnung der Elemente von links nach rechts mit steigender Ordnungszahl. Der Beginn einer Zeile (Periode) entspricht der Besetzung des s-Orbitals einer neuen Hauptquantenzahl *n* durch ein Elektron. Die Anzahl der Elemente in einer Periode ergibt sich aus der Anzahl der Elektronen, mit denen die nachfolgenden Orbitale besetzt werden, bevor das nächsthöhere s-Orbital wieder mit einem Elektron besetzt wird.

Mit den möglichen, sich aus den Quantenzahlen ergebenden Zuständen der Elektronen (vgl. ◘ Tab. 3.4) können in der 1. Periode maximal zwei Elektronen, in der 2. und 3. Periode acht Elektronen und in der 4. Periode 18 Elektronen besetzt werden. In allen Perioden gehören die s- und p-Orbitale stets zur selben Quantenzahl *n*, die d-Orbitale gehören zur nächstniedrigeren Hauptquantenzahl $n - 1$, die Hauptquantenzahl der f-Orbitale lautet $n - 2$ (◘ Abb. 3.21).

In der heute üblichen Darstellung des Periodensystems werden die Elemente, bei denen f-Orbitale aufgefüllt werden, gesondert in zwei Reihen unterhalb des eigentlichen Periodensystems dargestellt: die *Lanthanoide* (La ... Lu) und die *Actinoide* (Ac ... Lr). Auf diese Weise werden die 6. und 7. Periode in ihrer Darstellung im Periodensystem nicht zusätzlich aufgeweitet (◘ Abb. 3.23).

■ Die Gruppen

Die Gruppen sind die senkrechten Spalten des Periodensystems. Innerhalb einer Gruppe erfolgt die Anordnung der Elemente von oben nach unten. Elemente einer Gruppe weisen die gleiche Elektronenkonfiguration der Valenzschale auf – sie haben dieselbe Anzahl an Valenzelektronen.

Die Elemente der Gruppe 1 (Alkalimetalle) werden beispielsweise prinzipiell durch die Konfiguration ns^1 charakterisiert. Zahlreiche ähnliche Eigenschaften der Elemente und ihrer Verbindungen sind die Folge. Trotzdem weisen die Elemente jeweils ein individuelles chemisches Verhalten auf. Die größten Unterschiede innerhalb einer Gruppe werden zwischen dem leichtesten und dem nächstschwereren Element beobachtet. So stehen Stickstoff und Phosphor direkt benachbart in der 2. und 3. Periode derselben Gruppe (Gruppe 15). Elementarer Stickstoff ist aber ein sehr wenig reaktives Gas, während weißer Phosphor so reaktiv ist, dass er spontan an der Luft verbrennt. In gleicher Weise findet man Kohlenstoff und Silicium als Nachbarn in der Gruppe 14. Ihre Sauerstoff-Verbindungen verhalten sich aber völlig unterschiedlich: CO_2 ist ein Gas, SiO_2 ein sehr harter Feststoff.

Die beiden leichtesten Elemente im Periodensystem – Wasserstoff und Helium – folgen in ihrer Zuordnung nicht den formalen Regeln: So wird Helium (Elektronenkonfiguration $1s^2$) nicht den anderen Elementen der Konfiguration ns^2, also den Erdalkalimetallen, sondern den Edelgasen (Elektronenkonfiguration ns^2np^6) zugeordnet. Der Grund hierfür ist, dass Helium wie die anderen Edelgase eine voll besetzte Außenschale aufweist. Helium ist überdies den Edelgasen in seinen physikalischen und chemischen Eigenschaften sehr ähnlich. Wasserstoff ($1s^1$) ähnelt den Elementen der Gruppe 1 in seinen Eigenschaften überhaupt nicht und sollte immer mit einer Sonderstellung geführt werden.

■ Systematische Namen

Für einige der Hauptgruppen haben sich charakteristische Namen eingebürgert: *Alkalimetalle* (Gruppe 1), *Erdalkalimetalle* (Gruppe 2), *Chalkogene* (Gruppe 16), *Halogene* (Gruppe 17) und *Edelgase* (Gruppe 18). Für die weiteren Gruppen der Hauptgruppenelemente werden in jüngerer Zeit ebenfalls zusammenfassende Bezeichnungen verwendet: *Triele* (Gruppe 13), *Tetrele* (Gruppe 14) und *Pentele* (Gruppe 15). Die Elemente der Gruppe 11 (Kupfer, Silber, Gold) werden gelegentlich als *Münzmetalle,* die Elemente Ruthenium, Rhodium, Palladium sowie Osmium, Iridium und Platin als *Platinmetalle* bezeichnet.

Die Elemente, bei denen die 4f-Orbitale aufgefüllt werden, bezeichnet man als *Lanthanoide;* die 5f-Orbitale werden bei den 14 *Actinoiden* mit Elektronen aufgefüllt (◘ Abb. 3.15). Die Elemente Scandium (Sc), Yttrium (Y), Lanthan (La) und die Lanthanoide werden häufig zusammenfassend als *Seltenerdmetalle* bezeichnet. Diese Bezeichnung deutet an, dass Scandium, Yttrium und Lanthan chemisch eher den Lanthanoiden als den Übergangsmetallen ähneln. Der Begriff „Seltene Erden" wird oftmals fälschlicherweise für die Seltenerd*metalle* verwendet – tatsächlich handelt es sich dabei um deren Oxide.

Fragen

18. Benennen Sie alle Elemente der Gruppe der Pentele.
19. Zu welcher Gruppe gehören die Elemente Be, Mg, Ca, Sr und Ba?
20. Geben Sie die Elektronenkonfigurationen der Halogene an.

4.2 Stabilität der Elemente und Isotope

In unserem Universum gibt es 81 stabile Elemente. Das sind Elemente, von denen ein oder auch mehrere Isotope nicht dem radioaktiven Zerfall unterliegen. Oberhalb des Bismuts (Ordnungszahl 83) existieren keine stabilen Isotope. Zwei leichtere Elemente, Technetium und Promethium, haben nur radioaktive Isotope. Zwei radioaktive Elemente, Uran und Thorium, kommen auf der Erde relativ häufig vor, da die Halbwertszeit einiger ihrer Isotope – 10^8 bis 10^9 Jahre – fast so groß ist wie das Alter der Erde.

Die Tatsache, dass die Anzahl der stabilen Elemente begrenzt ist, lässt sich darauf zurückführen, dass zwischen den Protonen im Kern elektrostatische Abstoßungskräfte wirken wie zwischen allen gleichnamig geladenen Teilchen. Die Neutronen im Atomkern vergrößern allerdings den Abstand zwischen den Protonen und verringern auf diese Weise die Abstoßungskräfte. Auch wenn die Anzahl der Neutronen im Verhältnis zur Anzahl der Protonen zunimmt, können die Kerne oberhalb von Bismut offensichtlich nicht mehr stabilisiert werden (Tab. 4.1).

Wie die Elektronenhülle hat auch der Atomkern eine Struktur. Stabile Zustände entstehen dabei insbesondere mit jeweils 2, 8, 20, 28, 50, 82 und 126 Nukleonen einer Sorte – das gilt unabhängig voneinander sowohl für Protonen als auch für Neutronen. So führt der Zerfall aller natürlich vorkommenden radioaktiven Elemente jenseits von Blei zur Bildung von Atomkernen mit 82 Protonen im Kern; es bildet sich jeweils ein Blei-Isotop. Der Einfluss der stabilen Niveaus zeigt sich auch in den Regelmäßigkeiten bei den stabilen Isotopen. So hat Zinn mit 50 Protonen die größte Anzahl stabiler Isotope (insgesamt zehn). Besonders häufig sind Isotope verschiedener Elemente mit 50 bzw. 82 Neutronen: sechs Elemente haben Isotope mit 50, sieben mit 82 Neutronen.

Wenn in beiden Nukleonensorten jeweils stabile Niveaus erreicht sind, sollte die Stabilität des Kerns besonders hoch sein. So ist das Isotop $^{4}_{2}He$ mit jeweils zwei Protonen und Neutronen das zweithäufigste Isotop im Universum; bei vielen Kernreaktionen werden $^{4}_{2}He$ -Kerne (α-Teilchen) gebildet. Die Kombination von acht Protonen und acht Neutronen führt zum Isotop $^{16}_{8}O$, das zu 99,8 % den Anteil des Sauerstoffs auf Erde bildet. Besondere Stabilität zeigt auch das Isotop $^{208}_{82}Pb$ (82 Protonen und 126 Neutronen); dieses schwerste stabile Blei-Isotop kommt in der Natur am häufigsten vor.

Tab. 4.1 Verhältnisse der Anzahl an Nukleonen im Kern

Element	Protonenzahl $n(p)$	Neutronenzahl $n(n)$	Verhältnis $n(n)/n(p)$
Wasserstoff ($^{1}_{1}H$)	1	0	0,00
Helium ($^{4}_{4}He$)	2	2	1,00
Kohlenstoff ($^{12}_{6}C$)	6	6	1,00
Eisen $^{56}_{26}Fe$	26	30	1,15
Iod ($^{127}_{53}I$)	53	74	1,40
Blei ($^{208}_{82}Pb$)	82	126	1,54
Bismut ($^{209}_{83}Bi$)	83	126	1,52
Uran ($^{238}_{92}U$)	92	146	1,59

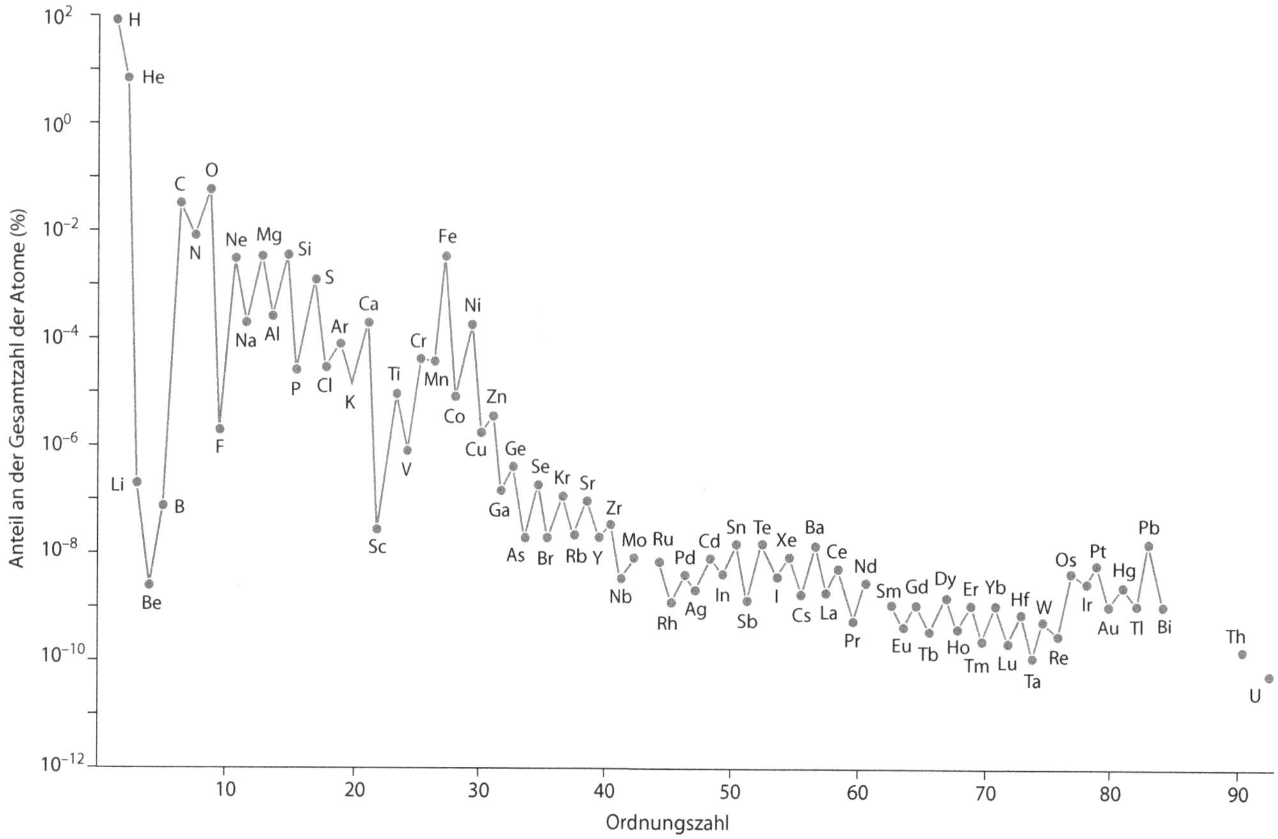

Abb. 4.1 Häufigkeit der Elemente im Sonnensystem

Elemente mit einer geraden Anzahl an Protonen haben meist viele stabile Isotope, während Elemente mit einer ungeraden Protonenzahl nur ein oder höchstens zwei stabile Isotope haben. Die größere Stabilität von Kernen mit gerader Protonenzahl spiegelt sich in der Häufigkeit des Vorkommens dieser Elemente auf der Erde wider. Entlang dem allgemeinen Trend, dass die Häufigkeit mit steigender Ordnungszahl abnimmt, zeigt sich, dass Elemente mit gerader Protonenzahl etwa zehnmal häufiger vorkommen als ihre Nachbarn mit ungerader Protonenzahl (Abb. 4.1).

4.3 Periodische Eigenschaften: Atomradius

Eine der auffälligsten periodischen Eigenschaften der Elemente ist der Atomradius. Den Atomradius kann man aber eigentlich nicht messen: Da die Elektronen nur eine Aufenthaltswahrscheinlichkeit haben, ist die Elektronenhülle eines Atoms nicht scharf begrenzt. Man verwendet heute folgende praktikable Definitionen für den Atomradius:

Wichtig

- **Der Kovalenzradius r_{kov} ist definiert als der halbe Abstand zwischen den Kernen zweier Atome desselben Elements in einer kovalenten Bindung, also z. B. im Cl_2-Molekül.**
- **Der Van-der-Waals-Radius r_{vdw} ist definiert als der halbe Abstand zwischen den Kernen zweier benachbarter, aber nicht miteinander verbundener Atome.**
- **Bei Metallen ist der metallische Radius definiert als der halbe Abstand zwischen den Kernen zweier benachbarter Atome im festen Metall.**

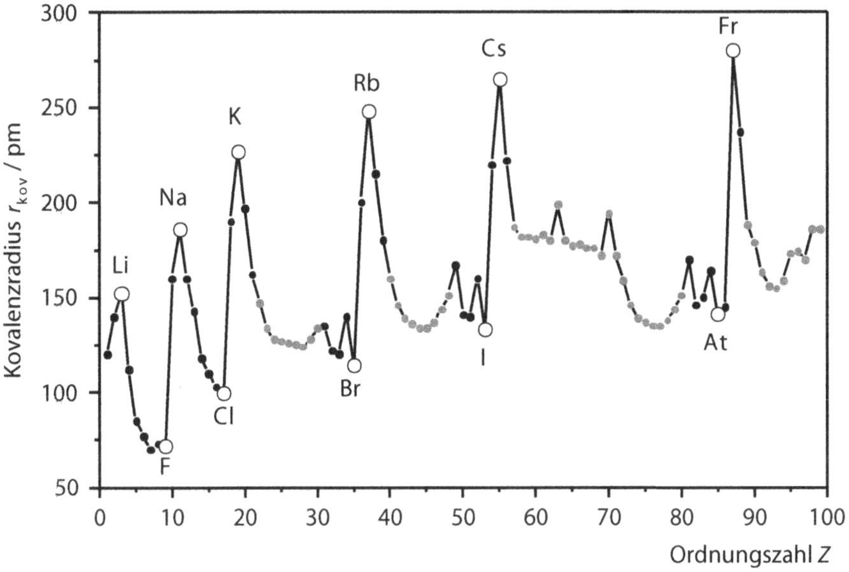

◘ **Abb. 4.2** Kovalenzradien der natürlichen Elemente als Funktion der Ordnungszahl (• Hauptgruppenelemente, • Nebengruppenelemente und f-Elemente, O Maximum-Werte der Elemente der Gruppen 1 und 17)

◘ **Tab. 4.2** Elektronenkonfiguration der Valenzschale und Atomradien innerhalb der zweiten Periode (in pm)

Li	Be	B	C	N	O	F
$2s^1$	$2s^2$	$2s^22p^1$	$2s^22p^2$	$2s^22p^3$	$2s^22p^4$	$2s^22p^5$
134	91	82	77	74	70	68

Mittlerweile sind für fast alle Elemente recht zuverlässige Werte für den Kovalenzradius bekannt, daher werden wir bei unseren Vergleichen mit diesen Werten arbeiten.

▪ Atomradien innerhalb einer Periode

Innerhalb einer Periode werden die Atome mit steigender Ordnungszahl kleiner (◘ Abb. 4.2). Dies steht in engem Zusammenhang mit dem Aufbau der Elektronenhülle. Ein Lithium-Atom enthält drei Protonen und hat die Elektronenkonfiguration $1s^22s^1$. Die Größe des Atoms ist bestimmt durch die Größe des äußersten besetzten Orbitals. Auf das Elektron im 2s-Orbital wirkt die Anziehungskraft des Atomkerns. Die drei Protonen im Lithiumkern werden jedoch durch die beiden dem Kern näheren 1s-Elektronen abgeschirmt. Daher ist die **effektive Kernladung Z_{eff}**, die auf das Valenzelektron wirkt, viel kleiner als drei. Ein Beryllium-Kern hat vier Protonen, die Elektronenkonfiguration ist $1s^22s^2$. Die effektive Kernladung Z_{eff} ist aufgrund der größeren Anzahl an Protonen größer (◘ Tab. 4.4). Andererseits stoßen sich die beiden 2s-Elektronen ab. Die Anziehung durch den Kern hat aber einen größeren Effekt als die Abstoßung der beiden Valenzelektronen. Daher kommt es zur Verkleinerung des 2s-Orbitals. Im Verlauf der Periode setzt sich dieser Trend weiter fort: Z_{eff} steigt aufgrund der steigenden Kernladung immer weiter, und damit verstärkt sich der anziehende Effekt auf die Valenzelektronen (◘ Tab. 4.2).

▪ Atomradien innerhalb einer Gruppe

Innerhalb einer Gruppe werden die Atome größer. Dieser Trend lässt sich durch die zunehmende Größe der Orbitale und den weiteren Einfluss des

Tab. 4.3 Elektronenkonfiguration und Atomradien innerhalb der Gruppe 1 (in pm)

Li	Na	K	Rb	Cs
[He]2s^1	[Ne]3s^1	[Ar]4s^1	[Kr]5s^1	[Xe]6s^1
134	154	196	216	235

Abschirmungseffekts erklären. Die größere Anzahl der Protonen im Kern wird dabei nicht für die Anziehung der äußeren Elektronen wirksam – sonst müssten die schweren Atome kleiner werden. Im Vergleich von Lithium- (drei Protonen) mit dem größeren Natrium-Atom (elf Protonen) zeigt sich aufgrund der zehn „inneren" Elektronen, $1s^2 2s^2 2p^6$, eine hohe Abschirmung für die Anziehung auf das Elektron im $3s^1$-Orbital. Dementsprechend wird für Natrium ein größerer Atomradius gemessen als für Lithium (Tab. 4.3).

Es gibt jedoch auch Abweichungen von den grundlegenden Gruppentrends. Gallium beispielsweise hat trotz einer um eins höheren Hauptquantenzahl den gleichen Atomradius (126 pm) wie Aluminium. Die zusätzlichen 18 Protonen im Kern des Galliums erhöhen die Kernladung signifikant. Die erstmals in der 4. Perioden aufgefüllten d-Elektronen schirmen aufgrund der Geometrie der Orbitale die Wirkung des Kerns auf die weiter vom Kern entfernten Elektronen jedoch nicht sehr effektiv ab. Die 4p-Elektronen sind deshalb einer höheren effektiven Kernladung ausgesetzt, sodass der Radius des Gallium-Atoms stärker als üblich kontrahiert.

Die Slater-Regeln

Die effektive Kernladung (Z_{eff}) ist eine Größe zur Beschreibung der Anziehungskräfte der Protonen des Kerns auf die Valenzelektronen eines Atoms. Durch die Elektronen der inneren Schalen erfolgt eine Abschirmung der positiven Ladungen des Kerns, sodass auf die äußeren Elektronen nur eine geringere Anziehungskraft wirkt. Aber: Wie stark sind diese Wechselwirkungen, wie groß ist die effektive Kernladung denn tatsächlich?

1930 entwickelte J. C. Slater ein Konzept, um die effektive Kernladung näherungsweise zu berechnen. Er schlug dazu eine Formel vor, in der neben der tatsächlichen Kernladung Z die Slater'sche Abschirmungskonstante σ auftritt:

$$Z_{eff} = Z - \sigma$$

Slater formulierte einige empirische Regeln zur Berechnung von σ. Um diese Regeln anwenden zu können, ordnet man die Orbitale nach ihrer Hauptquantenzahl, also 1s, 2s, 2p, 3s, 3p, 3d, 4s, 4p, 4d, 4f … Die Abschirmungskonstante für ein bestimmtes Elektron wird folgendermaßen ermittelt:

Wichtig

- **Alle Elektronen in Orbitalen höherer Hauptquantenzahl haben keinen Einfluss.**
- **Jedes Elektron derselben Hauptquantenzahl trägt 0,35 zur Konstante bei.**
- **Elektronen der Hauptquantenzahl (n – 1) tragen jeweils 0,85 bei. Wenn das betrachtete Elektron jedoch ein d- oder f-Elektron ist, so tragen die Elektronen mit der Hauptquantenzahl (n – 1) jeweils 1,00 bei.**
- **Alle Elektronen der Hauptquantenzahlen (n – 2) oder niedriger tragen jeweils 1,00 bei.**

Die Abschirmungsregeln von Slater ermöglichen eine einfache Abschätzung von Zahlenwerten für die effektiven Kernladungen. Damit ist ein grundlegendes Verständnis für die Wechselwirkungen von Protonen und Elektronen möglich. Einige Vereinfachungen in dem Konzept führen aber zu Problemen bei detaillierten Berechnungen. Die Regeln gehen beispielsweise davon aus, dass auf

Tab. 4.4 Effektive Kernladung Z_{eff} für Elektronen der Atome der zweiten Periode (berechnet nach Clementi und Raimondi)

Element	Li	Be	B	C	N	O	F	Ne
Z	3	4	5	6	7	8	9	10
1s	2,69	3,68	4,68	5,67	6,66	7,66	8,65	9,64
2s	1,28	1,91	2,85	3,22	3,85	4,49	5,13	5,76
2p			2,42	3,14	3,83	4,45	5,10	5,76

die s- und p-Elektronen einer Hauptquantenzahl dieselbe Kernladung wirkt. Die Energieniveauschemata geben aber bereits einen Hinweis, dass die Energie eines p-Orbitals höher ist als die des entsprechenden s-Orbitals. Aus Berechnungen mithilfe der Schrödinger-Gleichung können genauere Werte für die effektive Kernladung abgeleitet werden (Tab. 4.4).

Ionenradien

Die Ionenradien der Elemente folgen ähnlichen Trends wie die Atomradien. Allerdings hat die Aufnahme oder Abgabe von Elektronen bei der Bildung der Ionen einen großen Einfluss auf den konkreten Wert der Ionenradien. Für die Hauptgruppenelemente, deren Kationen unter Abgabe sämtlicher Valenzelektronen gebildet werden, verkleinert sich der Radius signifikant: Der Radius eines Natrium-Atom ist 186 pm ($186 \cdot 10^{-12}$ m), der Wert verringert sich für den Ionenradius des Kations Na^+ auf 116 pm. Kationen werden dabei umso kleiner, je höher die Ionen geladen sind. Das wird bei Ionen mit der gleichen Elektronenkonfiguration deutlich: Die Ionen Na^+ (116 pm), Mg^{2+} (86 pm), Al^{3+} (68 pm) haben die gleiche Anzahl an Elektronen ($1s^2\,2s^22p^6 = [Ne]$), sie unterscheiden sich nur in der Anzahl der Protonen im Kern. Durch die höhere Protonenzahl ist die effektive Kernladung Z_{eff} größer und die Anziehung zwischen Elektronen und Kern steigt.

Anionen werden durch die Aufnahme von Elektronen größer als das dazugehörende Atom. Der Kovalenzradius des Sauerstoff-Atoms beispielsweise liegt bei 74 pm, während der Radius des Oxid-Ions 126 pm beträgt. In einer isoelektronischen Reihe nimmt die Größe des Anions mit zunehmender Kernladung ab: N^{3-} (132 pm), O^{2-} (126 pm), F^- (119 pm). Die hier aufgeführten Anionen sind zudem isoelektronisch mit den oben genannten Kationen. Man sieht, dass Anionen erheblich größer sind als isoelektronische Kationen.

Wichtig

- **Innerhalb einer Gruppe steigen die Atom- und Ionenradien systematisch an.**
- **Innerhalb einer Periode sinken die Atom- und Ionenradien systematisch.**
- **Die Radien isoelektronischer Teilchen steigen systematisch vom Kation mit der höchsten positiven Ladung bis zum Anion mit der höchsten negativen Ladung an.**

Fragen

21. Geben Sie die Elektronenkonfiguration der *isoelektronischen Ionen* der Elemente P, S, Cl, K, Ca, Sc sowie die Ladungen der Ionen an.
22. Geben Sie einen Trend für den Verlauf der Atomradien der *isoelektronischen Ionen* der Elemente P, S, Cl, K, Ca, Sc an.
23. Warum ist das Gallium-Atom genauso groß wie das Aluminium-Atom?

4.4 Periodische Eigenschaften: Ionisierungsenthalpie

Wir haben gesehen, dass – abhängig von der Elektronenkonfiguration – ein Austausch von Elektronen zur Bildung von Ionen führen kann. Eine messbare Eigenschaft, die sehr eng mit der Elektronenkonfiguration zusammenhängt, ist die Ionisierungsenthalpie ΔH_{ion}. Die **erste Ionisierungsenthalpie** ΔH_{ion1} beschreibt die Energie, die aufgewendet werden muss, um ein Elektron aus dem äußersten besetzten Orbital eines gasförmigen Atoms X zu lösen und das entstandene Ion und das Elektron unendlich weit voneinander zu entfernen (◘ Abb. 4.3):

$$\text{X(g)} \rightarrow \text{X}^{+}\text{(g)} + \text{e}^{-}$$

Wichtig

- **Als energetische Beiträge werden in diesem Buch die für den Chemiker wichtigen Werte der Enthalpie angegeben. Das Symbol der Enthalpie ist *H*, deren Einheit ist das Joule (J). Für Angaben der *molaren Enthalpie* wird in der Regel die Einheit kJ · mol^{-1} verwendet.**
- **Beträge der Enthalpie *H* und Energie *U* unterscheiden sich durch die Volumenarbeit: $H = U + p \cdot V$.**
- **Achten Sie darauf: In anderen Lehrbüchern ist häufig die Ionisierungs*energie* beschrieben. Dieser Begriff beschreibt den gleichen Vorgang mit etwas abweichenden Zahlenwerten! Die Werte der Enthalpien unterscheiden von den jeweiligen *Energie*werten um den Betrag $p \cdot V$. Für Feststoffe und Flüssigkeiten ist die Volumenänderung stets gering – Enthalpie und Energie unterscheiden sich praktisch nicht ($p \cdot \Delta V \approx 0$). Für Gase ist der Anteil der Volumenarbeit aber von Bedeutung.**

Das Wasserstoff-Atom hat auch hinsichtlich der Ionisierungsenthalpie eine Sonderstellung und kann keiner „Gruppensystematik" zugeordnet werden. Gegenüber Helium zeigt sich ein großer Unterschied, Grund ist die wesentlich größere Anziehungskraft, die aufgrund der höheren Kernladung auf die Elektronen im Helium-Atom wirkt.

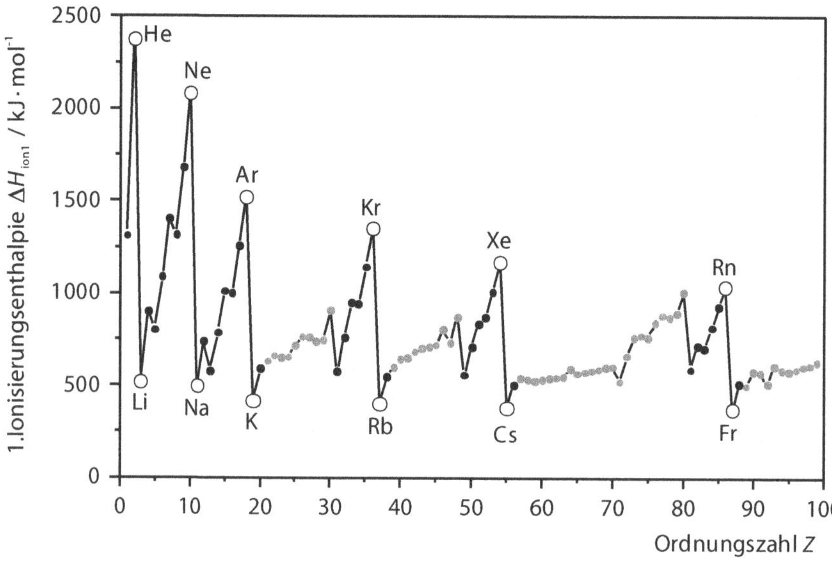

◘ **Abb. 4.3** Erste Ionisierungsenthalpie ΔH_{ion1} der Atome der natürlich vorkommenden Elemente als Funktion der Ordnungszahl (● Hauptgruppenelemente, ● Nebengruppenelemente und f-Elemente, ○ Maximum-Werte der Elemente der Gruppen 1 und 18)

Ionisierungsenthalpien innerhalb einer Periode

Im Lithium-Atom ist das 2s-Elektron durch die zwei Elektronen im 1s-Orbital wirksam vom Kern abgeschirmt. Die zur Ionisierung notwendige Energie ist gering. In Beryllium wirkt durch die höhere Kernladung eine stärkere Anziehung auf die Valenzelektronen. Das zweite Elektron im 2s-Orbital hat dabei nur einen Beitrag zur Abschirmung der erhöhten Kernladung. Die erste Ionisierungsenthalpie für Beryllium ist höher als für Lithium.

Bor hat gegenüber Beryllium eine etwas geringere Ionisierungsenthalpie. Es ist ein Anzeichen dafür, dass Elektronen in kernnäheren s-Orbitalen die Wirkung des Kerns auf Elektronen in p-Orbitalen der gleichen Hauptquantenzahl stärker abschirmen. Jenseits von Bor setzt sich der Trend der steigenden Ionisierungsenthalpie fort, da die effektive Kernladung (und damit die Anziehung der Elektronen) ansteigt.

Eine weitere Abweichung von diesem Trend zeigt sich bei Sauerstoff. Die Absenkung der ersten Ionisierungsenthalpie kann hier auf die Abstoßung zwischen den beiden gepaarten Elektronen in einem der 2p-Orbitale zurückgeführt werden. Eines dieser Elektronen kann leichter abgegeben werden als ein Elektron in einem nur einfach besetzten Orbital. Jenseits von Sauerstoff setzt sich das gleichmäßige Ansteigen der ersten Ionisierungsenthalpie bis zum Ende der zweiten Periode fort.

Die jeweils höchste Ionisierungsenthalpie innerhalb einer Periode wird für das entsprechende Edelgas gefunden.

Bei den Atomen der Nebengruppen nimmt die Ionisierungsenthalpie deutlich zu. Durch die schlechte Abschirmungswirkung von 3d-Elektronen steigt die auf die 4s-Elektronen wirkende effektive Kernladung mit steigender Protonenzahl signifikant an. Dagegen ist die abschirmende Wirkung voll besetzter d-Orbitale auf 4p-Orbitale aufgrund ihrer Geometrie und ihrer Orientierung deutlich stärker. Die Folge ist eine relativ niedrige Ionisierungsenthalpie bei Gallium.

Ionisierungsenthalpien innerhalb einer Gruppe

Innerhalb einer Gruppe nimmt die erste Ionisierungsenthalpie ab. Durch den größeren Abstand der Valenzelektronen vom Kern und die zunehmende Abschirmung durch die inneren Elektronen werden die Anziehungskräfte auf die Valenzelektronen geringer.

Für das Verhalten innerhalb einer Gruppe hat die Größe der Kernladung einen geringeren Einfluss. Obwohl das Lithium-Atom drei Protonen im Kern, Natrium aber elf Protonen hat, steigt die Anziehungskraft auf die Valenzelektronen nicht proportional an. Natrium hat gemäß seiner Elektronenkonfiguration zehn abschirmende innere Elektronen. Daher steigt die effektive Kernladung, die auf das äußere Elektron wirkt, bei Weitem nicht so stark an wie die Protonenzahl ($Z_{eff}(Na) = 2{,}51$). Außerdem ist das Valenzelektron im 3s-Orbital viel weiter vom Kern entfernt und damit weniger stark gebunden. Im Ergebnis hat Natrium eine geringere erste Ionisierungsenthalpie als Lithium. Ein ähnlicher Trend lässt sich bei den Halogenen feststellen, wenngleich hier die Werte selbst weit höher liegen als bei den Alkalimetallen.

Höhere Ionisierungsenthalpien

Ausgehend von bereits ionisierten Teilchen sind die folgenden, höheren Ionisierungsenthalpien definiert. Die zweite Ionisierungsenthalpie ΔH_{ion2} entspricht dem folgenden Prozess:

$$X^{+}(g) \rightarrow X^{2+}(g) + e^{-}$$

Die zweite Ionisierungsenthalpie ΔH_{ion2} ist immer größer als die erste ΔH_{ion1}, da bei diesem Vorgang ein Elektron von einem schon einfach positiv geladenen Ion abgelöst wird (▪ Abb. 4.4). Es müssen also zusätzliche Anziehungskräfte

4

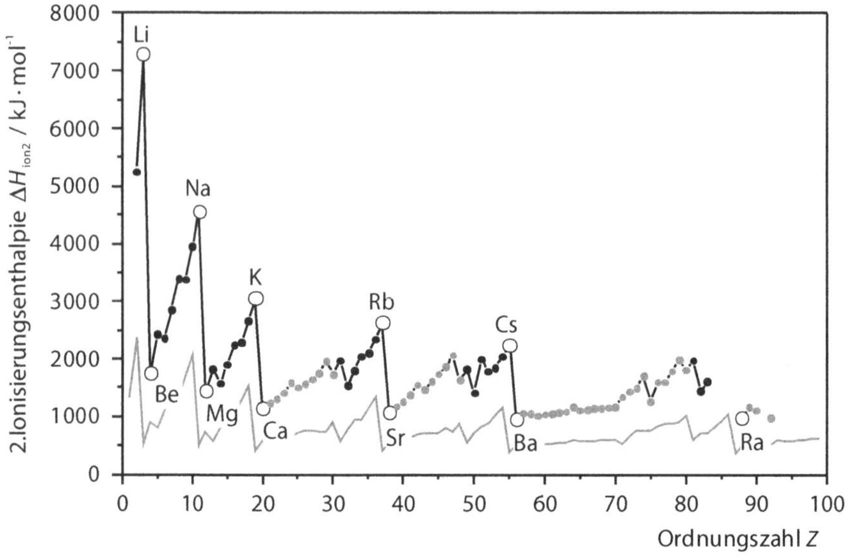

Abb. 4.4 Zweite Ionisierungsenthalpie ΔH_{ion2} der Atome der natürlich vorkommenden Elemente als Funktion der Ordnungszahl (• Hauptgruppenelemente, • Nebengruppenelemente und f-Elemente, O Maximum-Werte der Elemente der Gruppen 2 und 1) im Vergleich zur ersten Ionisierungsenthalpie

überwunden werden. Das Minimum der zweiten Ionisierungsenthalpien liegt bei den Elementen der Gruppe 2. Die Ionisierung zu den zweifach positiv geladenen Kationen M^{2+} erfolgt dabei auf die Edelgaskonfiguration des nächstleichteren Edelgases. Dagegen zum Vergleich: Li^+ entspricht der Edelgaskonfiguration von Helium. Die zweite Ionisierung zum Li^{2+} muss dann unter Abspaltung eines Elektrons der 1s-Schale erfolgen. Die erste Ionisierungsenthalpie von Lithium beträgt 0,5 $MJ \cdot mol^{-1}$, die zweite 7,3 $MJ \cdot mol^{-1}$ und die dritte 11,8 $MJ \cdot mol^{-1}$. Der sehr hohe Wert für die zweite Ionisierungsenthalpie ergibt sich hauptsächlich aus dem sehr viel geringeren Abstand des 1s-Elektrons vom Atomkern und der wesentlich höheren effektiven Kernladung, die auf dieses innere Elektron wirkt.

Diese Abstufung der Ionisierungsenthalpien der Atome hat wichtige Konsequenzen für die Zusammensetzung chemischer Verbindungen. So kennt man von Lithium nur Verbindungen, in denen das Lithium-Atom formal ein Elektron an einen Bindungspartner abgegeben hat. Der Energieaufwand für die Abgabe eines zweiten Elektrons ist mit 7,3 $MJ \cdot mol^{-1}$ so hoch, dass er durch den Energiegewinn bei der Ausbildung chemischer Bindungen nicht kompensiert werden kann. So kann beispielsweise eine Verbindung der Zusammensetzung LiF_2 mit zweifach positivem Lithium nicht stabil sein.

Wichtig

- **Innerhalb einer Periode steigt die erste Ionisierungsenthalpie ΔH_{ion1} systematisch an, die Elemente der Gruppe 1 zeigen die niedrigsten Werte, die Edelgase haben sehr hohe Ionisierungsenthalpien.**
- **Innerhalb einer Periode gibt es Unstetigkeiten mit kleinen Maxima der ersten Ionisierungsenthalpien für Elemente mit einem voll besetzten s-Orbital (Gruppe 2: Be, Mg, Ca) sowie für Elemente mit einem halb besetzten p-Orbital (Gruppe 15: N, P, As).**
- **Innerhalb einer Gruppe fällt die erste Ionisierungsenthalpie systematisch ab.**
- **Innerhalb einer Periode steigt die n-te Ionisierungsenthalpie ΔH_{ionn} systematisch an, die Elemente mit n Valenzelektronen zeigen die niedrigsten Werte (also die Elemente der Gruppe 2 für die 2. Ionisierung ΔH_{ion2}), die Elemente mit (n – 1) Elektronen der äußeren Schale (also die Elemente der Gruppe 1 für die zweite Ionisierung) haben die höchsten Ionisierungsenthalpien.**

Fragen

24. Warum ist die erste Ionisierungsenthalpie von Aluminium kleiner als die von Magnesium?
25. Warum ist die zweite Ionisierungsenthalpie der unedlen Alkalimetalle höher als die der Edelmetalle?

4.5 Periodische Eigenschaften: Elektronenaffinität

Um eine stabile Elektronenkonfiguration zu erreichen, können Atome auch Elektronen aufnehmen. Die Aufnahme eines oder mehrerer Elektronen ist genauso wie die Abgabe mit einer Enthalpieänderung – der **Elektronenaffinität** – verbunden. Sie ist definiert als die Enthalpieänderung, die durch Besetzung des niedrigsten unbesetzten Orbitals in einem freien Atom durch ein Elektron resultiert:

$$X(g) + e^- \rightarrow X^-(g)$$

Die meisten Elektronenaffinitäten haben – im Gegensatz zu allen Ionisierungsenthalpien – ein negatives Vorzeichen; bei der Aufnahme eines Elektrons durch das Atom wird also Energie freigesetzt (◘ Abb. 4.5).

Wichtig

- **Innerhalb einer Periode wird die Elektronenaffinität ΔH_{EA} systematisch negativer: Die größten negativen Werte weisen die Halogen-Atome (die Elemente der Gruppe 17) auf.**
- **Aufgrund besonders stabiler Elektronenkonfigurationen der Elemente beobachtet man Unstetigkeiten des systematischen Trends der Elektronenaffinität bei den Elementen der Gruppen 2 und 15.**
- **Die Edelgase haben in ihren Perioden jeweils die höchsten (positiven) Werte der Elektronenaffinität.**
- **Innerhalb einer Periode ergibt sich kein systematischer Trend im Verlauf der Elektronenaffinität.**

Es überrascht, dass auch bei der Aufnahme eines Elektrons durch ein Atom eines Alkalimetalls Energie frei wird. Das heißt ja, dass z. B. ein Anion Na^- stabil wäre,

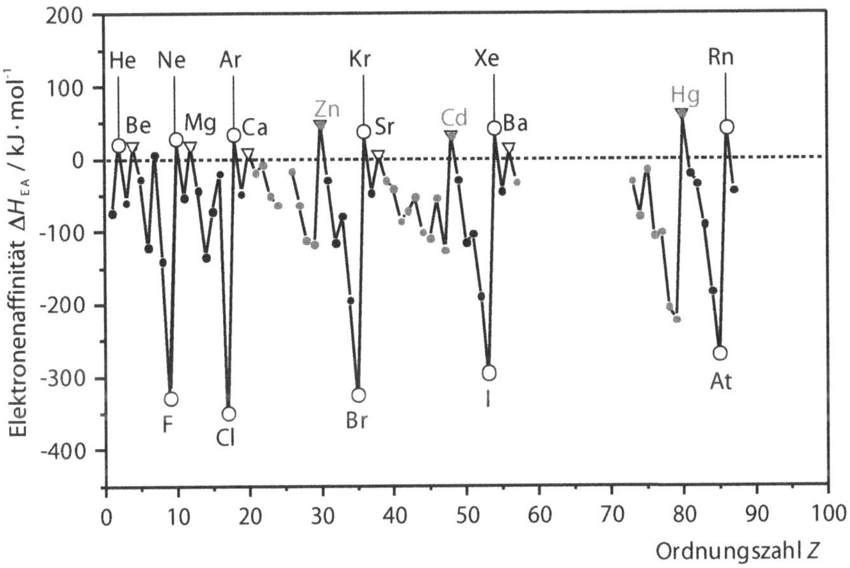

◘ **Abb. 4.5** Elektronenaffinität ΔH_{EA} der Atome der natürlich vorkommenden Elemente als Funktion der Ordnungszahl (● Hauptgruppenelemente, ● Nebengruppenelemente, ○ Maximum-Werte der Elemente der Gruppen 17 und 18, ▽ lokale Maxima der Gruppen 2 und 12)

während für die Bildung des Kations Na^+ mit der Ionisierungsenthalpie noch zusätzlich Energie aufgebracht werden muss. Sie haben aber schon die Erfahrung gemacht, dass Natrium-*Kationen* häufig in Verbindungen vorkommen, während Verbindungen mit Natrium-*Anionen* unbekannt sind. Die Berechnungen, die für ein isoliertes gasförmiges Teilchen gelten, können nicht direkt auf deren chemische Verbindungen übertragen werden. Bei der Bildung von Verbindungen sind offenbar weitere Beiträge zur Gesamtenergie zu berücksichtigen, um begründete Aussagen über die Stabilität von Ionen machen zu können. Wir müssen uns dabei vorstellen, dass die aus der Elektronenaffinität gewonnene Energie eines Anions zunächst die „Schulden" für die Ionisierungsenthalpie des Kations bezahlt. Gemeinsam können beide Ionensorten dann einen hohen Gewinn durch die Gitterenthalpie machen.

Die beobachteten Unstetigkeiten des systematischen Trends der Elektronenaffinität bei der Elementen der Gruppe 2 resultieren aus der charakteristischen Besetzung der Orbitale: Beryllium hat eine stabile Elektronenkonfiguration $2s^2$. Um ein weiteres Elektron aufzunehmen, muss das p-Orbital besetzt werden. Durch die Abschirmung des p-Orbitals durch die 2s-Elektronen ist die Anziehung des Kerns auf ein 2p-Elektron unbedeutend – die Elektronenaffinität ist positiv. Der Effekt wiederholt sich bei den schwereren Elementen der Gruppe 2 in ähnlicher Weise.

Eine weitere Unstetigkeit ergibt sich für die Elemente der Gruppe 15: Stickstoff hat eine Elektronenkonfiguration von $2s^22p^3$. Die zusätzliche Aufnahme eines Elektrons zur Konfiguration $2s^22p^4$ erfordert eine Spinpaarung in einem der p-Orbitale. Die damit verbundene Abstoßung führt zu einer Elektronenaffinität nahe null. Die hohen negativen Werte der Elektronenaffinität für Sauerstoff- und Fluor-Atome machen dagegen deutlich, dass die Anziehung der hohen effektiven Kernladungen gegenüber der interelektronischen Abstoßung bei den 2p-Elektronen überwiegt.

Zusammenfassung: Atombau und Periodensystem

P. Schmidt, *Allgemeine Chemie*, https://doi.org/10.1007/978-3-662-57846-9_5

5

5.1 Atombau

Zusammenfassung

Elementarteilchen - Elektron (e), Proton (p), Neutron (n)

Isotope - Atomkerne mit gleicher Protonen-, aber unterschiedlichen Neutronenanzahl: $^{A}_{Z}X$

(Elementsymbol X; Massenzahl A = Summe der Anzahl von Protonen und Neutronen; Ordnungszahl Z = Anzahl der Protonen)

z. B. $^{1}_{1}H(1p)$, $^{2}_{1}H(1p + 1n)$, $^{4}_{2}He(2p + 2n)$, $^{14}_{6}C(6p + 8n)$, $^{235}_{92}U(92p + 143n)$

Kernreaktionen -

Kernfusion	Bildung schwerer Kerne :	$4\,^{1}_{1}H \rightarrow {}^{4}_{2}He + 2\,^{0}_{1}e$
α − Zerfall	Bildung eines α − Teilchens ($^{4}_{2}He$) :	$^{226}_{88}Ra \rightarrow {}^{222}_{86}Rn + {}^{4}_{2}He$
β − Zerfall	Bildung eines Elektrons ($^{0}_{-1}e$, β^-) :	$^{131}_{53}I \rightarrow {}^{131}_{54}Xe + {}^{0}_{-1}e$
	Bildung eines Elektrons ($^{0}_{-1}e$, β^+) :	$^{40}_{19}K \rightarrow {}^{40}_{18}Ar + {}^{0}_{1}e$
γ − Zerfall	Abgabe elektromagnetischer Strahlung :	$^{235}_{92}U + {}^{1}_{0}n \rightarrow {}^{89}_{36}Kr + {}^{144}_{56}Ba + 3\,^{1}_{0}n + \gamma$

Atomorbital - Mathematische Beschreibung des Energiezustands und der Wahrscheinlichkeit des räumlichen Aufenthalts eines Elektrons in einem Atom durch eine Wellenfunktion. Anschaulich: Aufenthaltsbereich eines Elektrons.

Quantenzahlen - *Hauptquantenzahl n* ($n = 1, 2, 3, \ldots$): Größe/Ausdehnung der Orbitale
Nebenquantenzahl l ($l = 0, \ldots, (n-1)$): Gestalt der Orbitale
Magnetquantenzahl m_l ($m_l = -l, \ldots l$): räumliche Orientierung der Orbitale
Spinquantenzahl m_s ($m_s = -1/2, +1/2$): Drehimpuls des Elektrons

Orbitalbesetzung - 1. *Energieprinzip:* Die Orbitale werden nach der Abfolge der zugehörigen Elektronenenergien besetzt.
2. *Pauli-Prinzip:* Ein Orbital kann höchstens zwei Elektronen aufnehmen.
3. *Hund'sche Regel:* Orbitale gleichen Typs werden so besetzt, dass möglichst viele Elektronen ungepaart bleiben

5.2 Periodensystem

Zusammenfassung

Periodensystem - Anordnung der Elemente nach Merkmalen des Baus der Elektronenhülle. Die nebeneinander stehenden Elemente bilden eine Periode. Chemisch ähnliche Elemente stehen untereinander; sie bilden insgesamt 18 Gruppen des Periodensystems.

Tendenz periodischer Eigenschaften -	**in einer Periode**	**in einer Gruppe**
Metallischer Charakter -	nimmt ab	nimmt zu
Atomradius -	nimmt ab	nimmt zu
Ionenradius -	nimmt ab	nimmt zu
1. Ionisierungsenthalpie -	nimmt zu	nimmt ab
Elektronenaffinität -	wird negativer	wird positiver
	(mit Ausnahme der Edelgase)	

Die chemische Bindung

Inhaltsverzeichnis

Voraussetzungen

Der folgende Abschnitt beschäftigt sich mit den Prinzipien der chemischen Bindung in Elementen und Verbindungen. Für die Einordnung periodischer Trends im Bindungsverhalten von Elementen und Verbindungen sollten Sie bereits einen sicheren Umgang mit dem Periodensystem haben – das grundlegende Verständnis dazu haben Sie sich im vorangegangenen Abschnitt erarbeitet. Wir können jetzt also voraussetzen, dass Sie die Elemente im Periodensystem identifizieren und aufgrund ihrer Stellung im PSE die Elektronenkonfiguration ermitteln können.

Kennnisse zu den charakteristischen Größen der Ionisierungsenthalpie und der Elektronenaffinität helfen Ihnen, den Begriff der Elektronegativität zu verstehen und sinnvoll zur Beurteilung der Eigenschaften der Elemente in einer chemischen Bindung einzusetzen. Im Weiteren können Sie Ihre Kenntnisse über den Atombau und die quantenchemische Beschreibung der Aufenthaltswahrscheinlichkeiten von Elektronen, den Atomorbitalen anwenden. Das Verständnis grundlegender quantenchemischer Zusammenhänge wird Ihnen bei der Beschreibung von Molekülorbitalen hilfreich sein.

Folgende Begriffe und Konzepte sollten Sie sicher beherrschen:

- Atom
- Molekül
- Kation
- Anion
- Elektron
- Proton
- Neutron
- Element
- Verbindung
- Atomorbital
- Quantenzahlen
- Energieprinzip
- Pauli-Prinzip
- Hund'sche Regel
- Atomorbitalschema
- Elektronenkonfiguration
- Hauptgruppenelement
- Nebengruppenelement
- Elektronenaffinität
- Ionisierungsenthalpie
- Ionenradius
- Kovalenzradius

Lernziele

Im Folgenden lernen Sie die Grundtypen der chemischen Bindung kennen. Sie werden erkennen, dass die chemische Bindung von Atomen und Ionen bzw. geladenen oder ungeladenen Molekülen im Wesentlichen auf der Wechselwirkung der Elektronenschalen der Atome der beteiligten Elemente beruht. Sie werden zu Beginn des Abschnitts zunächst das Konzept der Elektronegativität kennenlernen und mithilfe der Periodizität dieser charakteristischen Größe verlässliche Voraussagen zum Bindungsverhalten der Elemente treffen.

Haben Sie in Ihrer bisherigen Ausbildung eventuell den Eindruck gewonnen, dass die Typen der chemischen Bindung klar abgegrenzt werden können in ionische Bindungen salzartiger Stoffe und kovalente Bindungen von Feststoffen und Molekülverbindungen oder in metallische Bindungen? Lassen Sie uns Informationen sammeln, die es erlauben, ein kontinuierliches Spektrum der Bindungsarten zu beschreiben, innerhalb dessen uns die Grenztypen der chemischen Bindung konzeptionelle Anhaltspunkte geben. Die Diskussion von

Struktur-Eigenschafts-Beziehungen für alle Grenztypen der chemischen Bindung soll Ihnen schließlich einen Ausblick geben, mit welcher Motivation der Chemiker arbeitet: der gezielten Synthese von Stoffen mit definierten Materialeigenschaften!
Zu einem wesentlichen Teil befasst sich der folgende Abschnitt mit der Bildung von Molekülen und kovalenten Verbindungen. Das Lewis'sche Konzept der Valenzstrichformeln wird Ihnen für das weitere Studium und darüber hinaus ein wertvolles Hilfsmittel zur Visualisierung der strukturellen Verknüpfung von Atomen in Molekülen sein. Sie sollen mit Abschluss dieses Abschnitts in der Lage sein, Valenzstrichformeln in der anorganischen wie auch in der organischen Chemie sicher zu verstehen – und aufstellen zu können. Mit dem VSEPR-Konzept lernen Sie ein anschauliches Hilfsmittel zur Vorhersage von Molekülstrukturen kennen. Ausgehend von einer allgemeinen Betrachtung zur Anordnung von Elektronenpaaren in mehratomigen Molekülen werden Sie auch eine detaillierte Beschreibung von Strukturen vornehmen, die nicht der idealen Geometrie entsprechen.
Verschiedene Bindungskonzepte zur Beschreibung der kovalenten Bindung ermöglichen Ihnen schließlich eine genaue Differenzierung der Wechselwirkungen von Elektronen in Molekülen. Darauf aufbauend können Sie Zusammenhänge zwischen der elektronischen Struktur und einigen physikalischen Eigenschaften der Stoffe herstellen.

Dieser Abschnitt folgt den inhaltlichen Schwerpunkten der ► Kap. 4, 5 und 6 in der dritten (aktualisierten) Auflage des Binnewies. Sie finden bei der ergänzenden Lektüre des Lehrbuches wiederum vertiefende Diskussionen, ergänzende Informationen, beispielsweise zu berühmten Persönlichkeiten, Exkurse zu aktuellen Themen in Wissenschaft und Technik sowie viele grafische Abbildungen.

Binnewies, Allgemeine und Anorganische Chemie, ► Kap. 4: Die Ionenbindung;
► Kap. 5: Die kovalente Bindung;
► Kap. 6: Die metallische Bindung

Atombau und Chemische Bindung

P. Schmidt, *Allgemeine Chemie*, https://doi.org/10.1007/978-3-662-57846-9_6

6

6.1 Überblick über die Bindungskonzepte

Wir haben bereits einiges über den Atombau kennengelernt. Die Charakterisierung der Elemente nach ihrer Ordnungszahl und der Elektronenkonfiguration dient jedoch nicht nur der sturen Einordnung in das Periodensystem. Vielmehr erkennen wir aus der Einteilung in die Gruppen des Periodensystems, dass sich viele Eigenschaften im chemischen Verhalten der Stoffe wiederholen. Die Beobachtung dieser typischen Eigenschaften gibt uns einen Anhaltspunkt, dass die Art der chemischen Bindung zwischen Atomen in irgendeiner Weise durch die Anzahl der äußeren Elektronen bestimmt ist, wie ja auch die Gruppeneinteilung anhand der Struktur der Valenzschale erfolgt. So finden wir bei den Elementen der Gruppe 1 (den Alkalimetallen) typische Strukturen der Metalle, während die Elemente der Gruppe 17 (die Halogene) Moleküle bilden, die über das Molekül hinaus geringe Wechselwirkungen zeigen. Sie sind bei Raumtemperatur gasförmig (Fluor, Chlor) oder flüssig (Brom). Selbst das feste Iod ist bei Raumtemperatur schon leicht flüchtig. Die Elemente der Gruppe 14 sind wie die Elemente der Gruppe 1 bei Raumtemperatur fest, bilden aber ganz andere Strukturen aus.

Bei der Bildung von Verbindungen dieser Elemente verändern sich die Stoffeigenschaften wiederum deutlich: Das gasförmige Chlor reagiert mit dem weichen Metall Natrium zu einer sehr stabilen, ziemlich harten Verbindung – dem Natriumchlorid, NaCl. Im Gegensatz dazu reagiert Chlor mit dem sehr stabilen und harten Silicium zu einer flüchtigen Verbindung $SiCl_4$ – Silicium(IV)-chlorid. Wir entdecken aber auch hierin periodische Eigenschaften: Alle Alkalimetalle reagieren mit den Halogenen prinzipiell unter Bildung von salzartigen Verbindungen mit der Zusammensetzung MX (M = Metall; X = Halogen). Die Elemente der Gruppe 14 reagieren mit den Halogenen dagegen (fast) immer unter Bildung von Molekülverbindungen mit der Zusammensetzung MX_4, Zinn und Blei können darüber hinaus auch Verbindungen MX_2 bilden.

Lassen Sie uns zunächst einen kurzen Ausblick auf verschiedene Bindungskonzepte nehmen. Diese kurze Diskussion wird Ihnen helfen, im folgenden Abschnitt Querbezüge und Vergleiche zu Bindungskonzepten, die erst später vorgestellt werden, besser zu verstehen. Achten Sie dabei stets auf die unterschiedlichen Wechselwirkungen der Valenzelektronen zwischen den Bindungspartnern. Einige der verwendeten Begriffe und Konzepte kennen Sie bereits aus der Schule oder Ihrer bisherigen Ausbildung. Der folgende kurze Überblick erlaubt Ihnen, das Wissen zu reaktivieren und für die nächsten Kapitel präsent zu halten.

▪ Ionenbindung

Die Bildung von Verbindungen mit Ionenkristallen beruht auf elektrostatischen Anziehungskräften von Teilchen mit gegensätzlichen Ladungen. Die positiv geladenen Teilchen – *Kationen* – und negativ geladenen Teilchen – *Anionen* – entstehen durch Übertragung von Elektronen.

Die Vorstellung, dass innerhalb einer chemischen Verbindung geladene Teilchen miteinander in Wechselwirkung treten, ist für uns heute einleuchtend. Bevor allerdings der Atombau und die Existenz von Elementarteilchen bekannt waren, galt es als sicher, dass Atome nicht weiter veränderbar sind. Alle chemischen Verbindungen hätten demnach nur aus einer variablen Kombination von Atomen bestehen können.

1884 gab Svante Arrhenius eine Erklärung für das Phänomen der Löslichkeit von Salzen in Wasser und die Veränderung der elektrischen Leitfähigkeit in diesen Lösungen. Er behauptete, dass Natriumchlorid in Lösung in Natrium-Ionen und Chlorid-Ionen zerfällt, dass diese Teilchen jedoch nicht dasselbe seien wie Natrium-Atome und Chlor-Atome. Ihre Eigenschaften waren völlig unterschiedlich: Die Natrium-Teilchen waren im gelösten Zustand nicht reaktiv und metallisch, die Chlor-Teilchen waren in dem Salz nicht grün und toxisch. Seine *Theorie der elektrolytischen Dissoziation* wurde bis zur Entdeckung des Elektrons 1897 durch J. J. Thomson nur zögerlich anerkannt. Arrhenius erhielt schließlich 1903 den Nobelpreis für Chemie, Thomson bekam 1906 den Nobelpreis für Physik.

Das Prinzip der chemischen Bindung in *festen Ionenkristallen* wurde um 1916 von Walter Kossel, einem deutschen Physiker, formuliert (Binnewies, ▶ Kap. 4).

Binnewies, ▶ Kap. 4: Die Ionenbindung

- **Kovalente Bindung**

In den meisten chemischen Verbindungen werden die Elektronen nicht vollständig von einem Bindungspartner auf den anderen übertragen. Die Atome werden durch *gemeinsame Elektronenpaare* zusammengehalten. Die Wechselwirkung der Elektronen wird heute anschaulich mithilfe der Molekülorbitaltheorie beschrieben.

Nachdem zu Beginn des 20. Jahrhunderts grundlegende Informationen über die Elementarteilchen und den Atombau bekannt waren, schlossen sich Untersuchungen zum Einfluss der Elektronenhülle bei der Verknüpfung von Atomen zu Molekülen an. Etwa 1916 entwickelten Gilbert N. Lewis und Irving Langmuir unabhängig voneinander die „Oktett-Theorie" der Valenzelektronen. Lewis schlug vor, sich die Außenelektronen eines Atoms in den Ecken eines imaginären Würfels um den Atomkern vorzustellen. Ein Atom mit weniger als acht Elektronen auf den Ecken des Würfels sollte nach diesem Modell gemeinsame Würfelkanten mit einem anderen Atom haben, um ein Oktett zu erreichen. Aus der Betrachtung der gemeinsamen Würfelkanten wurde das auch heute noch akzeptierte Konzept der gemeinsamen Elektronenpaare. Zur Darstellung der Bindung und der Struktur von Molekülen verwenden wir die Schreibweise der Valenzstrichformeln (oder auch *Lewis-Formeln*). In den Formeln wird die Verknüpfung von Atomen durch Bindungsstriche dargestellt, die jeweils ein Elektronenpaar symbolisieren (Binnewies, ▶ Kap. 5).

Binnewies, ▶ Kap. 5: Die kovalente Bindung

- Metallische Bindung

Wichtig

- **Die Anordnung der Atome im Metallgitter kann als eine Packung starrer Kugeln betrachtet werden, wie sie auch bei ionischen Verbindungen vorkommt. In einer sehr einfachen Betrachtungsweise kann man sich dieses Metallgitter aus positiv geladenen Metall-Atomrümpfen und einem frei beweglichen Elektronengas vorstellen.**
- **Die Bindung in Metallen lässt sich genauer anhand der Molekülorbitaltheorie erklären, aus der Anwendung der MO-Theorie folgt die Ableitung des Bändermodells für Metalle und Halbleiterstoffe.**

Lange bevor der mikroskopische Aufbau von Stoffen aufgeklärt werden konnte, haben sich die Menschen mit deren makroskopischen Eigenschaften beschäftigt. Bereits in der griechischen Antike war die Erscheinung von elektrischen Aufladungen (z. B. durch Reiben von Bernstein) bekannt, ohne dass man eine Erklärung dafür geben konnte (griech. *elektron* = Bernstein). Bereits Anfang des 19. Jahrhunderts nutzte Humphry Davy die Elektrolyse für die Herstellung von Elementen, ohne genau zu wissen, dass bei den Reaktionen Elektronen übertragen werden. 1900 formulierte schließlich Paul Drude eine Theorie über die Elektronen in Metallen. Demnach wird der elektrische Widerstand durch Kollision der Leitungselektronen („Elektronengas") mit den als starr angenommenen Atomrümpfen verursacht. Dabei beschrieb er auch die Korrelation von elektrischer und thermischer Leitfähigkeit durch die Bewegung der Elektronen im Metall.

Binnewies, ▶ Kap. 6: Die metallische Bindung

Metall-Atome teilen also ihre Außenelektronen mit *allen* anderen Atomen – im Gegensatz zu den Nichtmetallen, bei denen die Valenzelektronen überwiegend jeweils zwischen zwei Atomen lokalisiert sind. Einige charakteristische Eigenschaften kann man schon mit diesem einfachen Modell erklären: Die gute elektrische und thermische Leitfähigkeit von Metallen sowie ihr hohes Reflexionsvermögen werden durch die die freie Beweglichkeit der Elektronen im Metallgitter verursacht. Die Bindungen im Metall sind nicht gerichtet, sodass die Atome leicht aneinander vorbei gleiten und neue metallische Bindungen bilden können. Das erklärt die gute Form- und Dehnbarkeit der meisten Metalle (Binnewies, ▶ Kap. 6).

6.2 Elektronegativität

Wenn wir darüber sprechen, dass in einer chemischen Bindung Elektronen aufgenommen oder abgegeben beziehungsweise von Atomen unterschiedlich stark angezogen werden, brauchen wir die Möglichkeit einer Differenzierung der Elemente hinsichtlich ihrer Fähigkeit zur Wechselwirkung mit den Elektronen des Bindungspartners. Wir haben bereits ausführlich diskutiert, dass die Bildung von Ionen energetisch beschrieben werden kann. Bei der Bildung von positiv geladenen Kationen wird die Ionisierungsenthalpie aufgebracht. Die Bildung negativ geladener Anionen durch Anziehung von Elektronen wird mit der Elektronenaffinität beschrieben. Diese Werte alleine helfen uns noch nicht weiter: So haben die Natrium-Atome zwar eine negative Elektronenaffinität (verbunden mit einem Energiegewinn) und eine positive Ionisierungsenthalpie (verbunden mit Energieaufwand), trotzdem liegt in einem Natriumchlorid-Kristall ein Na^+-*Kation* vor. Allerdings erkennen wir schon, dass das Chlor-Atom eine deutlich höhere Elektronenaffinität als das Natrium-Atom hat und die Elektronen also offensichtlich stärker anzieht.

Zur Erklärung ziehen wir ein Konzept heran, das 1932 durch Linus Pauling populär gemacht wurde: die **Elektronegativität**. Linus Pauling erhielt 1954 den Nobelpreis für Chemie für seine Arbeiten zur Natur der chemischen Bindung.

Wichtig

- **Die Elektronegativität ist die Fähigkeit eines Atoms, innerhalb einer chemischen Bindung Elektronen anzuziehen. Die unterschiedliche Anziehung von Bindungselektronen spiegelt die unterschiedlichen effektiven Ladungen wider, die von beiden Kernen aus auf die Elektronen wirken.**
- **Die Elektronegativität (Formelzeichen χ, griech. Buchstabe *chi*) stellt einen relativen Wert dar. Der Wert der Elektronegativität ist nicht experimentell bestimmbar, er wird über verschiedene Modelle berechnet.**

Elektronegativitätswerte nach Pauling

Um die Elektronegativität mit Zahlenwerten quantifizieren zu können, betrachtete Pauling zunächst eine Reihe von einfachen Reaktionen zur Bildung von heteroatomaren Molekülen AB:

$$1/2\,A_2 + 1/2\,B_2 \rightarrow AB$$

Wenn die chemische Bindung im Molekül AB rein kovalent ist wie in den Molekülen A_2 und B_2, sollte sich an der Funktion der bindenden Elektronenpaare wenig ändern. Die Bindungsenthalpie (ΔH_B^0) von AB müsste dann dem Mittelwert aus den Bindungsenthalpien von A_2 und B_2 entsprechen. Ist die Bindungsenthalpie von AB jedoch größer, so bedeutet das nach Pauling einen zusätzlichen ionischen Anteil an der Bindung, der durch die unterschiedlichen Elektronegativitäten von A und B verursacht wird. Eine große Differenz Δ zwischen der Bindungsenthalpie im AB-Molekül und dem arithmetischen Mittelwert der Bindungsenthalpien in A_2 und B_2 weist damit auch auf eine große Differenz der Elektronegativitäten hin.

$$\Delta = \Delta H_B^0(AB) - 1/2\left(\Delta H_B^0(A_2) + \Delta H_B^0(B_2)\right)$$

Für die Reaktionen der Halogene zur Bildung der Halogenwasserstoff-Verbindungen erkennt man deutliche Unterschiede im Δ-Wert, ◘ Tab. 6.1.

Pauling setzte schließlich die Differenz der Bindungsenthalpien in Beziehung zu den Elektronegativitäten. (Der Faktor 96 ist (näherungsweise) der Umrechnungsfaktor zwischen $kJ \cdot mol^{-1}$ und eV)

$$\Delta = 96 \cdot (\chi_A - \chi_B)^2$$

Weil mit der Pauling'schen Formel zunächst nur Differenzen der Elektronegativitäten berechnet werden konnten, wurde ein Bezugswert benötigt, mit dessen Hilfe sich alle weiteren Elektronegativitäten berechnen ließen. Das Fluor-Atom zieht Elektronen am stärksten an, Pauling setzte dessen Elektronegativität willkürlich auf den Wert $\chi = 4{,}0$. Alle anderen Elemente haben niedrigere Werte der Elektronegativität, Caesium weist mit 0,7 den kleinsten Wert der Elemente im Periodensystem auf. Für die Berechnung der Werte wurde das arithmetische Mittel später durch das geometrische Mittel ersetzt, diese Werte sind heute in den Tabellen aufgenommen, vgl. ◘ Tab. 6.2 und ◘ Tab. 6.3.

$$\Delta = \Delta H_B^0(AB) - \sqrt{\Delta H_B^0(A_2) \cdot \Delta H_B^0(B_2)}$$

Mit den in ◘ Tab. 6.1 gegebenen Werten kann man beispielsweise die Reaktion zur Bildung von Fluorwasserstoff beschreiben, die Werte für die Elektronegativität von Wasserstoff unterscheiden sich nach den beiden Rechenmethoden nur gering voneinander.

$$\Delta_1 = \Delta H_B^0(HF) - 1/2(\Delta H_B^0(H_2) + \Delta H_B^0(F_2)) = 272\,kJ \cdot mol^{-1}$$

$$\Delta_1 = 272\,kJ \cdot mol^{-1} = 96 \cdot (\chi_F - \chi_H)^2$$

$$(\chi_F - \chi_H) = 1{,}7 \Rightarrow \chi_H = 2{,}3$$

$$\Delta_2 = \Delta H_B^0(HF) - \sqrt{\Delta H_B^0(H_2) \cdot \Delta H_B^0(F_2)} = 307\,kJ \cdot mol^{-1}$$

$$\Delta_2 = 307\,kJ \cdot mol^{-1} = 96 \cdot (\chi_F - \chi_H)^2$$

$$(\chi_F - \chi_H) = 1{,}8 \Rightarrow \chi_H = 2{,}2$$

Durch die Festlegung des Wertes $\chi(F) = 4$ können nachfolgend alle weiteren Elementkombinationen in Verbindungen betrachtet werden.

◘ **Tab. 6.1** Bindungsenthalpien (ΔH_B^0) homoatomarer und heteroatomarer zweiatomiger Moleküle als Grundlage der Pauling'schen Elektronegativitätsskala für die Reaktion: $1/2\ H_2 + 1/2\ X_2 \rightarrow HX$; X = Halogen, ΔH_B^0 in $kJ \cdot mol^{-1}$

Verbindung	Bindungsenthalpie des Moleküls AB (HX)	Bindungsenthalpie des Moleküls A_2 (H_2)	Bindungsenthalpie des Moleküls B_2 (X_2)	Differenz Δ	Elektronegativitätsdifferenz Δ*X*
HF	570	436	159	273	1,7
HCl	432	436	243	92	1,0
HBr	366	436	193	51	0,8
HI	298	436	151	5	0,5

Tab. 6.2 Elektronegativitätswerte χ der Hauptgruppenelemente nach Pauling (oben), Allred-Rochow (Mitte), Mulliken (unten)

H						
2,2						
2,2						
2,1						
Li	**Be**	**B**	**C**	**N**	**O**	**F**
1,0	1,5	2,0	2,5	3,0	3,4	4,0
1,0	1,5	2,0	2,5	3,1	3,5	4,1
1,3	2,0	1,8	2,7	3,1	3,2	4,4
Na	**Mg**	**Al**	**Si**	**P**	**S**	**Cl**
0,9	1,3	1,6	1,9	2,2	2,6	3,2
1,0	1,2	1,5	1,7	2,1	2,4	2,8
1,2	1,6	1,4	2,0	2,4	2,6	3,5
K	**Ca**	**Ga**	**Ge**	**As**	**Se**	**Br**
0,8	1,0	1,8	2,0	2,2	2,6	3,0
0,9	1,0	1,8	2,0	2,2	2,5	2,7
1,0	1,3	1,3	2,0	2,3	2,5	3,2
Rb	**Sr**	**In**	**Sn**	**Sb**	**Te**	**I**
0,8	1,0	1,8	1,8	2,1	2,1	2,7
0,9	1,0	1,5	1,7	1,8	2,0	2,2
1,0	1,2	–	1,8	–	2,3	2,9
Cs	**Ba**	**Tl**	**Pb**	**Bi**		
0,8	0,9	2,0	1,9	2,0		
0,9	1,0	1,4	1,5	1,7		
–	–	–	–	–		

Tab. 6.3 Elektronegativitätswerte χ der Nebengruppenelemente nach Pauling (oben) und Allred-Rochow (unten)

Sc	**Ti**	**V**	**Cr**	**Mn**	**Fe**	**Co**	**Ni**	**Cu**	**Zn**
1,4	1,5	1,6	1,7	1,6	1,8	1,9	1,9	1,9	1,7
1,2	1,3	1,4	1,6	1,6	1,6	1,7	1,8	1,8	1,7
Y	**Zr**	**Nb**	**Mo**	**Tc**	**Ru**	**Rh**	**Pd**	**Ag**	**Cd**
1,2	1,3	1,6	2,2	1,9	2,2	2,3	2,2	1,9	1,7
1,1	1,2	1,2	1,3	1,4	1,4	1,5	1,3	1,4	1,5
La	**Hf**	**Ta**	**W**	**Re**	**Os**	**Ir**	**Pt**	**Au**	**Hg**
1,1	1,3	1,5	2,4	1,9	2,2	2,2	2,2	2,4	1,9
1,1	1,2	1,3	1,4	1,5	1,5	1,5	1,4	1,4	1,4

Im geschilderten Beispiel ergibt sich für Wasserstoff $\chi(\mathrm{H}) = 2{,}2$. Mit diesem Wert gibt es wiederum eine eindeutige Lösung für die Bestimmung der Elektronegativitäten der Halogene in den übrigen Halogenwasserstoff-Verbindungen. Schließlich können diese Werte verwendet werden, um die Elektronegativitätswerte der Metalle in deren Halogenverbindungen zu ermitteln.

Die Werte der Elektronegativität der Elemente zeigen einen eindeutigen, periodischen Trend: Innerhalb einer Periode steigt die Elektronegativität von links nach rechts an, die Elemente der Gruppe 17 haben jeweils die höchsten Werte ihrer Perioden. Innerhalb einer Gruppe nimmt die Elektronegativität von oben nach unten ab, die Elemente der zweiten Periode haben jeweils die höchsten Werte (vgl. Tab. 6.2, Abb. 6.1)

Elektronegativitätswerte nach Allred und Rochow

Obwohl das Pauling'sche Konzept keinen direkten physikalischen Ursprung hat, wurde und wird es weltweit angewendet. Eine andere, von A. L. Allred und E. G. Rochow 1958 vorgeschlagene Skala der Elektronegativitäten basiert dagegen auf einer physikalischen Grundlage. Als Maß für die Anziehung eines

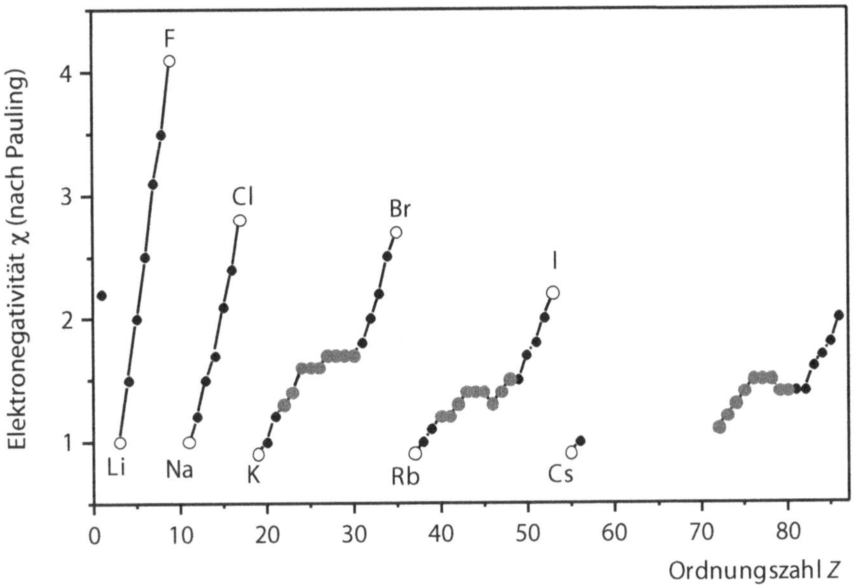

Abb. 6.1 Periodischer Verlauf der Elektronegativitäten χ der Elemente (nach Pauling); offene Kreise: Maxima der Elektronegativität bei den Elementen der Gruppe 17, Minima bei den Elementen der Gruppe 1; schwarz: Hauptgruppenelemente; grau: Nebengruppenelemente

Valenzelektrons wird die auf dieses Elektron vom Atomkern aus wirkende Coulomb-Kraft F_C verwendet. Die effektive Kernladung Z_{eff} berücksichtigt dabei die Abschirmung der Anziehungskraft der Protonen im Kern durch Elektronen auf kernnahen Schalen (Z_{eff}= effektive Kernladungszahl; r= Atomradius).

$$\chi \sim F_C \sim \frac{Z_{eff}}{r^2}$$

Ein Vergleich der Werte mit der Pauling'schen Skala wird durch Einführung eines empirischen Proportionalitätsfaktors und eines Korrekturwerts möglich. Auf diese Weise werden nahezu identische Werte über die beiden verschiedenen Ansätze erhalten, Tab. 6.2.

$$\chi = 3590 \cdot \frac{Z_{eff}}{r^2} + 0{,}744$$

- **Elektronegativitätswerte nach Mulliken**

Wenn man einen physikalischen Hintergrund für die Ermittlung der Elektronegativitätswerte sucht, erscheint es geradezu logisch, dass man die Stärke der Anziehung Elektronen in einer chemischen Bindung unmittelbar mit der ersten Ionisierungsenthalpie (ΔH_{ion1}) und der Elektronenaffinität (ΔH_{EA}) der Atome in Beziehung stellt. Diese beiden Werte drücken zahlenmäßig die Bereitschaft eines Atoms aus, Elektronen abzugeben bzw. aufzunehmen. Robert S. Mulliken stellte diesen Ansatz 1934 vor. 1966 erhielt Mulliken für seine Leistungen zur chemischen Bindung und Elektronenstruktur der Moleküle den Nobelpreis für Chemie.

Die Elektronegativität ergibt sich nach Mulliken aus der Differenz der beiden charakteristischen Enthalpien:

$$\chi_{abs} = \frac{(\Delta H_{ion1} - \Delta H_{EA})}{2}$$

Auf diese Weise ergeben sich absolute Werte, die mit den in der Pauling'schen Skala angegebenen Werten nicht übereinstimmen. Um eine bessere Vergleichbarkeit zu schaffen, gibt es eine modifizierte Berechnung auf der Basis der

Ionisierungsenthalpie und der Elektronenaffinität zu Bestimmung einer **relativen Elektronegativität**.

$$\chi_{\text{rel}} = 0{,}168\left(\Delta H_{\text{ion1}} - \Delta H_{\text{EA}}[\text{eV}]\right) - 0{,}207$$

Für das Wasserstoff-Atom erhält man einen Wert von:

$$\chi_{\text{rel}} = 0{,}168(13{,}60\ \text{eV} - (-0{,}76\ \text{eV})) - 0{,}207$$

$$\chi_{\text{rel}} = 2{,}2$$

Binnewies, 3. Auflage 2016, S. 110 ff: Elektronegativität und polare Bindung

6

Da zuverlässige Werte für die Elektronenaffinitäten vieler Atome erst in den letzten Jahrzehnten ermittelt wurden, blieb der Satz von Elektronegativitätswerten nach Mulliken über lange Zeit unvollständig. In ▪ Tab. 6.2 sind Elektronegativitätswerte nach Pauling, Allred-Rochow und Mulliken für die Hauptgruppenelemente aufgeführt. Elektronegativitätswerte der Nebengruppenelemente enthält ▪ Tab. 6.3, ▪ Abb. 6.1 zeigt den Verlauf innerhalb der Perioden (Binnewies, 3. Auflage 2016, S. 110 ff).

■ **Differenz der Elektronegativitäten $\Delta\chi$**

Die Elektronegativität χ eines Atoms gibt an, in welchem Maße ein Elektron von diesem Atom angezogen wird. Kombiniert man aber nun zwei Atome, die in gleicher Weise hohe Elektronegativität haben – also gleich stark das Elektron anziehen –, wird die Bindung kaum polarisiert. Im Gegensatz dazu finden wir ionische Bindungen bei Bindungspartnern mit stark unterschiedlichen Elektronegativitäten. Das elektronegativere Atom bildet das Anion, das weniger elektronegative das Kation. Der Charakter der ionischen Bindung kann über folgende Beziehung angegeben werden:

$$\text{Ionenbindungscharakter}\ (\%) = 16\ (\Delta\chi) + 3{,}5\ (\Delta\chi)^2$$

Für Temperaturangaben in °C wird in diesem Buch das Formelsymbol ϑ verwendet, Werte der thermodynamischen (oder absoluten) Temperatur in Kelvin werden mit dem Formelsymbol *T* dargestellt (Binnewies, ► Abschn. 1.2: Größen und Einheiten). Zur Unterscheidung der Schmelz- und Siedetemperaturen werden zusätzlich Indizes verwendet:
Schmelztemperatur: ϑ_m *(melting temperature)*
Siedetemperatur: ϑ_b *(boiling temperature)*

Verbindungen, die wir typischerweise mit einer ionischen Bindung beschreiben, wie NaCl, CsCl oder CaF_2, haben demnach zwischen 50 und 80 % ionischen Bindungscharakter. Diese Werte verdeutlichen, dass die Bindungstypen nicht starr festgelegt sind.

Bei den Fluoriden der Elemente der zweiten Periode ist ein solcher kontinuierlicher Übergang zu beobachten. LiF und BeF_2 bilden typische Ionenkristalle, während die Verbindungen BF_3, CF_4, NF_3, OF_2 sowie F_2 Moleküle bilden. Am Gang der Schmelztemperaturen lässt sich erkennen, wie stark die Polarität der Bindung abnimmt. Für die Eigenschaften einer Verbindung ist aber nicht allein der rechnerisch ermittelte Bindungscharakter entscheidend. So hat NaCl mit einer Elektronegativitätsdifferenz von etwa 2 zwischen Natrium und Chlor einen stark ionischen Charakter, währen BF_3 mit demselben

▪ **Tab. 6.4** Differenzen der Elektronegativitätswerte der Fluoride der Elemente der zweiten Perioden und charakteristische Eigenschaften

Verbindung	$\Delta\chi$	Bindungscharakter	Struktur	Schmelztemperatur ϑ_m (in °C)
LiF	3,0	Ionisch	Ionenkristall	845
BeF_2	2,4	Ionisch	Ionenkristall	552
BF_3	2,0	Polare kovalente Bindung	Molekül	−127
CF_4	1,5	Kovalente Bindung	Molekül	−184
NF_3	1,0	Kovalente Bindung	Molekül	−207
OF_2	0,6	Kovalente Bindung	Molekül	−224
F_2	0	Kovalente Bindung	Molekül	−220

Wert überwiegend kovalent gebunden ist (Tab. 6.4). Hier hat die Änderung der Koordination (der räumlichen Umgebung um das Atom) einen zusätzlichen Einfluss auf die Ausprägung des Bindungstyps.

Wichtig

- **Die Elektronegativität steigt von links nach rechts innerhalb einer Periode an.**
- **Innerhalb einer Gruppe nimmt die Elektronegativität von oben nach unten ab.**
- **Aus der Differenz der Elektronegativitäten der Bindungspartner lässt sich die Polarität einer chemischen Bindung ableiten, der ionische Bindungscharakter nimmt mit steigender Differenz $\Delta\chi$ zu.**

Fragen

26. Welche Eigenschaft beschreibt der Begriff der Elektronegativität?
27. Warum hat Fluor die höchste Elektronegativität?
28. Ermitteln Sie den Bindungscharakter folgender Verbindungen: KBr, CaO, SO_3, P_4O_{10}, $AuCu_3$.

Die Ionenbindung

P. Schmidt, *Allgemeine Chemie*, https://doi.org/10.1007/978-3-662-57846-9_7

7.1 Bildung von Ionen und Ionenradien

Während kovalente Verbindungen bei Raumtemperatur fest, flüssig oder gasförmig sein können, sind alle einfach aufgebauten ionischen Verbindungen Feststoffe. Sie haben die folgenden gemeinsamen Eigenschaften:

Wichtig

- **Kristalle ionischer Verbindungen sind hart und spröde.**
- **Die Kristalle bilden typische, periodische Strukturen.**
- **Ionische Verbindungen haben hohe Schmelztemperaturen.**
- **Die Schmelze einer ionischen Verbindung leitet den elektrischen Strom.**
- **Viele ionische Verbindungen lösen sich in Wasser und anderen stark polaren Lösemitteln, die Lösungen sind elektrisch leitend.**

Binnewies, ► Abschn. 4.1: Eigenschaften ionischer Verbindungen.

Lassen Sie uns im Folgenden untersuchen, wie diese Eigenschaften durch die chemische Bindung in Ionenkristallen bestimmt werden (vgl. auch im Binnewies ► Abschn. 4.1).

7.1.1 Die Bildung von Ionen

Die ionische Bindung beruht auf den elektrostatischen Wechselwirkungen zwischen positiv geladenen *Kationen* und negativ geladenen *Anionen.* Die Bildung charakteristischer Ionen wird für uns durch die Stellung der Elemente im Periodensystem verständlich. In der Regel ist es energetisch günstig, Elektronen aufzunehmen oder abzugeben, bis eine sehr stabile Elektronenkonfiguration erreicht wird.

■ Bildung von Ionen mit Edelgaskonfiguration s^2p^6

Aus der Reaktionsträgheit der Edelgase kann man darauf schließen, dass deren Elektronenkonfiguration der Valenzschale eine äußerst hohe energetische Stabilität repräsentiert. Ein Austausch von Elektronen ist für die Edelgase (fast) unmöglich. Umgekehrt sollten weniger stabile Elektronenanordnungen das Bestreben haben, einen solch stabilen Zustand durch Elektronentransfer zu erreichen. So wird Natrium als Element der Gruppe 1 ausgehend von der Elektronenkonfiguration $1s^22s^22p^63s^1 = [Ne]3s^1$ die Konfiguration des Neons anstreben und dabei ein einfach positiv geladenes Kation Na^+ bilden. Das Element Chlor ($1s^22s^22p^63s^5 = [Ne]3s^5$) benötigt dagegen ein Elektron, um die Edelgaskonfiguration für Argon zu erreichen – es bildet sich das Chlorid-Anion Cl^-. Calcium ($[Ar]4s^2$) strebt die Konfiguration von Argon ebenfalls an und bildet dabei unter Abgabe von zwei Elektronen das Kation Ca^{2+}. In einer Verbindung von Calcium und Chlor kann das Chlor-Atom aber nicht freiwillig *zwei* Elektronen aufnehmen, nur weil das Calcium-Atom diese bei der Bildung seines Kations gerade abgegeben hat: Um zu einer ladungsneutralen Verbindung der beiden Elemente zu kommen, muss die Zusammensetzung $CaCl_2$ ($Ca^{2+} + 2\ Cl^-$) sein.

In der Regel werden maximal drei Elektronen von einem Atom eines Hauptgruppenelements abgegeben oder aufgenommen. Die Bildung höher geladener Ionen erfordert zu hohe Ionisierungsenthalpien bzw. Elektronenaffinitäten. Wenn wir dennoch in der Folge von Verbindungen wie $SiCl_4$, PCl_5 oder SF_6 sprechen, so handelt es sich um Molekülverbindungen, in denen keine isolierten, hochgeladenen Ionen vorliegen.

Die leichten Elemente des Periodensystems (Wasserstoff, Lithium, Beryllium) bilden insofern eine Ausnahme, als ihre Ionen (H^-, Li^+, Be^{2+}) die Elektronenzahl des Edelgases Helium ($1s^2$) und damit keine ns^2np^6-Konfiguration erreichen. Wasserstoff kann darüber hinaus – abhängig vom Bindungspartner – ein Kation oder ein Anion bilden, ◘ Tab. 7.1.

Tab. 7.1 Bildung charakteristischer Ionen durch Einstellung stabiler Elektronenkonfigurationen der Valenzschale. (Elemente mit Zahlenwerten in römischen Zahlen: Bildung kovalenter Molekülverbindungen)

Gr. 1	2	3	11	12	13	14	15	16	17
ns^1	ns^2	$ns^1\,(n-1)d^1$	$ns^1\,(n-1)d^{10}$	$ns^2\,(n-1)d^{10}$	ns^2np^1	ns^2np^2	ns^2np^3	ns^2np^4	ns^2np^5
H^+/H^-									
Li^+	Be^{2+}				B_{III}	C_{-IV} bis C_{IV}	N^{3-} N^{III}, N^{V}	O^{2-}	F^-
Na^+	Mg^{2+}				Al^{3+}	Si^{IV}	P^{3-} P^{III}, P^{V}	S^{2-} S^{IV}, S^{VI}	Cl^- bis Cl^{VII}
K^+	Ca^{2+}	Sc^{3+}	Cu^+	Zn^{2+}	Ga^{3+}/Ga^+	Ge^{2+} Ge^{IV}	As^{3-}/As^{3+} As^{V}	Se^{2-} Se^{IV}	Br^- bis Br^{VII}
Rb^+	Sr^{2+}	Y^{3+}	Ag^+	Cd^{2+}	In^{3+}/In^+	Sn^{2+} Sn^{IV}	Sb^{3+} Sb^{V}	Te^{2-} Te^{IV}	I^- bis I^{VII}
Cs^+	Ba^{2+}	La^{3+}	Au^+	Hg^{2+}	Tl^{3+}/Tl^+	Pb^{2+}	Bi^{3+}		

▪ Bildung von Ionen der Nebengruppenelemente

Bei der Bildung von Kationen der Nebengruppenelemente werden immer zunächst die s-Elektronen abgegeben. Eine vollständige Ionisierung bis auf die Konfiguration des Edelgases mit der nächstniedrigeren Ordnungszahl erfolgt nur für die Elemente der vorderen Gruppen. So kennt man für die Elemente der Gruppe 3 (Sc, Y, La) nur die dreifach geladenen Kationen M^{3+}. Titan ($[Ar]3d^24s^2$) kommt bereits als Kation mit unterschiedlichen Ladungen vor: Ti^{4+} ([Ar]), Ti^{3+} ($[Ar]3d^1$) oder Ti^{2+} ($[Ar]3d^2$). Die Tendenz zur Bildung verschieden geladener Kation ist bei den Nebengruppenelementen deutlich stärker ausgeprägt als bei den Hauptgruppenelementen.

▪ Bildung von Ionen mit d^{10}-Konfiguration

Neben der Konfiguration der Edelgase sind auch solche besonders stabil, die innerhalb der Valenzschale volle Orbitale aufweisen. So erfolgt beim Kupfer keine vollständige Ionisierung bis zur Konfiguration des Argons. Für das dabei zu bildende Ion müsste eine viel zu hohe Ionisierungsenthalpie aufgebracht werden. Das Kupfer-Atom wird unter Erhalt der Elektronen in der d-Schale zunächst zu Cu^+ ($[Ar]3d^{10}$) ionisiert. In ähnlicher Weise sind von den Elementen der Gruppe 12 die Ionen Zn^{2+} ($[Ar]3d^{10}$), Cd^{2+} ($[Kr]4d^{10}$) und Hg^{2+} ($[Xe]4f^{14}5d^{10}$) stabil, vgl. ◘ Tab. 7.1.

▪ Bildung von Ionen mit $d^{10}s^2$-Konfiguration

Die Elemente der Gruppen 13 bis 15 zeigen zunehmend einen Trend, auch die Elektronen im s-Orbital nicht mit in die Ionisierung einzubeziehen. Auf diese Weise werden relativ stabile Konfigurationen unter Abgabe von Elektronen aus dem p-Orbital mit Erhalt der Elektronen im d- und s-Orbital erreicht. Indium kommt in seinen Verbindungen sowohl als In^{3+} ($[Kr]4d^{10}$) als auch als In^+ ($[Kr]4d^{10}5s^2$) vor.

▪ Bildung von Anionen

Die Bildung von Anionen ist nur für Elemente mit hoher Elektronegativität zu beobachten. Bei der Aufnahme von Elektronen wird in der Regel die Konfiguration des Edelgases mit der nächsthöheren Ordnungszahl erreicht. Die Halogene (ns^2np^5) bilden mit einer äußerst hohen Reaktivität Halogenide X^- (ns^2np^6). Ausgehend von der Konfiguration ns^2np^4 können die Elemente der Gruppe 16 zwei Elektronen bis zur stabilen Edelgaskonfiguration aufnehmen und damit Chalkogenid-Anionen X^{2-} (z. B. O^{2-}; S^{2-}) bilden. Nehmen die Atome des Sauerstoffs oder des Schwefels jeweils nur ein Elektron auf, bilden sich molekulare Anionen: das Peroxid-Anion $O_2^{\ 2-}$ und das Disulfid-Anion

S_2^{2-}. Dabei werden verschiedene Bindungskonzepte miteinander verknüpft, ein Teil der Elektronen bildet eine kovalente Bindung, darüber hinaus wird eine gefüllte Valenzschale durch die Bildung von Ionen angestrebt. In Ionenkristallen liegen maximal dreifach negativ geladene Anionen als Nitrid (N^{3-}), Phosphid (P^{3-}) oder Arsenid (As^{3-}) vor.

Fragen

29. Bestimmen Sie die maximale Ladung der Kationen von Titan, Niob und Wolfram.

7.1.2 Ionenradien

Im vorhergehenden Abschnitt haben wir bereits diskutiert, dass der Atomradius der Atome aufgrund der zunehmenden effektiven Kernladung innerhalb einer Periode allmählich von links nach rechts abnimmt, während die Atomradien in einer Gruppe systematisch zunehmen. Durch den Elektronentransfer bei der Bildung von Ionen bleiben diese Trends prinzipiell erhalten, wenngleich sich die Radien im Wert deutlich verändern.

Bei der Diskussion von Ionenradien müssen wir beachten, dass Ionenradien sich nicht direkt messen lassen. Sie erinnern sich: Orbitale stellen Aufenthalts*wahrscheinlichkeiten* dar, ihre Besetzung erfolgt innerhalb eines Volumenanteils der Atomhülle ohne scharfe Begrenzung – nur eben mit abnehmender Wahrscheinlichkeit. Man kann mit modernen analytischen Methoden sehr genau den Abstand zwischen den Kernen des Kations und des Anions in einem Ionenkristall messen. Dabei erhält man zunächst eine Weglänge als Summe der beiden Radien. Eine physikalisch sinnvolle Aufteilung der Anteile des Kations und des Anions ergibt sich aus der näheren Betrachtung der Elektronendichteverteilung im Kristall. Diese Größe kann man durch Methoden zur Kristallstrukturbestimmung (Röntgenbeugung) ermitteln. Nehmen wir einen Natriumchlorid-Kristall als Beispiel. Die Natrium-Kationen und Chlorid-Anionen besetzen alternierend Plätze im Kristallgitter. Auf einer topografischen Karte der Elektronendichten beobachtet man hohe Elektronendichte in der Nähe der Atomkerne und eine sinkende Dichte zwischen den Atomen (■ Abb. 7.1). Entlang der Verbindungslinie

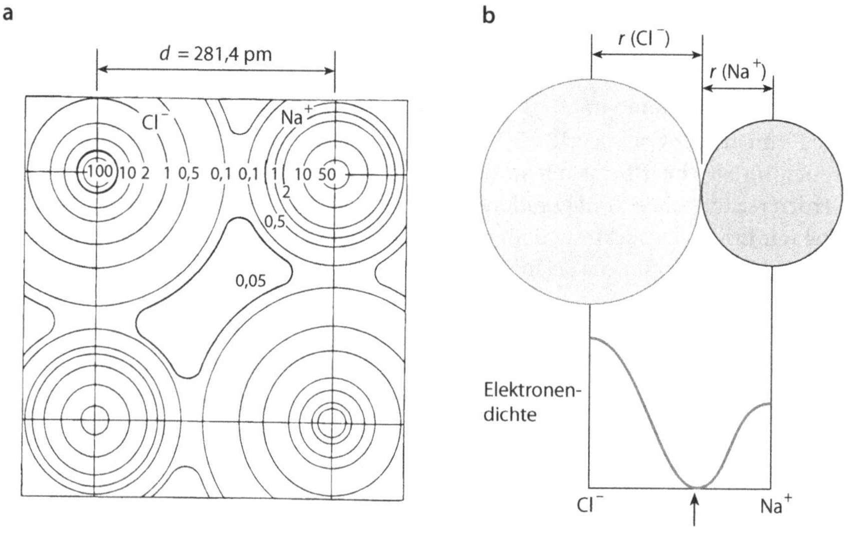

■ **Abb. 7.1** Elektronendichteverteilung in Natriumchlorid: **a** Konturlinien mit Zahlen als Maß für die Elektronendichte; **b** Elektronendichteverteilungsfunktion. der Abstand benachbarter Atomkerne entspricht nahezu der Summe der tabellierten Durchschnittswerte (116 + 167 pm)

zwischen zwei benachbarten Na^+- und Cl^--Ionen liegt ein Minimum der Elektronendichte mit eine Werte nahe bei null. An diesem Minimum werden die beiden Ionen formal voneinander getrennt und ihre Ionenradien bestimmt.

Über eine Vielzahl von Verbindungen kann man statistische Werte der Ionen zusammentragen und systematisieren. Unter den Chemikern ist es weithin akzeptiert, die Werte für die Ionenradien nach Shannon zu verwenden (Shannon).

R. D. Shannon: Revised Effective Ionic Radii and Systematic Studies of Interatomic Distances in Halides and Chalcogenides. Acta Crystallographica Section A, volume 32, number 5, 1976, S. 751–767

▪ Ionenradien von Kationen

Die Abgabe von Elektronen bei der Bildung von Kationen hat stets eine Verkleinerung der Teilchen zur Folge. Während die Kernladungszahl konstant bleibt, verringert sich die Anzahl der Valenzelektronen. Auf die verbleibenden Elektronen wirkt somit eine stärkere Kernanziehung – der Radius verringert sich.

Für die Hauptgruppenelemente, deren Kationen unter Abgabe sämtlicher Valenzelektronen gebildet werden, verkleinert sich der Radius signifikant: Der Radius für das Natrium-Atom verringert sich von 186 pm ($186 \cdot 10^{-12}$ m) auf 116 pm für das Ion Na^+. Die Größenabnahme wird noch deutlicher, wenn man das Volumen betrachtet: $V = 4/3\ \pi \cdot r^3$. Bei der Abnahme des Radius um den Faktor $116/186 = 0{,}624$ reduziert sich Volumen des Ions auf ein Viertel ($0{,}624^3 = 0{,}243$). Wie wir bereits diskutiert haben (▶ Abschn. 4.3), werden die Kationen noch kleiner, wenn die Ionen mehrfach geladen sind. Die isoelektronischen Ionen Na^+ (116 pm), Mg^{2+} (86 pm), Al^{3+} (68 pm) haben die gleiche Anzahl an Elektronen ($1s^2\,2s^22p^6$), sie unterscheiden sich nur in der Anzahl der Protonen im Kern. Je höher die Protonenzahl, desto höher ist aber die effektive Kernladung Z_{eff} und umso stärker ist die Anziehung zwischen Elektronen und Kern. Dementsprechend sind isoelektronische Kationen umso kleiner, je höher die Ladung ist. Innerhalb einer Gruppe werden die Kationen (gleicher Ladung) systematisch größer: Li^+ (90 pm), Na^+ (116 pm), K^+ (152 pm), Rb^+ (166 pm), Cs^+ (181 pm), ◘ Abb. 7.2.

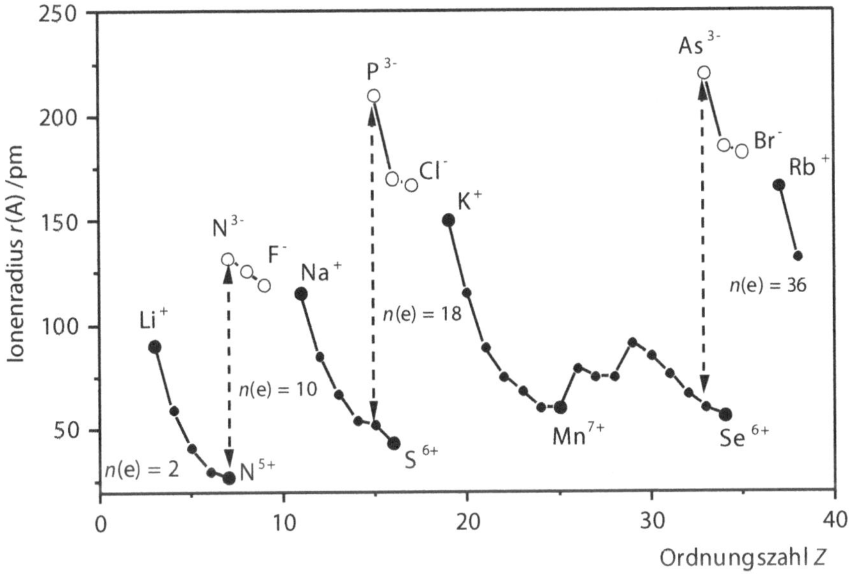

◘ **Abb. 7.2** Ionenradien der natürlichen Elemente als Funktion der Ordnungszahl (nach Shannon; ● Ionenradien von Element-Anionen, ○ Ionenradien der Kationen mit der jeweils höchsten stabilen Oxidationsstufe, ○ Nebengruppenelemente und f-Elemente)

Gibt es von einem Element mehrere Kationen mit unterschiedlicher Ladung, werden die Ionen mit zunehmender Ladung kleiner: In Ionen mit einer geringeren Anzahl an Valenzelektronen (mit einer höheren positiven Ladung) wirkt bei konstanter Kernladung eine größere Anziehung. So hat das Fe^{2+}-Kation einen Ionenradius von 75 pm, während Fe^{3+} mit 70 pm merklich kleiner ist. Tl^{3+} (103 pm) ist sogar deutlich kleiner als Tl^{+} (164 pm).

Ionenradien von Anionen

Für Anionen gilt: Durch die Aufnahme von Elektronen ist ein negativ geladenes Ion größer als das zugehörige Atom. Durch die Aufnahme zusätzlicher Elektronen sinkt die effektive Kernladung, die auf die einzelnen Außenelektronen wirkt (die Abschirmung wird mit jedem Elektron größer). Durch die abgeschwächte Anziehung durch den Kern vergrößert sich der Radius der Elektronenhülle. In gleicher Weise führt die stärkere interelektronische Abstoßung zu einer Vergrößerung der Teilchen. So liegt der Atomradius des Sauerstoff-Atoms bei 74 pm, während der Ionenradius des Oxid-Ions 126 pm beträgt. Mit zunehmender Anzahl der zusätzlich aufgenommenen Elektronen vergrößert sich der Effekt weiter. In einer Reihe isoelektronischer Anionen mit der Konfiguration des Neon-Atoms ist das Nitrid-Anion das größte: N^{3-} (132 pm), O^{2-} (126 pm), F^{-} (117 pm), ▣ Abb. 7.2.

Innerhalb einer Gruppe im Periodensystem werden auch die Anionen (gleicher Ladung) mit zunehmender Ordnungszahl größer: F^{-} (117 pm), Cl^{-} (167 pm), Br^{-} (182 pm), I^{-} (206 pm), ▣ Abb. 7.2.

Wichtig

- **Innerhalb einer Periode sind die Element-Anionen in der Regel sehr viel größer als die Kationen.**
- **Innerhalb der Gruppen steigt der Radius von Kationen und Anionen mit zunehmender Ordnungszahl systematisch an.**
- **Ionen mit gleicher Elektronenkonfiguration (isoelektronische Ionen) sind umso kleiner, je höher die Kernladungszahl (Ordnungszahl) des Elements ist.**
- **Bildet ein Element mehrere Kationen, nimmt der Radius mit zunehmender Ladung ab.**

7.2 Polarisierung

Wir haben bereits angesprochen, dass die ionische Bindung ein Grenzfall ist. Über die Elektronegativitätsdifferenz haben wir für typische Ionenkristalle lediglich einen höheren Anteil des ionischen Bindungscharakters bestimmt. Entsprechend dieser Aussage gibt es eine weitere Differenzierung bei der Bildung von ionischen Verbindungen. Eine Abweichung vom eindeutig ionischen Charakter liegt vor, wenn die äußersten Elektronen des Anions so stark vom Kation angezogen werden, dass sich zwischen den Ionen eine merkliche Elektronendichte ergibt und somit ein kovalenter Bindungsanteil erzeugt wird. Die Elektronenhülle des Anions wird dabei in Richtung auf das Kation verzerrt. Diese Abweichung von der Kugelform des idealen Anions bezeichnet man als Polarisierung.

Ein Maß für das Polarisierungsvermögen eines Atoms ist seine **Ladungsdichte.** Die Ladungsdichte entspricht dem Quotienten aus Ionenladung und Ionenvolumen. So erhält man für das Natrium-Ion mit einer Ladungszahl von +1 und einem Ionenradius von 116 pm ($116 \cdot 10^{-12}$ m bzw. $1{,}16 \cdot 10^{-7}$ mm) eine Ladungsdichte von $24\ C \cdot mm^{-3}$:

$$\text{Ladungsdichte} = \frac{1 \cdot 1{,}60 \cdot 10^{-19} C}{\frac{4}{3}\pi\,(1{,}16 \cdot 10^{-7} \text{mm})^3} = 24\,C \cdot mm^{-3}$$

Das Aluminium-Ion wirkt mit einer erheblich höheren Ladungsdichte von 370 C · mm^{-3} viel stärker polarisierend als das Natrium-Ion. Es wird daher eher als Natrium zur Ausbildung kovalenter Bindungen tendieren. Der Physikochemiker Kasimir Fajans fasste die Faktoren, welche die Polarisierung von Ionen und damit eine Zunahme an Kovalenz bewirken, in den folgenden Regeln zusammen.

Wichtig

- **Ein Kation wirkt umso stärker polarisierend, je kleiner und je höher positiv geladen es ist.**
- **Ein Anion wird umso leichter polarisiert, je größer es ist und je höher seine negative Ladung ist.**
- **Polarisierung findet bevorzugt durch Kationen statt, die keine Edelgaskonfiguration haben.**

Ein offenkundiges Unterscheidungsmerkmal zwischen ionischen und kovalenten Stoffen ist die Schmelztemperatur ϑ_m. Die Schmelztemperaturen ionischer Verbindungen sind im Allgemeinen hoch, die Schmelztemperaturen kovalenter Verbindungen, die aus isolierten Molekülen bestehen, dagegen niedrig.

Polarisierende Kationen

Bleiben wir bei dem oben genannten Beispiel: Das Natrium-Kation liegt als Na^+ in der typischen ionischen Verbindung NaCl vor. NaCl hat eine relativ hohe Schmelztemperatur von 801 °C. Das im Periodensystem benachbarte Element Magnesium hat als Mg^{2+}-Kation einen deutlich geringeren Ionenradius (86 pm): Magnesiumchlorid – $MgCl_2$ – schmilzt entsprechend bei niedrigerer Temperatur (714 °C). Das stark polarisierende Kation Al^{3+} bewirkt in Aluminiumchlorid ($AlCl_3$) eine sehr niedrige Schmelztemperatur von 193 °C. In $AlCl_3$ liegt ein hoher kovalenter Bindungsanteil vor.

Da der Ionenradius in erheblichem Umfang von der Ionenladung abhängig ist, erweist sich der Wert der Kationenladung häufig als ein qualitatives Maß, um den kovalenten Bindungsanteil in einer Metallverbindung abzuschätzen. Bei einer Kationenladung von +1 oder +2 überwiegt normalerweise das ionische Verhalten. Bei einer Kationenladung von +3 haben nur Verbindungen mit schlecht polarisierbaren Anionen, wie dem Fluorid-Ion, überwiegend ionische Eigenschaften. Teilchen, die formal noch höhere Ladungen haben, existieren nicht mehr als Kationen. Bei ihren Verbindungen kann man immer von überwiegend kovalentem Bindungscharakter ausgehen. Das sieht man bei Betrachtung des auf Aluminium in der Gruppe 14 des Periodensystems folgenden Elements: Silicium bildet mit Chlor die Verbindung $SiCl_4$ als kovalent gebundenes Molekül, $SiCl_4$ ist bei Raumtemperatur bereits flüssig und hat eine Siedetemperatur von 57 °C.

Polarisierbare Anionen

Die Elektronen des Anions können durch das polarisierende Kation angezogen werden. Wie stark die Valenzelektronen des Anions aber erstmal durch den eigenen Kern gebunden werden, hängt vor allem von der Größe des Ions ab. Je kleiner das Ion ist, umso größer ist die effektive Kernladung und umso stärker die Anziehung der eigenen Elektronen. Ein solches Ion ist weniger anfällig für eine Polarisierung. Ein Vergleich der Eigenschaften von Aluminiumfluorid (Sublimation bei 1291 °C) und Aluminiumiodid (Schmelze bei 191 °C) zeigt eindrucksvoll den Einfluss der Größe des Anions. Das Fluorid-Ion ist mit einem Ionenradius von 115 pm viel kleiner als das Iodid-Ion (206 pm). Das Fluorid-Ion wird durch das Aluminium-Ion kaum polarisiert, die Bindung im AlF_3 ist daher überwiegend ionisch. Die Elektronenhülle des Iodid-Ions wird dagegen durch Al^{3+} so stark polarisiert, dass Moleküle mit erheblichen Anteilen kovalenter Bindung gebildet werden. Für das weniger stark polarisierende Kation Na^+ erkennt man in den sinkenden Schmelztemperaturen der Natriumhalogenide immerhin den Trend der zunehmenden Polarisierung auf die Halogenid-Anionen, ◘ Tab. 7.2.

Tab. 7.2 Schmelztemperaturen ϑ_m (in °C) der Natrium- und Silberhalogenide

Kationensorte	Fluorid	Chlorid	Bromid	Iodid
Na	NaF: 996	NaCl: 801	NaBr: 747	NaI: 660
Ag	AgF: 435	AgCl: 455	AgBr: 430	AgI: 558

Polarisierende Kationen ohne Edelgaskonfiguration

Die meisten Kationen der Hauptgruppenelemente haben eine Elektronenkonfiguration, die dem Edelgas der vorausgehenden Periode entspricht. Die bisher gezeigten Beispiele Na^+, Mg^{2+} und Al^{3+} sind jeweils isoelektronisch zum Edelgas Neon ($1s^2\ 2s^22p^6$). Für einige Ionen der Hauptgruppenelemente sowie die Mehrzahl der Nebengruppenelemente wird die Edelgaskonfiguration jedoch nicht erreicht. Das Silber-Ion (Ag^+, $[Kr]4d^{10}$) verhält sich ähnlich wie Cu^+, Sn^{2+} und Pb^{2+}. Im Vergleich zum Natrium-Kation (116 pm) ist das Silber-Kation Ag^+ größer (129 pm) – es sollte also schwächer polarisierend wirkend. Man beobachtet aber im Gang der Schmelztemperaturen der Silberhalogenide viel niedrigere Werte, außerdem gibt es keinen gleichmäßigen Trend wie im Fall der Natriumhalogenide, Tab. 7.2.

In festem Zustand sind die Silber-Ionen und die Halogenid-Ionen wie in jeder „ionischen" Verbindung in einem typischen Ionengitter angeordnet. Da jedoch die Elektronendichte zwischen Anionen und Kationen ausreichend groß ist, kann man sich vorstellen, dass beim Schmelzprozess tatsächlich Silberhalogenid-*Moleküle* gebildet werden. Anscheinend benötigt der Übergang von einem teilweise ionischen Feststoff zu kovalent gebundenen Molekülen weniger Energie als der normale Schmelzprozess einer ionischen Verbindung.

Ein deutliches Zeichen für das unterschiedliche Bindungsverhalten des Natrium-Ions und des Silber-Ions ist die unterschiedliche Löslichkeit ihrer Salze in Wasser. Alle Natriumhalogenide sind sehr leicht löslich, während Silberchlorid, -bromid und -iodid in Wasser so gut wie unlöslich sind. Wird die Ionenladung durch kovalente Bindungsanteile zwischen Anion und Kation verringert, so sind die Wechselwirkungen zwischen Ionen und dem polaren Lösungsmittel Wasser schwächer und die Löslichkeit ist geringer.

Fragen

30. Warum ist Lithium ein stärker polarisierendes Kation als Kalium?
31. Warum wird das Oxid-Anion weniger stark polarisiert als das Selenid-Anion?
32. Warum haben die Silberhalogenide niedrigere Schmelztemperaturen als die Natriumhalogenide?

7.3 Ionengitter

Die ionische Bindung beruht auf elektrostatischer Anziehung entgegengesetzt geladener Ionen. Da sich die Elektronenaufenthaltswahrscheinlichkeiten und damit die resultierenden Ladungen gleichmäßig auf der Oberfläche eines Ions verteilen, sind die Bindungskräfte ungerichtet, sie wirken gleichmäßig in alle Raumrichtungen. Die Aufbauprinzipien von Ionenkristallen sind deshalb sehr einfach, sie lassen sich aus geometrischen Gesetzmäßigkeiten ableiten: Im Allgemeinen sind die Anionen viel größer als die Kationen. Wir können uns vorstellen, dass diese das Grundgerüst – die **Kugelpackung** – bilden, die Kationen liegen in den Lücken zwischen den Anionen. Die kugelförmigen Ionen versuchen dabei, eine möglichst dichte Anordnung zu realisieren, weil die elektrostatischen Anziehungskräfte dabei besonders hoch sind. Für die Beschreibung von Ionengittern gelten die folgenden grundlegenden Prinzipien.

Wichtig

- **Ionen werden als geladene, starre und nicht polarisierbare Kugeln betrachtet. (Auch wenn in allen ionischen Verbindungen kovalente Bindungsanteile vorkommen, ermöglicht das Kugelmodell eine sehr gute Beschreibung der geometrischen Verhältnisse).**
- **Ionenverbindungen haben nach außen keine elektrische Ladung: Das Anzahlverhältnis der Kationen und Anionen muss also immer zum Ladungsausgleich führen ($Ca^{2+} + 2\ Cl^- \rightarrow CaCl_2$).**
- **Im Kristallgitter sind die Ionen im Verhältnis der Zusammensetzung der Verbindung enthalten ($CaCl_2$: Gerüst von Chlorid-Anionen und halb so viele Calcium-Kationen).**

7.3.1 Prinzip der dichtesten Kugelpackungen

Versucht man möglichst viele gleich große Kugeln in einem gegebenen Volumen zu platzieren, ergeben sich immer regelmäßige geometrische Anordnungen, die dichtesten Kugelpackungen. (Probieren Sie es selber aus: Lassen Sie eine Anzahl von gleich großen Kugeln - Murmeln, Golfbälle oder Tischtennisbälle - auf einer ebenen Fläche zusammenrollen, sie ordnen sich immer auf die gleiche Weise an...) Bei chemischen Verbindungen findet man dieses Ordnungsprinzip häufig in Ionenkristallen und Metallen. Bei beiden Bindungstypen sind die ungerichteten Bindungskräfte dominierend. Da man mit diesem geometrischen Prinzip Zugang zu einer großen Vielzahl von Strukturen von Elementen und Verbindungen bekommt, wollen wir uns im Folgenden intensiv damit beschäftigen.

Versuchen wir, gleich große Kugeln entlang einer Geraden möglichst dicht anzuordnen, so gibt es hierfür nur eine Möglichkeit: Die Kugeln werden aufgereiht wie auf einer Perlenschnur, jede Kugel berührt zwei andere. Stellen wir nun uns eine zweite dichte Reihe von Kugeln vor und versuchen, diese so dicht wie möglich an die erste Reihe heranzubringen, so bieten sich zunächst zwei Möglichkeiten an. Die quadratische Anordnung von jeweils vier Kugeln ist dabei etwas ungünstiger, die zweite Reihe kann sich jedoch in die „Senken" der ersten Reihe legen und damit die Packung verdichten (◘ Abb. 7.3).

In der nun folgenden dritten Reihe wiederholt sich diese Anordnung. Dabei liegen die Kugeln der dritten Reihe wieder an derselben Position wie die erste Reihe. Daraus ergibt sich für jede Kugel eine Umgebung von sechs weiteren Kugeln in einem regelmäßigen Sechseck (◘ Abb. 7.4).

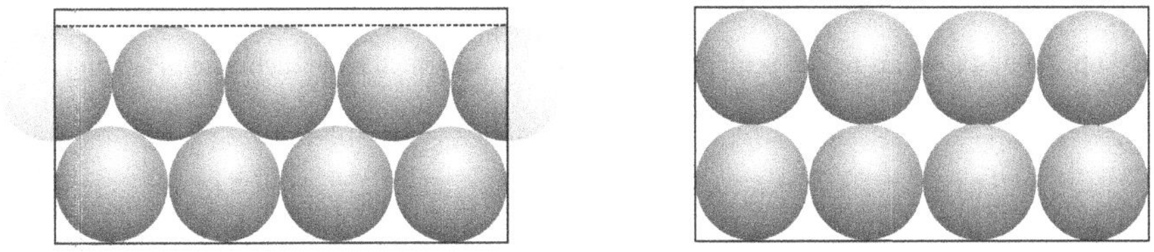

◘ **Abb. 7.3** Anordnung von Kugeln in aufeinanderfolgenden Reihen

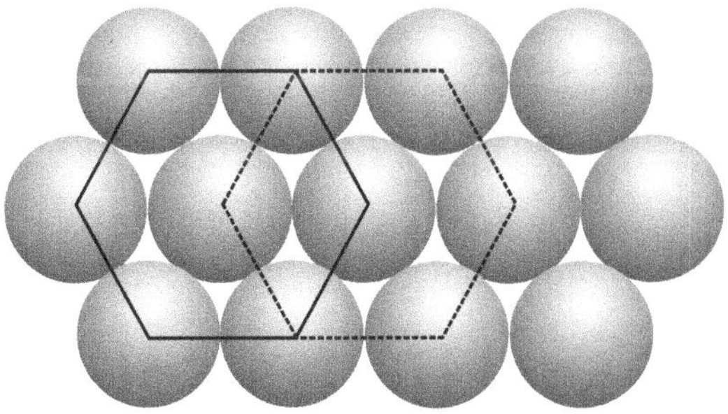

◘ **Abb. 7.4** Dichtest mögliche Anordnung von Kugeln in einer Ebene

■ **Kugelpackungen mit der Stapelfolge ABAB …**

Legen wir eine zweite Schicht über die eben erhaltene Sechseck-Schicht, so „rollt" jede Kugel in eine Senke zwischen jeweils drei Atomen der ersten Schicht. Dadurch ergibt sich eine Verschiebung der Lageparameter. Die zwei verschiedenen Lagen werden mit den Buchstaben A und B gekennzeichnet (◘ Abb. 7.5).

Auch die Stapelung einer dritten Schicht wird in einer energetisch optimierten Lage erfolgen. Das heißt, die Atome der dritten Schicht liegen wieder in einer Senke aus drei Atomen der darunter liegenden Schicht. Dafür gibt es nunmehr zwei verschiedene Möglichkeiten, die beide genau dieselbe Raumerfüllung haben:

Die dritte Schicht kann die Lage der ersten Schicht genau wiederholen. Die Schichtenfolge ist dann ABA, alle weiteren Schichten folgen diesem einmal festgelegten Muster. Wir sprechen bei dieser Stapelfolge von der **hexagonal dichtesten Kugelpackung**.

■ **Kugelpackungen mit der Stapelfolge ABC …**

In einer weiteren Anordnung sind die ersten beiden Schichten in den Positionen A und B besetzt, die Atome der dritten Schicht werden aber nochmals gegen die ersten beiden Schichten versetzt angeordnet. Damit wird eine neue Senke über der Vorgängerschicht belegt, deren Position wir mit dem Buchstaben C kennzeichnen. Die periodische Schichtenfolge ist ABC (◘ Abb. 7.6). Innerhalb des hexagonalen Grundmusters einer Schicht gibt es darüber hinaus keine weiteren Alternativen zu Besetzung. Die Schichtfolgen ABA und ABC sind also die einzigen einfachen und regelmäßigen Anordnungen gleich großer Kugeln, die den Raum bestmöglich ausfüllen (◘ Abb. 7.7).

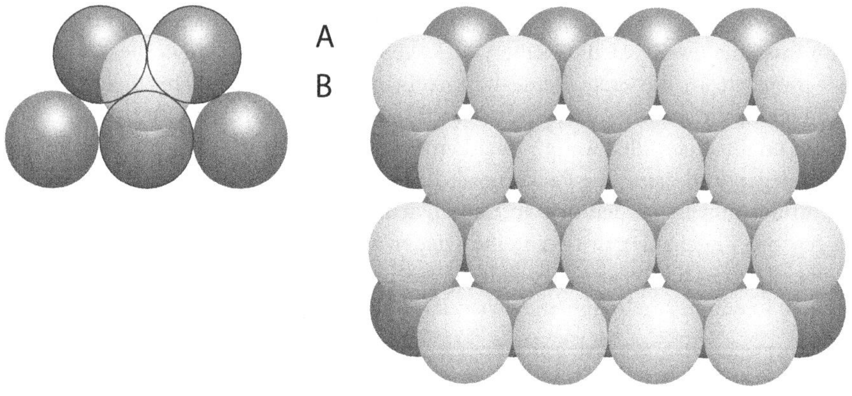

◘ **Abb. 7.5** Stapelung zweier Schichten gleich großer Kugeln in einer dichtesten Packung AB

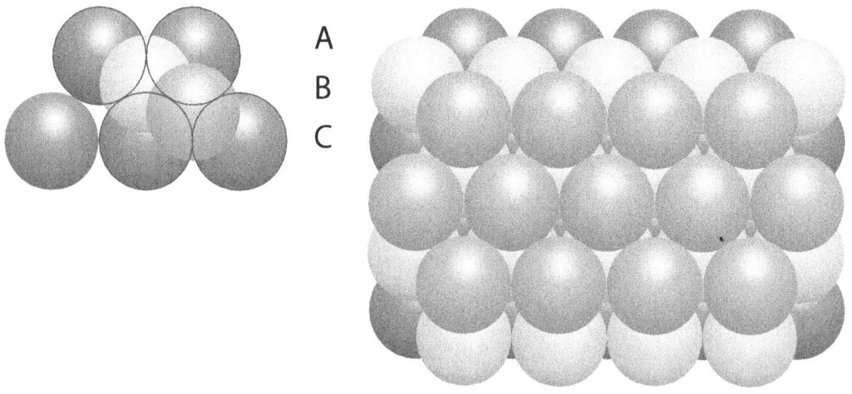

◘ **Abb. 7.6** Stapelung von drei Schichten gleich großer Kugeln in einer dichtesten Packung ABC

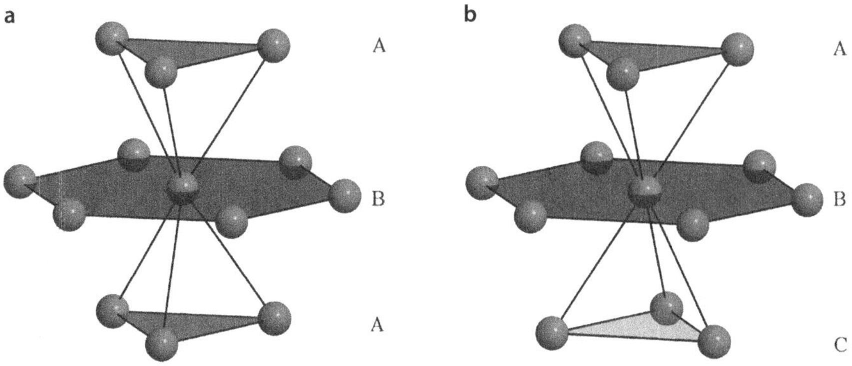

■ **Abb. 7.7** Unterschiedliche Anordnung von jeweils drei dichtest gepackten Kugelschichten: hexagonal dichteste Kugelpackung, ABA (**a**) und kubisch dichteste Kugelpackung, ABC (**b**)

Innerhalb einer Schicht berührt jede Kugel sechs Nachbarkugeln. In den darüber und darunter liegenden Schichten liegt jede Kugel in einer Senke von jeweils drei Kugeln, d. h., die von uns betrachtete Kugel hat noch mal drei Nachbarn in der darunter liegenden und drei Nachbarn in der darüber liegenden Schicht. In der räumlichen Umgebung hat das Atom also 12 (6 + 3 + 3) nächste Nachbarn (■ Abb. 7.7). Die Anzahl der in gleichmäßigem Abstand benachbarten Atome ist ein wichtiges Kriterium zur Beschreibung von geometrischen Anordnungen in Kristallen und Molekülen – wir bezeichnen diese Größe als **Koordinationszahl** eines Atoms.

■ Elementarzelle

Es ist für uns ziemlich schwierig, eine Vorstellung zu entwickeln, wie Millionen von Atomen gleichmäßig angeordnet werden, um am Ende einen für uns in seiner Größe wahrnehmbaren Kristall zu bilden. Müssten wir für jedes Atom einen Lageplan vorgeben, wäre die Beschreibung der Struktur des Kristalls umständlich und zeitraubend. Stellen wir uns aber vor, der Kristall besteht nicht aus lauter individuellen Teilchen, sondern aus gleichartigen Bausteinen, können wir uns die Struktur wie ein Bauwerk aus Ziegelsteinen vorstellen: Wir müssen nur die Größe des Bausteins und seine unmittelbare Umgebung festlegen, alles Weitere folgt aus der stetigen Wiederholung des vorgegebenen Musters (■ Abb. 7.8). In der Kristallografie verwendet man dazu den Begriff der Elementarzelle. Die Elementarzelle ist der kleinste Ausschnitt aus einem kristallinen Feststoff, der alle Informationen über seinen Aufbau enthält. Durch periodische Aneinanderreihung sehr vieler Elementarzellen in alle drei Raumrichtungen ergibt sich ein makroskopischer Kristall.

■ Hexagonal dichteste Kugelpackung

Auch für die beiden dichtesten Kugelpackungen kann man entsprechende Bausteine – Elementarzellen – festlegen: Zunächst erscheinen die beiden Anordnungen aufgrund des hexagonalen Grundmusters sehr ähnlich. Die Elementarzelle für die Schichtenfolge ABA kann man tatsächlich durch eine hexagonale Anordnung beschreiben (■ Abb. 7.9). Allerdings ist die Verwendung des Hexagons als Elementarzelle unpraktisch; es gibt noch einen kleineren Baustein, der ebenfalls den gesamten Aufbau des Kristalls sinnvoll beschreibt und der periodisch angeordnet werden kann. Die Geometrie der Elementarzelle wird durch die Kantenlänge des Sechsecks *(a)* und den Schichtabstand (die Höhe der Elementarzelle *c*) sowie durch den Winkel zwischen den Kanten der Grundfläche (120°) beschrieben. Die Längen der Strecken *a* und *c* werden als **Gitterkonstanten** bezeichnet. Aufgrund ihrer hexagonalen Symmetrie spricht man hier von einer hexagonal dichtesten Kugelpackung.

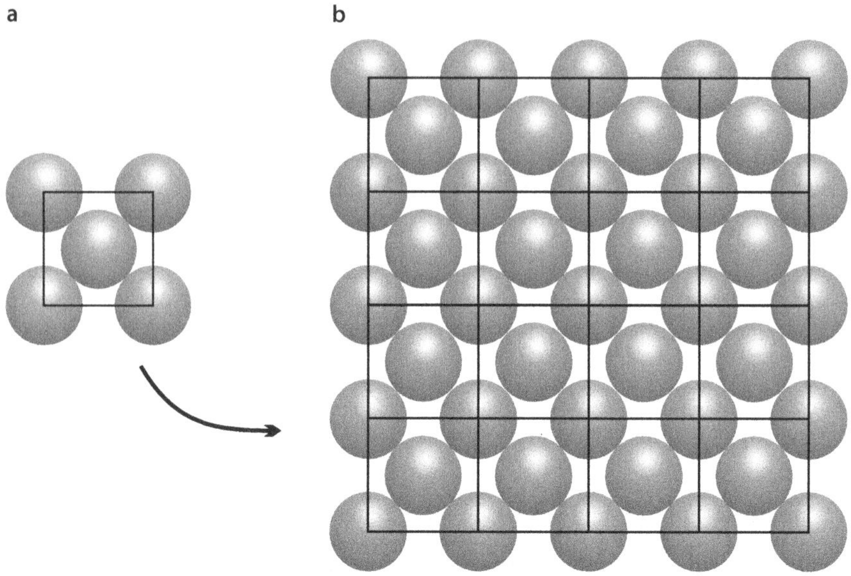

■ **Abb. 7.8** Schematische Darstellung einer Fläche der Elementarzelle: **a** Anordnung der Atome in der Elementarzelle, **b** Anordnung der Atome im Raum durch Vervielfältigung der Elementarzelle

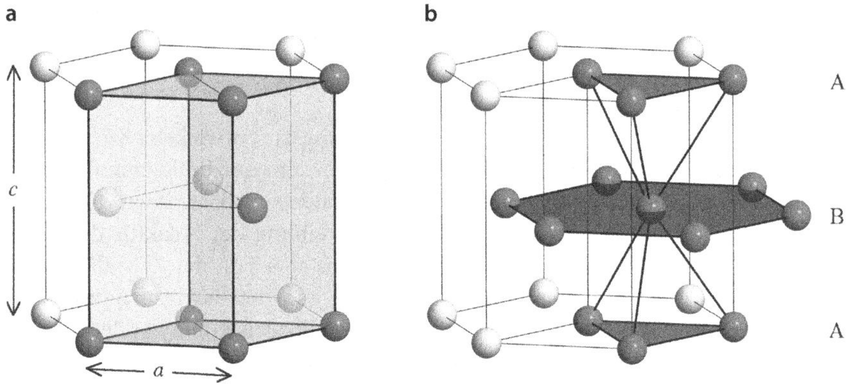

■ **Abb. 7.9** Elementarzelle der hexagonal dichtesten Kugelpackung (**a**) und Schichtfolge in dieser Packung (**b**)

■ Kubisch dichteste Kugelpackung

In der Schichtfolge ABC hat zunächst jede Schicht ein sechseckiges Grundmuster. Wenn man diese Muster im Raum in einem möglichst kleinen Baustein zusammenführen will, ergibt sich allerdings eine andere Beziehung: Die Atome aller drei Schichten stehen in einer kubischen, d. h. würfelförmigen, Anordnung zueinander. Die Elementarzelle ist hier nicht hexagonal, sondern kubisch. Die kubisch dichteste Kugelpackung lässt sich schließlich durch einen Würfel beschreiben, bei dem alle acht Ecken sowie die sechs Flächenmitten besetzt sind (kubisch flächenzentriertes Gitter; ■ Abb. 7.10).

Es erscheint Ihnen vielleicht wie Zauberei, dass man aus einer sechseckigen Anordnung der Atome in den Schichten zu einer quadratischen bzw. würfelförmigen Elementarzelle kommt. Die Beziehung wird erst deutlich, wenn Sie zwei Würfel der Elementarzelle nebeneinander zeichnen. Diese beiden Elementarzellen enthalten alle Kugeln der Schichten A, B und C. Die in einer dichtesten Anordnung gepackten Schichten liegen allerdings senkrecht zu jeder Raumdiagonalen des Würfels. Eine räumliche Vorstellung davon entwickeln Sie am besten unter Verwendung von Gittermodellen, die Sie in alle Richtungen

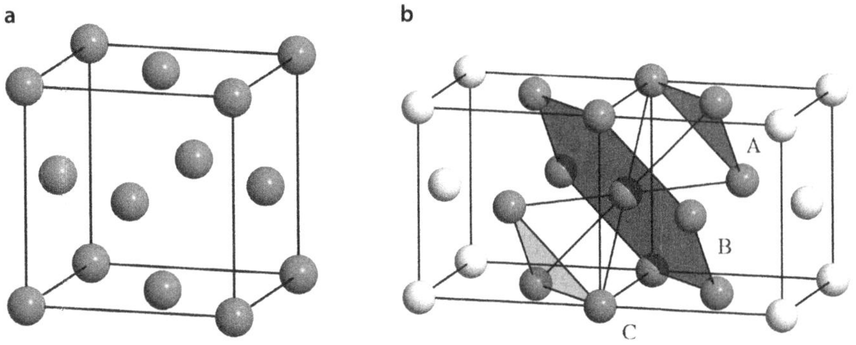

Abb. 7.10 Die Elementarzelle der kubisch dichtesten Kugelpackung (**a**) und die Schichtfolge in dieser Packung (**b**)

vor Ihrem Augen drehen und wenden können, bis Sie den Blick in verschiedene Raumrichtungen erfassen.

Anzahl der Atome einer Elementarzelle

Bei der systematischen Beschreibung von Kristallstrukturen sollte man nicht nur die Größe und Form der Elementarzelle, sondern auch die Anzahl der Teilchen in der Elementarzelle kennen. Dazu können wir allerdings nicht einfach alle Kugeln zusammenzählen, die in der bildlichen Darstellung sichtbar sind: Da die Elementarzelle nur ein Baustein des dreidimensionalen Kristallgitters ist, schließen sich in allen drei Raumrichtungen gleichartige Bausteine an. Am Beispiel der *kubisch dichtesten Kugelpackung* mit ihrer kubisch flächenzentrierten Elementarzelle wird das deutlich: Die Atome auf den Flächenmitten gehören zu gleichen Teilen zwei benachbarten Würfeln – sie werden quasi durch die Grenzfläche des Würfels zerschnitten. Dadurch ergibt sich ein Anteil von 1/2 für die Zugehörigkeit der Kugel zur Elementarzelle. Da der Würfel sechs Begrenzungsflächen hat, gehören also 6/2 Atome zur Elementarzelle. Die Ecken des Würfels grenzen immer an sieben weitere Würfelecken (ganz einfach: legen sie vier Stückchen Würfelzucker vor sich hin und schieben Sie sie zusammen; die Raumordnung ergibt sich, wenn sie vier weitere Stückchen darüber legen; in der Mitte ihres Stapels haben Sie dann ein Kreuz gebildet, das von acht Stückchen Zucker eingeschlossen wird; genau im Zentrum dieses Kreuzes liegt ein Atom!) Die Ecke eines Würfels gehört also gleichzeitig zu acht anderen Würfeln; acht Ecken enthalten dann 8/8 Atome. Die kubisch flächenzentrierte Elementarzelle enthält damit insgesamt $6/2 + 8/8 = 4$ Teilchen pro Elementarzelle (Abb. 7.11).

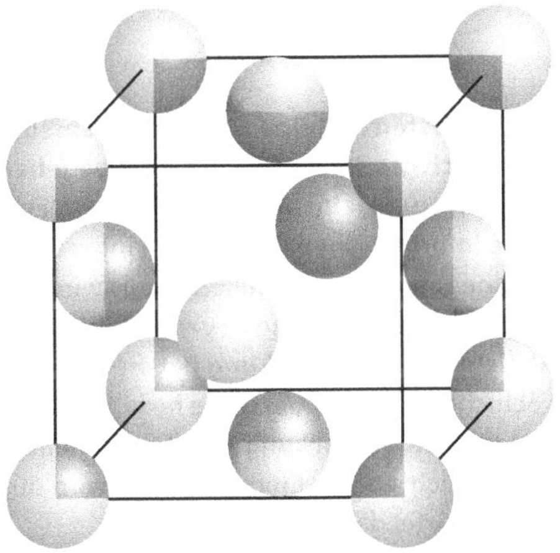

Abb. 7.11 Anteile der Atome innerhalb einer Elementarzelle

In analoger Weise gehören Teilchen auf einer Würfelkante zu insgesamt vier Würfeln. Nur Teilchen, die sich vollständig innerhalb einer Elementarzelle befinden, werden dieser auch voll zugerechnet. Diese Zählprinzipien gelten für Elementarzellen beliebiger Symmetrie, nicht nur der kubischen.

7

■ Raumerfüllung in dichtesten Kugelpackungen

In den dichtesten Kugelpackungen liegt die größtmögliche Raumerfüllung vor, die bei einer Packung gleich großer Kugeln erreicht werden kann. Dabei wird das Volumen aber nicht vollständig ausgefüllt (wieder ein kleiner (Gedanken-) Versuch: Nehmen Sie ein rundes Gefäß und legen Sie eine Anzahl von Kugeln (Bällen) in einer dichtesten Packung hinein; übergießen Sie Ihre Packung mit Wasser – das Gefäß wird so schnell nicht überlaufen …; haben Sie ein Becherglas mit Skalierung verwendet, können Sie sogar die Volumenanteile der Kugel und des Wassers bestimmen).

Mit ein paar Grundkenntnissen der Geometrie können wir berechnen, wie groß jeweils der Anteil der Kugeln und der der verbleibenden Lücken am gesamten Raumvolumen ist. Am einfachsten lässt sich dies am Beispiel der kubisch flächenzentrierten Elementarzelle ermitteln. Ihr Volumen V beträgt: $V = a^3$, die Anzahl der Atome in der Elementarzelle ist vier. Zu berechnen ist nun das gesamte Volumen der insgesamt vier Teilchen in der Elementarzelle. Die Kugeln berühren sich in der Zelle entlang einer Flächendiagonalen des Würfels. Die Diagonale hat gemäß dem Satz des Pythagoras eine Länge von $a\sqrt{2}$. Sie entspricht durch die Aneinanderreihung der Atome dem vierfachen Radius r eines Teilchens.

$$r = \frac{a}{4}\sqrt{2}$$

Eine einzelne Kugel hat das Volumen V_{Kugel}, das Volumen aller vier Kugeln in der Elementarzelle ist dann in Bezug auf das Volumen der Zelle zu berechnen.

$$V_{\text{Kugel}} = \frac{4}{3}\pi \cdot r^3$$

$$V_{\text{Kugeln/Zelle}} = 4 \cdot \frac{4}{3}\pi \cdot r^3 = 4 \cdot \frac{4}{3}\pi \cdot \left(\frac{a}{4}\sqrt{2}\right)^3 = 0{,}74a^3$$

Es werden also 74 % des Volumens der kubischen Elementarzelle von Teilchen eingenommen, 26 % des Volumens entfallen auf die Lücken. Die gleichen Zahlenwerte ergeben sich bei einer analogen Betrachtung der hexagonal dichtesten Kugelpackung.

Wichtig

- **Das Prinzip der dichtesten Kugelpackungen beschreibt die Anordnung möglichst vieler, gleich großer Kugeln in einem gegebenen Volumen.**
- **Die Elementarzelle ist der kleinstmögliche Baustein eines kristallinen Feststoffs, der alle Informationen über seinen inneren Aufbau enthält. Bei der Bildung eines makroskopischen Kristalls wird die Elementarzelle periodisch in alle drei Raumrichtungen vervielfältigt.**
- **Die hexagonal dichteste Kugelpackung hat eine Stapelfolge ABA der sechseckigen Schichten. Es resultiert eine hexagonale Elementarzelle.**
- **Die kubisch dichteste Kugelpackung hat eine Stapelfolge ABC der sechseckigen Schichten. Die Elementarzelle wird durch einen flächenzentrierten Würfel dargestellt.**
- **Die dichtesten Kugelpackungen haben eine Raumausfüllung von 74 %.**

Fragen

33. Bestimmen Sie die Zusammensetzung der Verbindungen aus folgenden Ionensorten: $K^+ + I^-$, $Ba^{2+} + I^-$, $Sc^{3+} + I^-$, $Li^+ + O^{2-}$, $Sr^{2+} + O^{2-}$, $Y^{3+} + O^{2-}$, $Na^+ + N^{3-}$, $Mg^{2+} + N^{3-}$, $Ti^{3+} + N^{3-}$.
34. Was ist eine Elementarzelle?
35. Welche Koordinationszahl haben Atome in den dichtesten Kugelpackungen?
36. Wie viele Atome enthält eine kubisch flächenzentrierte Elementarzelle?

7.3.2 Lücken in Kugelpackungen

Selbst die Anordnung von gleich großen Atomen in den dichtesten Kugelpackungen erlaubt keine vollständige Auffüllung des Volumens. So bleiben immer mindestens 26 % Raumes nicht ausgefüllt. (Wir können dazu wieder ein Gedankenexperiment machen: Wenn Sie ein Gefäß mit großen Kieselsteinen füllen, erkennen Sie nicht ausgefüllte Hohlräume zwischen den Steinen. Lassen Sie kleinere Kiesel in das Gefäß rinnen, füllen sich die Hohlräume auf. Umgekehrt funktioniert das Experiment *nicht:* Nehmen Sie erst die kleineren Kiesel, ist das Gefäß gefüllt und Sie können die größeren nicht mehr dazwischen packen.) Wir erkennen ein wichtiges Prinzip des Aufbaus von Ionenkristallen: Die Packungsdichte von Kugeln kann erhöht werden, wenn unterschiedlich große Sorten in einer Packung *und* in den Lücken der Packung angeordnet werden. In der Regel sind die Anionen größer als die Kationen, sie bilden deshalb meistens die dichteste Kugelpackung. Die kleineren Kationen besetzen die Lücken innerhalb der Packung.

Oktaederlücken in der dichtesten Kugelpackung

Die Lage der Atome in den dichtesten Kugelpackungen bedingt eine charakteristische Anordnung/Umgebung der Lücken zwischen ihnen. Wird eine Lücke von jeweils drei Atomen in zwei benachbarten Schichten umgeben, entsteht eine Oktaederlücke (Abb. 7.12). Verbindet man alle sechs Atome miteinander, entsteht eine definierte geometrische Form – ein Polyeder (ein „Vielflächner"). Da dieses Polyeder in der kubisch dichtesten Kugelpackung acht Flächen hat, ist es ein Oktaeder. Verwechseln Sie dabei nicht die Anzahl der Atome und die Anzahl der begrenzenden Flächen miteinander. Ein *Oktaeder* hat *acht* Flächen und sechs Ecken (ein Würfel aber hat sechs Flächen und acht Ecken – ist also formal ein Hexaeder). Die Grundfläche des Oktaeders bilden vier Atome in einer quadratischen Anordnung. Ein Atom bildet die obere Spitze des Oktaeders, ein weiteres die untere Spitze. Beide Spitzen liegen über bzw. unter dem Mittelpunkt der quadratischen Grundfläche. In der Mitte dieses Oktaeders befindet sich schließlich die Oktaederlücke.

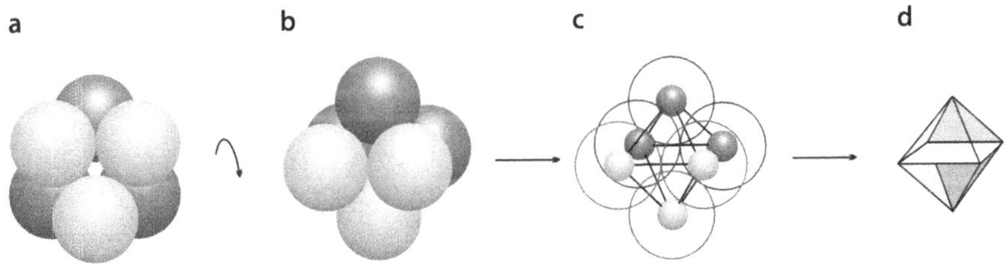

Abb. 7.12 Oktaederlücke: **a** Lage der Atome in den Schichten der dichtesten Kugelpackung, **b** Lage der Atome in einer quadratischen Grundfläche mit zwei Spitzen, **c** Darstellung der Anordnung und Verknüpfung der Atome mit einer reduzierten Größe der Kugeln, **d** Darstellung des Polyeders ohne begrenzende Atome

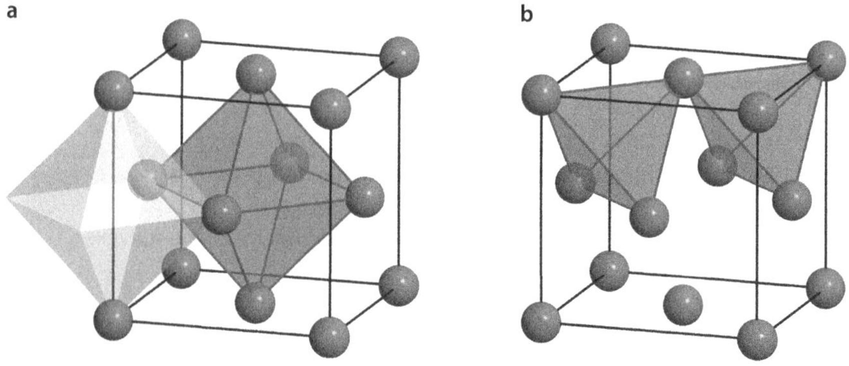

Abb. 7.13 Oktaederlücken (**a**) und Tetraederlücken (**b**) in der kubisch dichtesten Kugelpackung

Sie erkennen die Anordnung der Atome um eine Oktaederlücke auch bei Betrachtung der Elementarzelle der kubisch dichtesten Kugelpackung. Weitere Oktaederlücken werden gemeinsam durch Atome benachbarter Elementarzellen gebildet. Der Mittelpunkt der weiteren Oktaeder liegt jeweils in der Mitte der Würfelkanten (Abb. 7.13). Bei der Zählung der Positionen der Lücken gelten die gleichen Regeln wie bei der Bestimmung der Anzahl von Atomen in der Elementarzelle: Der Würfel wird durch insgesamt zwölf Kanten begrenzt. Jede Kante schließt sich an vier benachbarte Elementarzellen an, sodass die Position auf der Kante zu einem Viertel der Elementarzelle zuzurechnen ist. Die Oktaederlücke in der Würfelmitte gehört ausschließlich zu der betrachteten Elementarzelle. Insgesamt enthält die Elementarzelle also $1+12/4=4$ Oktaederlücken. Da die Elementarzelle auch vier Kugeln der packungsbildenden Atomsorte enthielt, gilt: In den dichtesten Kugelpackungen gibt es in Bezug auf die Anzahl der Atome in der Packung dieselbe Anzahl an Oktaederlücken.

Tetraederlücken in der dichtesten Kugelpackung

Wird eine Lücke von drei Atomen in einer Schicht und einem einzelnen Atom der zweiten Schicht umgeben, entsteht eine Tetraederlücke. Das entstehende Polyeder hat vier Flächen, es ist ein Tetraeder (Achtung: Das Tetraeder hat vier Flächen *und* vier Ecken, die Anzahl der Ecken ist aber nicht namensgebend; Abb. 7.14).

Bei Betrachtung der Elementarzelle der kubisch dichtesten Kugelpackung entsteht diese Lücke durch Verknüpfung eines Atoms in der Ecke des Würfels mit drei benachbarten Atomen auf den Würfelmitten. Die beschriebene Tetraederlücke liegt vollständig innerhalb des Würfels der Elementarzelle, kann der Zelle also voll zugerechnet werden. Wenn von jeder Würfelecke aus eine Tetraederlücke zu den Flächenmitten aufgespannt wird, ergeben sich insgesamt acht Tetraederlücken innerhalb des Würfels. Da der Würfel aus vier Atomen gebildet wurde, entstehen in der Packung doppelt so viele Tetraederlücken.

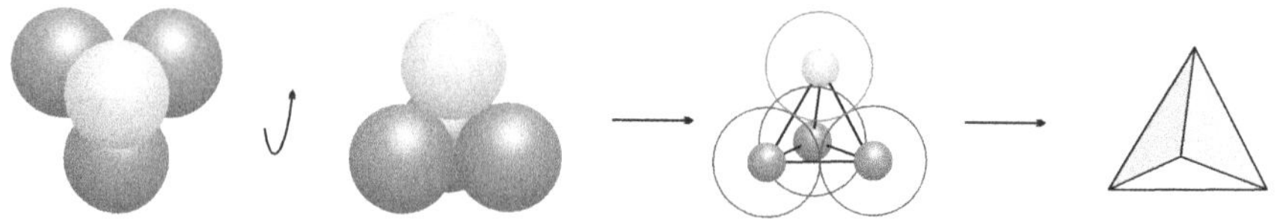

Abb. 7.14 Tetraederlücke: **a** Lage der Atome in den Schichten der dichtesten Kugelpackung, **b** Lage der Atome in einer Dreiecksgrundfläche mit einer Spitze, **c** Darstellung der Anordnung und Verknüpfung der Atome mit einer reduzierten Größe der Kugeln, **d** Darstellung des Polyeders ohne begrenzende Atome

Die kubisch flächenzentrierte Elementarzelle besteht, wie wir gesehen haben, aus insgesamt vier (8/8 + 6/2) Teilchen; darauf entfallen vier Oktaederlücken und acht Tetraederlücken. Verallgemeinert bedeutet dies: *Eine dichteste Kugelpackung aus n Teilchen enthält n Oktaederlücken und 2n Tetraederlücken.*

Die Größe der Lücken in dichtesten Kugelpackungen

Wir haben gesehen: Die Lücken in den dichtesten Kugelpackungen werden von einer unterschiedlichen Anzahl an Atomen bzw. Ionen umgeben. Die Anzahl der umgebenden Teilchen nennt man **Koordinationszahl**. Die Koordinationszahl korrespondiert mit der Größe der Lücke: Je mehr Teilchen ein Polyeder umgeben, umso größer ist die darin eingeschlossene Lücke. Nur: Welchen Platz nimmt ein Kation in einer Oktaeder- oder Tetraederlücke denn tatsächlich ein?

Eine anschauliche Vorstellung gewinnen Sie für den verfügbaren Raum innerhalb der Oktaederlücke: Je vier Atome bilden die quadratische Ebene des Oktaeders. Berühren sich die Kugeln (bzw. Kreise) der Eckatome der quadratischen Fläche gerade eben, ergibt sich eine Kantenlänge des Quadrats von $2 \cdot r_-$. Entlang der Flächendiagonalen verbleibt zwischen den Radien der vier packungsbildenden Atome eine Lücke mit dem Durchmesser $2 \cdot r_+$; ◘ Abb. 7.15). Die Anwendung des Satzes des Pythagoras ergibt, dass das optimale Verhältnis zwischen Kationenradius und Anionenradius 0,414 beträgt. Der Zahlenwert von r_+/r_- wird als **Radienquotient** bezeichnet. Eine Lücke wird aber nur dann besetzt, wenn sie mindestens vollständig ausgefüllt ist. Wäre ein Atom in der Lücke zu klein, würden sich die umgebenden Atome (meistens die Anionen) zu nahe kommen und sich aufgrund der hohen Elektronendichten der Valenzschale gegenseitig abstoßen – die Anordnung wäre instabil. Im diskutierten Fall bedeutet dies, dass ein Ion in der Oktaederlücke mindestens den Radienquotienten von 0,414 erfüllen sollte – besser aber etwas größer ist. In ähnlicher Weise lässt sich das optimale Radienverhältnis von 0,225 bei der Besetzung einer Tetraederlücke berechnen. Ionen in Tetraederlücken sollten einen Radienquotienten von 0,225 bis etwa 0,414 aufweisen (◘ Tab. 7.3).

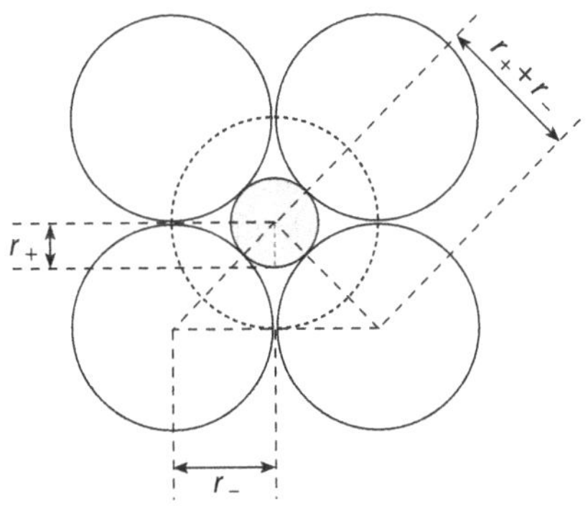

◘ **Abb. 7.15** Zur Größe einer Oktaederlücke

◘ **Tab. 7.3** Zusammenhang zwischen dem Quotienten der Ionenradien von Kationen (r_+) und Anionen (r_-) und bevorzugter Ionenanordnung

Radienquotient r_+/r_-	Koordinationszahl	Anordnung
0,225–0,414	4	tetraedrisch
0,414–0,732	6	oktaedrisch
0,732–0,999	8	würfelförmig

Die Rechnungen belegen, dass die Tetraederlücke wesentlich kleiner als die Oktaederlücke ist. Die Besetzung der Tetraederlücke durch ein kleineres Kation korrespondiert mit einer kleineren Anzahl umgebender Teilchen – die Koordinationszahl ist vier. Größere Kationen werden von sechs nächsten Nachbarn in einer Oktaederlücke umgeben – die Koordinationszahl ist sechs.

Ist das Kation größer, als es einem Radienverhältnis von 0,732 entspricht, reicht der Platz in den dichtesten Kugelpackungen nicht mehr aus. Die Anionen werden so weit verrückt, dass eine Anordnung mit der Koordinationszahl acht möglich wird. Das Kation ist dann würfelförmig von acht Anionen koordiniert. Die Auffüllung der Lücke kann mit Kationen erfolgen, die nahezu genauso groß wie das Anion sind (◘ Tab. 7.3). Die Anionen sind dabei allerdings nicht mehr in einer dichtesten Packung organisiert. Die optimale Raumausfüllung ergibt sich hier durch die Wechselwirkung der größeren Kationen mit den Anionen.

Wichtig

- **In Ionenkristallen bilden in der Regel die größeren Anionen die dichtesten Kugelpackungen.**
- **Die Lücken der Packungen werden in der Regel durch die kleineren Kationen besetzt.**
- **Es werden bevorzugt Lücken mit 4, 6 oder 8 nächsten Nachbarn besetzt. Die Koordinationszahl korrespondiert mit der Größe der Ionen in den Lücken.**
- **Die Besetzung der Lücken ist maßgeblich vom Verhältnis der Ionenradien abhängig:**
  Kleine Kationen besetzten Tetraederlücken ($r_+/r_- = 0{,}225 \ldots 0{,}414$),
  mittelgroße Kationen besetzten Oktaederlücken ($r_+/r_- = 0{,}414 \ldots 0{,}732$),
  große Kationen besetzten Würfellücken ($r_+/r_- = 0{,}732 \ldots 0{,}999$).

Fragen

37. Welche Teilchen besetzen in der Regel die Lücken in Kugelpackungen?
38. Was ist ein Polyeder?
39. Welche Polyeder sind für Lücken mit den Koordinationszahlen 4, 6 und 8 charakteristisch?

7.3.3 Aufbau von AB-Verbindungen

Binnewies, ► Abschn. 4.4: Ionengitter

Die räumliche Darstellung von Kristallstrukturen erscheint Ihnen vielleicht zunächst verwirrend. Die Vorstellungskraft für die Anordnung von Atomen und Ionen in einem dreidimensionalen Raum müssen Sie erst noch entwickeln. In diesem Buch sind die wichtigsten Strukturen für Sie grafisch dargestellt. Hinweise zu Darstellungen derselben Strukturen im Binnewies (► Abschn. 4.4) helfen Ihnen, unterschiedliche Blickrichtungen oder verschiedenartige Hervorhebungen von charakteristischen Strukturelementen zu erfassen und so eine Vorstellung von der räumlichen Anordnung der Atome zu entwickeln. Einige typische Merkmale können Ihnen aber dabei helfen, eine sinnvolle Systematik aufzubauen, mit deren Hilfe Sie eine Vielzahl von Strukturen erfassen können, ohne jede im Einzelnen auswendig lernen zu müssen. Wir wollen im Folgenden stets annehmen, dass in einer ionischen Verbindung die Komponente A die Kationen beschreibt, während die Komponente B für die Anionen repräsentativ ist.

Als Ordnungsprinzipien bei der systematischen Betrachtung der Strukturen von Ionenverbindungen verwendet man die Zusammensetzungen der Verbindungen und die Koordinationszahlen der Kationen und Anionen. Sehr häufig und damit von besonderem Interesse für uns sind Verbindungen aus zwei Elementen mit den Zusammensetzungen AB und AB_2. Als Vertreter einer Kristallstruktur, die eine bestimmte Kombination aus Zusammensetzung und typischer Koordinationszahl repräsentiert, wählt man üblicherweise bekannte, in der Natur häufig vorkommende Mineralien. So spricht man bei einer Vielzahl gleichartig aufgebauter AB-Verbindungen von Steinsalz- oder NaCl-Typ, während man bei AB_2-Verbindungen häufig den Rutil-Typ (TiO_2) wiederfindet.

▪ Koordinationszahl 4

Verbindungen der Zusammensetzung AB können wir uns im Grundaufbau als eine dichteste Packung der Anionen der Atomsorte B vorstellen. Sind die Kationen sehr viel kleiner als die Anionen, sollten in der Packung die Tetraederlücken besetzt werden. Die hexagonal dichteste Packung (hdp) ermöglicht diese Besetzung in gleicher Wiese wie die kubisch dichteste Packung (kdp) – die Energieunterschiede zwischen den beiden Strukturen sind in der Regel sehr klein. Für einige chemische Verbindungen gibt es zwei verschiedene Kristallstrukturen, die jeweils die unterschiedlichen Packungen nutzen.

Der Namensgeber dieser Strukturtypen ist Zinksulfid (ZnS), das in der Natur in zwei Kristallformen vorkommt: Bei dem häufig vorkommenden Mineral **Zinkblende** (auch Sphalerit genannt) bilden die Sulfid-Ionen eine kubisch dichteste Packung, während beim **Wurtzit** die Anionen eine hexagonal dichteste Packung aufweisen (◘ Abb. 7.16). Dementsprechend spricht man vom Zinkblende- bzw. Wurtzit-Typ. Da in der dichtesten Packung ursprünglich doppelt so viele Tetraederlücken wie packungsbildende Sulfid-Ionen vorliegen, kann in Zinksulfid nur die Hälfte der Tetraederlücken mit Kationen besetzt sein. Diese werden in geordneter Weise so belegt, dass die Kationen den größtmöglichen Abstand zueinander haben. Dadurch wird die gegenseitige elektrostatische Abstoßung der Zn^{2+}-Kationen so klein wie möglich gehalten. In der kubisch flächenzentrierten Elementarzelle der Zinkblende sind in der oberen und unteren Hälfte der Elementarzelle je zwei Tetraederlücken besetzt, die jedoch nicht übereinander liegen. Sowohl die Zink- als auch die Sulfid-Ionen sind jeweils vierfach in Form eines Tetraeders koordiniert (◘ Abb. 7.17). Die Zinkblende-Struktur ist eng verwandt mit der Diamant-Struktur, bei der die gleichen Positionen mit Kohlenstoff-Atomen als einziger Teilchenart besetzt sind.

In der hexagonalen Wurtzit-Struktur wird gleichfalls nur die Hälfte der Tetraederlücken besetzt. Hier wirkt die elektrostatische Abstoßung sogar noch stärker. Da die Tetraeder untereinander über Dreiecksflächen miteinander verknüpft sind, kämen sich die Kationen in gegenüberliegenden Lücken sehr nahe. Im hexagonalen ZnS werden deshalb nur Tetraederlücken besetzt, die die gleiche Richtung (der Tetraederspitze) in der Elementarzelle haben. Alle dazu an der Dreiecksgrundfläche gespiegelten Lücken bleiben unbesetzt.

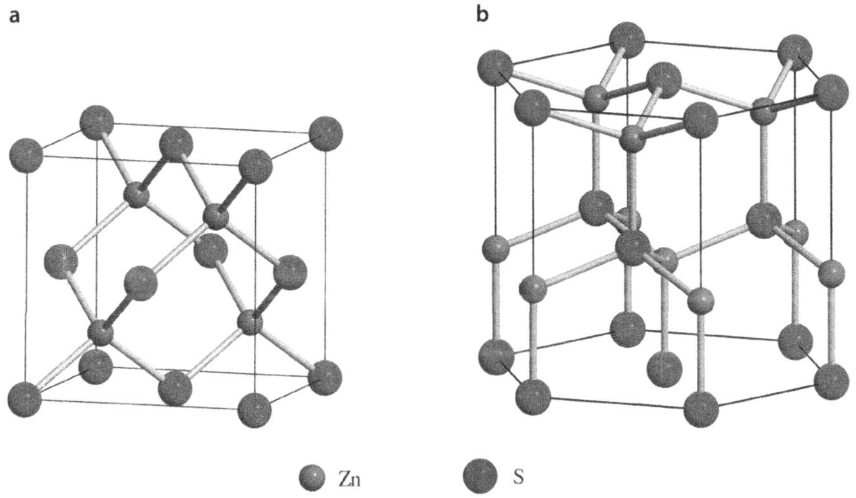

◘ **Abb. 7.16** Kubisches Zinkblende-Gitter (**a**) und hexagonales Wurtzit-Gitter (**b**)

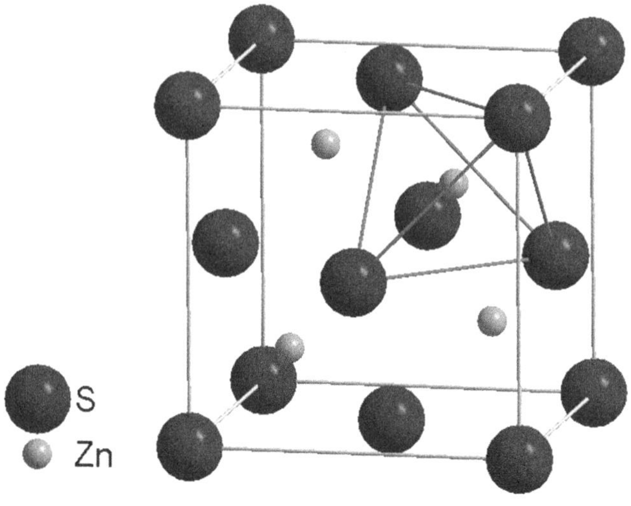

Abb. 7.17 Struktur des kubischen Zinksulfids (Zinkblende-/Sphalerit-Typ) und Markierung des Tetraeders aus Schwefel-Atomen in dessen Mitte ein Zink-Atom liegt

- **Koordinationszahl 6**

Erreicht das Radienverhältnis r_+/r_- einen mittleren Wert zwischen 0,414 und 0,732, wird die oktaedrische Koordination des Kations in der dichtesten Packung der Anionen bevorzugt. Die Tetraederlücken bleiben dabei unbesetzt. (Die Tetraeder sind sehr dicht mit den Oktaedern verknüpft – eine gleichzeitige Besetzung führt zu sehr starker Abstoßung und ist nicht stabil.)

Bei einer Zusammensetzung AB bilden die Anionen der Atomsorte B eine dichteste Kugelpackung, die Kationen A besetzen alle verfügbaren Oktaederlücken. Mit einer kubisch dichtesten Packung erhalten wir die **Natriumchlorid-Struktur** (NaCl- oder Steinsalz-Typ), im Fall der hexagonalen Packung die **Nickelarsenid-Struktur** (NiAs-Typ). Aufgrund der Besetzung der Oktaederlücken ergibt sich für die Natrium-Ionen eine Koordinationszahl von sechs. Die Chlorid-Ionen sind dabei ebenfalls oktaedrisch von sechs Natrium-Ionen umgeben. Man sollte aber vermeiden zu sagen, die Chlorid-Ionen säßen in einer Oktaeder-*Lücke* – sie bilden schließlich die Packung. In der Darstellung der Elementarzelle werden in der Regel die Anionen in die Ecken gelegt. Dadurch ergibt sich für den NaCl-Typ ein kubisch flächenzentriertes Gitter der Chlorid-Ionen mit einer Besetzung der Oktaederlücken durch die Natrium-Kationen in der Mitte des Würfels sowie auf allen Kanten (Abb. 7.18).

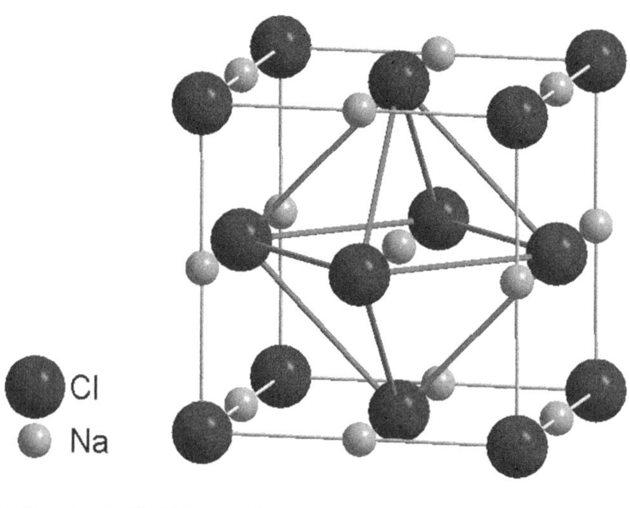

Abb. 7.18 Struktur des NaCl-Typs und Markierung des Oktaeders aus Chlor-Atomen in dessen Mitte ein Natrium-Atom liegt

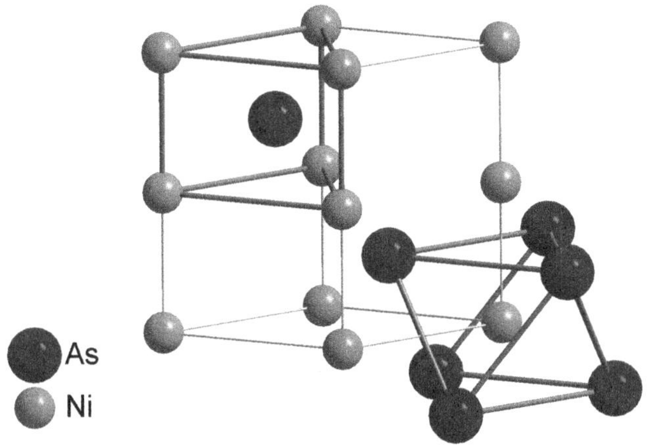

Abb. 7.19 Struktur des NiAs-Typs und Markierung des Oktaeders aus Arsen-Atomen in dessen Mitte ein Nickel-Atom liegt sowie des trigonalen Prismas aus Nickel-Atomen, die ein Arsen-Atom umgeben

In der Nickelarsenid-Struktur bilden die Arsen-Atome eine hexagonal dichteste Kugelpackung, die Nickel-Atome besetzen die Oktaederlücken. Da die Zusammensetzung AB ist, muss die Koordinationszahl für beide Ionensorten identisch sein – Arsen ist dann auch mit der Koordinationszahl sechs von den Nickel-Kationen umgeben. In den zuvor vorgestellten Verbindungen, Zinkblende, Wurtzit und Natriumchlorid, hatten die Kationen und Anionen bei identischen Koordinationszahlen auch identische Koordinationspolyeder. Es ist aber keine Regel, dass die Koordinationspolyeder gleichartig ein müssen: Bei Nickelarsenid weist das Arsen-Atom ein trigonales Prisma als Polyeder mit der Koordinationszahl sechs auf. Ein trigonales Prisma entsteht, wenn zwei Dreiecksflächen benachbarter Schichten deckungsgleich übereinanderliegen (Abb. 7.19). Aus elektrostatischer Sicht ist eine oktaedrische Anordnung von sechs Kationen um ein Anion günstiger, weil diese dann einen größeren Abstand voneinander haben und so die abstoßenden Kräfte geringer sind. Entsprechend treten Verbindungen mit Natriumchlorid-Struktur wesentlich häufiger auf als Vertreter der Nickelarsenid-Struktur. Nickelarsenid-Strukturen ergeben sich dagegen, wenn der Bindungscharakter zunehmend kovalent wird.

Koordinationszahl 8

Bei der Behandlung der dichtesten Kugelpackungen haben wir gesehen, dass die größte dort vorhandene Lücke die Oktaederlücke ist. Bei sehr großen Kationen ist es elektrostatisch günstiger, mehr als sechs Anionen um ein Kation anzuordnen. Die dichtesten Kugelpackungen bieten hierfür jedoch keine Möglichkeiten. Die Strukturen von Ionenverbindungen mit besonders großem Radienquotienten r_+/r_- lassen sich also nicht von dichtesten Kugelpackungen ableiten. Eine Anionenpackung, welche die Koordinationszahl 8 möglich macht, wird durch eine Elementarzelle beschrieben, in der die Anionen die acht Ecken eines Würfels besetzen. Das Kation besetzt dann die Mitte des Würfels. Der ideale Radienquotient für diese Anordnung ist 0,732. Der Namensgeber ist das **Caesiumchlorid** (CsCl-Typ; Abb. 7.20).

Wichtig

- **Kleine Kationen besetzen in Verbindungen mit der Zusammensetzung AB die Hälfte der Tetraederlücken. In der kubisch dichtesten Kugelpackung wird der Sphalerit-Typ, in der hexagonal dichtesten Kugelpackung der Wurtzit-Strukturtyp des Zinksulfids (ZnS) gebildet.**
- **Mittelgroße Kationen besetzen in Verbindungen mit der Zusammensetzung AB alle Oktaederlücken. In der kubisch dichtesten Kugelpackung wird der Steinsalz- (NaCl-)Strukturtyp, in der hexagonal dichtesten Kugelpackung der Nickelarsenid- (NiAs-)Typ gebildet.**
- **Große Kationen besetzen in Verbindungen mit der Zusammensetzung AB Würfellücken. Dabei bildet sich der Caesiumchlorid- (CsCl-)Typ aus.**

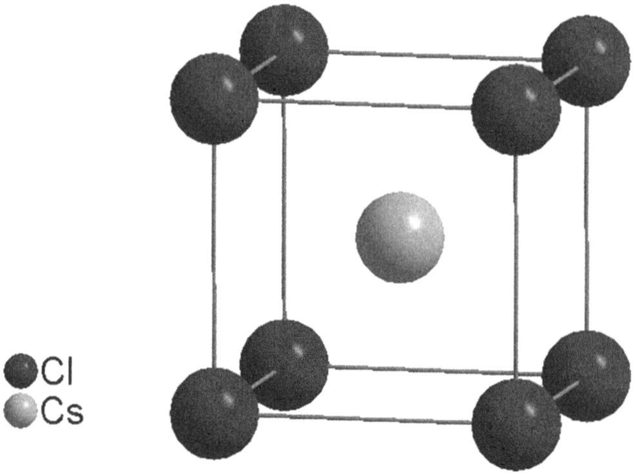

Abb. 7.20 Struktur des CsCl-Typs, die Elementarzelle markiert auch den Würfel aus Chlor-Atomen in dessen Mitte ein Ceasium-Atom liegt

Fragen

40. Welche Zusammensetzung haben Ionenkristalle bei Besetzung aller Oktaederlücken in einer dichtesten Kugelpackung?
41. Warum werden in der hexagonal dichtesten Kugelpackung nicht alle verfügbaren Tetraederlücken besetzt?
42. Welches Radienverhältnis der beteiligten Ionensorten haben Verbindungen im CsCl-Typ typischerweise?

7.3.4 Aufbau von AB_2-Verbindungen

Die Bildung von Verbindungen mit der Zusammensetzung AB_2 folgt im Grunde denselben Prinzipien wie bei den AB-Verbindungen. Auch hier werden die Lücken innerhalb der Kugelpackungen entsprechend der Radienverhältnisse besetzt. Aufgrund der Zusammensetzung A:B = 1:2 können die Koordinationszahlen für Kation A und Anion B aber nicht gleich sein. Jedes Kation A muss von doppelt so vielen Teilchen umgeben sein wie das Anion B. Das Verhältnis der Koordinationszahlen muss also das Zahlenverhältnis der Komponenten in der Verbindung wiedergeben.

Koordinationszahl 4

Die Koordinationszahl 4 wird auch in Verbindungen der Zusammensetzung AB_2 von Kationen mit kleinen Radienquotienten realisiert. Ein häufig auftretender Strukturtyp ist der *β-Cristobalit-Typ.* β-Cristobalit ist eine Modifikation von Silicium(IV)-oxid (SiO_2). Die Strukturen der anderen Modifikationen von SiO_2 haben ähnliche Anordnungen – Silicium hat darin immer die Koordinationszahl vier. Der β-Cristobalit-Typ ist jedoch besonders einfach, die Struktur lässt sich formal von der dichtesten Kugelpackung ableiten.

Für die Ableitung erweist es sich als sinnvoll, die Anordnungen der Kationen und Anionen gesondert zu betrachten. Man spricht hier von Kationen- bzw. Anionen-*Untergittern.* Die Positionen der Silicium-Atome im Kationen-Untergitter entsprechen dabei dem Diamant-Gitter. Das Kristallgitter des Diamants wiederum entsteht durch Besetzung der Hälfte der Tetraederlücken einer kubisch dichtesten Kugelpackung. In β-Cristobalit werden die Bindungen der Silicium-Atome wie mit einer chemischen Schere aufgeschnitten und jeweils durch ein Sauerstoff-Atom neu verknüpft (Abb. 7.21). Die Anionen nehmen dadurch Positionen zwischen zwei benachbarten Silicium-Atomen ein. Auf diese Weise ist die Koordinationszahl des Siliciums 4, die des

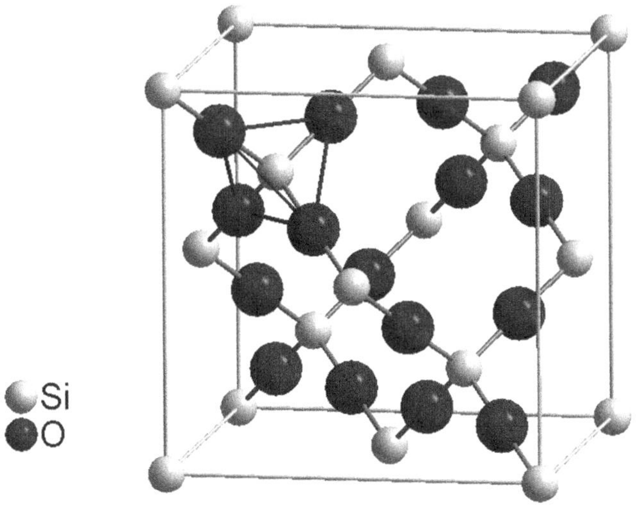

Abb. 7.21 Struktur des β-Cristobalit-Typs (SiO_2) und Markierung des Tetraeders um ein Silicium-Atom herum

Sauerstoffs 2. Man spricht auch von einer (4:2)-Koordination. Das Verhältnis der Koordinationszahlen spiegelt die Zusammensetzung der Verbindung umgekehrt wider.

Koordinationszahl 6

Verbindungen der Zusammensetzung AB_2 können durch die Besetzung der Hälfte aller Oktaederlücken entstehen. Tatsächlich gibt es zahlreiche Verbindungen dieser Art. Allerdings entspricht deren Aufbau oft nicht den Regeln, die für den Aufbau von Ionenverbindungen gelten. Überraschenderweise werden häufig zwischen zwei Anionen-Schichten alle Oktaederlücken mit Kationen besetzt, während zwischen den darauffolgenden Schichten alle Oktaederlücken unbesetzt bleiben. Dies führt zu der unerwarteten Situation, dass zwei Anionen-Schichten unmittelbar benachbart sind, die nicht durch die anziehende Kraft von Kationen zusammengehalten werden. Derartige Strukturen heißen auch Schichtstrukturen. Der Aufbau dieser Verbindungen spiegelt sich in ihren Eigenschaften wider: Kristalle von Schichtverbindungen lassen sich sehr leicht in dünne Plättchen aufspalten. Die Spaltung erfolgt stets parallel zu den Schichten. Die Besetzung der Hälfte der Oktaederlücken in der hexagonal dichtesten Kugelpackung kann man mit der Cadmiumiodid (CdI_2)-Struktur (Abb. 7.22), die Besetzung in der kubisch dichtesten Kugelpackung mit der Cadmiumchlorid ($CdCl_2$)-Struktur beschreiben. Schichtstrukturen treten besonders dann auf, wenn zusätzlich zu ionischen Bindungskräften auch kovalente Bindungsanteile eine Rolle spielen.

Typisch ionische Verbindungen mit der Koordinationszahl 6 für das Kation kristallisieren besonders häufig im *Rutil-Typ*. Rutil ist eine der Modifikationen von Titan(IV)-oxid (TiO_2). Die Kationen (Titan) sind in der Rutil-Struktur oktaedrisch von sechs Sauerstoff-Ionen umgeben (Abb. 7.23). Die Koordinationszahl für das Sauerstoff-Atom beträgt drei. Ein Sauerstoff-Ion ist in Form eines gleichseitigen Dreiecks von drei Titan(IV)-Ionen umgeben (trigonal-planare Koordination, Abb. 7.23). Eine unmittelbare Beziehung dieses Strukturtyps zur dichtesten Kugelpackung besteht nicht.

Koordinationszahl 8

In einer typischen AB_2-Verbindung, dem **Calciumfluorid** (CaF_2, Fluorit bzw. Flussspat), ist der Radienquotient des Kations ($r_{Ca}/r_F = 126/117$) so groß, dass die Koordinationszahl 8 zu erwarten ist. Wir haben aber bereits gezeigt, dass es in den dichtesten Kugelpackungen keine Anordnung mit der Koordinationszahl 8 gibt. In Analogie zum Aufbau von AB-Verbindungen sollte wie beim

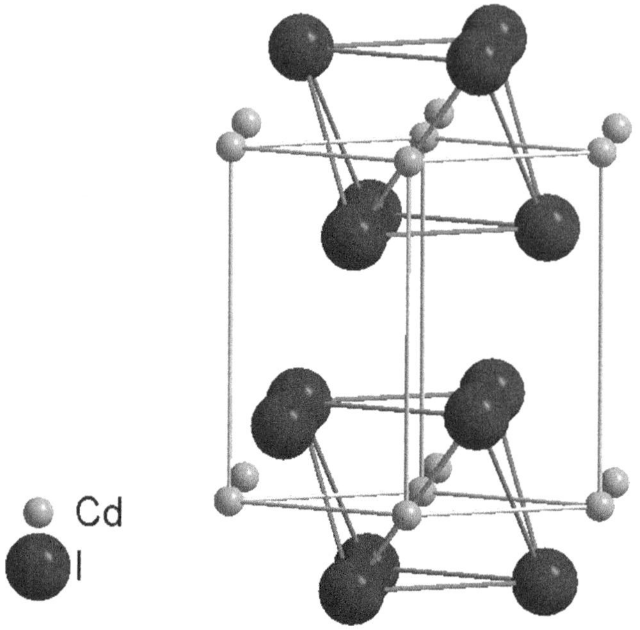

Abb. 7.22 Struktur des CdI_2-Typs und Markierung des Oktaeders aus Iod-Atomen in dessen Mitte ein Cadmium-Atom liegt

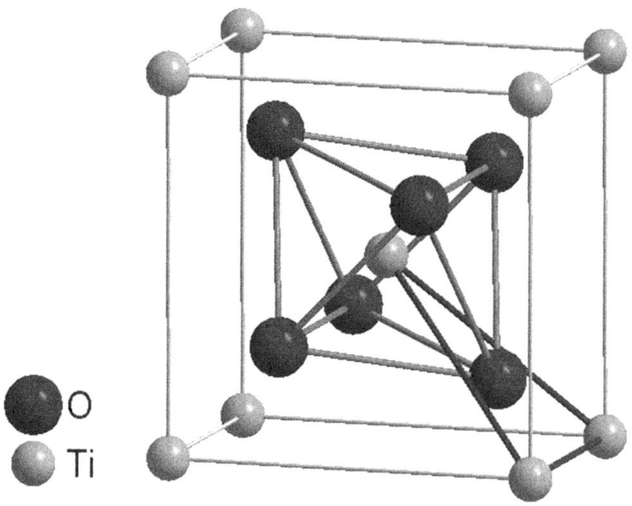

Abb. 7.23 Struktur des Rutil-Typs (TiO_2) und Markierung des Oktaeders aus Sauerstoff-Atomen in dessen Mitte ein Titan-Atom liegt

Caesiumchlorid (CsCl) eine würfelförmige Koordination für die Calcium-Ionen resultieren. Um die Zusammensetzung 1:2 im Calciumfluorid zu gewährleisten, muss jedoch die Mitte jedes zweiten Würfels unbesetzt bleiben (Abb. 7.24).

Die Struktur kann man sich aber auf andere Weise besser vorstellen: im CaF_2 bilden die Calcium-Kationen eine kubisch dichteste Kugelpackung. Die Fluorid-Anionen besetzen darin alle Tetraederlücken. Da die Fluorid-Ionen für die Tetraederlücke viel zu groß sind, wird das Gitter stark aufgeweitet. Vom Standpunkt der Radienquotienten aus gesehen ist die Beziehung zum CsCl-Typ also näherliegend.

Es gibt allerdings eine Umkehrung der Kationen- und Anionen-Gitterplätze des Fluorit-Typs im Li_2O (Anti-Fluorit). In dessen Struktur bilden die Oxid-Ionen die kubisch dichteste Kugelpackung, während die kleinen Lithium-Kationen regulär die Tetraederlücken besetzen (Abb. 7.25). Für die Lithium-Kationen gilt die Koordinationszahl vier, die Sauerstoff-Atome sind

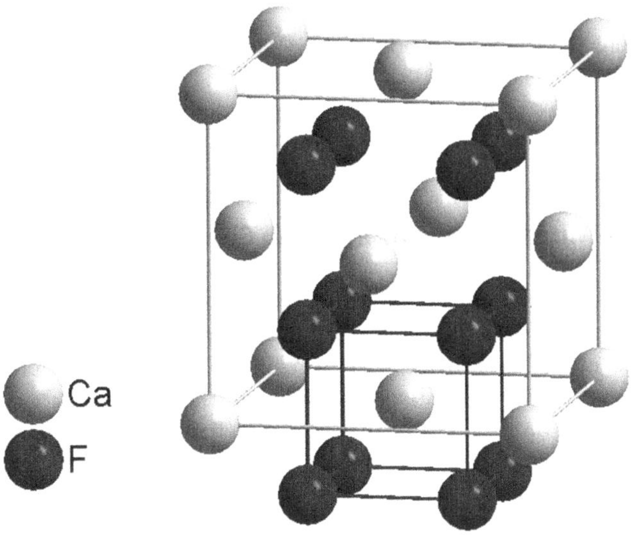

Abb. 7.24 Struktur des CaF_2-Typs und Markierung des Würfels aus Fluor-Atomen in dessen Mitte ein Calcium-Atom liegt

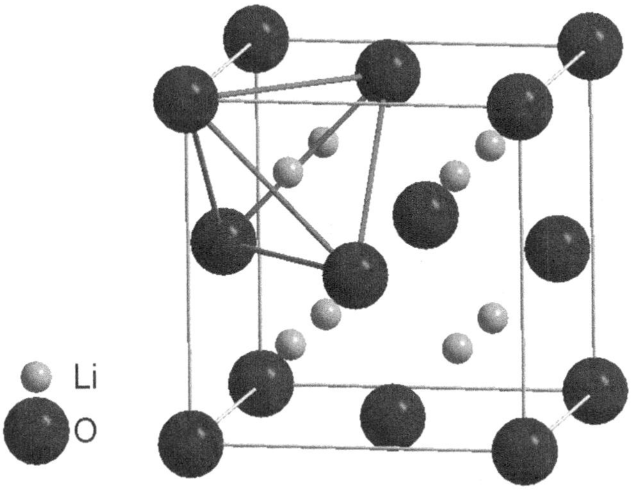

Abb. 7.25 Struktur des Li_2O-Typs und Markierung des Tetraeders aus Sauerstoff-Atomen in dessen Mitte ein Lithium-Atom liegt

achtfach koordiniert. Eine Besetzung *aller* Tetraederlücken in der hexagonal dichtesten Kugelpackung ist nicht bekannt. Die Tetraeder sind hier über die Flächen miteinander verknüpft – eine gleichzeitige Besetzung aller Lücken ist wegen der starken elektrostatischen Abstoßung nicht möglich.

Wichtig

- **In Verbindungen mit der Zusammensetzung AB_2 entspricht das Verhältnis der Koordinationszahlen dem Zahlenverhältnis der Komponenten in der Verbindung.**
- **Auch in Verbindungen mit der Zusammensetzung AB_2 haben kleine Kationen eine tetraedrische Koordination. Ein typischer Vertreter ist der Cristobalit-Typ (SiO_2).**
- **Mittelgroße Kationen besetzen in Verbindungen mit der Zusammensetzung AB_2 die Hälfte der Oktaederlücken, z. B. in den Strukturtypen der Verbindungen CdI_2 und $CdCl_2$. Ein weiterer typischer Vertreter für die Besetzung von Oktaederlücken ist der Rutil-Typ (TiO_2)**
- **Große Kationen besetzen in Verbindungen mit der Zusammensetzung AB_2 Würfellücken. Dabei bildet sich der Fluorit (CaF_2)-Typ aus.**

Fragen

43. Warum treten in Schichtverbindungen zusätzliche kovalente Bindungsanteile auf?
44. Wie werden die Positionen des Kristallgitters im Anti-Fluorit-Typ besetzt?

7.3.5 Strukturen mit mehr als zwei Elementen

Strukturen mit komplexen Ionen auf Gitterplätzen

Bisher wurden nur die Strukturen von ionische Verbindungen mit zwei Komponenten (A und B) besprochen. Die Prinzipien gelten aber für Verbindungen, die mehratomige Moleküle als Ionen enthalten, in ganz ähnlicher Weise. Ist das mehratomige Molekül einigermaßen symmetrisch, kann es den Platz eines einatomigen Ions im Kristallgitter einnehmen. Die Struktur von Kaliumperchlorat ($KClO_4$) lässt sich als verzerrte NaCl-Struktur beschreiben, in der die Chlorat-Anionen als Vertreter der Chlorid-Ionen die Packung bilden und die Kalium-Kationen die Plätze der Na^+-Ionen des NaCl-Gitters einnehmen. Eine Reihe von Carbonaten und Nitraten kristallisiert ebenfalls in verzerrter Anordnung der NaCl-Struktur, in der die Chlorid-Ionen durch das Carbonat- oder Nitrat-Anion ersetzt werden. Diese verzerrte Struktur ist als **Calcit**-Typ (Calcit = $CaCO_3$) bekannt. Aber auch komplexe Kationen können Gitterplätze der Packungen besetzen. So liegt das relativ große Ammonium-Kation NH_4^+ in 1:1-Verbindungen häufig in einer CsCl-Struktur anstelle der Cs^+-Kationen vor.

Bei Betrachtung der Radienverhältnisse in ionischen Verbindungen mit komplexen Ionen können über die Struktur hinaus auch chemische Eigenschaften beleuchtet werden. So sind Verbindungen mit relativ großen komplexen Anionen nicht sehr stabil, wenn das Kation die vorhandenen Lücken nicht ausfüllen kann. Eine Möglichkeit der Stabilisierung besteht dann in der Hydratisierung des Kations. Beispielsweise ist die wasserfreie Verbindung Magnesiumperchlorat $Mg(ClO_4)_2$ so hygroskopisch, dass sie als Trocknungsmittel verwendet wird. Durch Aufnahme von Wasser bilden sich deutlich größere Hexaaquamagnesium(II)-Kationen $[Mg(H_2O)_6]^{2+}$, die die Lücken des Perchlorat-Gitters besser ausfüllen.

Strukturen mit mehreren Kationen auf verschiedenen Gitterplätzen

Wir haben bisher angenommen, dass eine Besetzung von Tetraeder- und Oktaederlücken in den dichtesten Packungen nicht möglich ist, da sich die Kationen in den dicht nebeneinander liegenden Lücken aufgrund der elektrostatischen Wechselwirkung abstoßen würden. Allerdings gibt es eine Möglichkeit der Stabilisierung, indem nicht alle Lücken der Packung gleichzeitig besetzt werden. Im **Spinell**-Typ (allgemeine Formel AB_2O_4) sind in der dichtesten Kugelpackung der Oxid-Ionen nur die Hälfte der Oktaederlücken durch die B-Kationen und sogar nur 1/8 der Tetraederlücken durch die A-Kationen besetzt. Die Unterscheidung der Positionen für die Kationensorten A und B erfolgt aufgrund der Ionenradien, der Ladungen oder durch weitere Wechselwirkungen der Elektronen. Im namensgebenden Mineral Spinell $MgAl_2O_4$ werden die Tetraederlücken durch die Mg^{2+}-Kationen besetzt. Die Al^{3+}-Kationen in den Oktaederlücken sind allerdings kleiner (68 pm) als die Mg^{2+}-Kationen (86 pm). Die höhere Ladung des Kations Al^{3+} führt hier mit der höheren Koordinationszahl in der Oktaederlücke zu einer stärkeren elektrostatischen Anziehung und damit zu einer Stabilisierung.

In der **Perowskit-Struktur** (ABO_3) ist eine Kationensorte deutlich größer, sie liegt deshalb gemeinsam mit dem Anion in einer gemeinsamen Packung vor. Die Koordinationszahl des größeren Kations A ist dabei 12. Das kleinere Kation B besetzt innerhalb der Packung Oktaederlücken. Da einige Oktaederlücken

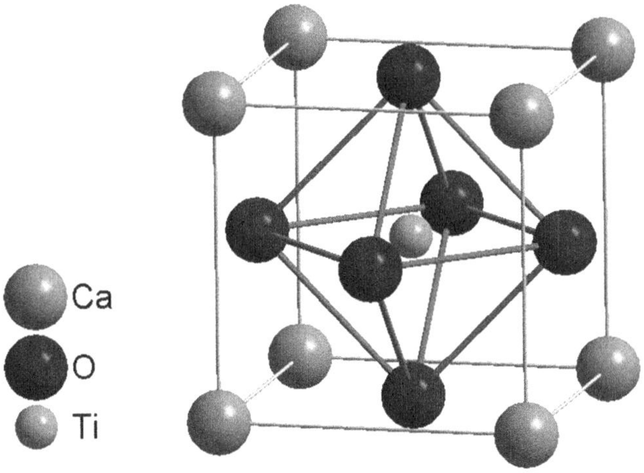

■ Abb. 7.26 Struktur des Perowskit-Typs ($CaTiO_3$) und Markierung des Oktaeders aus Sauerstoff-Atomen in dessen Mitte ein Titan-Atom liegt

durch die Kationensorte A umgeben werden, käme es zur Abstoßung gleichartig geladener Teilchen innerhalb dieser Lücken – sie bleiben unbesetzt. Im Perowskit-Typ werden deshalb nur 1/4 der Oktaederlücken besetzt. Im namensgebenden Mineral Perowskit ($CaTiO_3$) liegt Ti^{4+} (75 pm) in den Oktaederlücken der Packung der Ca^{2+}- (126 pm) und Sauerstoff-Ionen (126 pm) vor (■ Abb. 7.26).

7.3.6 Ausnahmen

Bisher haben wir verschiedene Ionenanordnungen im Zusammenhang mit dem jeweiligen Radienquotienten diskutiert. Das Radienverhältnis ist jedoch nur ein grober Leitfaden. Obwohl ein Großteil der ionischen Verbindungen in der vorausgesagten Struktur vorliegt, gibt es auch zahlreiche Ausnahmen (■ Tab. 7.4). In der Praxis sagen die Regeln für ungefähr zwei Drittel aller Fälle die richtige Anordnung voraus.

An diesen extremen Beispielen zeigt sich, dass die Beschreibung der Strukturen von Ionenkristallen anhand der Verhältnisse der Ionenradien nur idealisiert erfolgt. Einen großen Einfluss hat insbesondere die im Vorfeld getroffene Annahme, dass die Ionen als starre und nicht polarisierbare Kugeln anzusehen sind. Nur wenn diese Annahme gültig ist, treffen die geometrischen Ableitungen in hohem Maße zu. Nimmt die Polarisierung der Bindung und damit der kovalente Bindungscharakter zu, ist das Modell der ionischen Bindung nur noch eingeschränkt gültig. Dabei kommt zur Geltung, dass die Elektronendichte nicht kugelförmig im Raum verteilt ist und die Bindungsenergie nicht ausschließlich aus elektrostatischen Wechselwirkungen gewonnen wird. Gemäß den Fajans-Re-

■ Tab. 7.4 Verbindungen mit Besetzung von Lücken, die nicht der Radienquotientenregel entsprechen

Verbindung	r_+/r_-	Erwartete Struktur	Tatsächliche Struktur
HgS (schwarz)	0,68	NaCl	ZnS (Sphalerit)
LiI	0,35	ZnS	NaCl
RbCl	0,99	CsCl	NaCl

Tab. 7.5 Strukturtypen von Ionenkristallen und deren Vertreter

Zusammensetzung	Koordinationszahlen	Strukturtyp	Vertreter
AB	4:4	ZnS (Sphalerit)	CuCl, CuBr, CuI, AgI, ZnO, BeS, ZnS, CdS, HgS, ZnSe, CdSe, GaAs, …
	6:6	NaCl	LiX, NaX, KX, RbX (X = F, Cl, Br, I), AgF, AgCl, AgBr, NH_4I, MgO, CaO, SrO, BaO, MnO, FeO, CoO, NiO, …
	8:8	CsCl	CsCl, CsBr, CsI, TlCl, TlBr, TlI, NH_4Cl, NH_4Br
AB_2	4:2	SiO_2 (Cristobalit)	SiO_2, BeF_2
	6:3	TiO_2 (Rutil)	MgF_2, MnF_2, FeF_2, NiF_2, ZnF_2, TiO_2, VO_2, NbO_2, MnO_2, SnO_2, …
	8:4	CaF_2 (Fluorit)	CaF_2, SrF_2, BaF_2, CdF_2, PbF_2, $BaCl_2$, $SrCl_2$, ZrO_2, ThO_2, UO_2

7

geln ist Quecksilbersulfid (HgS) ein typischer Vertreter für stark polarisierte ionische Bindungen.

Auch bei Lithiumiodid kann aufgrund der geringen Elektronegativitätsdifferenz von Lithium und Iod ein hoher kovalenter Bindungsanteil angenommen werden. Kristallstrukturuntersuchungen zu der Verbindung zeigen, dass die Elektronendichte von Lithium nicht kugelförmig um den Atomkern verteilt ist, sondern sich in Richtung der sechs benachbarten Anionen ausbreitet. Auf diese Weise wird eine Struktur stabilisiert, die bei Betrachtung starrer Kugel und ihrer Radienverhältnisse zu einer Durchdringung der Anionen und damit zur Abstoßung führen würde. Allerdings verändern sich die Ionenradien zum Teil erheblich mit der Koordinationszahl: Ein vierfach koordiniertes Lithium-Ion hat einen Radius von 73 pm, während der Radius des sechsfach koordinierten Ions 90 pm beträgt. In diesem Text werden durchweg die Ionenradien für sechsfache Koordination angegeben, außer bei den Elementen der zweiten Periode, bei denen vierfache Koordination häufiger vorkommt.

Für einige Strukturen sind die Energieunterschiede zwischen den verschiedenen Strukturtypen sehr gering. Rubidiumchlorid kristallisiert entgegen der Erwartung unter Standardbedingungen im Natriumchlorid-Typ, unter hohem Druck wird die Caesiumchlorid-Struktur gebildet. Die druckinduzierte Phasenumwandlung ist möglich, weil der Energieunterschied zwischen den beiden Strukturtypen gering ist.

In Tab. 7.5 sind die wichtigsten Strukturtypen noch einmal zusammengefasst.

7.4 Gitterenergie

Die bisherigen qualitativen Betrachtungen zur Stabilität von Ionenkristallen können durch Berechnungen verschiedener Energiebeiträge vertieft und quantifiziert werden. Da wir uns erst in späteren Kapiteln mit dem Energiehaushalt chemischer Reaktionen und Prozesse beschäftigen, soll hier nur ein kurzer Ausblick auf die Einflussgrößen der Gitterenergie gegeben werden. Die Gitterenergie einer ionischen Verbindung ist die Energieänderung bei der Bildung eines kristallinen Feststoffes aus den entsprechenden gasförmigen Ionen. Die Gitterenergie ist damit ein Maß für die gesamte elektrostatische Anziehung und Abstoßung der Ionen im Kristallgitter. Im Falle von Natriumchlorid entspricht die Gitterenergie also dem Energieumsatz für die folgende Reaktion:

$$Na^+(g) + Cl^-(g) \rightarrow Na^+Cl^-(s)$$

Coulomb-Energie und Madelung-Konstante

Ionenkristalle erhalten ihre Stabilität durch die elektrostatische Anziehung unterschiedlich geladener Teilchen. Die Energie der Wechselwirkung eines Ionenpaares kann mithilfe des Coulomb'schen Gesetzes beschrieben werden: (Ladung des Kations z_+, Ladung des Anions z_-, Elementarladung e, Dielektrizitätskonstante ε_0, Kernabstand der Ionen d)

$$E_C = \frac{z_+ \cdot e \cdot z_- \cdot e}{4 \cdot \pi \cdot \varepsilon_0 \cdot d}$$

Binnewies, ▶ Abschn. 7.3: Theoretische Berechnung der Gitterenergie – Coulomb-Energie und Madelung-Konstante

Im Umfeld eines Ionenpaares ergeben sich weitere elektrostatische Wechselwirkungen zwischen Kationen und Anionen, die unterschiedlich zur Stabilität des Ionenkristalls beitragen. Mithilfe der Koordinationszahl kann festgestellt werden, wie viele Ionen in einer Sphäre zur Anziehung zwischen Kationen und Anionen bzw. zur Abstoßung zwischen gleichartig geladenen Ionen führt. Die Summation der Anzahl der koordinierenden Ionen in einem bestimmten Abstand d ergibt für die einzelnen Strukturen feststehende Werte – die Madelung-Konstante A (▫ Tab. 7.6). Näheres zu diesem Thema finden Sie auch im Binnewies, ▶ Abschn. 7.3.

Kommen sich die Elektronenhüllen von Ionen – gleich welcher Ladung – zu nahe, führt die Born'sche Abstoßung der Elektronen wieder zu einer Vergrößerung des Abstandes. Gemeinsam mit den Coulomb'schen Anziehungskräften ergibt sich ein Gleichgewichtszustand der einwirkenden Kräfte, in dem die Gitterenergie des Kristalls ein Maximum hat (Avogadro-Konstante N_A, Madelung-Konstante A, Born-Konstante B):

$$E_G = N_A \cdot A \cdot \frac{z_+ \cdot e \cdot z_- \cdot e}{4 \cdot \pi \cdot \varepsilon_0 \cdot d} + \frac{B}{d_0^n}$$

Auf die Einzelheiten der Berechnung werden wir in einem folgenden Abschnitt eingehen. Die Gitterenergie dieser Rechnung muss zur Vergleichbarkeit mit anderen Reaktionsdaten und deren Enthalpien in die Gitter*enthalpie* (bei 298 K) umgerechnet werden. Berücksichtigt man diese Korrektur, so erhält man für Natriumchlorid aus der Gitterenergie (-773 kJ · mol^{-1}) eine Gitterenthalpie ΔH_G^0 von -770 kJ · mol^{-1}. Dieser Wert entspricht dem experimentellen Wert von -788 kJ · mol^{-1} recht gut. Das Prinzip der voraussetzungsfreien Berechnung von Gitterenergien für verschiedene Gittertypen bei Besetzung

▫ Tab. 7.6 Madelung-Konstante von typischen Ionenkristallen

Zusammensetzung AB Strukturtyp	**Madelung-Konstante *A***	**Zusammensetzung AB_2 Strukturtyp**	**Madelung-Konstante *A***
ZnS (Sphalerit)	1,638	TiO_2 (Rutil)	2,408
ZnS (Wurtzit)	1,641	CaF_2 (Fluorit)	2,519
NaCl	1,748		
CsCl	1,763		

mit beliebigen Kombinationen von Ionensorten ermöglicht eine recht gute Abschätzung von Stabilitäten der sich ergebenden Verbindungen.

▪ Born-Haber-Kreisprozess

Mithilfe des Born-Haber-Kreisprozesses kann man verschiedene experimentelle Werte von Enthalpien bei der Bildung von Ionenkristallen in einem Zyklus zusammenfassen und daraus die Gitterenthalpie ΔH_G^0 bestimmen (s. auch Binnewies, ▶ Abschn. 7.2). Basis der Berechnung ist der Grundsatz, dass die Energiebilanz eines Prozesses vom Anfangs- und Endzustand bestimmt ist, vom Weg bis zum Erreichen des Endzustandes aber unabhängig ist. Danach ist es für die Bildung von NaCl egal, ob die Reaktion direkt aus den Elementen Natrium und Chlor in deren Standardzustand (Na(s) und Cl_2(g)) erfolgt (a) oder ob das Produkt über mehrere Teilschritte (b) gebildet wird.

a) Bildungsreaktion - Na(s) + 1/2 Cl_2(g) → NaCl(s)

b) Sublimation - Na(s) → Na(g)

Dissoziation - 1/2 Cl_2(g) → Cl(g)

Ionisierung - Na(g) → Na^+(g) + e^-

Elektronenaufnahme - Cl(g) + e^- → Cl^-(g)

Bildung des Kristallgitters - Na^+(g) + Cl^-(g) → NaCl(s)

Binnewies, ▶ Abschn. 7.2: Ermittlung der Gitterenthalpie ionischer Verbindungen – der Born-Haber-Kreisprozess

In dieses Schema können verschiedene weitere Energiebeträge eingefügt werden, wenn beispielsweise Ionen mit höherer Ladung gebildet werden sollen. Auf diese Weise lassen sich recht komplexe Abläufe bei der Bildung von Ionenkristallen erfassen und Stabilitäten von Verbindungen abschätzen. Wird die Bindung stärker polarisiert und erhöhen sich damit die kovalenten Bindungsanteile in einer Struktur, treten zunehmend Abweichungen von der auf diese Weise berechneten Gitterenergie auf (vgl. Abschn. 15.4).

▪ Schmelztemperaturen ϑ_m

Einige charakteristische Eigenschaften von Ionenkristallen lassen sich mit den abgeschätzten Gitterenergien bereits eindeutig diskutieren. Besonders deutlich wird das anhand der Schmelztemperaturen der ionischen Verbindungen: Beim Schmelzprozess wird die elektrostatische Anziehung der Ionen teilweise überwunden, sodass sich die Ionen in der flüssigen Phase bewegen können. Der Betrag der Gitterenergie ist also ein Maß für die aufzubringende Energie im Schmelzprozess.

Aufgrund der starken elektrostatischen Wechselwirkungen haben ionische Verbindungen in der Regel sehr hohe Schmelztemperaturen. Dennoch können wir die Verbindungen aufgrund ihrer Zusammensetzung noch mal differenzieren. Je kleiner die Ionenradien sind, desto geringer ist der Abstand zwischen den einzelnen Ionen und umso stärker ist die elektrostatische Anziehung. Wir erkennen den Zusammenhang leicht in der der Formel für die Coulomb'schen Energie – der Betrag des Ionenabstands *d* geht reziprok in die Berechnung ein. Die Schmelztemperatur steigt mit der Gitterenergie. Wir sehen am Beispiel der Natriumhalogenide, dass die Gitterenergie für das kleine Fluorid-Ion den

Tab. 7.7 Schmelztemperaturen ϑ_m (in °C) von Verbindungen im NaCl-Typ

Verbindung	Gitterenthalpie ΔH_G^0 (in kJ · mol^{-1})	ϑ_m (in °C)	Verbindung	Gitterenthalpie ΔH_G^0 (in kJ · mol^{-1}	ϑ_m (in °C)
NaF	−928	996	MgO	−3800	2830
NaCl	−788	801	CaO	−3419	2900
NaBr	−751	747	SrO	−3222	2665
NaI	−700	660	BaO	−3034	2013

höchsten Betrag hat, die Schmelztemperatur für NaF damit die höchste in dieser Reihe ist (996 °C). Mit dem systematischen Abfall der Gitterenthalpien sinkt auch die Schmelztemperatur bis zu NaI (660 °C; ◘ Tab. 7.7).

In die Gleichung zur Berechnung der Coulomb'schen Energie gehen die Ladungen der Ionen als quadratische Werte ein. Die Gitterenergie muss sich entsprechend deutlich ändern, wenn höher geladene Ionen in einer Struktur vorliegen. Das Beispiel der Erdalkalimetalloxide, die alle im NaCl-Typ kristallisieren, zeigt, dass die zweifach geladenen Ionen (z. B. Mg^{2+} und O^{2-}) insgesamt zu einem Vierfachen des Wertes der Gitterenthalpie im Vergleich zu den Alkalimetallhalogeniden führen. So hat Magnesiumoxid (MgO) eine Schmelztemperatur von 2830 °C, während die Schmelztemperatur von Natriumchlorid (NaCl) mit 801 °C deutlich niedriger ist. Für die Erdalkalimetalloxide ergibt sich schließlich ein systematischer Trend in Abhängigkeit von der Größe der Kationen: Bariumoxid hat in der Reihe die niedrigste Schmelztemperatur von 2013 °C (◘ Tab. 7.7).

Fragen

45. Welche Bedeutung hat die Madelung-Konstante für die Bestimmung der Gitterenergie?
46. Recherchieren Sie die Schmelztemperatur von MgF_2. Erklären Sie den Wert anhand der Werte in ◘ Tab. 7.7.

Die metallische Bindung

P. Schmidt, *Allgemeine Chemie*, https://doi.org/10.1007/978-3-662-57846-9_8

8

8.1 Metallgitter

Wie die ionische Bindung beruht auch die metallische Bindung auf elektrostatischen Wechselwirkungen und damit auf ungerichteten Anziehungskräften der konstituierenden Teilchen. Das Prinzip der bestmöglichen Raumausfüllung gilt damit auch für die Metalle. Zur Beschreibung der Struktur der Metalle ist das Konzept der Kugelpackungen also in besonderer Weise geeignet. Über 80 % aller Metalle kristallisieren in einem von drei typischen Strukturtypen, die auf das Prinzip der Kugelpackungen zurückgeführt werden können. Es sind dies die kubisch dichteste Kugelpackung (Cu-Typ), die hexagonal dichteste Kugelpackung (Mg-Typ) und das kubisch innenzentrierte Gitter (W-Typ) (◘ Abb. 8.1).

Wichtig

- **Metall-Atome werden in ihren Gittern als starre und nicht polarisierbare Kugeln betrachtet.**
- **Metallgitter folgen dem Prinzip der bestmöglichen Raumausfüllung, sie können mithilfe von Kugelpackungen beschrieben werden.**
- **Die dichtesten Kugelpackungen (74 % Raumausfüllung) führen zu einfachen Strukturen der metallischen Elemente: hexagonal dichteste Kugelpackung = Mg-Typ, kubisch dichteste Kugelpackung = Cu-Typ.**
- **Eine etwas geringere Packungsdichte (68 % Raumausfüllung) führt zu Ausbildung einer kubisch innenzentrierten Elementarzelle im W-Typ.**

▪ Mg-Typ

Die Struktur des Magnesium-Typs leitet sich von der hexagonal dichtesten Kugelpackung ab, die Stapelfolge der Schichten ist hier ABAB … Sie kennen das Packungsmotiv von den Strukturen des Wurtzit-Typs (ZnS) sowie des Nickelarsenid-Typs (NiAs). Im Mg-Typ liegen die Atome nur auf den Positionen des Anionen-Teilgitters der ionischen Verbindungen. Die hexagonale Elementarzelle enthält insgesamt zwei Atome (◘ Abb. 8.2). Innerhalb der Packung ist jedes Atom von zwölf weiteren Atomen koordiniert (sechs in einer Schicht, jeweils drei in den beiden benachbarten Schichten).

▪ Cu-Typ

Metalle, die im Cu-Typ kristallisieren, haben eine kubisch dichteste Kugelpackung der Metall-Atome. Die Atome ordnen sich innerhalb einer Schicht in einem hexagonalen Muster an, die Stapelfolge der hexagonalen Schichten ist ABC.

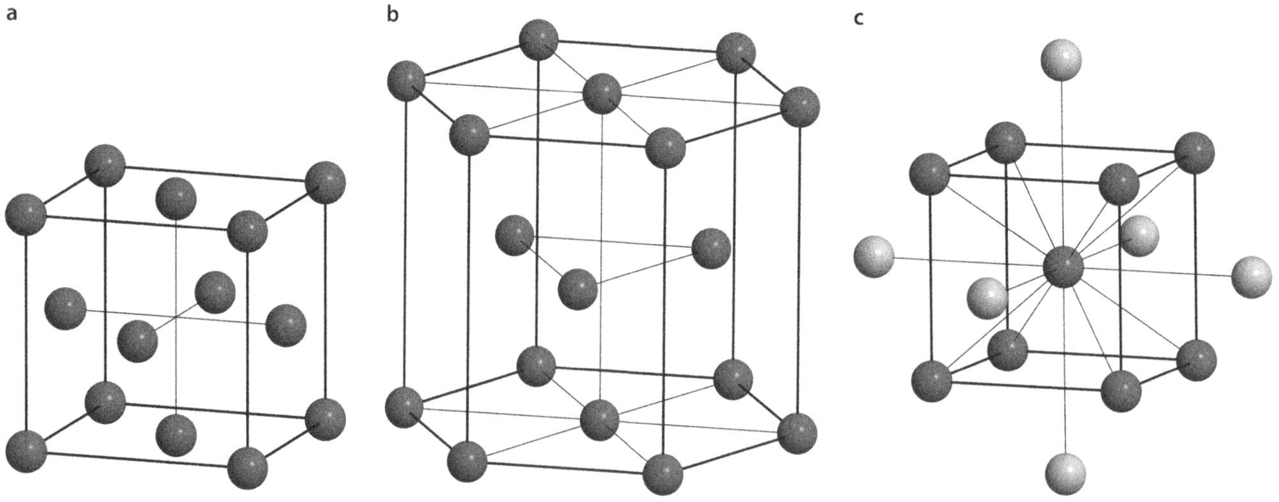

◘ **Abb. 8.1** Die wichtigsten Kristallstrukturen von Metallen: kubisch dichteste Kugelpackung (kubisch flächenzentriertes Gitter) (**a**); hexagonal dichteste Kugelpackung (**b**); kubisch innenzentriertes Gitter (**c**)

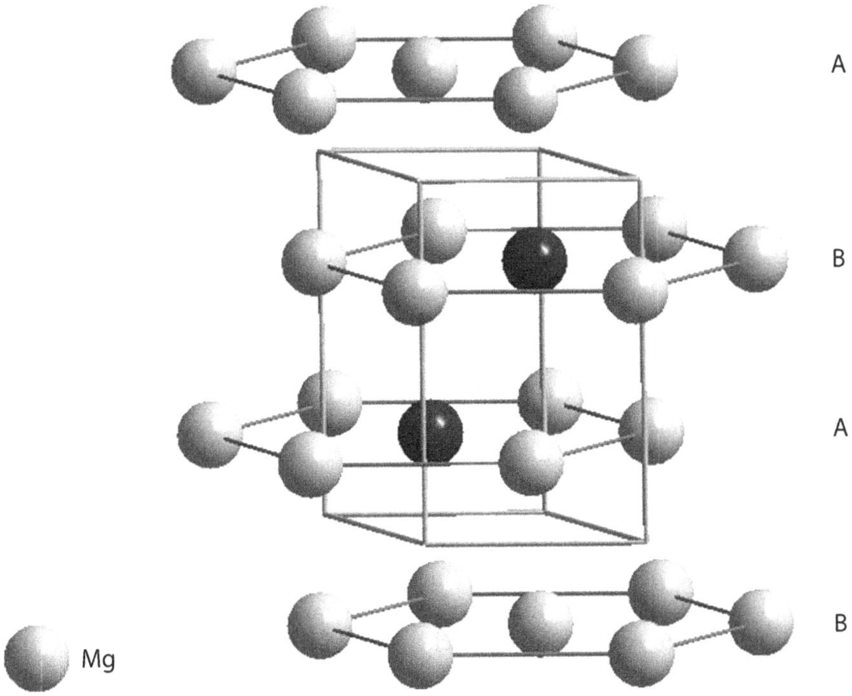

■ **Abb. 8.2** Anordnung der Atome in hexagonalen Schichten mit der Stapelfolge ABAB und Elementarzelle des Magnesium-Typs (Atome innerhalb der Elementarzelle dunkel hervorgehoben)

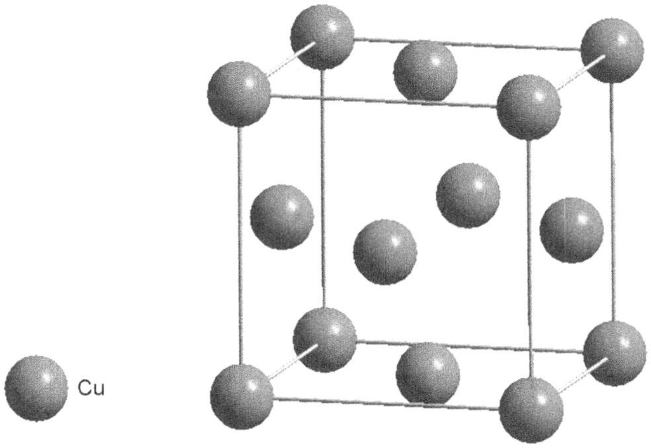

■ **Abb. 8.3** Elementarzelle der Struktur des Kupfer-Typs

Das Packungsmotiv kommt auch in den Strukturtypen der ionischen Verbindungen Sphalerit (ZnS) und Steinsalz (NaCl) vor. Im Cu-Typ sind allerdings nur die Gitterplätze der Anionen des Ionengitters besetzt. Aus dieser periodischen Anordnung ergibt sich eine würfelförmige Elementarzelle mit einer zusätzlichen Besetzung der Flächenmitten des Würfels. Wir sprechen von einer kubisch flächenzentrierten Elementarzelle (■ Abb. 8.3). In der Elementarzelle liegen vier Atome vor (8/8 auf den Ecken, 6/2 auf den Flächen des Würfels), über die Grenzen des Würfels hinaus hat aber jedes Atom zwölf nächste Nachbarn.

▪ W-Typ

Der Wolfram-Typ der metallischen Strukturen beschreibt eine kubisch innenzentrierte Elementarzelle, d. h. in einem Würfel wird die Würfelmitte durch ein zusätzliches Atom besetzt (■ Abb. 8.4). Die Elementarzelle enthält zwei

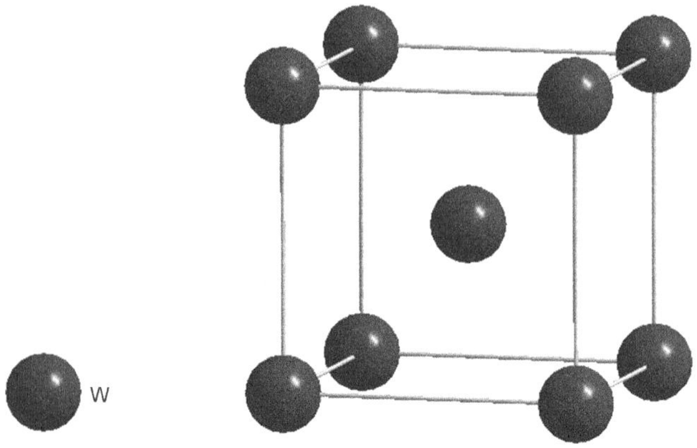

Abb. 8.4 Elementarzelle der Struktur des Wolfram-Typs

8

Atome (8/8 auf den Ecken, 1 Atom in der Mitte des Würfels). In diesem kubisch innenzentrierten Gitter ist die Koordinationszahl 8, die Raumerfüllung ist mit 68 % geringer als bei den dichtesten Kugelpackungen. Die Koordinationszahl 8 beschreibt dabei die unmittelbar nächsten Nachbarn eines Atoms in der Mitte des Würfels zu den Atomen auf den Ecken des Würfels. Die Atome in der Mitte der sechs jeweils benachbarten Elementarzellen sind jedoch nur etwa 15 % weiter entfernt als die Atome auf den Würfelecken. Man spricht in diesem Fall deshalb auch von einer (8 + 6)-Koordination.

Weitere Strukturtypen von Metallen und Halbmetallen

Die Raumausfüllung kann in metallischen Strukturen weiter abnehmen, wenn die Charakteristik der chemischen Bindung sich wandelt und stärker kovalente Bindungsanteile die Anordnung der Atome bestimmen. Im *α-Polonium-Typ* wird eine kubisch primitive Elementarzelle gebildet, d. h. die Atome besetzen die Ecken eines Würfels ohne weitere Zentrierungen (Abb. 8.5). Die Raumausfüllung liegt hierbei bei 52 %. Die Element-Bezeichnung zeigt Ihnen an, dass es sich um einen sehr seltenen Strukturtyp handelt. Mit der hier realisierten Koordinationszahl von sechs wird aber die Systematik der bekannten Strukturtypen der Metalle sinnvoll vervollständigt. Die Struktur von α-Polonium folgt einem Trend der Strukturen von Elementen der Gruppe 16. So bilden Selen und Tellur Ketten von nahezu rechtwinklig miteinander, kovalent verknüpften Atomen. Kommen sich die Ketten näher, werden zusätzliche gerichtete Bindungen zur Nachbarketten aufgebaut. In α-Polonium schließlich bestehen

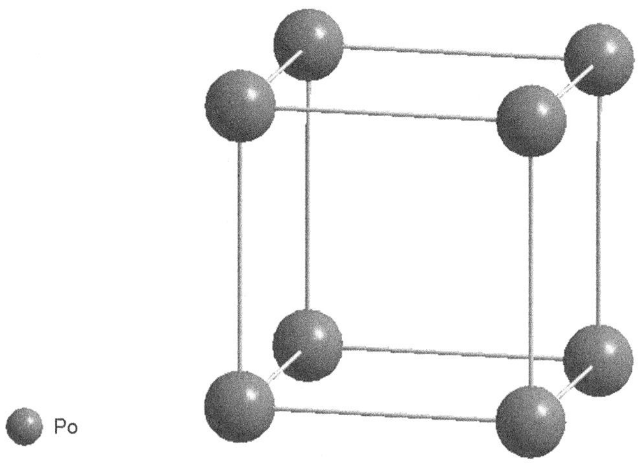

Abb. 8.5 Elementarzelle der Struktur des α-Polonium-Typs

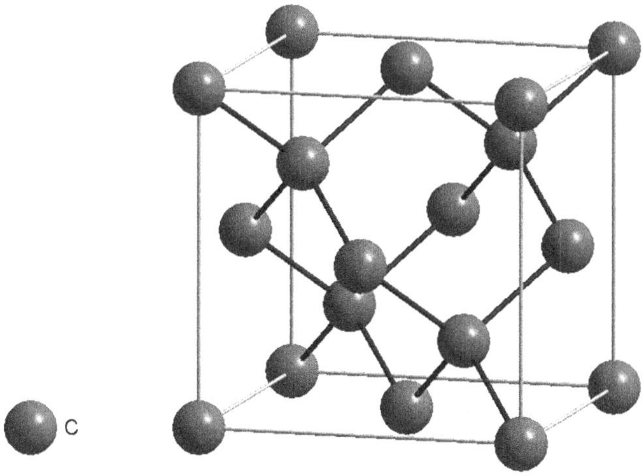

Abb. 8.6 Elementarzelle der Struktur des Diamant-Typs

Tab. 8.1 Strukturtypen von Metallen, Halbmetallen und deren Vertreter

Packungstyp	Koordinationszahl	Strukturtyp	Vertreter
Hexagonal dichteste Kugelpackung	12	Magnesium-Typ	Be, Mg, Sc, Y, Ti, Zr, Hf, …
Kubisch dichteste Kugelpackung	12	Kupfer-Typ	Ca, Sr, Co, Ni, Pd, Pt, Cu, Ag, Au, Al, …
Kubisch dichte Kugelpackung	8	Wolfram-Typ	Gruppe 1, V, Nb, Ta, Cr, Mo, W, Fe, …
Kubisch primitive Kugelpackung	6	α-Polonium-Typ	Po
Netzwerkgitter	4	Diamant-Typ	Si, Ge, Sn, (GaAs, ZnSe, CuBr, …)

gleichwertige, rechtwinklig angeordnete Bindungen zu allen Nachbaratomen. Im Prinzip ist Polonium ein Metall mit einer stark kovalent geprägten Struktur.

Eine Reihe von Halbmetallen und halbleitenden Verbindungen kristallisiert im *Diamant-Typ*. Das Prinzip der bestmöglichen Raumausfüllung wird mit einem Wert von 34 % überhaupt nicht mehr erfüllt. Daran erkennen wir, dass der Bindungscharakter vollständig kovalent ist. Die dennoch auftretenden halbleitenden Eigenschaften werden wir im folgenden Abschnitt besprechen. Bei Zinn ist sogar ein Übergang von der halbleitenden in eine metallische Strukturvariante möglich.

Die Diamant-Struktur ist eng mit der Zinkblende-Struktur verwandt, die Positionen der Kationen und Anionen werden mit Kohlenstoff-Atomen als einziger Teilchenart besetzt. Das Diamant-Gitter hat damit eine kubisch flächenzentrierte Elementarzelle, in denen vier Tetraederlücken zusätzlich besetzt sind. Für alle Atome ergibt sich eine Koordinationszahl von vier (Abb. 8.6).

Einen Überblick über die Strukturtypen von Metallen gibt Tab. 8.1.

Fragen

47. Warum führen stärkere kovalente Bindungsanteile zur Verringerung der Koordinationszahl?
48. Worin unterscheiden sich der Kupfer- und der Magnesium-Typ?

8.2 Metalle und Halbleiter

Die charakteristischen Eigenschaften von Metallen sind ihre gute elektrische und thermische Leitfähigkeit sowie das hohe Reflexionsvermögen, das den metallischen Glanz bewirkt. Konzepte zur Beschreibung der chemischen Bindung in Metallen sollten für diese Eigenschaften sinnvolle Erklärungen liefern. Da für Metalle in der Regel die Zahl der Elektronen der äußersten Schale geringer als die Koordinationszahl ist, werden kaum gerichtete Bindungen ausgebildet.

■ Das Elektronengasmodell

Das einfachste Bindungsmodell für Metalle ist das Elektronengasmodell. Die Metall-Atome werden demnach leicht ionisiert. Die Metall-Ionen sind in den Gittern als ortsfeste Kugeln geordnet. Die Valenzelektronen werden dagegen vollständig delokalisiert. Die frei beweglichen Elektronen kann man sich als diffuse, gasförmige Teilchen in den Lücken der Packung der Metall-Ionen vorstellen. Wir sprechen deshalb vom Elektronengas. Die chemische Bindung entsteht – ähnlich wie bei den Ionenkristallen – durch die elektrostatische Anziehung unterschiedlich geladener Teilchen (hier die Metall-Ionen und die Elektronen). Wie wir auch aus der Betrachtung der Gitterenergie in Ionenkristallen wissen, nimmt die Coulomb'sche Anziehung signifikant mit der Ladung der Teilchen zu. Stellen wir uns also vor, dass die Metall-Atome ionisiert werden, so ergeben sich entsprechend der Stellung im Periodensystem formal steigende Ladungen von den Alkalimetallen (z. B. K^+) bis hin zu hoch geladenen Metall-Ionen (V^{5+}, Cr^{6+}). Mit der Ladung steigen die Gitterenergien und folglich auch die Schmelztemperaturen. Der systematische Trend des signifikanten Anstiegs der Schmelztemperaturen der Metalle kann bis zu den Elementen der Gruppe 6 verfolgt werden. Wolfram ist das *höchstschmelzende Metall* im Periodensystem. Bei den Elementen der folgenden Gruppen fällt die Schmelztemperatur wieder systematisch ab (◘ Tab. 8.2). Das bedeutet, die Metalle liegen im Elektronengasmodell als Ionen mit niedrigeren Ladungen vor. Dieser Trend findet sich auch bei der Bildung ionischer Verbindungen wieder.

Die gemäß dem Elektronengasmodell im gesamten Metallgitter frei beweglichen Elektronen sind in der Lage, als Ladungsträger den elektrischen Strom zu leiten. Mithilfe des Elektronengasmodells lässt sich sogar die Temperaturabhängigkeit des elektrischen Widerstands erklären: Wird ein Metall erwärmt, werden die Ionen der Metalle durch die zugeführte thermische Energie in Schwingungen versetzt. Dadurch wird die Beweglichkeit der Elektronen eingeschränkt und die elektrische Leitfähigkeit sinkt (der Widerstand steigt). Die Bewegung der Valenzelektronen trägt dabei maßgeblich zur Wärmeleitfähigkeit eines Metalls bei. Schließlich folgen auch die mechanischen Eigenschaften von Metallen (gute Verformbarkeit, Duktilität) der Vorstellung von der Beweglichkeit von Schichten im Kristall ohne einen Bindungsbruch.

◘ Tab. 8.2 Schmelztemperaturen ϑ_m (in °C) der Elemente der Gruppen 1 bis 12

1	2	3	4	5	6	7	8	9	10	11	12
K	Ca	Sc	Ti	V	**Cr**	Mn	Fe	Co	Ni	Cu	Zn
63	842	1540	1670	1920	**1860**	1246	1536	1495	1455	1085	420
Rb	Sr	Y	Zr	Nb	**Mo**	Tc	Ru	Rh	Pd	Ag	Cd
39	777	1526	1850	2480	**2620**	2160	2230	1960	1555	962	321
Cs	Ba	La	Hf	Ta	**W**	Re	Os	Ir	Pt	Au	Hg
28	727	920	2230	2990	**3410**	3190	3130	2460	1768	1064	−39

Wir sehen, dass das Modell des Elektronengases die Eigenschaften von Metallen recht anschaulich erklären kann – das Prinzip der chemischen Bindung wird damit aber nicht hinreichend beschrieben.

Wichtig

- **Das Elektronengasmodell beschreibt die Bindungen in Metallen auf sehr einfache Art als Anziehung positive geladener Metall-Rümpfe (Ionen) und frei beweglicher Elektronen.**
- **Die Eigenschaften der frei beweglichen Elektronen bewirken typische physikalische Eigenschaften von Metallen:**
  - **metallischen Glanz**
  - **elektrische Leitfähigkeit**
  - **thermische Leitfähigkeit**
  - **Duktilität**
  - **charakteristische Schmelztemperaturen.**

Das Bändermodell

Die chemische Bindung in Metallen kann detaillierter mithilfe des Bändermodells erklärt werden. Das Bändermodell nimmt Bezug auf ein Konzept zur Beschreibung kovalenter Bindungen in Molekülen. Dabei werden in einer chemischen Bindung miteinander in Wechselwirkung stehende Atomorbitale zu Molekülorbitalen verknüpft. Eine ausführliche Beschreibung erfolgt bei der Behandlung der Molekülorbital-Theorie (MO-Theorie, vgl. auch Binnewies, 3. Auflage 2016, S. 117 ff).

Binnewies, 3. Auflage 2016, S. 117 ff: Einführung in die Molekülorbitaltheorie

In den dichtesten Kugelpackungen haben die Atome eine Koordinationszahl von 12 – die koordinierenden Atome haben auch jeweils eine solche Koordinationssphäre. Im Prinzip lässt sich ein Metall also als ein sehr großes Molekül beschreiben, in dem die Orbitale von n Atomen (n ist dabei eine sehr große Zahl) miteinander kombiniert werden. Aufgrund der großen Anzahl miteinander kombinierter Orbitale werden die energetischen Abstände zwischen den unterschiedlichen Energieniveaus so gering, dass sich ein Kontinuum bezüglich der Orbitalenergien bildet (◘ Abb. 8.7). Dieses Kontinuum wird als ein Band bezeichnet. Die Besetzung der Bänder erfolgt mit den Valenzelektronen des Metalls.

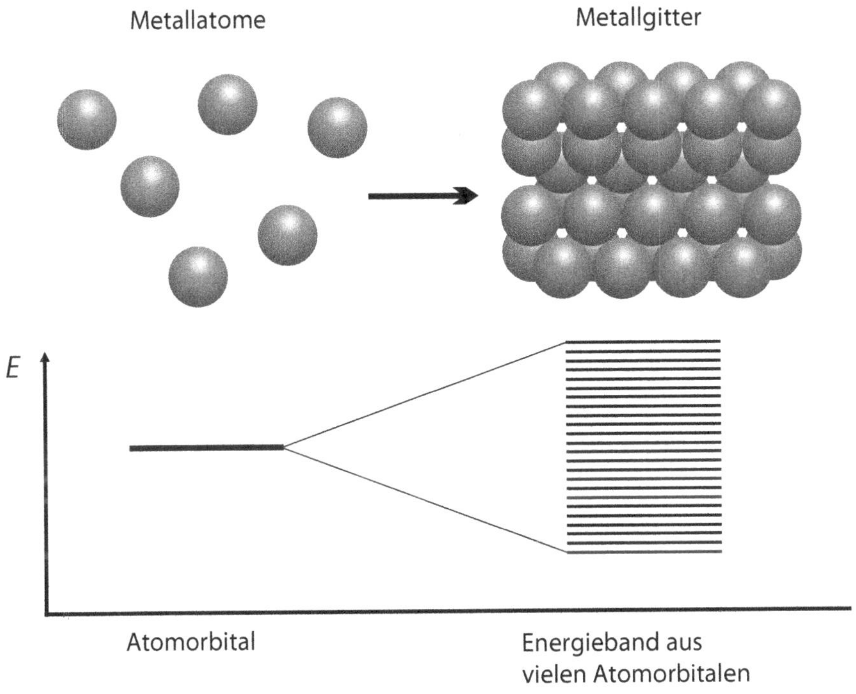

◘ **Abb. 8.7** Bildung eines Bandes von Energieniveaus bei der Kondensation von Metall-Atomen in Metallgittern

Die gute elektrische Leitfähigkeit der Metalle ist im Bändermodell wie folgt zu erklären: Innerhalb eines unvollständig gefüllten Bandes können die Elektronen aus dem Grundzustand leicht in nicht besetzte elektronische Zustände überführt werden, da sich die Orbitalenergien im Band ja kontinuierlich ändern. Diese Elektronen können sich dann frei innerhalb des gesamten Bandes bewegen und ermöglichen so einen Stromfluss. Die Wärmeleitfähigkeit der Metalle ist in gleicher Weise auf die im Band frei beweglichen Elektronen zurückzuführen.

Die optischen Eigenschaften von Stoffen resultieren aus der Wechselwirkung elektromagnetischer Strahlung mit Elektronen. Die Lichtemission wird in Form eines Linienspektrums beobachtet, wenn Elektronen von einem diskreten Energieniveau auf ein anderes übergehen. Aufgrund der großen Anzahl an Energieniveaus gibt es in einem Metall aber eine fast unendliche Zahl möglicher Übergänge. Die Atome an der Metalloberfläche können deshalb Licht jeder Wellenlänge absorbieren. Sie geben beim Übergang in den Grundzustand dann entsprechend wieder Licht derselben Wellenlänge ab. Auf diese Weise kann mit dem Bändermodell das Reflexionsvermögen der Metalle erklärt werden.

▪ Halbleiter

Die aus den Atomorbitalen generierten Bänder können eine unterschiedliche Lage zueinander haben. Das aus besetzten Orbitalen gebildete Band bezeichnet man als *Valenzband,* das im Grundzustand elektronenfreie Band als *Leitungsband.* Sind beide Bänder energetisch voneinander getrennt, bezeichnet man die Energiedifferenz als *Bandlücke* (◘ Abb. 8.8).

Auf diese Weise kann man erklären, welche Stoffe metallische Eigenschaften haben und in welchen Stoffen Eigenschaften von Halbleitern auftreten. In **Metallen** überlappen sich die Energiebereiche von Valenzband und Leitungsband, die Elektronen können ohne Weiteres aus dem Valenzband in das Leitungsband wechseln und sich darin frei bewegen.

Bei typischen Nichtmetallen liegen das Valenz- und das unbesetzte Leitungsband in einem großen energetischen Abstand zueinander – die Bandlücke ist groß. Das ist das Ergebnis einer gerichteten chemischen Bindung mit niedriger Koordinationszahl. So werden weniger Atomorbitale kombiniert und die Bänder werden schmaler. Für die Anregung der Elektronen vom Valenz- in das Leitungsband steht keine ausreichend hohe (thermische) Energie zur Verfügung, sodass die Stoffe den elektrischen Strom nicht leiten können – sie sind **Isolatoren.**

Bei einigen Stoffen ist die Bandlücke zwischen dem Valenz- und dem Leitungsband hinreichend klein, sodass Elektronen mit ausreichender Anregungsenergie vom Valenz- ins Leitungsband wechseln können. Die Elektronen sind nicht grundsätzlich frei beweglich, sondern bedürfen immer der Anregung. Wir sprechen hierbei von **Halbleitern.** Wird die Energie der thermischen Anregung größer, steigt die Anzahl der Ladungsträger im Leitungsband an. Auf diese Weise erhöht sich die elektrische Leitfähigkeit mit der Temperatur – im

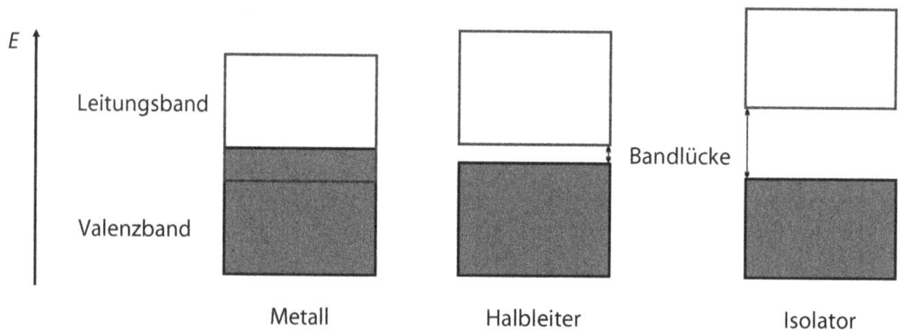

◘ **Abb. 8.8** Schematische Darstellung der Anordnung der Energiebänder in Metallen, Halbleitern und Isolatoren

Gegensatz zu den Metallen. Die absolute Leitfähigkeit der Halbleiter bleibt dennoch weit geringer als die der Metalle.

Man unterscheidet typische Elementhalbleiter (Si, Ge, Sn, Se, Te), anorganische Verbindungshalbleiter (wie GaAs, ZnSe) sowie organische Halbleiter. Bei den anorganischen Verbindungshableitern findet sich überwiegend das Strukturmotiv des Sphalerit-Typs (kubisches ZnS) bzw. Diamant-Typs wieder. Die Verbindungen werden entsprechend ihrer Zusammensetzung aus Elementen verschiedener (Haupt-)Gruppen als III/V- (z. B. GaAs bzw. $Ga^{III}As^{V}$), II/VI- (ZnSe) oder I/VII-Halbleiter (CuBr) bezeichnet. Dabei werden ausgehend von den Elementhalbleitern der Gruppe 14 aufgrund der steigenden Elektronegativitätsdifferenzen zunehmend ionische Wechselwirkungen aufgebaut. Die Bandlücke vergrößert sich systematisch (◘ Tab. 8.3).

Häufig wird die Bandlücke in der auf ein Teilchen bezogenen Einheit Elektronenvolt (eV) angegeben. Der Wert bezeichnet die Energiemenge, um welche die kinetische Energie eines Elektrons zunimmt, wenn es eine Beschleunigungsspannung von einem Volt durchläuft. Der auf ein Mol bezogene Wert ergibt sich durch Multiplikation mit der Avogadro-Konstante: $1\ \text{eV} \cdot N_A = 96{,}4853\ \text{kJ} \cdot \text{mol}^{-1}$.

Mit der Bandlücke korrespondieren gleichzeitig die optischen Eigenschaften der halbleitenden Stoffe: Fällt ein Elektron aus dem Leitungsband in das Valenzband (den Grundzustand) zurück, wird elektromagnetische Strahlung mit dem Energiewert der Bandlücke emittiert. Materialien mit einer Bandlücke von mehr als 3,5 eV emittieren im Bereich des UV – die Stoffe sehen für uns weiß aus. Zwischen 3,5 und etwa 1,5 eV werden die Spektralbereiche des sichtbaren Lichts emittiert (◘ Tab. 8.4). Wird die Bandlücke kleiner, erscheinen selbst Halbleiter metallisch. So hat Silicium eine Bandlücke von 1,1 eV, zeigt als Einkristall aber einen typischen metallischen Glanz.

▪ Dotierung von Halbleitern

Halbleiter bestimmen zu einem großen Teil die Funktionalität moderner Rechen- und Kommunikationstechnik. Die Funktion eines elektronischen Bauteils hängt dabei u. a. von der Größe der Bandlücke und der Art des Übergangs

◘ **Tab. 8.3** Eigenschaften isoelektronischer Feststoffe in der Struktur des Diamant- bzw. Zinkblende-Typs

Stoff	Gitterkonstante der Elementarzelle (in pm)	Differenz der Elektronegativität $\Delta\chi$	Größe der Bandlücke (in eV)
Ge	566	0,0	0,67
GaAs	565	0,4	1,42
ZnSe	567	0,8	2,70
CuBr	569	0,9	2,91

◘ **Tab. 8.4** Zusammenhang zwischen der Größe der Bandlücke und den optischen Eigenschaften von Halbleitern

Energiebereich (ca.) (in eV)	Spektralbereich	Beispiel	Bandlücke (in eV)
>3,5	UV	AlN	6,2
3,0 … 3,5	Violett	GaN	3,37
2,5 … 3,0	Blau	ZnSe	2,70
2,0 … 2,5	Gelb/Grün	GaP	2,26
1,5 … 2,0	Rot/Orange	CdSe	1,74
<1,5	IR (Schwarz)	GaAs	1,42
		Ge	0,67

der Elektronen ab. Die Bandlücke eines Stoffes können wir gezielt variieren, indem wir Atome eines anderen Elements mit leicht veränderter Elektronenstruktur in das Gitter einbauen. Bei geringen Mengenanteilen des Fremdatoms spricht man von Dotierung. Die Dotierung hat im Wesentlichen Einfluss auf die Lage der Bänder zueinander. Dabei können wir uns prinzipiell vorstellen, dass die Bandlücke kleiner wird, wenn entweder das Valenzband in seiner Energie angehoben oder das Leitungsband in seiner Energie abgesenkt wird. Durch die Absenkung der Energie der Bandlücke stehen in dotierten Materialien mehr Ladungsträger für die elektrische Leitung zur Verfügung, die Leitfähigkeit ist bedeutend besser. Die Leitungsmechanismen unterscheiden sich darin, ob durch die Dotierung ein Elektronenüberschuss erzeugt (n-Leitung) oder Elektronenmangel (p-Leitung) bewirkt wird.

Silicium ist gegenwärtig das wichtigste Halbleitermaterial. Die Dotierung von Silicium kann durch ein Element der Gruppe 15 (z. B. Arsen) erfolgen. Aufgrund der geringen Zahl der dotierenden Atome bleibt die Struktur von Silicium (Diamant-Typ) vollständig erhalten, die Arsen-Atome nehmen einen Platz im Si-Gitter ein. Auf diese Weise ist das Arsen-Atom durch vier Bindungen mit den Si-Nachbarn verknüpft. Als Element der Gruppe 15 (ns^2 np^3) hat Arsen fünf Valenzelektronen, von denen nur vier in einer chemischen Bindung zu Silicium-Atomen fixiert sind. Ein Valenzelektron des Arsens bleibt ungebunden und kann sich im gesamten Gitter frei bewegen. Einen solchen dotierten Halbleiter mit delokalisierten Elektronen bezeichnet man als **n-Halbleiter,** wobei n für negativ (Elektronen) steht (◘ Abb. 8.9).

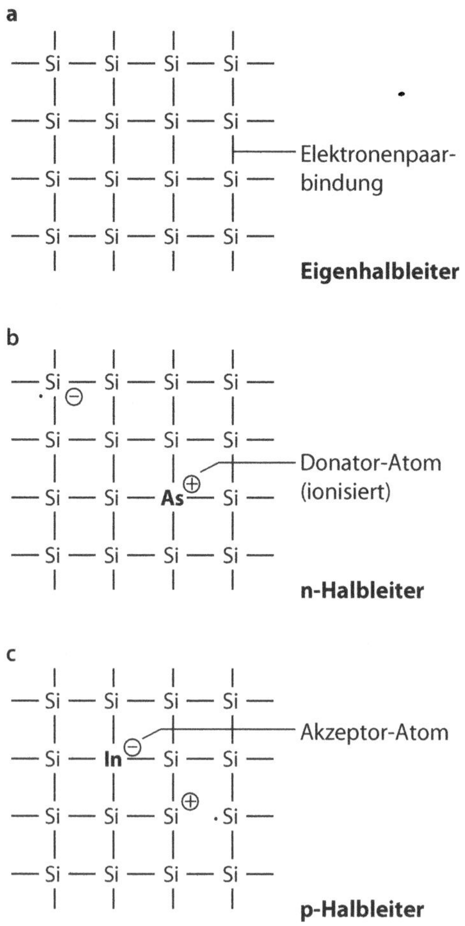

◘ Abb. 8.9 Dotierung von reinem Silicium (**a**) mit Arsen (**b**) bzw. mit Indium (**c**) (Der Übersichtlichkeit wegen ist das dreidimensionale Gitter hier zweidimensional dargestellt.)

In ähnlicher Weise kann Silicium mit einem Element aus der Gruppe 13 dotiert werden. Erfolgt die Dotierung beispielsweise durch Indium, nehmen die Indium-Atome einen Platz im Si-Gitter ein und werden durch vier Bindungen mit den Si-Nachbarn verknüpft. Als Element der Gruppe 13 (ns^2 np^1) hat Indium allerdings nur drei Valenzelektronen. Für die Bindung zu Silicium fehlt damit ein Elektron – es bildet sich ein Defektelektron oder Elektronenloch. Dieses Defektelektron ist nicht an das Dotierungsatom gebunden, sondern über das gesamte Gitter mit gleicher Wahrscheinlichkeit delokalisiert. Einen so dotierten Halbleiter bezeichnet man als **p-Halbleiter.** p steht hier für positiv. Dieser Leitfähigkeitsmechanismus wird auch Löcherleitung genannt.

▪ p/n-Übergang

Viele elektronische Bauelemente erreichen ihre Funktionalität durch die Kombination von n-dotierten und p-dotierten Halbleitermaterialien. An der Grenzfläche zwischen beiden Schichten werden die Elektronen in einem so genannten p/n-Übergang gezielt in ihrer Bewegung beeinflusst: Die frei beweglichen Elektronen der n-Schicht können dabei die Elektronenlöcher der p-Schicht besetzen. In einem kleinen Bereich zwischen der n- und der p-Schicht kommt es dadurch zu einem Verlust an Ladungsträgern, die Leitfähigkeit sinkt drastisch, es entsteht eine sogenannte Sperrschicht (◘ Abb. 8.10).

In Dioden (Gleichrichtern) wird die Sperrschicht verstärkt, wenn der negative Pol mit dem p-dotierten und der positive Pol mit dem n-dotierten Halbeiter verbunden sind. Die Leitfähigkeit an der Grenzschicht wird damit unterbunden. Kehrt sich die Polung um, werden zusätzliche Ladungsträger in der Sperrschicht bereitgestellt und die p/n-Schicht wird elektrisch leitend.

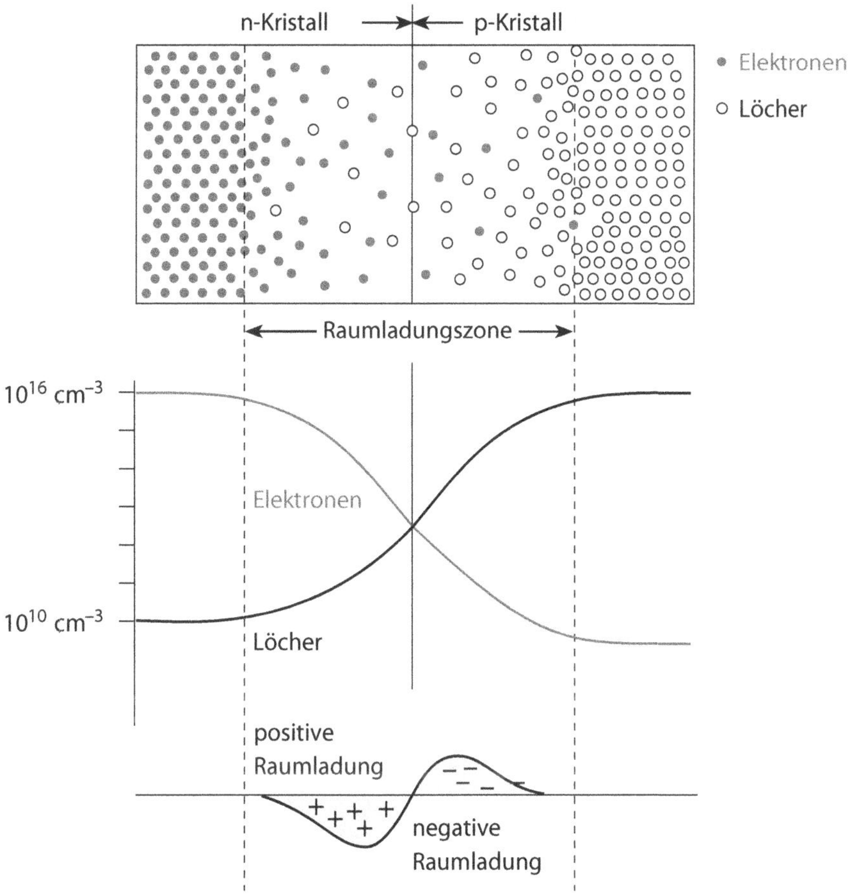

◘ **Abb. 8.10** p/n-Übergang: Durch Diffusionsprozesse verarmt der Grenzbereich zwischen n-dotiertem und p-dotiertem Material an Ladungsträgern

Ein solches p/n-Element lässt den Strom also nur in eine Richtung durch, aus Wechselstrom kann Gleichstrom erzeugt werden.

Kompliziertere Schaltungen mit Kombination von zwei p/n-Übergängen führen zu Verstärker- bzw. Schaltelementen, den *Transistoren*. Integrierte Schaltungen in Mikroprozessoren für PCs und mobile Endgeräte enthalten heute mehrere Millionen Transistoreinheiten. Der Transistoreffekt in Halbleitern wurde in den 1920er-Jahren entdeckt und seit den 1940er-Jahren auf der Basis von Germanium zur technischen Reife entwickelt. In den 1960er-Jahren wurde Germanium durch das preiswertere und zum Teil stabilere Silicium ersetzt.

Wichtig

- **Das Bändermodell beschreibt die Bindungen in Metallen auf der Grundlage der Molekülorbital-Theorie. Durch Kombination einer Vielzahl von Atomorbitalen werden Bänder mit kontinuierlichen Orbitalenergien gebildet.**
- **Metalle sind Stoffe ohne energetische Barriere (Bandlücke) zwischen dem Valenzband und dem Leitungsband, die Elektronen sind im Leitungsband frei beweglich.**
- **Halbleiter sind Stoffe mit einer kleinen Bandlücke. Die Elektronen können durch Anregung in das Leitungsband gelangen und eine elektrische Leitfähigkeit des Materials verursachen.**
- **Isolatoren sind Stoffe mit einer großen Bandlücke. Die Elektronen können die Energiedifferenz zwischen Valenz- und Leitungsband nicht überwinden. Die Stoffe sind nicht elektrisch leitend.**

Fragen

49. Warum können die Elektronen in einem Band kontinuierliche Werte der Orbitalenergien annehmen?
50. Warum zeigen Metalle und Halbleiter ein umgekehrtes Verhalten bei der Temperaturabhängigkeit der elektrischen Leitfähigkeit?

Die kovalente Bindung

P. Schmidt, *Allgemeine Chemie,* https://doi.org/10.1007/978-3-662-57846-9_9

Wir haben bereits gesehen, dass die chemische Bindung maßgeblich durch die Wechselwirkung der Valenzelektronen der beteiligten Bindungspartner bestimmt ist. Bei der ionischen Bindung wurden diese Elektronen nahezu vollständig auf einen der beiden Bindungspartner übertragen. Die gebildeten Ionen wurden durch elektrostatische Anziehungskräfte miteinander verbunden. Die metallische Bindung haben wir dadurch charakterisiert, dass attraktive Wechselwirkungen zwischen den positiv geladenen Atomrümpfen und dem frei beweglichen Elektronengas bestehen. Die kovalente Bindung unterscheidet sich von den bisher diskutierten Bindungskonzepten darin, dass die Elektronen stark lokalisiert sind und dabei hohe Aufenthaltswahrscheinlichkeiten zwischen den Atomkernen aufweisen. Wir sprechen davon, dass die verknüpften Atome gemeinsame Elektronenpaare bilden.

Ein wichtiges und plausibles Argument bei der Abschätzung des Bindungstyps ist die Elektronegativität der Elemente (► Abschn. 7.2). Die Elektronegativität beschreibt ja die Fähigkeit eines Atoms, innerhalb einer chemischen Bindung Elektronen anzuziehen. So werden die Elektronen in ionischen Verbindungen von einem Element viel stärker angezogen als von dem Reaktionspartner. Ionische Verbindungen werden also von Elementen gebildet, deren Elektronegativitäten eine große Differenz aufweisen. In metallischen Stoffen (Elemente oder Verbindungen) liegen Atome mit geringen Elektronegativitäten vor: Alle Atome haben eine schwache Anziehung auf die Elektronen, sodass wir von einem frei beweglichen Elektronengas ausgehen. Die Kombination von Elementen mit starker Anziehung der Elektronen der Valenzschale (d. h. relativ hoher Elektronegativität), aber geringen Unterschieden in der Elektronegativität, führt dagegen zu einer hohen Elektronendichte zwischen den beteiligten Atomen. In diesem Fall liegt eine kovalente Bindung vor (◘ Tab. 9.1).

► Abschn. 7.2

Die kovalente Bindung wird zuweilen auch als „Atombindung“ oder „Elektronenpaarbindung“ bezeichnet. Lassen Sie sich nicht von den unterschiedlichen Bezeichnungen irritieren, es ist stets das gleiche Bindungsprinzip gemeint. Die Anschauung dazu geht auf Gilbert N. Lewis und Irving Langmuir zurück. Heute verwenden wir verschiedene Konzepte, um Strukturen und Eigenschaften von kovalent gebundenen Stoffen sinnvoll beschreiben zu können. Zur Abschätzung der Zusammensetzung eines Moleküls, d. h. zur Ermittlung der Anzahl an Bindungen zwischen den Bindungspartnern, nutzen wir zunächst die Oktett-Regel. Den Zusammenhang mit der quantenmechanischen Beschreibung der Aufenthaltswahrscheinlichkeiten von Elektronen stellt die Valenzbindungstheorie dar. Eng verbunden mit diesem bindungstheoretischen Ansatz ist die anschauliche Beschreibung der Geometrie von Molekülen mithilfe des Konzepts der Elektronenpaarabstoßung (VSEPR-Konzept). Die Molekülorbitaltheorie (MO-Theorie) schließlich beschreibt die chemische Bindung auf der Grundlage quantenchemischer Lösungen bei der Kombination von Wellenfunktionen der Bindungspartner.

◘ Tab. 9.1 Übersicht über die Bindungstypen in Abhängigkeit von den Elektronegativitäten der Bindungspartner A und B

Elektronegativität χ(A)	Elektronegativität χ(B)	Differenz der Elektronegativitäten $\Delta\chi$	Bindungstyp
Niedrig z. B. Na (0,9)	Hoch z. B. Cl (3,2)	Hoch (2,3)	Ionenbindung NaCl
Niedrig z. B. Cu (1,9)	Niedrig z. B. Zn (1,7)	Niedrig (0,2)	Metallische Bindung CuZn (Messing)
Mittel...hoch z. B. H (2,2) z. B. H (2,2)	Mittel...hoch z. B. H (2,2) z. B. Cl (3,2)	Niedrig (0,0) (1,0)	Kovalente Bindung H_2 HCl

9.1 Lewis-Konzept und Oktett-Regel

Binnewies, ► Abschn. 5.1: Lewis-Konzept und Oktett-Regel

Werden Atome miteinander durch kovalente Bindungen verknüpft, bilden sich Moleküle (z. B. H_2, N_2, Cl_2, H_2O, NH_3, H_2S, CO_2, NO_2, P_4O_{10}, SO_2, …). Diese Einheiten sind in der Regel in der Anzahl der beteiligten Atome und der Anzahl der chemischen Bindungen begrenzt. Im Gegensatz zu den räumlich unendlichen Ionenkristallen oder den Metallgittern haben wir bei Molekülen also kleine, klar begrenzte strukturelle Einheiten vorliegen. Die Beschreibung über die Lage der Atome in einer Elementarzelle ist hier nicht sinnvoll. Deshalb verwendet man zur Darstellung der Verknüpfung der Atome in einem Molekül und zur Veranschaulichung der Geometrie des Moleküls sogenannte Valenzstrichformeln oder Lewis-Formeln (vgl. Binnewies, ► Abschn. 5.1).

■ Oktett-Regel

Zur Verdeutlichung der Bindungscharakteristik in einem Molekül werden in den **Lewis-Formeln** (Valenzstrichformeln) alle Valenzelektronen der beteiligten Atome dargestellt. Einzelne Elektronen erscheinen als Punkte, Elektronenpaare sind als Striche abgebildet (◘ Abb. 9.1). Die Striche können zwischen den Atomen liegen und symbolisieren dann die Bindungselektronenpaare zwischen beiden Bindungspartnern. Sind die Striche nur an einem Atom angeordnet, wird ein „freies" (d. h. ein nicht an einer chemischen Bindung zum Nachbaratom beteiligtes) Elektronenpaar in der Valenzschale charakterisiert. Ein Chlor-Atom wird beispielsweise mit seinen sieben Valenzelektronen (Konfiguration $3s^2\ 3p^5$) durch sein Elementsymbol mit drei Strichen (entspricht sechs Elektronen) und einem Punkt dargestellt. Das Chlor-Atom verbindet sich mit einem zweiten Chlor-Atom zum Molekül Cl_2. Die zwei Chlor-Atome werden über *ein* gemeinsames Elektronenpaar miteinander in einer kovalenten Bindung verknüpft. Dieses bindende Elektronenpaar wird dann als Strich zwischen den Elementsymbolen der beiden Atome gezeichnet (◘ Abb. 9.1).

Lewis beschrieb die Triebkraft für die Ausbildung kovalenter Bindungen anhand der Besetzung der Valenzschale: Äußerst stabile Elektronenkonfigurationen werden bei den Edelgasen erreicht. Um ein anderes Atom hinsichtlich seiner Elektronenkonfiguration ähnlich stabil zu machen, sollten weitere Elektronen aufgenommen werden. Das passiert bei der kovalenten Bindung aber nicht durch vollständigen Übertrag von Elektronen, sondern durch eine gemeinsame Nutzung von Elektronenpaaren. Mit Ausnahme der ersten Periode (He: $1s^2$) werden damit immer Konfigurationen mit acht Valenzelektronen angestrebt (Ne, Ar, Kr, Xe: $ns^2\ np^6$). Den Trend, in der Valenzschale immer acht Elektronen anzuordnen, bezeichnet man als **Oktett-Regel.**

Im gezeigten Beispiel können wir das Prinzip leicht nachvollziehen: Chlor hat sieben Valenzelektronen ($3s^2\ 3p^5$) und benötigt zum Erreichen des Elektronenoktetts ein weiteres Elektron, das in einem bindenden Elektronenpaar lokalisiert ist. Im Chlor-Molekül wird deshalb *eine* Bindung zwischen den Atomen gebildet (◘ Abb. 9.1). Durch Nutzung des gemeinsamen Elektronenpaares erreicht jedes der beiden Chlor-Atome temporär die Anzahl der Elektronen der Edelgaskonfiguration. Sauerstoff hat die Valenzelektronenkonfiguration $2s^2\ 2p^4$: Zur Erfüllung der Oktett-Regel kann das Sauerstoff-Atom zwei weitere Elektronen aufnehmen. Diese Elektronen kommen bei der Bildung des Wasser-Moleküls vom Bindungspartner Wasserstoff. Das Sauerstoff-Atom hat also mit den Wasserstoff-Atomen zwei gemeinsame Elektronenpaare, die die kovalente Bindung zwischen den beiden Atomsorten abbilden (◘ Abb. 9.2). Die Zusammensetzung des Moleküls ist damit $2\,H + O = H_2O$. Nicht nur

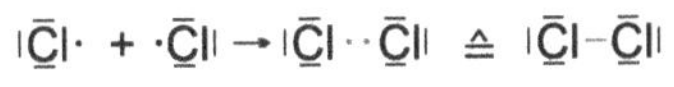

◘ **Abb. 9.1** Darstellung der Valenzelektronen und Lewis-Formel für die Bildung des Cl_2-Moleküls

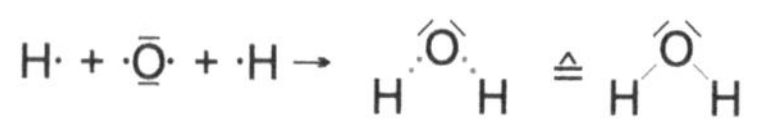

Abb. 9.2 Darstellung der Valenzelektronen und Lewis-Formel für die Bildung des Wasser-Moleküls

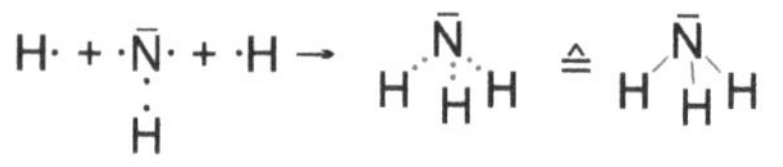

Abb. 9.3 Darstellung der Valenzelektronen und Lewis-Formel für die Bildung des Ammoniak-Moleküls

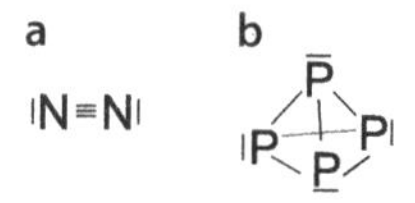

Abb. 9.4 Bindungsverhältnisse für die Erfüllung der Oktett-Regel im N_2- und P_4-Molekül

Sauerstoff erfüllt die Edelgaskonfiguration, auch das Wasserstoff-Atom erhält durch die gemeinsamen Elektronenpaare eine stabile Konfiguration ($1s^2$). Im Ammoniak-Molekül (Abb. 9.3) liegt Stickstoff als zentrales Atom mit fünf Valenzelektronen (Elektronenkonfiguration $2s^2\ 2p^3$) vor. Bis zum Elektronenoktett können also drei weitere Elektronen gebunden werden. Folglich bildet das Stickstoff-Atom drei Elektronenpaare mit Wasserstoff-Atomen aus. Die Zusammensetzung des Moleküls ist dann NH_3.

Diese simple Anschauung liefert in vielen Fällen eine gute Erklärung für die auftretenden Zusammensetzungen und die Anordnungen der Moleküle. Allerdings kann die Erfüllung der Oktett-Regel auch zu unterschiedlichen Ergebnissen führen. So bildet Stickstoff mit fünf Valenzelektronen das homoatomare Molekül N_2, in dem die drei bindenden Elektronenpaare auf *ein* Nachbaratom gerichtet sind. Phosphor erfüllt die Oktett-Regel mit fünf Valenzelektronen ebenfalls durch Bildung von drei kovalenten Bindungen. Allerdings werden im P_4-Molekül Bindungselektronenpaare mit drei unterschiedlichen Nachbaratomen gebildet (Abb. 9.4).

Wichtig

- **Die Oktett-Regel beschreibt die Anzahl an Elektronen, die zum Erreichen einer stabilen Edelgaskonfiguration in einer kovalenten Bindung aufgenommen werden müssen.**
- **(8–*N*)-Regel: Die Bindigkeit *B* eines Atoms (= die Anzahl der bindenden Elektronenpaare) ergibt sich aus der Differenz der optimalen Besetzung der Valenzschale (acht Elektronen) zur Anzahl *N* der Valenzelektronen des Atoms: $B = 8 - N$.**

Grenzen der Oktett-Regel

Die Beispiele zeigen, dass die Oktett-Regel Anhaltspunkte zur Bindigkeit geben kann, hinsichtlich der Struktur der Moleküle aber unbestimmt bleibt. Als gänzlich unzureichend erweist sich das Lewis-Modell bei der Beschreibung des Sauerstoff-Moleküls O_2. Gemäß seiner Elektronenkonfiguration ($2s^2\ 2p^4$) würde zur Erfüllung der Oktett-Regel eine Zweifachbindung ($8-N=2$) im Molekül erwartet werden. Physikalische Untersuchungen am Sauerstoff zeigen aber paramagnetisches Verhalten, d. h. in der Struktur liegen ungepaarte Elektronen vor. Wenn man die Valenzstrichformel mit ungepaarten Elektronen formuliert, wird wiederum das Elektronenoktett nicht erfüllt (Abb. 9.5). In diesem Fall benötigen wir eine detailliertere Beschreibung der Bindungsverhältnisse

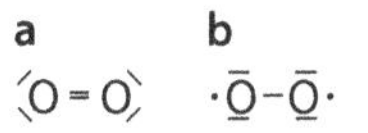

Abb. 9.5 Mögliche Anordnung der Elektronen im Sauerstoff-Molekül O_2 bei Erfüllung der Oktett-Regel (**a**) bzw. zur Darstellung der paramagnetischen Eigenschaften (**b**)

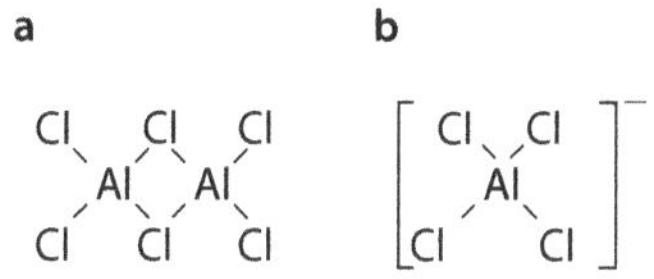

Abb. 9.6 Molekulare Form von $AlCl_3$ im Dimer Al_2Cl_6 (**a**) und Erfüllung der Oktett-Regel im $[Al(Cl)_4]^-$-Anion (**b**)

im Molekül. Die Beschreibung gelingt später anschaulich mithilfe der Molekülorbital-Theorie.

Aber selbst hinsichtlich der Bestimmung der Bindigkeit eines Atoms bestehen Beschränkungen der Oktett-Regel. So sind die Elemente der Gruppe 13 (B, Al, …; $ns^2\ np^1$) nicht in der Lage, die Oktett-Regel zu erfüllen. Da nur drei Valenzelektronen zur Verfügung stehen, können auch nur *drei* Bindungselektronenpaare mit den Elektronen eines Bindungspartners gebildet werden – die Bindigkeit ist kleiner, als es die (8–*N*)-Regel formal erlauben würde. Auf diese Weise entsteht ein Elektronenmangel, der die chemischen Eigenschaften von Bor und Aluminium maßgeblich bestimmt. So wird bei den Aluminiumhalogeniden AlX_3 der Elektronenmangel durch Bereitstellung eines freien Elektronenpaars vom Halogen-Atom eines zweiten Moleküls behoben, es bilden sich Dimere Al_2X_6, in denen jedes der beiden Aluminium-Atome ein Elektronenoktett aufweist. In ähnlicher Weise reagiert Aluminiumchlorid als starke Lewis-Säure zum Tetrachloridoaluminat-Ion $[AlCl_4]^-$, in dem das Aluminium-Atom vier Bindungselektronenpaare ausbildet und somit die Oktett-Regel wieder erfüllt ist (Abb. 9.6).

Darüber hinaus findet man für eine Vielzahl von Molekülen in der Lewis'schen Valenzstrichformel auch eine Überschreitung des Elektronen-Oktetts (d. h. mehr als vier Elektronenpaare). Das Auftreten von Molekülen mit mehr als vier Elektronenpaaren am Zentralatom bezeichnet man als **Hypervalenz**

Tab. 9.2 Bindigkeit von Atomen in Molekülen unter Erfüllung der Oktett-Regel und unter Bildung von Molekülen mit formaler Überschreitung des Elektronen-Oktetts

Elemente	Anzahl der Valenzelektronen (Elektronenkonfiguration)	Bindigkeit (8–*N*)	Beispiel	Bindigkeit bei Überschreitung des Elektronen-Oktetts	Beispiel
B, Al, …	3 ($ns^2\ np^1$)	3 (bzw. 4 in Mehrzentrenbindungen)	BCl_3, $Al(OH)_3$ B_2H_6, Al_2Cl_6	–	
C, Si, …	4 ($ns^2\ np^2$)	4	CH_4, $SiHCl_3$, SiO_2	–	
N, P, …	5 ($ns^2\ np^3$)	3	N_2, P_4, NH_3, P_4O_6	5	PF_5
O, S, …	6 ($ns^2\ np^4$)	2	O_2, S_8, H_2O, H_2S	6	SF_6
F, Cl, Br, I	7 ($ns^2\ np^5$)	1	F_2, Cl_2, HF, HCl	7	IF_7
Ne, Ar, …	8 ($ns^2\ np^6$)	0	–	2 4	XeF_2 XeF_4

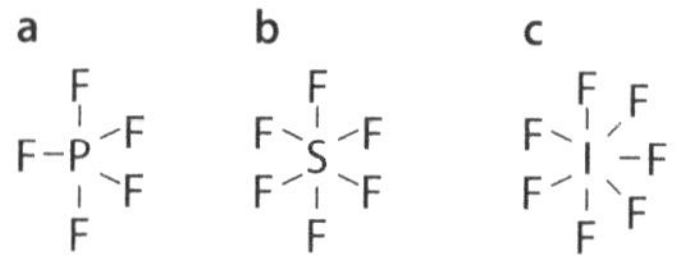

Abb. 9.7 Darstellung der Valenzstrichformeln für die Moleküle PF_5, SF_6 und IF_7 mit formaler Überschreitung des Elektronen-Oktetts

(Tab. 9.2). So kennt man für elektronenreiche Elemente der Gruppen 15, 16 und 17 des PSE Moleküle, in denen formal mit jedem Valenzelektron ein Bindungselektronenpaar gebildet wird, wie in den Verbindungen PF_5, SF_6, oder IF_7. Mit 10 (PF_5), 12 (SF_6) bzw. 14 (IF_7) Elektronen in der Valenzschale würde die Edelgaskonfiguration nicht mehr erfüllt werden. Früher folgte man der Lewis'schen Anschauung und gab jedem Bindungsstrich die Bedeutung eines Elektronenpaares. Zur Beschreibung der Strukturen mussten dann über das Oktett hinausgehende elektronische Zustände (d-Orbitale des Zentralatoms) herangezogen werden. Mittlerweile geht man anhand detaillierter bindungstheoretischer Rechnungen davon aus, dass die d-Orbitale für die chemische Bindung von Hauptgruppenelementen fast keine Bedeutung haben. Vielmehr muss man in Betracht ziehen, dass die Verteilung der Elektronendichte zwischen den Kernen nicht homogen ist, sodass ein Bindungsstrich nicht strikt für zwei Elektronen steht. Wir kommen auf diese Problematik im Folgenden noch zurück.

9

Um die Verknüpfung der Atome in solchen Molekülen dennoch anschaulich darstellen zu können, wird weiterhin die Lewis-Formel verwendet (Abb. 9.7). Auf diese Weise kann verdeutlicht werden, dass alle Bindungen gleichwertig sind.

9.2 Gebrochene Bindungsordnungen und Mesomerie

In manchen Fällen wird die Oktett-Regel am Zentralatom zwar erfüllt, die Lewis-Formel beschreibt dann die tatsächlichen Bindungsverhältnisse aber unzureichend. Nehmen wir das Beispiel des Nitrat-Anions (NO_3^-). Wir haben gesehen, dass ein Stickstoff-Atom bevorzugt drei kovalente Bindungen eingeht, um das Elektronen-Oktett zu erreichen. Die Zusammensetzung des Moleküls scheint das zu bestätigen. Andererseits sollte ein Sauerstoff-Atom zwei Bindungselektronenpaare zum Bindungsnachbarn ausbilden. Wir kommen zu einer Darstellung der Valenzstrichformel wie in Abb. 9.8a. Das Stickstoff-Atom ist an drei Sauerstoff-Atome gebunden. Eine der Bindungen ist als Doppelbindung dargestellt, zwei weitere Bindungen erscheinen als Einfachbindung. Allerdings erscheint es nicht zwingend, dass nur das in Abb. 9.8a oben liegende Sauerstoff-Atom mit einer Doppelbindung verknüpft wird. Genauso gut kann das links (Abb. 9.8b) oder das rechts unten stehende Sauerstoff-Atom (Abb. 9.8c) über eine Doppelbindung mit dem Stickstoff-Atom verbunden sein. Die Elektronenverteilung im Nitrat-Molekül ist also nicht eindeutig zuzuordnen.

Binnewies, ▶ Abschn. 5.2: Gebrochene Bindungsordnungen und das Konzept der Mesomerie

Um den realen Verhältnissen nahe zu kommen, können wir für das Nitrat-Molekül drei verschiedene Valenzstrichformeln aufstellen, in denen die

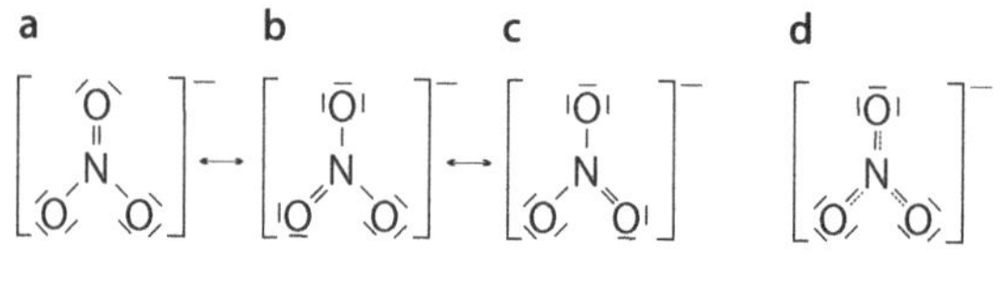

Abb. 9.8 Mesomere Grenzformeln (**a**)–(**c**) und mittlere Elektronenverteilung (**d**) im Nitrat-Molekül NO_3^-

N/O-Doppelbindung jeweils eine andere Position hat. Die verschiedenen Möglichkeiten der Elektronenverteilung bezeichnet man als *mesomere Grenzformeln.* Keine dieser Formeln beschreibt die Bindungsverhältnisse in einem Molekül hinreichend genau – die tatsächliche Elektronenverteilung liegt zwischen (griech. *meso* = mittig) den Zuständen der Grenzformeln. Die Verknüpfung der Grenzformeln wird durch einen Doppelpfeil (Mesomeriepfeil) gekennzeichnet (◘ Abb. 9.8). Beachten Sie dabei, dass die mesomeren Grenzformeln keine Änderung im chemischen Gleichgewicht repräsentieren, der Mesomeriepfeil also auch *kein* Gleichgewichtspfeil ist (vgl. Binnewies, ▶ Abschn. 5.2).

Eine dezidierte Unterscheidung der Elektronenverteilung der Grenzformeln würde bedeuten, dass die Bindungslängen zu den drei Sauerstoff-Atomen unterschiedlich sind. Die experimentelle Bestimmung der Molekülgestalt zeigt aber, dass die Bindungen mit 122 pm alle gleich lang sind. Da die gefundene Bindungslänge einen mittleren Wert zwischen dem einer N/O-Einfachbindung (136 pm) und dem einer N/O-Doppelbindung (119 pm) aufweist, können wir formulieren, dass im Nitrat-Molekül alle Bindungen zu den Sauerstoff-Atomen gleichwertig mit einer mittleren Bindungsordnung zwischen eins und zwei sind. Formal ergibt sich durch die Verteilung von vier Elektronenpaaren auf 3 Bindungen eine Bindungsordnung von 4/3.

Einen solchen mittleren Zustand der Bindungsordnung bezeichnet man auch als mesomeren Zustand oder als *Resonanzhybrid.* Um die Gleichartigkeit der Bindungen und deren gebrochene Bindungsordnung zu kennzeichnen, werden die unvollständigen Mehrfachbindungen häufig durch gestrichelte Linien in der Strukturformel angedeutet (◘ Abb. 9.8d).

Im Übrigen ist das Carbonat-Anion $\left(CO_3^{2-}\right)$ isoelektronisch zum Nitrat-Molekül. Wir können für das Carbonat-Anion die gleichen Betrachtungen anstellen und kommen auf dasselbe Ergebnis.

Wichtig

- **Mesomere Grenzformeln beschreiben verschiedenen Möglichkeiten der Elektronenverteilung in einem Molekül. Die räumliche Anordnung der Atome ist dabei jeweils gleich.**
- **Die realen Bindungsverhältnisse liegen häufig bei einem mittleren Zustand der Elektronenverteilung, sie sind durch gebrochene Bindungsordnungen geprägt.**

9.3 Formalladungen

Das Beispiel des Nitrat-Moleküls gibt uns darüber hinaus noch weitere Informationen über die elektronischen Wechselwirkungen der Atome. So trägt das Anion nach außen eine einfach negative Ladung. Diese Ladung lässt sich jedoch nicht als einzelnes Elektron an einer bestimmten Position des Moleküls lokalisieren. Wir haben die negative Ladung deshalb formal über das gesamte Molekül verteilt und als Symbol hinter eine eckige Klammer gestellt (◘ Abb. 9.8). Tatsächlich ergibt sich diese Ladung als Summe der elektronischen Zustände der einzelnen Atome im Molekül. Deren Beiträge zur Gesamtladung bezeichnen wir als Formalladung.

Wichtig

- **Die Formallladung eines Atoms berechnet sich aus der Differenz der Anzahl der Valenzelektronen des isolierten (nicht gebundenen) Atoms und der Anzahl der in der Valenzstrichformel zugeordneten Elektronen.**
- **Die Formalladung wird in der Regel durch ein hochgestelltes, in einen Kreis eingeschlossenes Ladungssymbol dargestellt.**
- **Die Summe aller Formalladungen gibt die Ladung des Moleküls an.**

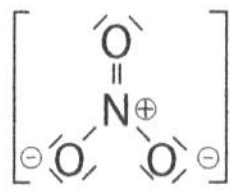

Abb. 9.9 Formalladungen der Atome im Nitrat-Molekül NO_3^-

In diesem Sinne erkennen wir in Abb. 9.8 für das Stickstoff-Atom im Nitrat-Molekül in allen mesomeren Grenzformeln vier Bindungselektronenpaare. Das Stickstoff-Atom trägt zu allen Bindungselektronenpaaren mit jeweils einem Elektron bei. Die Anzahl der dem Stickstoff zugeordneten Elektronen ist also vier, während ein isoliertes Stickstoff-Atom fünf Valenzelektronen hat. Das Stickstoff-Atom trägt hier eine einfach positive Formalladung $(5-4=+1)$ (Abb. 9.9). Die beiden einfach gebundenen Sauerstoff-Atome tragen mit jeweils einem Elektron zur kovalenten Bindung bei und haben dazu jeweils sechs weitere Elektronen in den drei freien Elektronenpaaren lokalisiert. Den Sauerstoff-Atomen werden im Molekül demnach sieben Elektronen zugeordnet. In der Differenz zur Standardelektronenkonfiguration des Sauerstoffs (sechs Valenzelektronen) ergibt sich jeweils eine einfach negative Formalladung $(6-7=-1)$ (Abb. 9.9). Schließlich trägt das doppelt gebundene Sauerstoff-Atom mit zwei Elektronen zur Bindung bei und hat darüber hinaus zwei weitere freie Elektronenpaare. Die insgesamt sechs Elektronen bilden keine Differenz zur Anzahl der Valenzelektronen im Element Sauerstoff – die Formalladung dieses Atoms ist also null. Auf diese Weise resultiert für das Nitrat-Anion aus der Summe der Formalladungen eine einfach negative Ladung $(+1_N+2(-1)_O+0_O=-1)$. Die drei mesomeren Grenzformeln des Nitrat-Anions sind hier gleichwertig, d. h. es treten jeweils die gleichen Formalladungen auf.

Bewertung von mesomeren Grenzstrukturen

Das Prinzip der Ermittlung von Formalladungen gewinnt ein noch größeres Gewicht bei der Bewertung der Realisierbarkeit mesomerer Grenzformeln mit unterschiedlichen Formalladungen.

Wichtig

- **Als mesomere Grenzstrukturen sind solche zu bevorzugen, die die wenigsten Formalladungen aufweisen (Formalladungskriterium).**
- **Zwei benachbarte Atome sollten keine Formalladungen mit demselben Vorzeichen haben.**
- **Die Formalladungen sollten dem Trend der Elektronegativitäten der Atome folgen – das am stärksten elektronegative Element sollte keine positive Formalladung zugewiesen bekommen.**

Ein charakteristisches Beispiel für das Auftreten verschiedener Mesomerieformen mit unterschiedlicher Verteilung von Formalladungen ist das N_2O-Molekül (Abb. 9.10).

Die Elektronenverteilung kann unter Ausbildung von zwei N/O-Doppelbindungen (Abb. 9.10a) wie auch mit einer Dreifachbindung und einer Einfachbindung des zentralen Stickstoff-Atoms zu den Bindungsnachbarn dargestellt werden (Abb. 9.10b, c). Die gleichzeitige Darstellung einer Doppel- und einer Dreifachbindung am Stickstoff-Atom in der Mitte des Moleküls ist wegen der Überschreitung der Oktett-Regel von vornherein ausgeschlossen. Die verbleibenden Anordnungen weisen dem zentralen Stickstoff-Atom immer vier

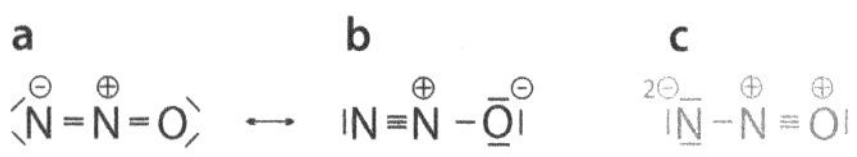

Abb. 9.10 a–c Formalladungen der Atome im Distickstoffoxid-Molekül N_2O

Elektronen zu. Gegenüber den fünf Elektronen eines isolierten Stickstoff-Atoms ergibt sich eine Differenz $(5 - 4 = +1)$, die zu einer positiven Formalladung führt. Unter Ausbildung von zwei Doppelbindungen erhält das linke Stickstoff-Atom insgesamt sechs Elektronen. In Differenz zur Standardelektronenkonfiguration resultiert eine einfach negative Formalladung $(5 - 6 = -1)$. In diesem Fall hat das Sauerstoff-Atom sechs Valenzelektronen und ist damit neutral (◘ Abb. 9.10a). Die mesomere Struktur in ◘ Abb. 9.10b verlagert die Elektronenverteilung im gesamten Molekül, sodass am rechten Stickstoff-Atom fünf Elektronen verbleiben, während das Sauerstoff-Atom nunmehr sieben Valenzelektronen zugewiesen bekommt. Die Formalladung des Sauerstoff-Atoms ist dann einfach negativ $(6 - 7 = -1)$. Die Darstellung in ◘ Abb. 9.10b erfüllt die Regeln zur Anwendung der Formalladungen in sehr guter Weise, da das stärker elektronegative Sauerstoff-Atom über die Formalladung tatsächlich so charakterisiert wird, dass es in der chemischen Bindung die Elektronen am stärksten anzieht. Andererseits ist die Differenz der Elektronegativitäten zwischen Sauerstoff und Stickstoff nicht so groß, sodass auch die in ◘ Abb. 9.10a dargestellte Variante plausibel ist. Die mesomere Grenzformel in ◘ Abb. 9.10c ist dagegen auszuschließen: Das Molekül weist in der gezeigten Elektronenverteilung zu viele Formalladungen auf. Dabei kommt es zudem zur Verknüpfung von zwei Atomen mit jeweils positiver Formalladung, deren Abstoßung führt zu einer deutlichen Destabilisierung. Schließlich wird Sauerstoff als Element mit der höchsten Elektronegativität eine positive Formalladung zugewiesen – auch dadurch wird das Molekül destabilisiert. In ähnlicher Weise, wie für das Nitrat-Anion gezeigt, kann in einer Mittelung der plausiblen mesomeren Grenzformeln in ◘ Abb. 9.10a und b eine N/N-Bindung mit einer Bindungsordnung von 5/2 und eine N/O-Bindung mit einer Bindungsordnung von 3/2 formuliert werden.

Das Cyanat-Anion (OCN^-) ist isoelektronisch zu Distickstoffmonoxid. Das heißt, das Molekül weist dieselbe Anzahl an Valenzelektronen auf. Für die daraus resultierenden mesomeren Grenzformeln (◘ Abb. 9.11) können Sie die gleichen Argumente für eine plausible oder eine wenig realistische Elektronenverteilung sammeln wie für N_2O.

▪ Konzeptionelle Entwicklungen: Formalladungen und Oktett-Regel

Die Oktett-Regel wird bei der Beschreibung von Molekülstrukturen von Elementen der zweiten Periode strikt befolgt. Ab den Elementen der dritten Periode wurde die Regel in der Vergangenheit als nicht maßgebend angesehen. Häufig wurde bei der Aufstellung der Lewis-Formeln eher versucht, möglichst wenige Formalladungen zu verwenden und somit möglichst viele Valenzelektronen innerhalb der Bindungselektronenpaare anzuordnen. Für die Beschreibung des Phosphat-, Sulfat- oder gar des Perchlorat-Anions wurde unter Verweis auf mögliche Besetzungen der 3d-Orbitale eine zunehmende Anzahl an Doppelbindungen verwendet. Durch die Zuweisung von Doppelbindungen wurde eine Formalladung am zentralen Atom (P, S oder Cl) vermieden, die Anzahl der negativen Formalladungen der Sauerstoff-Atome entsprach gleichzeitig der Ladung des Moleküls (◘ Abb. 9.12). Noch heute finden Sie diese Darstellung in vielen Lehrbüchern oder im Internet. Wir werden im Folgenden sehen, dass es recht schwierig ist, mit dieser Elektronenverteilung eine sinnvolle Erklärung für die tetraedrische Struktur der gezeigten Moleküle zu finden, da in einer tetraedrischen Anordnung gar nicht so viele Elektronenaufenthaltsräume vorgesehen sind (vgl. Binnewies, ▸ Abschn. 4.3).

Binnewies, ▸ Abschn. 4.3): Formalladungen

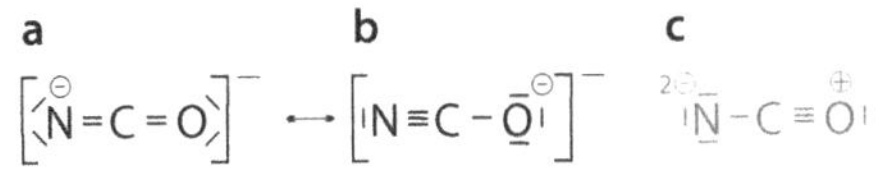

◘ **Abb. 9.11** Formalladungen der Atome im Cyanat-Anion OCN^-

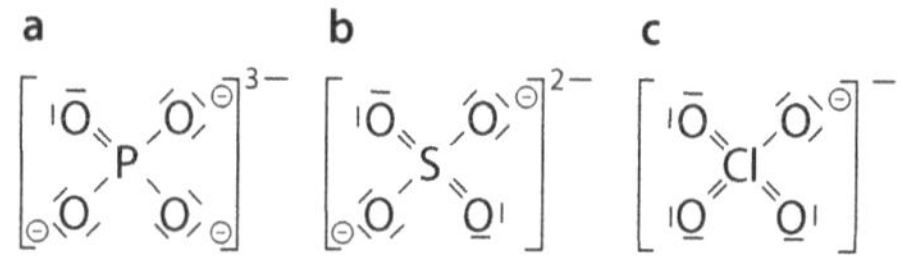

Abb. 9.12 Grenzformeln für Anionen der Elemente der dritten Periode unter Einhaltung des Formalladungskriteriums; **a** PO_4^{3-}; **b** SO_4^{2-}; **c** ClO_4^-

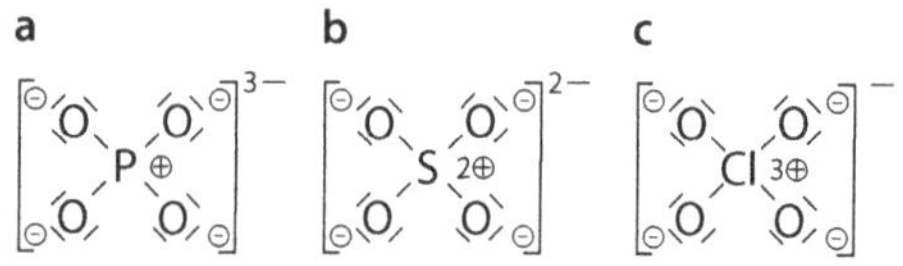

Abb. 9.13 Grenzformeln für Anionen der Elemente der dritten Periode unter Einhaltung der Oktett-Regel; **a** PO_4^{3-}; **b** SO_4^{2-}; **c** ClO_4^-

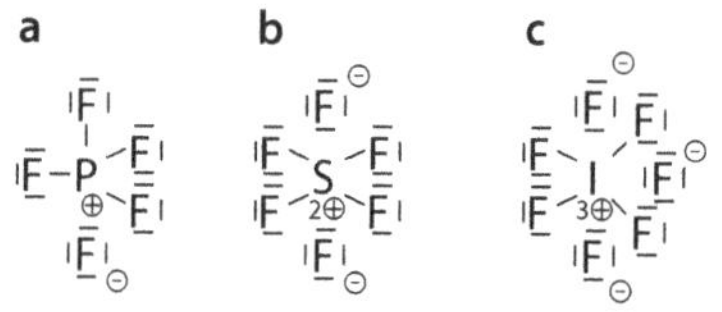

Abb. 9.14 Darstellung der Valenzstrichformeln für die Moleküle PF_5, SF_6 und IF_7 mit formaler Einhaltung des Elektronen-Oktetts

Weicht man von der Regel ab, dass möglichst wenige Formalladungen formuliert werden sollen, findet man einen stärkeren Bezug zu den realen Bindungsverhältnissen im Phosphat-, Sulfat- oder auch im Perchlorat-Anion. Dabei wird die kovalente Bindung des jeweiligen Zentralatoms zu den Sauerstoff-Atomen mit vier Einfachbindungen beschrieben, der Ladungsausgleich erfolgt über positive Formalladungen der Zentralatome: Das Phosphor-Atom hat gegenüber der Standradelektronenkonfiguration ($3s^2$ $3p^3$) ein Elektron weniger (vier Bindungselektronen) und erhält eine einfach positive Formalladung; das Schwefel-Atom ($3s^2$ $3p^4$) hat demnach zwei positive Formalladungen ($6 - 4 = +2$), das Chlor-Atom ($3s^2$ $3p^5$) hat drei Formalladungen ($7 - 4 = +3$) (Abb. 9.13). Bei Verzicht auf die Doppelbindungen werden bindungstheoretische Untersuchungen korrekt wiedergegeben, wonach eine Beteiligung der d-Orbitale an der chemischen Bindung der Hauptgruppenelemente wenig sinnvoll ist. Zudem ist die tetraedrische Struktur mit vier Einfachbindungen ohne Weiteres zu realisieren. So wird heute vorherrschend davon ausgegangen, dass die Oktett-Regel für die Mehrzahl von Ionen oder Molekülen der Hauptgruppenelemente gültig ist.

Etwas komplizierter sind die Verhältnisse bei Molekülen mit formaler Überschreitung des Elektronen-Oktetts, wie PF_5, SF_6 oder IF_7 (Abb. 9.7). Die Einhaltung der Oktett-Regel beschränkt die Anzahl an Bindungselektronenpaaren auf vier. Die Zusammensetzung der Moleküle kann dann nicht mehr mit fünf, sechs oder sieben gleichwertigen kovalenten Bindungen beschrieben werden. Die Beschränkung auf vier formal kovalent gebundene Fluor-Atome ergibt zunächst positive Formalladungen der Zentralatome: P (+1), S (+2) und I (+3). Diese positiv geladenen Zentren können mit weiteren Fluorid-Ionen in Wechselwirkung treten und so die Koordination gemäß der Summenformel erfüllen. Eine Differenzierung zwischen kovalent und ionisch gebundenen Atomen entspricht allerdings nicht den experimentellen Beobachtungen zur Struktur der Moleküle und den Bindungslängen. Demnach sind die Fluor-Atome jeweils gleichwertig um die Zentralatome angeordnet. Diesem Befund können wir gerecht werden, wenn wir zu den in Abb. 9.14 gezeigten Anordnungen der Elektronenverteilung weitere mesomere Grenzformeln aufstellen. Dabei wird jeweils die Position der Fluorid-Ionen verändert. Die gemittelte Struktur aller Grenzformeln (wie in ◘ Abb. 9.7 dargestellt) reflektiert dann, dass ein Bindungsstrich nicht strikt für zwei Elektronen steht, die Bindungsordnung ist formal 4/5 für PF_5, 4/6 für SF_6 bzw. 4/7 für IF_7.

Bei Hauptgruppenelementen haben die d-Orbitale einen geringen Anteil am Bindungsverhalten. Die mesomeren Grenzformeln sind deshalb so aufzustellen, dass die Oktett-Regel erfüllt wird.

9.4 Stoffe mit kovalenten Netzwerken

Wie wir anhand der Beispiele gesehen haben, führt die Verknüpfung von Atomen durch kovalente Bindungen in der Regel zu räumlich begrenzten strukturellen Einheiten. Über das Molekül hinaus sind dann nur geringe Bindungskräfte wirksam. Diese geringen zwischenmolekularen Wechselwirkungen äußern sich insbesondere in niedrigen Schmelz- und Siedetemperaturen. So sind einige Moleküle der Elemente der zweiten Periode bei Raumtemperatur Gase (N_2, O_2, F_2).

Kovalente Bindungen führen aber auch zu gänzlich gegensätzlichen Eigenschaften: Die Kohlenstoff-Atome im Diamant sind kovalent gebunden – Diamant ist aber, wie Sie wissen, extrem hart und thermisch sehr stabil. Die Erklärung dafür können wir mit den bisher besprochenen Regeln herleiten: ein Kohlenstoff-Atom (vier Valenzelektronen als Element der Gruppe 14) kann gemäß der (8–*N*)-Regel vier kovalente Bindungen zu seinen nächsten Nachbarn ausbilden. Auf diese Weise sind zum Beispiel die Moleküle von Methan (CH_4) oder Chloroform ($CHCl_3$) zu beschreiben. Ist der Bindungspartner ein weiteres Kohlenstoff-Atom, so kann dieses Atom wieder als Zentrum für die Verknüpfung von drei weiteren kovalenten Bindungen agieren. Das nächste so gebundene Kohlenstoff-Atom ist dann wieder das Zentrum weiterer Bindungen. Auf diese Weise ergibt sich eine unendliche Verknüpfung durch kovalente Bindungen in einem **kovalenten Netzwerk.** Dieses Netzwerk ist sehr stabil und führt zu makroskopischen Kristallen mit Millionen von Atomen in „einem" Molekül (◘ Abb. 9.15).

Nicht nur bei den Elementen können wir eine solche Unterscheidung der Bindungscharakteristik finden. Gerade der eben diskutierte Kohlenstoff liefert dafür ein Beispiel. Kohlenstoffdioxid (CO_2) ist ein kleines Molekül, die Verbindung ist bei Raumtemperatur gasförmig. Silicium als weiteren Vertreter der Gruppe 14 bildet dagegen äußerst harte und hoch schmelzende Oxide mit der Zusammensetzung SiO_2 (◘ Abb. 9.16). In den verschiedenen Modifikationen von SiO_2 (z. B.

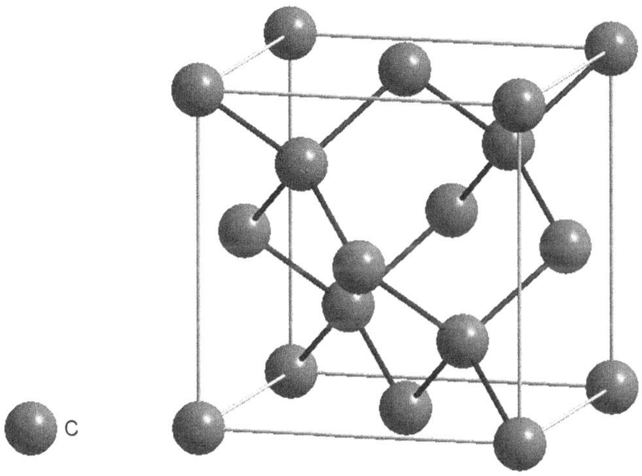

◘ **Abb. 9.15** Anordnung der Kohlenstoff-Atome im Diamantgitter

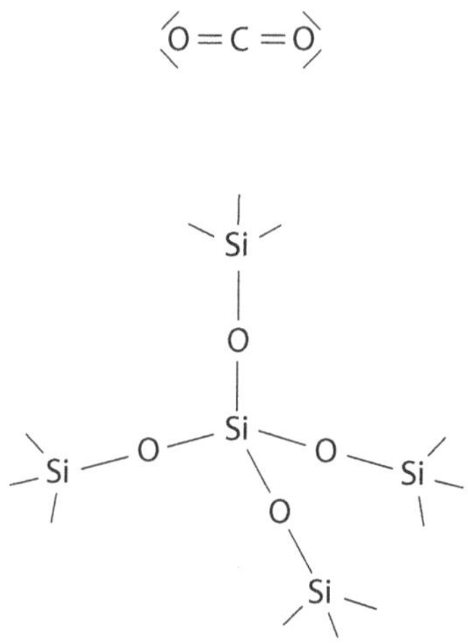

Abb. 9.16 Strukturen von Kohlenstoffdioxid und Siliciumdioxid im Vergleich: CO_2-Molekül und Umgebung eines Silicium-Atoms in SiO_2-Kristallen. Die Sauerstoffbrücken sind tatsächlich nicht linear, sondern leicht gewinkelt

Quarz, Cristobalit) bildet sich ein unendliches, dreidimensionales Netzwerk kovalenter Bindungen aus. Das Silicium-Atom bildet zur Erfüllung der Oktett-Regel vier Bindungselektronenpaare mit den umgebenden Sauerstoff-Atomen aus. Das Silicium-Atom ist dabei tetraedrisch von den Sauerstoff-Atomen umgeben. Sauerstoff erfüllt als Element der Gruppe 16 (6 Valenzelektronen) die Oktett-Regel durch Verknüpfungen über zwei Bindungselektronenpaare. Auf diese Weise ist jedes Sauerstoff-Atom mit zwei benachbarten Silicium-Atomen verbunden. Die $[SiO_4]$-Tetraeder werden über alle vier Ecken im Raum zu einem Netzwerk verknüpft.

Fragen

51. Zeichnen Sie die Valenzstrichformeln von einfachen Molekülen: HBr, H_2S, AsH_3, SiH_4.
52. Formulieren Sie die mesomeren Grenzformeln für das Carbonat-Anion (CO_3^{2-}).
53. Formulieren Sie die mesomeren Grenzformeln für das Sulfit-Anion (SO_3^{2-}), verwenden Sie Formalladungen zur Beschreibung der Strukturen.
54. Die Verbindung Bornitrid (BN) ist isoelektronisch zum Element Kohlenstoff: beschreiben Sie die zu erwartende(n) Struktur(en).

Die Struktur von Molekülen

P. Schmidt, *Allgemeine Chemie*, https://doi.org/10.1007/978-3-662-57846-9_10

10.1 Das Valenzschalen-Elektronenpaar-Abstoßungsmodell (VSEPR-Modell)

Die Struktur von Ionenkristallen ist maßgeblich durch die Anordnung der Atome innerhalb der Packung und die Besetzung der Lücken zwischen den packungsbildenden Atomen geprägt. Durch diese Vorgaben haben wir Strukturen beschrieben, die Koordinationszahlen von 4 (Zinkblende – ZnS), 6 (Steinsalz – NaCl) oder 8 (Caesiumchlorid – CsCl) aufweisen. Andere Lücken – und damit andere Koordinationszahlen – kommen durch die Anordnung der packungsbildenden Atome gar nicht vor. Diese typische Umgebung von Ionen entspricht nicht zuletzt den ungerichteten, elektrostatischen Wechselwirkungen der entgegengesetzt geladenen Teilchen. In Molekülen sind die Wechselwirkungen der Atome viel stärker räumlich gerichtet. Durch die Bildung gemeinsamer Elektronenpaare zwischen den Bindungspartnern ist die Elektronenverteilung dabei nicht mehr kugelsymmetrisch, sondern in bestimmten Raumrichtungen bevorzugt. Da die Moleküle meistens kleine, in sich abgeschlossene Struktureinheiten darstellen, ist die Koordinationszahl nicht durch die Anordnung in einem dreidimensionalen Gitter eingeschränkt. In einer kovalenten Bindung können sich die Atome also relativ frei anordnen, die Ordnung erfolgt entsprechend den günstigsten elektronischen Wechselwirkungen. Auf diese Weise sind bei Molekülen Koordinationszahlen von 2, 3, 4, 5, und 7 möglich (◘ Abb. 10.1). Einige Beispiele von Molekülen finden Sie in ◘ Abb. 10.2.

10

Die Moleküle können sich darüber hinaus natürlich auch in Gittern zu festen Molekülverbindungen anordnen. Wasser kristallisiert zu Eis, auch Kohlendioxid – CO_2 – bildet bei tiefen Temperaturen einen Feststoff („Trockeneis"). Zudem

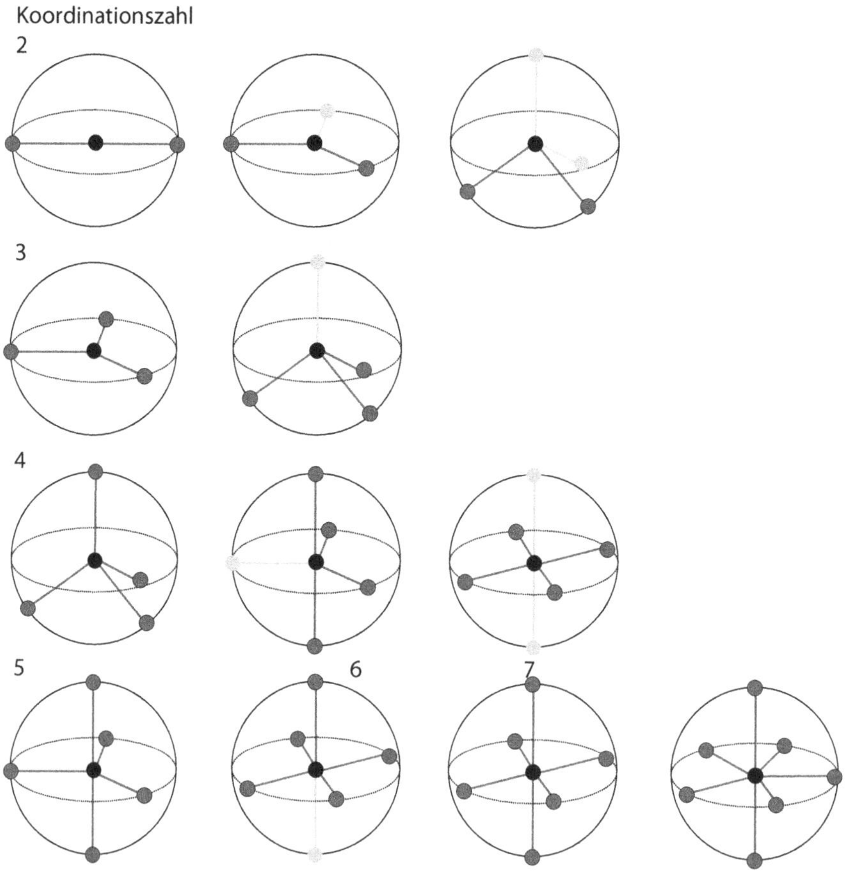

◘ **Abb. 10.1** Räumliche Anordnung von Atomen in Molekülen mit Koordinationszahlen von 2, 3, 4, 5, 6, und 7; reale Atome und deren Bindungselektronenpaare sind dunkel markiert, die Lage freier (nichtbindender) Elektronenpaare ist hell markiert

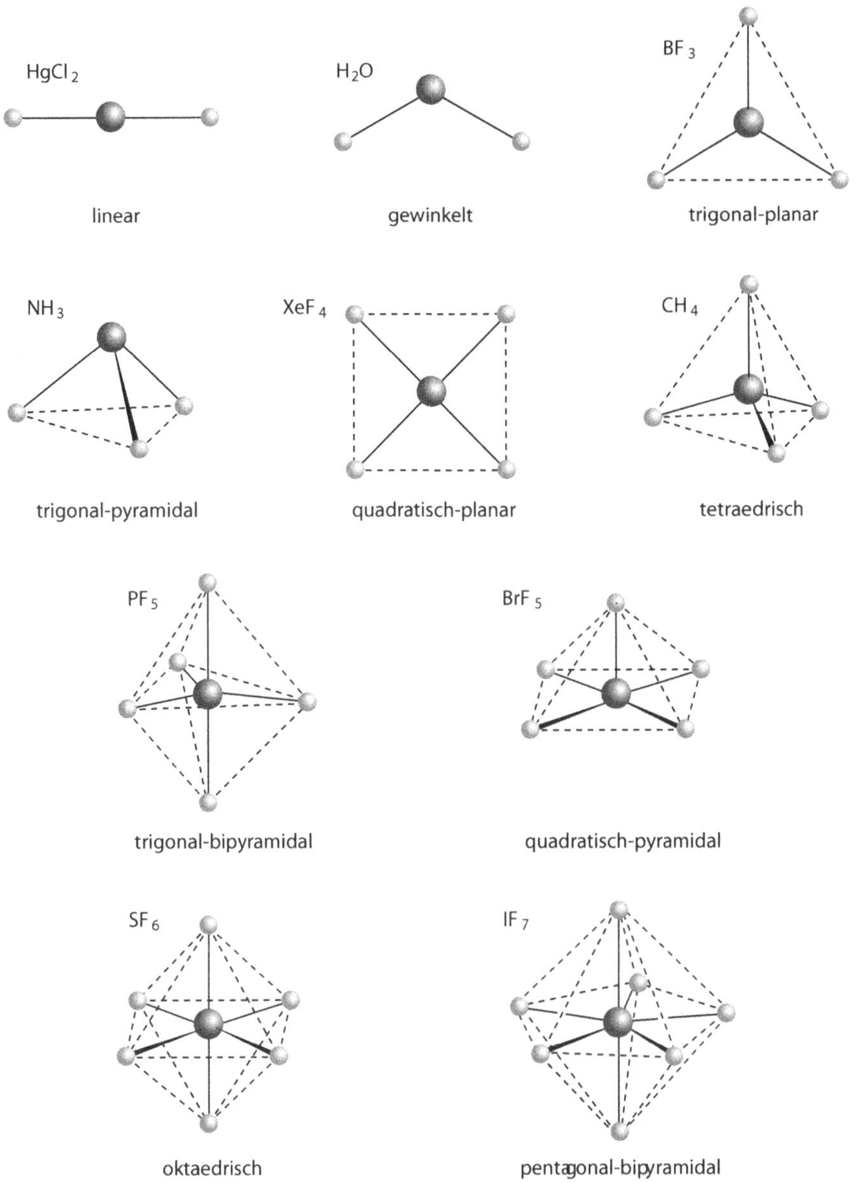

Abb. 10.2 Beispiele für die Gestalt von Molekülen. (Die durchgezogenen Linien entsprechen den chemischen Bindungen, die gestrichelten den Begrenzungslinien des jeweiligen Polyeders.)

können geladene Moleküle Bestandteil von ionischen Verbindungen sein (z. B. das Sulfat-Ion in $CaSO_4$ – Gips). Dabei werden übergeordnete Strukturprinzipien, wie z. B. das Raumausfüllungsprinzip, wirksam. Diese Strukturprinzipien wollen wir zunächst zurückstellen und uns erst einmal mit der Struktur der einzelnen Moleküle beschäftigen.

Mit dem Prinzip der Darstellung der chemischen Bindung in kovalenten Verbindungen durch die Lewis-Formel (oder Valenzstrichformel) haben wir ein bereits ein sehr hilfreiches Hilfsmittel, die Strukturen von Molekülen zu visualisieren. Die Stellung der Elektronenpaare (sowohl der Bindungselektronenpaare als auch der freien Elektronenpaare) in der Valenzstrichformel hilft uns dabei, mögliche Wechselwirkungen der Elektronen untereinander abzuschätzen. Ein Modell zur systematischen Beschreibung von Molekülstrukturen mithilfe der Valenzschalen-Elektronenpaar-Abstoßung entwickelten in den 1960er-Jahren R. J. Gillespie und R. S. Nyholm. Das Konzept ist auch unter seinem englischen Namen *(**v**alence **s**hell **e**lectron **p**air **r**epulsion)* als **VSEPR-Modell** bekannt.

Wichtig

- **Elektronenpaare stoßen sich aufgrund der gleichartigen Ladung gegenseitig ab und ordnen sich in Molekülen so weit wie möglich voneinander entfernt an.**
- **Die Molekülgestalt wird sowohl durch die Bindungselektronenpaare als auch durch die freien (nichtbindenden) Elektronenpaare bestimmt.**
- **Mehrfachbindungen haben nur einen geringen Einfluss auf die Molekülgestalt. Bei Mehrfachbindungen wird die Anzahl der „Elektronengruppen" bei der Beschreibung der Struktur berücksichtigt.**

Wir betrachten also *alle* Elektronen der Valenzschale und versuchen, ihre Ladungsschwerpunkte gleich weit vom Zentralatom entfernt zu verteilen. Das gelingt, wenn alle Elektronengruppen auf einer Kugeloberfläche angeordnet werden und die Punkte jeweils den größtmöglichen Abstand zueinander haben (◘ Abb. 10.1). Dabei ist zu beachten, dass die freien (nichtbindenden) Elektronenpaare maßgeblich zur Molekülgestalt beitragen, in der Beschreibung der Struktur aber nur die Positionen der Bindungselektronenpaare bzw. der bindenden Atome benannt werden. So resultiert die Molekülgestalt des Wasser-Moleküls aus der Wechselwirkung von vier Elektronenpaaren (zwei Bindungselektronenpaaren und zwei freie Elektronenpaaren), die Struktur wird aber als gewinkelte Anordnung der Atome H–O–H beschrieben (vgl. ◘ Abb. 9.2). Ebenfalls vier Elektronenpaare (drei Bindungselektronenpaare und ein freies Elektronenpaar) führen im Ammoniak-Molekül zu einem trigonal-pyramidalem Aufbau (vgl. ◘ Abb. 9.3).

10

Lineare Geometrie

Zweiatomige Moleküle sind naturgemäß immer linear (vgl. Cl_2, ◘ Abb. 9.1; N_2, ◘ Abb. 9.4a). Diese Selbstverständlichkeit brauchen wir nicht weiter zu betrachten. Allerdings gibt es eine Vielzahl von Molekülen, die mit mehr als zwei Atomen lineare Anordnungen bilden.

Beryllium hat zwei Elektronen in der Valenzschale ($2s^2$). Aufgrund seiner relativ hohen Elektronegativität bildet das Element eher Verbindungen mit kovalentem Bindungscharakter. Die beiden Valenzelektronen des Beryllium-Atoms bilden jeweils mit dem Valenzelektron eines Chlor-Atoms zwei bindende Elektronenpaare um das zentrale Beryllium-Atom. Berylliumchlorid hat aufgrund der möglichen Bildung von zwei Bindungselektronenpaaren die Zusammensetzung $BeCl_2$. Die Verbindung liegt bei Raumtemperatur in einer kettenförmigen Struktur vor, im Dampf liegen aber monomere und dimere Moleküle vor. Die beiden Elektronenpaare werden weitest möglich auf der Kugeloberfläche verteilt – das gelingt bei einem Bindungswinkel von 180°, das Molekül ist linear aufgebaut (◘ Abb. 10.3a). In gleicher Weise sind die Halogenide der Elemente der Gruppe 12 (Zn, Cd, Hg: Konfiguration ns^2 $(n-1)d^{10}$) aufgebaut. Während die Elektronen der d-Schale nicht an der chemischen Bindung beteiligt sind, bilden die s-Elektronen zwei bindende Elektronenpaare in den linear aufgebauten Molekülen (z. B. $HgCl_2$).

Etwas anders sieht die Situation bei Kohlenstoffdioxid aus. Das Kohlenstoff-Atom kann mit den vier Valenzelektronen ($2s^2$ $2p^2$) prinzipiell vier bindende Elektronenpaare bilden. Im CO_2-Molekül sind die vier Bindungen aber

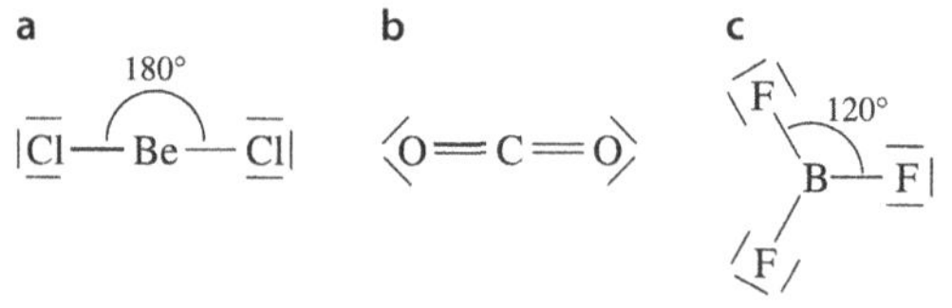

◘ **Abb. 10.3** **a** Berylliumchlorid-Molekül (in der Gasphase); **b** Kohlenstoffdioxid-Molekül; **c** Bor(III)-fluorid-Molekül

zu zwei Doppelbindungen „gruppiert". In der Elektronenverteilung um das zentrale Kohlenstoff-Atom sehen wir nur zwei Elektronengruppen zu je zwei Elektronenpaaren – das Molekül ist linear aufgebaut (◻ Abb. 10.3b).

▪ **Trigonal-planare Geometrie**

Eine trigonal planare Anordnung der Atome entsteht bei der optimalen Verteilung von *drei Elektronengruppen* im Raum. Der maximale Abstand zwischen drei Elektronengruppen ergibt sich bei einem Bindungswinkel von jeweils 120° in der Ebene (◻ Abb. 10.1). Im einfachsten Fall liegen drei Bindungselektronenpaare vor. Eine solche Konstellation treffen wir bei den Verbindungen der Elemente der Gruppe 13 (Valenzelektronenkonfiguration $ns^2\ np^1$) an. In Bor(III)-fluorid (BF_3) bilden die drei Außenelektronen des Bor-Atoms mit jeweils einem Außenelektron eines Fluor-Atoms drei bindende Elektronenpaare, die sich in einer trigonal-planaren Anordnung ausrichten (◻ Abb. 10.3c).

In Zinn(II)-Chlorid ist das Zentralatom ein Vertreter der Gruppe 14. Zinn hat damit eine Valenzelektronenkonfiguration $4d^{10}\ 5s^2\ 5p^2$. Das im festen Zustand salzartige Zinn(II)-chlorid bildet in der Gasphase überwiegend $SnCl_2$-Moleküle. In einem solchen Molekül werden zwei Elektronen der Valenzschale des Zinns für die kovalente Bindung zu jeweils einem Elektron der Chlor-Atome verwendet, während zwei Elektronen als nichtbindendes Elektronenpaar am Zinn-Atom verbleiben, die d-Elektronen spielen für die Molekülgeometrie keine Rolle. Wir haben insgesamt drei Elektronenpaare, die in einer trigonal-planaren Anordnung ausgerichtet werden (◻ Abb. 10.4). Der Bindungswinkel Cl–Sn–Cl ist jedoch kleiner als der Idealwert von 120°, d. h. die bindenden und nichtbindenden Elektronenpaare werden in unterschiedlicher Weise wirksam. Ein verkleinerter Bindungswinkel weist darauf hin, dass ein freies Elektronenpaar einen größeren Platzbedarf hat – die Elektronendichte liegt näher am Kern des Zentralatoms. Dieser Effekt tritt bei allen Molekülen und Ionen mit freien Elektronenpaaren auf.

Die ganz ähnliche Struktur im Nitrit-Anion (NO_2^-) kann folgendermaßen erklärt werden: Ein Stickstoff-Atom hat als Element der Gruppe 15 insgesamt fünf Valenzelektronen. Die Oktett-Regel wird erfüllt, wenn das Stickstoff-Atom mit jeweils einer Einfachbindung und einer Doppelbindung an die beiden Sauerstoff-Atome gebunden ist, während ein freies Elektronenpaar am Stickstoff-Atom verbleibt (◻ Abb. 10.5a). Die drei Elektronengruppen sind trigonal-planar um das Zentralatom anzuordnen. Der Platzbedarf des freien Elektronenpaares führt auch hier zu einer Verkleinerung des O–N–O-Bindungswinkels. Sowohl das $SnCl_2$-Molekül als auch das Nitrit-Anion werden als gewinkelte Moleküle beschrieben, da die freien Elektronenpaare für uns nicht „sichtbar" sind.

Das neutrale NO_2-Molekül sieht ganz ähnlich wie das Nitrit-Anion aus. Im Gegensatz zu dem Anion hat das Stickstoff-Atom aber eine positive

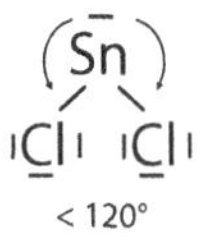

◻ **Abb. 10.4** Trigonal-planare Anordnung der Elektronenpaare in Zinn(II)-chlorid

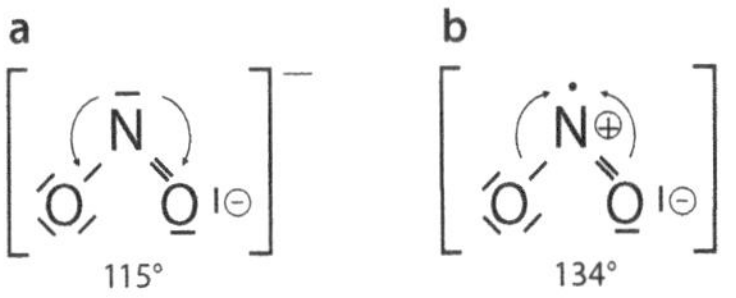

◻ **Abb. 10.5** Trigonal-planare Anordnung der Elektronengruppen im Nitrit-Anion NO_2^- (**a**) und im Stickstoffdioxid-Molekül NO_2 (**b**)

Formalladung, d. h. am zentralen Stickstoff-Atom werden nur vier Elektronen in der Valenzstrichformel zugeordnet. Neben den Bindungselektronen verbleibt ein einzelnes (ungepaartes) Elektron am Stickstoff-Atom. Dessen Ladung und Raumbedarf sind deutlich geringer als für ein Elektronenpaar – der Bindungswinkel in NO_2 ist größer als 120° (◘ Abb. 10.5b).

■ Tetraedrische Geometrie

Eine Vielzahl von Molekülen ist in ihrer Gestalt vom Tetraeder abgeleitet, auch wenn die Moleküle selbst gar nicht tetraedrisch aussehen. Eine tetraedrische Anordnung ergibt sich immer, wenn *vier Elektronenpaare* in maximaler Entfernung auf einer Kugeloberfläche im Raum verteilt werden (◘ Abb. 10.1). Der ideale Bindungswinkel in einem Tetraeder ist 109,5°. In Methan (CH_4) bildet der Kohlenstoff mit seinen vier Valenzelektronen jeweils Bindungselektronenpaare zu den Elektronen des Wasserstoffs. Alle Bindungen sind gleichwertig, sodass sich als Molekülgestalt ein ideales Tetraeder ergibt. In gleicher Weise bilden sich die Molekülgeometrien der Kohlenstoff(IV)- wie auch der Silicium(IV)- oder Germanium(IV)-Halogenide aus. Auch Ionen können eine ideale tetraedrische Gestalt haben: Wie wir bereits gesehen haben, sind PO_4^{-3}, SO_4^{2-} und ClO_4^- auch in dieser Weise aufgebaut (◘ Abb. 9.13), aber auch BH_4^- oder AlH_4^-, genauso wie das Ammonium-Kation NH_4^+.

In einer zweidimensionalen Darstellung ist die Lage der Bindungen im Tetraeder schwer zu erfassen. Aus diesem Grund verwendet man oft eine unterschiedliche Strichsymbolik zur Andeutung der räumlichen Struktur: Bindungen aus der Zeichenebene heraus sind als schlanker Keil dargestellt; Bindungen, die aus der Zeichenebene nach hinten gerichtet sind, werden gestrichelt (◘ Abb. 10.6).

Moleküle mit einer tetraedrischen Anordnung von vier Elektronenpaaren, von denen aber ein freies Elektronenpaar am Zentralatom lokalisiert ist, erscheinen in ihrer Molekülgestalt als trigonale Pyramide. Das Stickstoff-Atom im Ammoniak-Molekül bildet mit seinen fünf Valenzelektronen drei Bindungselektronenpaare und ein nichtbindendes Elektronenpaar aus. Der H/N/H-Bindungswinkel (107°) ist wegen des Einflusses des freien Elektronenpaares gegenüber dem idealen Tetraeder-Bindungswinkel (109,5°) gestaucht (◘ Abb. 10.6).

Im Wasser-Molekül werden von den sechs Elektronen in der Valenzschale des Sauerstoff-Atoms zwei Bindungselektronenpaare und zwei frei Elektronenpaare gebildet. Deren Anordnung in vier Elektronenaufenthaltsräumen führt

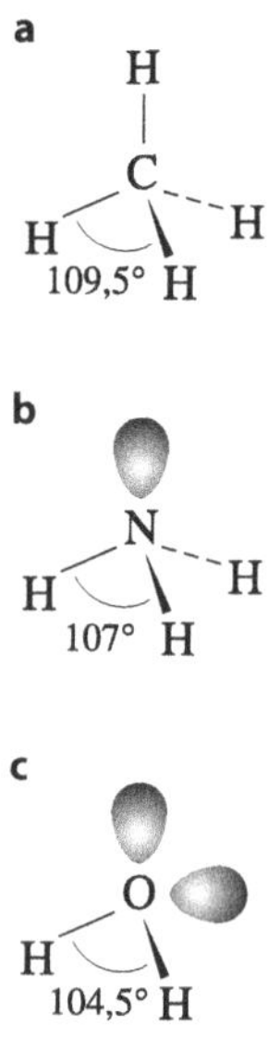

◘ **Abb. 10.6** Moleküle mit vier Elektronenpaaren am Zentralatom: Methan-Molekül (**a**); Ammoniak-Molekül (**b**); Wasser-Molekül (**c**)

wieder zu einer tetraedrischen Anordnung. Wir sehen aber nur die miteinander verbundenen Atome in einer gewinkelten Molekülgestalt. Der H/O/H-Bindungswinkel ist durch den Einfluss von zwei freien Elektronenpaaren nochmals verringert (104,5°).

▪ Trigonal-bipyramidale Geometrie

Die Bildung von mehr als vier Bindungselektronenpaaren um ein Zentralatom der Hauptgruppenelemente widerspricht prinzipiell der Oktett-Regel. Wir haben uns deshalb bereits mit dem Problem der *Hypervalenz* auseinandergesetzt (◘ Abb. 9.14). Der experimentelle Nachweis von Molekülen mit der Zusammensetzung AB_5 (z. B. PF_5, $SbCl_5$) mit völlig symmetrischer Struktur erlaubt aber zunächst die Annahme von *fünf Elektronenaufenthaltsräumen* um das Zentralatom. Zur Erfüllung der Oktett-Regel müssen wir also annehmen, dass die mittlere Bindungsordnung in Molekülen AB_5 nicht 1, sondern 4/5 ist. Auf diese Weise können wir doch noch den Versuch unternehmen, den Aufbau von Molekülen mit mehr als vier Bindungselektronenpaaren mithilfe des VSEPR-Modells zu erklären.

Das PF_5-Molekül zeigt demnach eine trigonal-bipyramidale Geometrie (◘ Abb. 10.7). Dabei bilden drei Fluor-Atome ein gleichseitiges Dreieck, in dessen Mitte das Phosphor-Atom liegt. Die beiden anderen Fluor-Atome stehen senkrecht über dieser Dreiecksfläche – jeweils ein Atom unter der Ebene und eins darüber. Die innerhalb der trigonalen Ebene angeordneten Atome liegen in einem Winkel von 120° zueinander. Die pyramidalen Spitzen stehen dagegen in einem 90°-Winkel zur Ebene.

Die Unterscheidung der Bindungswinkel von 90° und 120° in einem Molekül wird besonders deutlich wirksam bei Molekülen mit ungleichen Bindungspartnern oder freien Elektronenpaaren. Die trigonale Ebene ist dabei aufgrund des größeren Bindungswinkels für große Atome und freie Elektronenpaare bevorzugt. Ein weiterer Effekt kann dabei unterstützend wirksam werden: So lassen sich die umgebenden Atomsorten in PCl_3F_2 auch nach ihrer Elektronegativität unterscheiden. Die Fluor-Atome sind stärker elektronenziehend, sodass eine geringere Elektronendichte zwischen den Kernen auftritt – das Bindungselektronenpaar hat entsprechend einen geringeren Raumbedarf. Das Molekül ist durch die Anordnung der drei Chlor-Atome in der trigonalen Ebene und der beiden Fluor-Atome in den pyramidalen Spitzen gekennzeichnet (◘ Abb. 10.8).

In Schwefeltetrafluorid (SF_4) wird die trigonal-bipyramidale Anordnung mit einem freien Elektronenpaar am Schwefel-Atom realisiert (◘ Abb. 10.9). Das freie Elektronenpaar muss aufgrund seines Raumbedarfs so angeordnet werden, dass es den größtmöglichen Abstand zu den Bindungselektronenpaaren aufweist. In der Pyramidenspitze würde das freie Elektronenpaar drei benachbarte Bindungselektronenpaare mit einem Bindungswinkel von 90° haben, in der trigonalen Ebene dagegen nur zwei mit einem Bindungswinkel von 120°. Die Anordnung in der Ebene ist also deutlich günstiger. Damit ergibt sich eine

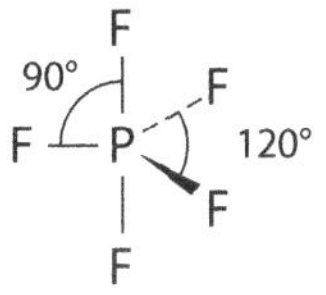

◘ **Abb. 10.7** Tatsächliche Geometrie des Phosphor(V)-fluorid-Moleküls

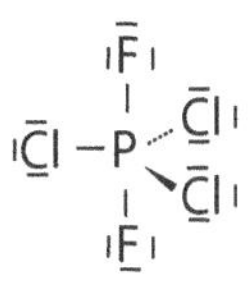

◘ **Abb. 10.8** Trigonal-bipyramidale Anordnung der Elektronengruppen im Molekül PCl_3F_2

wippenförmige Anordnung der Fluor-Atome um das Schwefel-Atom. Das freie Elektronenpaar verzerrt dabei die ideale trigonal-bipyramidale Geometrie zusätzlich, sodass der Bindungswinkel der Fluor-Atome in der Ebene kleiner als 120° ist (103°) und die axialen Fluor-Atome in einem Winkel von etwa 86,5° zur Ebene stehen.

Werden in Molekülen mit formal trigonal-bipyramidaler Gestalt weitere Bindungselektronenpaare gegen freie Elektronenpaare ausgetauscht, sollten sich diese ebenfalls in der trigonalen Ebene anordnen. Im Brom(III)-fluorid-Molekül (BrF_3) bildet das Brom-Atom ausgehend von seinen sieben Valenzelektronen drei Bindungselektronenpaare und zwei nichtbindende, freie Elektronenpaare (◘ Abb. 10.10). Die freien Elektronenpaare sind in der trigonalen Ebene angeordnet, während die Fluor-Atome eine Position der Ebene und die axialen Spitzen besetzen. Durch den Einfluss der beiden freien Elektronenpaare werden die Bindungen der axialen Fluor-Atome zusätzlich gestaucht, sodass sich ein Bindungswinkel zur Ebene von 86° ergibt.

Schließlich kennt man auch Moleküle mit drei freien Elektronenpaaren in einer trigonal-bipyramidalen Anordnung. Xenon ist mit seiner Edelgaskonfiguration eigentlich nicht sehr reaktiv. Mit dem starken Oxidationsmittel Fluor bildet sich dennoch die Verbindung Xenondifluorid XeF_2. Die acht Valenzelektronen des Xenons sind in zwei Bindungselektronenpaaren und drei freien Elektronen lokalisiert (◘ Abb. 10.11). Die drei freien Elektronenpaare befinden sich jeweils in der trigonalen Ebene in dem maximal möglichen Abstand von 120° zueinander. Die beiden Fluor-Atome bilden die pyramidalen Spitzen, sodass sich eine lineare Molekülgestalt mit einem Bindungswinkel F/Xe/F von 180° ergibt.

10

▪ Oktaedrische Geometrie

Die Probleme der *Hypervalenz* verstärken sich bei Molekülen mit zunehmender formaler Anzahl an Bindungselektronenpaaren. Wenn die Oktett-Regel eingehalten wird, müssen in Molekülen mit der Koordinationszahl 6 schließlich gebrochene Bindungsordnungen von 4/6 angenommen werden. Wenn wir im Folgenden von den Bindungselektronenpaaren sprechen, sollte berücksichtigt werden, dass damit die Elektronenaufenthaltsräume mit einer gebrochenen Bindungsordnung gemeint sind.

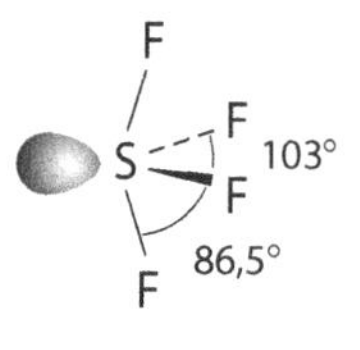

◘ **Abb. 10.9** Tatsächliche Geometrie des Schwefel(IV)-fluorid-Moleküls

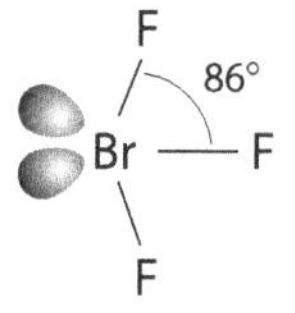

◘ **Abb. 10.10** Geometrie des Brom(III)-fluorid-Moleküls

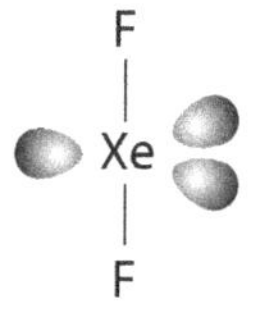

◘ **Abb. 10.11** Geometrie des Xenon(II)-fluorid-Moleküls

Sechs Bindungselektronenpaare können im Raum optimal angeordnet werden, wenn jeweils ein Bindungswinkel von 90° eingehalten wird. Eine solche oktaedrische Geometrie kann in idealer Weise für Schwefelhexafluorid (SF_6) beschrieben werden (▪ Abb. 10.12).

Auch in der oktaedrischen Struktur können die Bindungselektronenpaare schrittweise durch freie Elektronenpaare ersetz werden. In Iodpentafluorid (IF_5) liefert das zentrale Iod-Atom von seinen sieben Valenzelektronen fünf für die kovalente Bindung, zwei Elektronen verbleiben als freies Elektronenpaar am Kern. Im Oktaeder ist, anders als in der trigonalen Bipyramide, keine Unterscheidung der Positionen der quadratischen Ebene und der Pyramidenspitzen möglich – alle Winkel betragen 90°. Das freie Elektronenpaar kann also praktisch an jeder Position angeordnet werden. Dadurch ergibt sich in jedem Fall eine quadratische Pyramide. Durch den Druck des freien Elektronenpaares sind die Fluor-Atome in der quadratischen Ebene allerdings auf das axiale Fluor-Atom zu gerückt. Der Bindungswinkel ist hier 82°.

Wir haben bereits über XeF_2 gesprochen, in XeF_4 werden die acht Valenzelektronen des zentralen Xenon-Atoms in vier bindende Elektronenpaare und zwei freie Elektronenpaare verteilt (▪ Abb. 10.12). Der größtmögliche Abstand zweier freier Elektronenpaare in einer oktaedrischen Anordnung ist in den in einem Winkel von 180° stehenden axialen Spitzen gegeben. Die bindenden Elektronenpaare liegen dann gemeinsam in der quadratischen Ebene – die Molekülgestalt ist quadratisch-planar.

Wichtig

- **Die Elektronenpaarabstoßung führt zu größtmöglichen Bindungswinkeln bei der Anordnung der Atome im Raum:**
  - **Zwei Elektronenpaare bilden einen Bindungswinkel von 180°.**
  - **Drei Elektronenpaare werden im Winkel von 120° angeordnet.**
  - **Vier Elektronenpaare stehen in einem Bindungswinkel von 109,5° zueinander.**
  - **Sechs Elektronenpaare bilden einen Bindungswinkel von 90°.**
- **Bei unterschiedlicher Charakteristik der Elektronenpaare können die Bindungswinkel von den Idealwerten abweichen. In der Regel werden die Winkel zwischen gebundenen Atomen durch den Einfluss freier Elektronenpaare gestaucht.**

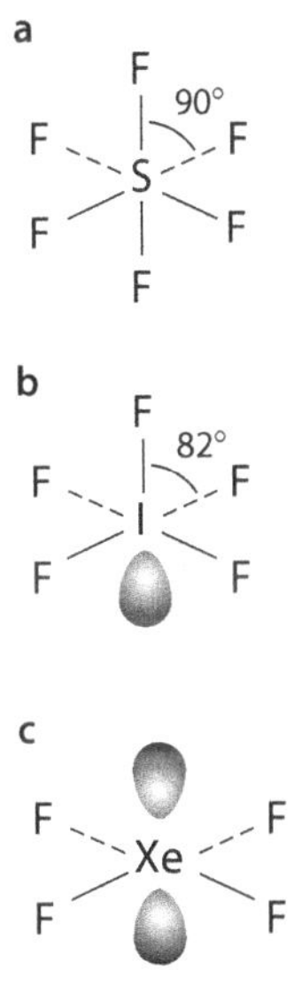

▪ **Abb. 10.12** Moleküle mit sechs Elektronenpaaren am Zentralatom: Schwefelhexafluorid-Molekül (**a**); Iodpentafluorid-Molekül (**b**); Xenontetrafluorid-Molekül (**c**)

▪ Mehr als sechs Bindungspartner

Die Bildung von Molekülen mit mehr als sechs Bindungspartnern ist recht ungewöhnlich. Für eine so hohe Koordinationszahl muss das Zentralatom relativ groß sein, während die umgebenden Atome nur eine geringe Größe haben dürfen. Das Problem der *Hypervalenz* ist hier besonders stark ausgeprägt und die gleichmäßige Anordnung von sieben oder acht Elektronenpaaren im Raum schwierig. Dennoch kennt man Moleküle, in denen große, elektronenreiche Zentralatome vor allem mit dem kleinen Fluor-Atom mit formal mehr als vier Elektronenpaaren verknüpft sind.

Für die Anordnung von *sieben Elektronenpaaren* gibt es keine Möglichkeit einer völlig gleichwertigen Anordnung aller Atome um das Zentralatom. In einer pentagonalen Bipyramide sind fünf Elektronenpaare in einer pentagonalen Ebene (Fünfeckfläche) mit einem Bindungswinkel von 72° zueinander angeordnet. Zwei weitere Elektronenpaare liegen mit einem Bindungswinkel von 90° zur Ebene in den axialen Spitzen der Pyramide. Diese Struktur wird von Iodheptafluorid (IF_7) gebildet (◘ Abb. 10.13).

Sieben Elektronenpaare könne sich darüber hinaus auch in überkappten Polyedern mit der Koordinationszahl 6 anordnen. Eine *Überkappung* liegt vor, wenn ein weiteres Atom über einer Polyederfläche im Kontakt mit dem Zentralatom steht. (Das ist etwa so, als ob Sie durch das geöffnete Fenster Ihres Hauses eine sehr enge Bindung zu einem Nachbarn eingehen ...). Als Ausgangspunkt eignen sich Polyeder mit sechs Koordinationsstellen – das sind das Oktaeder und das trigonale Prisma. Wird eine Dreiecksfläche des Oktaeders überkappt, erhalten wir die Struktur von Xenonhexafluorid (XeF_6). Eine Überkappung des trigonalen Prismas erfolgt über einer Vierecksfläche des Prismas. Das Heptafluorido-niobat(V)-Anion $[NbF_7]^{2-}$ entspricht dieser Anordnung (◘ Abb. 10.13).

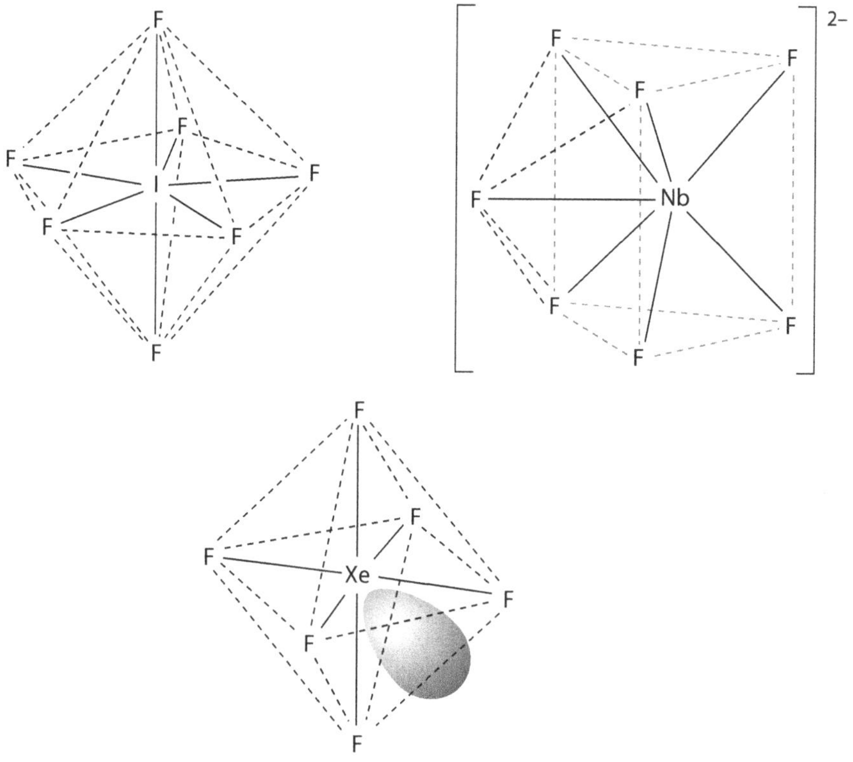

◘ **Abb. 10.13** Anordnung von sieben Elektronenpaaren um ein Zentralatom: Iodheptafluorid-Molekül, Heptafluorido-niobat(V)-anion, Xenonhexafluorid

■ Abweichung von der idealen Molekülgeometrie

Die Molekülgeometrie kann bei Betrachtungen mit dem VSEPR-Konzept im Wesentlichen aufgrund der Anzahl von Elektronengruppen um das Zentralatom vorhergesagt werden. Abweichungen von der idealen Anordnung der Polyeder ergeben sich immer, wenn sich die Elektronendichten bzw. der Platzbedarf von verschiedenen Bindungspartnern im Molekül signifikant unterscheiden.

Wichtig

- **Freie Elektronenpaare haben einen großen Platzbedarf am Kern des Zentralatoms, sie stoßen Bindungselektronenpaare ab.**
- **Doppelbindungen haben einen größeren Platzbedarf als Einfachbindungen.**
- **Elemente mit einem großen kovalenten Atomradius beanspruchen einen größeren Platz in der Koordinationssphäre des Zentralatoms.**
- **Stark elektronegative Elemente ziehen die Bindungselektronen stärker an. Dadurch verringert sich ihr Platzbedarf in der Koordinationssphäre des Zentralatoms.**

Den Einfluss der freien Elektronenpaare auf die Molekülgestalt haben wir bereits ausführlich diskutiert. In der Reihe der Element-Wasserstoff-Verbindungen der Elemente der zweiten Periode verringert sich der Bindungswinkel ausgehend vom idealen Tetraederwinkel von 109,5° bei einem Molekül mit vier Bindungselektronenpaaren (CH_4) zu 107,3° bei einem Molekül mit drei Bindungselektronenpaaren und einem freien Elektronenpaar (NH_3) bzw. 104,5° bei einem Molekül mit zwei Bindungselektronenpaaren und zwei freien Elektronenpaaren (H_2O).

Der erhöhte Raumbedarf einer Doppelbindung wird im Molekül POF_3 deutlich. Die Anordnung von vier koordinierenden Atomen um das Phosphor-Atom entspricht einem Tetraeder, der jedoch aufgrund der unterschiedlichen Bindungscharakteristik verzerrt ist. Der Einfluss der erhöhten Elektronendichte in der (formalen) P/O-Doppelbindung führt zu einem kleineren Tetraederwinkel von etwa 101° für die F–P–F-Bindungen. Im Molekül SO_2F_2 wird dieser Effekt durch (formal) zwei S/O-Doppelbindungen verstärkt: Der Bindungswinkel F–S–F ist mit 96° nochmals kleiner.

Die Größe eines Atoms hängt maßgeblich von seiner Stellung im Periodensystem ab. Da sich die Elektronegativitäten genauso systematisch ändern, beeinflussen beide Effekte (Größe und Elektronegativität) die Molekülgestalt in gleicher Weise. Verändert man die *Atomsorte des Zentralteilchens* systematisch, so vergrößert sich der Bindungswinkel bei kleinen, stark elektronegativen Zentralatomen. So verändert sich der Bindungswinkel in der Reihe der Element-Wasserstoff-Verbindungen der Elemente der Gruppe 16 von 104,5° (H_2O) zu 92° (H_2S) und 91° (H_2Se). Das Sauerstoff-Atom zieht als elektronegativstes Element die Elektronen am stärksten an und verringert damit deren Platzbedarf auf der ohnehin kleineren Kugeloberfläche des Atoms – die Bindungselektronenpaare haben einen erhöhten Platzbedarf und stehen in einem größeren Bindungswinkel zueinander als in den folgenden Elementen der Gruppe.

Verändert man die *Atomsorte des koordinierenden Atoms* systematisch, so verkleinert sich der Bindungswinkel bei kleinen, stark elektronegativen Bindungspartnern. Die Bindungswinkel in der Reihe der Phosphor-Halogen-Verbindungen variieren von 98° (PF_3) über 100°(PCl_3), 101° (PBr_3) bis zu 102° (PI_3). Das stärker elektronegative Fluor-Atom zieht die Bindungselektronen stärker an und verringert so deren Platzbedarf in der Koordinationssphäre des Zentralatoms.

Das VSEPR-Modell eignet sich für recht einfache Voraussagen zur Molekülgestalt. In vielen Fällen stimmen die Vorhersage und das Experiment gut überein (■ Tab. 10.1). Zahlreiche Ausnahmen bedürfen jedoch aufwendigerer bindungstheoretischen Betrachtungen zur den elektronischen Wechselwirkungen in Molekülen.

Tab. 10.1 Anordnung von Elektronengruppen im Raum und resultierende Molekülgestalt (A = Zentralatom, X = koordinierendes Atom, E = Elektronenpaar)

Elektronengruppen	Anordnung der Elektronengruppen	Typ	Anordnung der Atome	Beispiel
2	Linear	AX_2	Linear	$BeCl_2$, $HgCl_2$
3	Trigonal-planar	AX_3 AX_2E	Trigonal-planar Gewinkelt	BF_3, NO_3^- $SnCl_2$, NO_2, NO_2^-
4	Tetraedrisch	AX_4 AX_3E AX_2E_2	Tetraedrisch Trigonal-pyramidal Gewinkelt	CH_4, $SiCl_4$, NH_4^+ NH_3, PCl_3, $AsCl_3$ H_2O, OF_2, SCl_2
5	Trigonal-bipyramidal	AX_5 AX_4E AX_3E_2 AX_2E_3	Trigonal-bipyramidal Verzerrt tetraedrisch T-förmig Linear	PF_5, PCl_3F_2, $SnCl_5^-$ SF_4, SeF_4 ClF_3, BrF_3 XeF_2, ICl_2^-, I_3^-
6	Oktaedrisch	AX_6 AX_5E AX_4E_2	Oktaedrisch Quadratisch-pyramidal Quadratisch-planar	SF^6, PF_6^-, SiF_6^{2-} ClF_5, SbF_5^{2-} XeF_4, BrF_4^-
7	Pentagonal-bipyramidal	AX_7	Pentagonal-bipyramidal	IF_7, TeF_7^-

10.2 Molekülsymmetrie

Um Strukturen in ihrer räumlichen Anordnung sinnvoll zu beschreiben, verwendet man die Prinzipien der Symmetrie. Durch geometrische Operationen können so einzelne Atome in ihrer Lage genau definiert werden. Auch wenn es Ihnen anfangs Mühe bereitet, die Symmetrieoperationen zu verstehen und sie anzuwenden, werden Sie später erkennen, dass Sie damit ein wertvolles Hilfsmittel für eine knappe und eindeutige Beschreibung der Strukturen in der Hand haben. Ein kurzes Beispiel dazu: Im Molekül PF_5 sind sechs Atome in ihrer Lage zueinander zu definieren. Sie bräuchten für jedes einzelne Atom einen Satz von Lagekoordinaten, um das Molekül vollständig zu beschreiben. Wenn Sie aber wissen (und beschreiben) können, dass das Molekül symmetrisch aufgebaut ist, reicht die Angabe der Lageparameter von drei Atomen – alle weiteren Atome werden automatisch durch die zugehörigen Symmetrieoperationen generiert.

Bei der Beschreibung der Symmetrieeigenschaften unterscheidet man heute zwischen zwei Arten der Symbolik. Die beiden Methoden beinhalten aber prinzipiell die gleichen Symmetrieoperationen. Für kristalline Festkörper und deren periodische Anordnung verwendet man in der Regel die **Hermann-Mauguin-Symbolik.** Die Symmetrieeigenschaften werden in dieser Symbolik auf die Lage des Koordinatensystems der Elementarzelle bezogen. Die Hermann-Mauguin-Symbolik findet überwiegend in der Kristallografie Anwendung. Die **Schönflies-Symbolik** wird für die Beschreibung der Strukturen von Molekülen verwendet – sie nimmt Bezug auf ein im Zentrum des Moleküls liegendes Koordinatensystem.

Die Schönflies-Symbolik erlaubt es nicht nur, die strukturellen Eigenarten eines Moleküls zu erfassen. Von herausragendem Interesse ist die Anwendung von Symmetrieeigenschaften für die Beurteilung von physikalischen Eigenschaften und vor allem bei der Interpretation von analytischen Messmethoden, die auf Schwingungsbewegungen der Atome beruhen (Schwingungs-Spektroskopie).

10.2.1 Symmetrieoperationen

Wir haben einzelne Moleküle bisher etwas schwammig als „symmetrisch" bezeichnet. Eine präzise Charakterisierung erfolgt durch mathematische Operationen, durch die ein Objekt von seiner Ursprungslage in eine neue Position gebracht wird. Alte und neue Position sind aber nicht voneinander unterscheidbar. (Das Wasser-Molekül hat zwei Wasserstoff-Atome. Sie können die beiden Atome in ihrer Lage zum Sauerstoff-Atom aber nicht unterscheiden.) Diese mathematischen Operationen, die entlang einem Gerüst punktförmiger Atome ausgeführt werden, nennt man **Symmetrieoperationen.** Die Symmetrieoperationen sind praktisch *Vorschriften* zur Vervielfältigung von Atomen in der Molekülstruktur. Dazu gehört jeweils ein Symmetrieelement. **Symmetrieelemente** sind *Eigenschaften* der Moleküle, sie bezeichnen Punkte, Achsen oder Ebenen, die während der Symmetrieoperationen feststehend bleiben (vgl. Binnewies, Abschn. 5.12).

Binnewies, Abschn. 5.12: Molekülsymmetrie

Da wir es mit mathematischen Operationen zu tun haben, die gruppentheoretisch behandelt werden können, wird zunächst ein völlig triviales Symmetrieelement festgelegt. Die *Identität* (Symbol: 1) beschreibt die Ursprungslage eines jeden Punktes. Mithilfe dieses Elements ist die Existenz mindestens eines Atoms sichergestellt. Die weiteren Symmetrieelemente und die zugehörigen Operationen wollen wir im Folgenden näher erläutern.

Symmetrieelemente und zugehörige Symmetrieoperationen

- **Identität:** (1) Abbildung auf derselben Position
- **Drehachse:** (C_n) Drehung um 360°/n mit $n = 2, 3, 4, 5, 6$
- **Spiegelebene:** (σ) Spiegelung an einer Ebene
- **Inversion:** (i) Spiegelung an einem Punkt
- **Drehspiegelung:** (S_n) Kombination einer Drehachse um 360°/n mit anschließender Spiegelung

Drehung

Bei Anwendung der Symmetrieoperation „Drehung" (oder auch „Rotation") wird ein Punkt im Molekül um eine Drehachse (mit dem Symbol C_n) auf eine neue Position gedreht. Die Operation kann so oft ausgeführt werden, bis der Punkt die Ausgangslage wieder erreicht. Auf einem Kreis von 360° können wir also n-mal eine Drehung um 360°/n ausführen, bis wir wieder zum Ursprung gelangen. Alle Punkte, die in den Zwischenschritten erreicht wurden, sind von der Ausgangslage nicht zu unterscheiden – sie sind *symmetrieäquivalent* (◘ Abb. 10.14).

Durch die Angabe der Anzahl der Zwischenschritte n lässt sich die Symmetrieoperation C_n eindeutig charakterisieren: Bei $n = 2$ spricht man von einer zweizähligen Drehung, es werden zwei Punkte (oder Atome) im Molekül beschrieben. Die zuvor diskutierten Moleküle $BeCl_2$ und CO_2 haben senkrecht zur Bindungsachse eine zweizählige Drehachse, durch die die koordinierenden Atome um das Zentralatom ineinander überführt werden (◘ Abb. 10.3).

Eine dreizählige Drehachse C_3 liegt im BF_3-Molekül vor. Die Drehachse steht senkrecht zur trigonalen Ebene und überführt jedes der Fluor-Atome durch

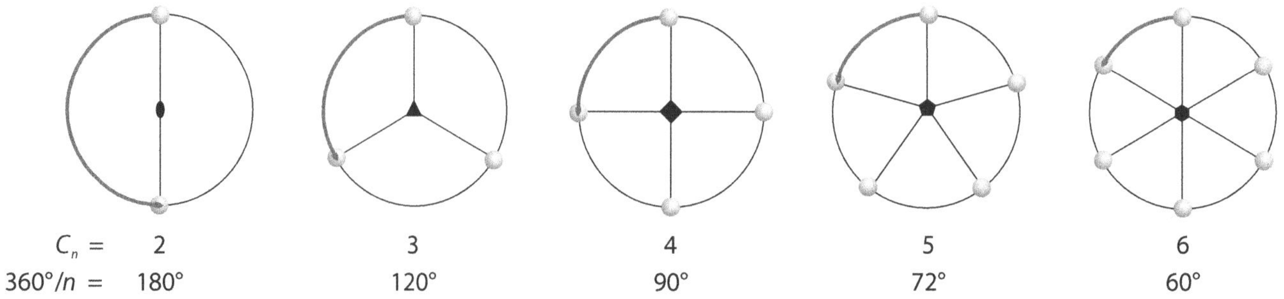

Abb. 10.14 Symmetrieoperationen: Drehung C_n mit 360°/*n*

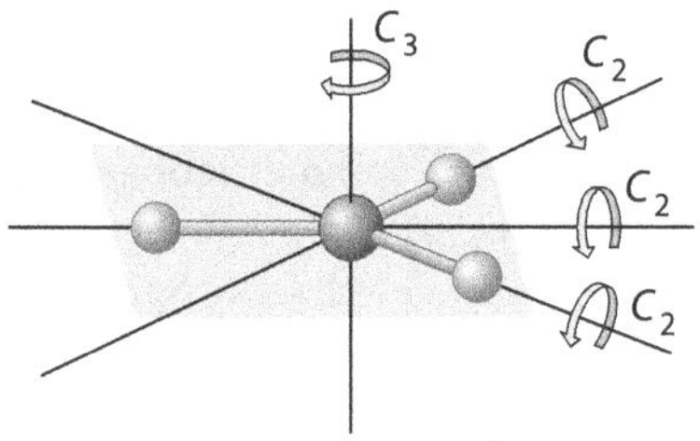

Abb. 10.15 Drehachsen im BF_3-Molekül

eine Drehung um 120° (360°/3) in eine identische Position (Abb. 10.15). Die Zwischenschritte bis zum Erreichen der Ausgangslage werden auch mit hochgestellten Indices bezeichnet: C_3^1, C_3^2 und C_3^3. Die Symmetrie des Moleküls muss dabei nicht auf ein Symmetrieelement beschränkt sein. Wir finden im BF_3-Molekül zusätzlich eine zweizählige Drehachse C_2, die in der trigonalen Ebene, entlang einer B/F-Bindung, liegt: Durch Drehung um 180° werden die zwei gewinkelt stehenden Fluor-Atome ineinander überführt – das Fluor-Atom auf der Drehachse erscheint nach Ausführen der Symmetrieoperation auf sich selbst. Da die drei Fluor-Atome durch die zuvor ausgeführte dreizählige Drehung äquivalent sind, gibt es auch drei C_2-Achsen – entlang jeder B/F-Bindung eine.

Der Bezug zu den im vorangegangenen Abschnitt besprochenen Koordinationspolyedern lässt sich sehr anschaulich herstellen: eine Drehachse C_2 finden wir in linearen Molekülen AB_2, aber auch in tetraedrischen Molekülen AB_4. Die Drehachse C_3 beschreibt die Symmetrie trigonal-planarer (AB_3), tetraedrischer (AB_4) sowie trigonal-bipyramidaler Moleküle AB_5. Die vierzählige Drehachse C_4 ist in quadratisch-planaren Molekülen AB_4 einfach, in der oktaedrischen Anordnung von Molekülen AB_6 dreifach enthalten. Schließlich ist die Symmetrie pentagonal-bipyramidaler Moleküle AB_7 mithilfe einer Drehachse C_5 zu beschreiben. Die Drehachse mit der höchsten Zähligkeit wird als ***Hauptdrehachse*** bezeichnet (vgl. Tab. 10.2).

Spiegelung

Haben Atome eine symmetrische Anordnung in Bezug auf eine Fläche des Moleküls, so bezeichnet man das Symmetrieelement als *Spiegelebene* σ. Die Punkte (Atome) stehen dabei auf beiden Seiten der Fläche wie Bild und Spiegelbild zueinander. Um mehrere, unabhängig voneinander bestehende Spiegelebenen unterscheiden zu können, bezeichnet man die Fläche senkrecht zur Hauptdrehachse als horizontale Spiegelebene σ_h, Ebenen entlang der Hauptdrehachse dagegen als vertikale Spiegelebenen σ_v (Abb. 10.16).

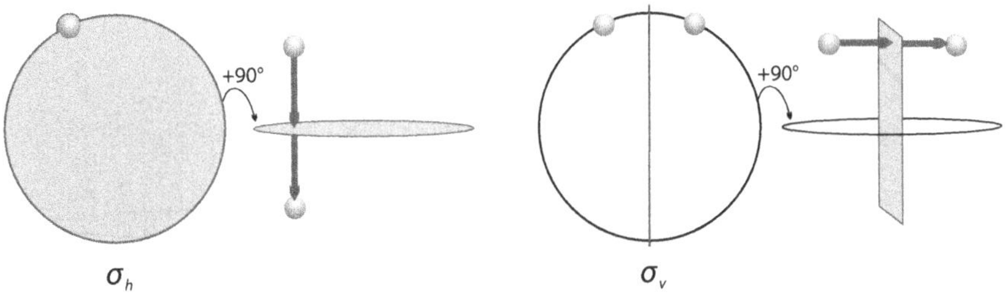

■ **Abb. 10.16** Symmetrieoperationen: Spiegelung

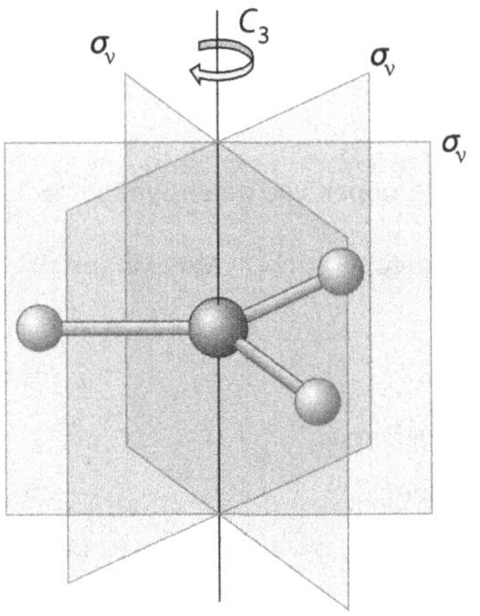

■ **Abb. 10.17** Vertikale Spiegelebenen im BF_3-Molekül

So finden wir im BF_3-Molekül eine horizontale Spiegelebene σ_h senkrecht zur dreizähligen Drehachse – also genau in der trigonalen Ebene des Moleküls. Dieser Fall ist recht trivial, da alle Atome genau in der Ebene liegen und damit in sich selber gespiegelt werden. Die vertikalen Spiegelebenen liegen parallel zur Hauptdrehachse, d. h. senkrecht zur trigonalen Ebene (■ Abb. 10.17). Die zuvor durchgeführte Symmetrieoperation der Drehung um 120° (C_3) lässt gleichermaßen drei Spiegelebenen entstehen, die jeweils entlang der drei Bor/Fluor-Bindungen liegen. An der Ebene werden jeweils zwei Fluor-Atome gegeneinander gespiegelt dargestellt, das dritte Atom verbleibt in seiner Position genau auf der Spiegelebene.

■ Inversion

Werden die Atome eines Moleküls in einem zentralen Punkt gespiegelt, liegt ein **Inversionszentrum** vor (■ Abb. 10.18). Als Symbol für diese Symmetrieoperation wird der Buchstabe *i* verwendet. Inversionszentren treten bei Molekülen mit einer geradzahligen Hauptdrehachse und einer zusätzlichen horizontalen Spiegelebene auf. Moleküle mit einer oktaedrischen Anordnung oder eine quadratisch-planaren Geometrie weisen beispielsweise ein solches Symmetriezentrum auf (■ Tab. 10.2).

■ Drehspiegelung

Die Symmetrieoperation der Drehspiegelung wird in zwei Schritten durchgeführt: Zunächst erfolgt eine Drehung um 360°/n, anschließend eine Spiegelung an einer Ebene, die senkrecht zur Drehachse liegt. Abhängig davon, mit welcher Zähligkeit der Drehung n die kombinierte Operation ausgeführt wird,

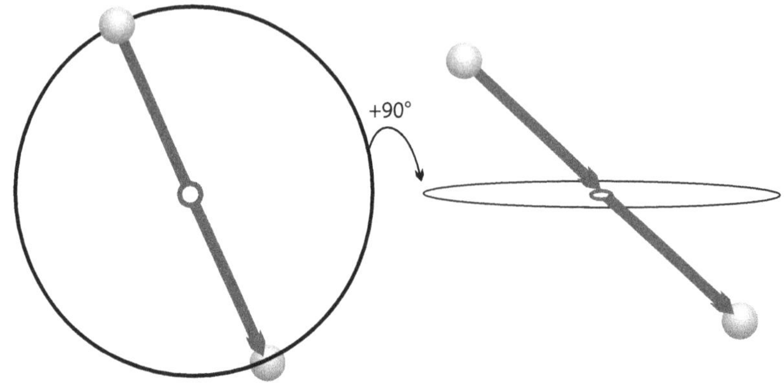

Abb. 10.18 Symmetrieoperationen: Inversion

Tab. 10.2 Häufige Punktgruppen und deren Symmetrieelemente

Punktgruppe	Symmetrieoperation	Molekülgestalt	Beispiel
C_1	Keine		CHFClBr
C_i	Inversion		ClFHC–CHFCl
C_S	1 × Spiegelung σ_v		$SOCl_2$
C_2	1 × Drehung C_2		H_2O_2
C_{2v}	1 × Drehung C_2, 2 × Spiegelung σ_v	Gewinkelt (AB_2) oder planar (AB_2C)	H_2O $BFCl_2$
C_{3v}	1 × Drehung C_3, 3 × Spiegelung σ_v	Trigonal-pyramidal (AB_3)	NH_3
C_{4v}	1 × Drehung C_4, 2 × Spiegelung σ_v	Quadratisch-pyramidal	BrF_5
$C_{\infty v}$	1 × Drehung C_∞ ∞ × Spiegelung σ_v	Linear (ABC)	HCN
D_{2h}	3 × Drehung C_2, 1 × Spiegelung σ_h, 2 × Spiegelung σ_v, Inversion	Planar	B_2F_4
D_{3h}	1 × Drehung C_3, 3 × Drehung C_2, 1 × Spiegelung σ_h, 3 × Spiegelung σ_v	Trigonal-planar (AB_3)	BF_3
D_{4h}	1 × Drehung C_4, 4 × Drehung C_2, 1 × Spiegelung σ_h, 4 × Spiegelung σ_v, Inversion	Quadratisch-planar (AB_4)	XeF_4
D_∞	1 × Drehung C_∞, ∞ × Drehung C_2, 1 × Spiegelung σ_h, ∞ × Spiegelung σ_v, Inversion	Linear (AB_2)	CO_2
T_d	4 × Drehung C_3, 3 × Drehung C_2, 6 × Spiegelung σ_v	Tetraedrisch (AB_4)	CH_4
O_h	3 × Drehung C_4, 4 × Drehung C_3, 6 × Drehung C_2, 9 × Spiegelung σ_v, Inversion	Oktaedrisch (AB_6)	SF_6

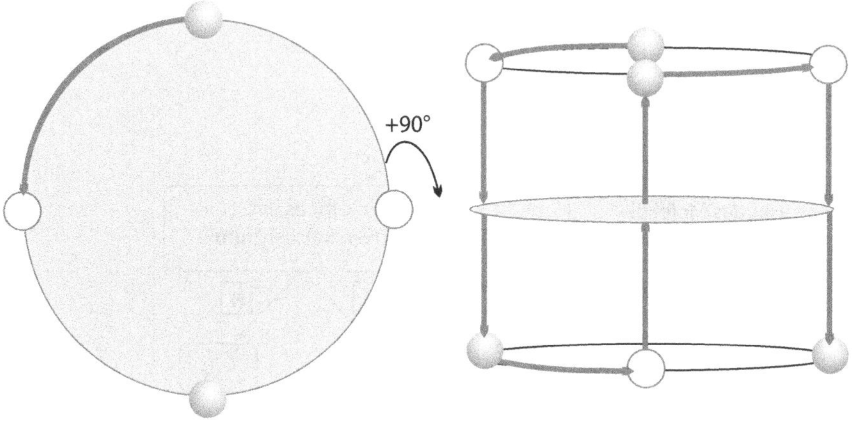

Abb. 10.19 Symmetrieoperationen: Drehspiegelung S_4

bezeichnet man die Drehspiegelung mit S_n. Die Drehspiegelung S_4 kann in einem tetraedrischen Molekül ausgeführt werden (Abb. 10.19). Durch eine Drehung um 90° wird zunächst eine im Molekül unbesetzte Position belegt, die anschließende Spiegelung an der Ebene generiert die endgültige Position. Ausgehend von diesem Atom werden die Drehspiegelungen erneut durchgeführt und so die weiteren Atome in ihrer Position definiert.

10.2.2 Punktgruppen

Binnewies, 3. Auflage 2016, S. 128: Molekülsymmetrie

Wenn wir die Symmetrieoperationen als Bauanleitung für das Basteln von Molekülen auffassen, heißt das, dass wir ähnlich wie beim Aufbau eines Regals aus lauter Brettern in mehreren Arbeitsgängen nach und nach alle Teile zusammenfügen. Die Bastelanleitung für Moleküle können wir nochmals vereinfachen, indem wir *alle* Symmetrieoperationen eines Moleküls zusammenfassen. Diese Beschreibung, die für eine große Gruppe von gleichartig aufgebauten Molekülen gültig ist, heißt die Punktgruppe (vgl. Binnewies, 3. Auflage 2016, S. 128).

Ein Tetraeder AB_4 hat beispielsweise vier C_3-Achsen, die genau entlang einer der A/B-Bindungen verlaufen. Drei C_2-Achsen liegen entlang der Winkelhalbierenden zwischen jeweils zwei A/B-Bindungen. Dazu kann man sechs Spiegelebenen σ_v, die sich jeweils in einer Ebene B/A/B aufspannen, erkennen. Schließlich haben wir bereits abgeleitet, dass es drei Drehspiegelachsen S_4 gibt. Für diese Zusammenfassung aller Symmetrieoperationen eines tetraedrischen Moleküls verwendet man das Punktgruppensymbol T_d.

Um zu einem von Ihnen analysierten Molekül die zutreffende Punktgruppe zu bestimmen, müssen Sie die gültigen Symmetrieoperationen erkennen und zusammentragen. Oft kann man mit wenigen Informationen bereits eine Eingrenzung der möglichen Punktgruppen vornehmen. So können bei Vorlage eines Inversionszentrums die Punktgruppen O_h, D_{∞}, D_{4h} oder D_{2h} zutreffend sein. Man kann darüber hinaus durch die Zuordnung einer Punktgruppe für ein Molekül überprüfen, ob alle Symmetrieelemente tatsächlich im genannten Umfang gültig sind (Tab. 10.2). Für eine Systematisierung der Analyse der Punktgruppe sollten Sie einem Fließschema folgen (Abb. 10.20).

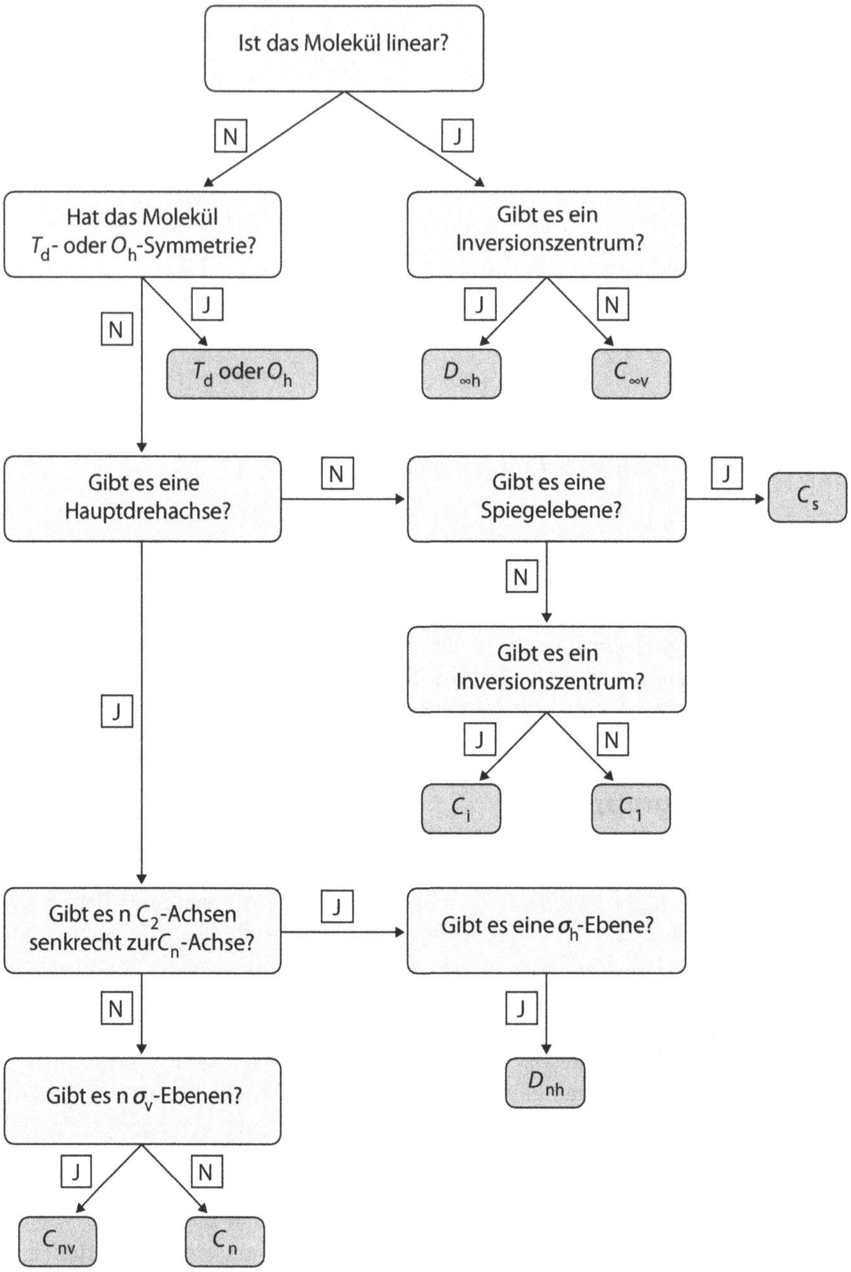

Abb. 10.20 Fließdiagramm zur Ermittlung der Punktgruppe

Fragen

55. Zeichnen Sie die Valenzstrichformeln von $SiCl_4$ und SCl_4, PCl_3 und ICl_3, AsF_5 und IF_5. Geben Sie die Molekülgestalt mit an.
56. Geben Sie die Zähligkeit der Hauptdrehachse für die Moleküle an: $SiCl_4$ und SCl_4, PCl_3 und ICl_3, AsF_5 und IF_5.
57. Ermitteln Sie die Punktgruppensymmetrie für das Ammonium-Kation (NH_4^+) und das Tetrafluoridobromat-Anion (BrF_4^-).

Konzepte zur Beschreibung kovalenter Bindungen

P. Schmidt, *Allgemeine Chemie*, https://doi.org/10.1007/978-3-662-57846-9_11

11.1 Die Valenzbindungstheorie (VB-Theorie)

Tragen wir die bisher gewonnenen Informationen zum Aufbau von Molekülen zusammen, so erkennen wir das allgemeingültige Prinzip der Elektronenpaarbindung sowie die Abhängigkeit der Molekülgestalt von der Anzahl und Lage der Elektronenpaare. In welcher Weise können aber die Aufenthaltswahrscheinlichkeiten der Elektronen bzw. Elektronenpaare genauer beschrieben werden?

Ausgehend von unseren Kenntnissen über den Atombau und die Struktur der Elektronenhülle eines Atoms wollen wir im Folgenden erläutern, dass sich der Aufenthalt von Elektronen auch in Molekülen sinnvoll beschreiben lässt: Walter Heitler und Fritz London entwickelten 1927 zunächst ein quantenmechanisches Näherungsverfahren zur Beschreibung der chemischen Bindung im Wasserstoff-Molekül. 1931 formulierte Linus Pauling ein Modell zur Beschreibung der chemischen Bindung in komplexer aufgebauten Molekülen. Geeignete Elektronenaufenthaltsräume werden demnach durch Linearkombinationen der Wellenfunktionen der Atomorbitale erhalten. Die auf diese Weise entstandenen Orbitale werden wegen der Mischung verschiedener Zustände **Hybridorbitale** genannt. Das gesamte Modell bezeichnet man meist als Valenzbindungstheorie (VB-Theorie).

Überlappung von Atomorbitalen

Wichtig

- **Eine kovalente Bindung entsteht durch Überlappung von Atomorbitalen, die jeweils mit einem ungepaarten Elektron besetzt sind.**
- **Das gemeinsame Orbital wird mit dem Bindungselektronenpaar besetzt, die Elektronen haben darin antiparallele Spins.**

Die Atomorbitale können auf verschiedene Weisen miteinander „überlappen“: Erfolgt die Überlappung entlang der Molekülachse, so spricht man von einer σ-Bindung (griech. Buchstabe $\sigma = \text{sigma}$) (Abb. 11.1). Wir können uns vorstellen, dass innerhalb des Überlappungsbereichs eine Aufenthaltswahrscheinlichkeit für *beide* Bindungselektronen besteht, sodass die Bindungspartner gemeinsam Anteil am Bindungselektronenpaar haben. Je größer der Überlappungsbereich, umso stärker ist die Bindung. Die Überlappung kann dabei nur in Bereichen mit gleichem Vorzeichen der Wellenfunktion Ψ erfolgen. Bei der Kombination von s-Orbitalen ist das kein Problem – es gibt nur Bereiche mit positivem Vorzeichen der Wellenfunktion. Ein p-Orbital dagegen hat zwei Bereiche mit unterschiedlichen Vorzeichen der Wellenfunktion (+/−). Vereinfacht geht man davon aus, dass die Überlappung nur im Bereich des positiven Vorzeichens erfolgt. Eine weitere Überlappung im entgegengesetzten Bereich des p-Orbitals kann nicht mehr erfolgen, da das ungepaarte Elektron bereits im bindenden Elektronenpaar lokalisiert ist.

Kommen die p-Orbitale senkrecht zur Molekülachse zur Überlappung, so spricht man von einer π-Bindung (griech. Buchstabe $\pi = \text{pi}$) (Abb. 11.2). Dabei überlappen jeweils die Bereiche mit positivem Vorzeichen miteinander und die Bereiche mit negativem Vorzeichen der Wellenfunktion. Sie sehen, eine π-Bindung ist durch Kombination von s-Orbitalen oder s- und p-Orbitalen nicht möglich. Der Überlappungsbereich einer π-Bindung ist kleiner als der einer

Abb. 11.1 Überlappung von Orbitalen und Ausbildung von σ-Bindungen: **a** Überlappung zweier s-Orbitale, **b** Überlappung eines s- mit einem p-Orbital, **c** Überlappung zweier p-Orbitale. Die unterschiedlichen Farben kennzeichnen das Vorzeichen der Wellenfunktion Ψ

Abb. 11.2 Überlappung von p-Orbitalen bei der Ausbildung von π-Bindungen. Die unterschiedlichen Farben kennzeichnen das Vorzeichen der Wellenfunktion Ψ

σ–Bindung. Wir beschreiben die Bildung von Einfachbindungen mithilfe der Überlappung in σ-Bindungen; Überlappungen in π-Bindungen führen zu Mehrfachbindungen entlang der Molekülachse.

11.1.1 Hybridisierung von Orbitalen

Bei der Beschreibung der chemischen Bindung mithilfe der einfachen Atomorbitale ergeben sich einige Schwierigkeiten. Lassen Sie uns zwei Beispiele dazu diskutieren.

Das Kohlenstoff-Atom hat eine Valenzelektronenkonfiguration $2s^2\ 2p^2$. Die Elektronen im s-Orbital liegen gepaart vor, die p-Elektronen sind aufgrund der Hund'schen Regel ungepaart. Mit dieser Anordnung könnten nur zwei Bindungen durch das Kohlenstoff-Atom eingegangen werden, da die s-Elektronen ja bereits gepaart sind und nicht mit weiteren Bindungselektronen kombiniert werden können. Die Oktett-Regel lässt für das Kohlenstoff-Atom aber vier kovalente Bindungen erwarten. Diese Konstellation wurde bereits für das Methan-Molekül und das kovalente Netzwerk in Diamant vorgestellt. Ein Elektron des s-Orbitals muss dafür zunächst energetisch angeregt werden, um die Spinpaarung aufzuheben. Die dazu notwendige Energie wird durch die weitaus größere Bindungsenergie aufgebracht. Die Lage des s-Orbitals und der p-Orbitale im Raum erlaubt allerdings keine energetisch sinnvolle Anordnung von vier gleichwertigen Bindungselektronenpaaren. Im Methan-Molekül (CH_4) sind die Bindungselektronenpaare (und damit die Wasserstoff-Atome) beispielsweise völlig gleichwertig in einer tetraedrischen Koordination um das Kohlenstoff-Atom angeordnet, in Diamant sind vier Kohlenstoff-Atome ebenso tetraedrisch um das zentrale Kohlenstoff-Atom ausgerichtet.

Auch die Analyse der Bindungsverhältnisse im Ammoniak-Molekül (NH_3) zeigt, dass die Struktur nicht hinreichend mit einer einfachen Ausrichtung der Bindungselektronen entlang der Atomorbitale des Stickstoff-Moleküls beschrieben werden kann. Das Stickstoff-Atom hat eine Valenzelektronenkonfiguration $2s^2\ 2p^3$. Die Elektronen im s-Orbital liegen gepaart vor, die p-Elektronen sind aufgrund der Hund'schen Regel ungepaart. Prinzipiell sind drei Bindungen unter Nutzung der Elektronenaufenthaltswahrscheinlichkeiten entlang der $2p_x$-, $2p_y$- und $2p_z$-Orbitale möglich. Dabei müssten die Atome in einem Bindungswinkel H–N–H von 90° zueinanderstehen. Die reale Struktur des Ammoniak-Moleküls widerspricht dieser Annahme – der Bindungswinkel beträgt, wie wir wissen, etwa 107°.

Eine Erklärung liefern quantenchemische Berechnungen zur Lösung der Schrödinger-Gleichung in Mehrelektronensystemen. Dabei kann man durch Umformung der Wellenfunktionen des s-Orbitals und der drei p-Orbitale vier neue, energetisch gleichwertige Orbitale erhalten. Aufgrund der Kombination verschiedener elektronischer Grundzustände werden diese Orbitale **Hybridorbitale** genannt.

Wichtig

- **Die Bindungsbildung in einem Molekül geht von den Hybridorbitalen des Zentralatoms aus.**
- **Hybridorbitale entstehen durch Kombination der ursprünglichen Atomorbitale (s, p, d) des Zentralatoms.**
- **Die Bezeichnung der Hybridorbitale ergibt sich aus der Art und der Anzahl der beteiligten ursprünglichen Atomorbitale: sp (1 · s + 1 · p), sp^2 (1 · s + 2 · p) …, sp^3, sp^3d, sp^3d^2.**
- **Die Anzahl der gebildeten Hybridorbitale muss gleich der Anzahl der ursprünglichen Atomorbitale sein.**
- **Die maximale Anzahl von Bindungen des Zentralatoms kann durch Anregung von Elektronen in zunächst unbesetzte Orbitale erreicht werden.**
- **Hybridorbitale sind gerichtet. Ihre Lage im Raum definiert die Art des Koordinationspolyeders um das Zentralatom.**

Durch die Hybridisierung ändert sich maßgeblich die Richtung der Orbitale im Raum. Während beispielsweise ein 2s-Orbital kugelsymmetrisch um den Kern ist und die 2p-Orbitale entlang der Achsen eines rechtwinkligen Koordinatensystems stehen, liegen die aus den Atomorbitalen gebildeten sp^3-Hybridorbitale in Richtung der Spitzen eines Tetraeders – also in einem Winkel von 109,5°. Durch die Form der Hybridorbitale erhöht sich die Überlappung mit den Orbitalen des Bindungspartners. Gleichzeitig verringert sich durch deren Ausrichtung die Abstoßung von Elektronen in verschiedenen Orbitalen. Wir finden hier einen starken Bezug zu den im VSEPR-Modell diskutierten Argumenten für die Beschreibung von Molekülgeometrien (◘ Abb. 11.3).

11

Die Anzahl der gebildeten Hybridorbitale muss immer gleich der Anzahl der verwendeten Atomorbitale sein. Allerdings müssen nicht immer alle verfügbaren Orbitale in die Hybridisierung einbezogen werden. Das ist dann der Fall, wenn Orbitale unbesetzt sind oder wenn einfach besetzte p-Orbitale für die Ausbildung von Doppel- oder Dreifachbindungen genutzt werden sollen.

Eine Hybridisierung ist nur dann sinnvoll, wenn die kombinierten Atomorbitale eine ähnliche Größe und Energie haben. Diese Bedingung findet man sehr gut bei der Hybridisierung der 2s und 2p-Orbitale wie auch bei der Kombination der der 3s und 3p-Orbitale erfüllt. Mit zunehmender Quantenzahl differenziert sich die räumliche Ausdehnung der s- und p-Orbitale in stärkerem Maße, sodass eine Hybridisierung energetisch ungünstiger wird. Die Atome von Elementen der höheren Perioden neigen dadurch weniger zur Hybridisierung. So ist die Ringstruktur des Schwefel-Moleküls S_8 durch eine sp^3-Hybridisierung geprägt, während die schwereren Vertreter der Gruppe 16, Selen und Tellur, zickzackförmige Ketten bilden, in denen die Atome nahezu im rechten Winkel (also in Richtung nichthybridisierter p-Orbitale) zueinander angeordnet sind.

Die Bildung von Molekülen mit mehr als vier Bindungselektronenpaaren ist nur noch unter Einbeziehung zusätzlicher d-Orbitale bei der Hybridisierung möglich. Für die Elemente der dritten Periode liegen die 3d-Orbitale jedoch energetisch zu hoch, sodass eine Hybridisierung der 3s-, 3p- und 3d-Orbitale nicht mehr in Betracht gezogen wird. Die Beschreibung der chemischen Bindung von

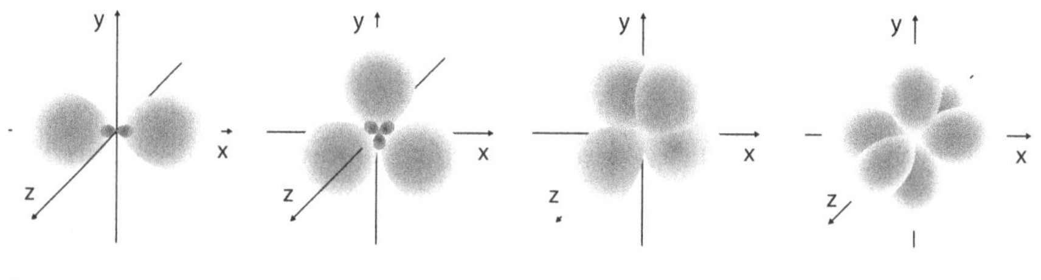

◘ **Abb. 11.3** Anordnung der Elektronenaufenthaltsräume in Hybridorbitalen **a** sp – linear, **b** sp^2 – trigonal planar, **c** sp^3 – tetraedrisch, **d** d_2sp_3 – oktaedrisch

Verbindungen, wie PF_5 oder SF_6, ist daher recht schwierig. Man sollte dazu auf die Verwendung von Hybridorbitalen sp^3d (PF_5) bzw. sp^3d^2 (SF_6) verzichten.

Eine energetisch sinnvolle Kombination ergibt sich jedoch bei der Hybridisierung der 3d-Orbitale mit den 4s- und 4p-Orbitalen zu dsp^3 bzw. d^2sp^3-Orbitale. Diese Orbitale spielen für kovalente Bindungen von Molekülen der Nebengruppenelemente eine große Rolle.

11.1.2 Beispiele zur Anwendung der VB-Theorie

■ sp^3-Hybridorbitale

■■ CH_4

Das Methan-Molekül hat, wie wir bereits diskutiert haben, eine tetraedrische Gestalt. Dabei hat das zentrale Kohlenstoff-Atom vier gleichwertige kovalente Bindungen zu jeweils einem Wasserstoff-Atom. Um die Bindung zu den Wasserstoff-Atomen eingehen zu können und dabei die Oktett-Regel zu erfüllen, müssen die Elektronen der Valenzschale ($2s^2$ $2p^2$) zunächst angeregt werden ($2s^1$ $2p^3$). Eine Überlappung entlang dieser Atomorbitale ist energetisch ungünstig, da sich die p-Orbitale in einem Winkel von 90° relativ nahe kommen, das kugelförmige s-Orbital überstreicht sogar die Elektronendichte der drei p-Orbitale. So würden sich potenzielle Bindungselektronenpaare gegenseitig abstoßen – die chemische Bindung würde destabilisiert. Kombiniert man die Wellenfunktionen der vier ungepaarten Elektronen in einem sp^3-Hybridorbital, können die ungepaarten Elektronen entlang der auf die Tetraederspitzen gerichteten Hybridorbitale mit den 1s-Orbitalen der Wasserstoff-Atome überlappen. Da die Orbitale im Winkel von 109,5° entfernt voneinander liegen, können die Elektronenhüllen der Wasserstoff-Atome nahe an das zentrale Kohlenstoff-Atom heranrücken – die Überlappung wird dadurch groß und die kovalente Bindung entsprechend stark.

■■ C_2H_6

Ähnlich wie im Methan-Molekül ist die Bindungssituation im Ethan-Molekül. Entlang der vier Achsen der sp^3-Hybridorbitale können vier Bindungen geknüpft werden. Drei Hybridorbitale eines Kohlenstoff-Atoms überlappen dabei mit den 1s-Orbitalen von drei Wasserstoff-Atomen, ein viertes sp^3-Orbital überlappt mit einem ebensolchen des benachbarten Kohlenstoff-Atoms (◘ Abb. 11.5a).

■■ NH_3

Das zentrale Stickstoff-Atom in Ammoniak hat mit einer Elektronenkonfiguration der Valenzschale von $2s^2$ $2p^3$ bei Erfüllung der Oktett-Regel die Bindigkeit 3. Somit könnten ohne weitere Anregung die ungepaarten p-Elektronen für die Bildung der Bindungselektronenpaare verwendet werden, die gepaarten s-Elektronen verblieben am Stickstoff-Atom. Auch hier führt die kugelsymmetrische Verteilung der Elektronendichte des s-Orbitals zu abstoßenden Wechselwirkung mit den bindenden Elektronen entlang der p-Orbitale. Die Hybridisierung der s- und p-Orbitale zu einem sp^3-Hybridorbital ist hier sinnvoll, weil die Aufenthaltsräume der Elektronen auf diese Weise günstiger im Raum verteilt werden. Die Elektronenhülle der Wasserstoff-Atome kann auch hier näher an das Zentralatom heranrücken, sodass die Überlappung größer wird. Im Ergebnis der Hybridisierung besetzt ein Elektronenpaar des Stickstoff-Atoms vollständig ein Orbital, während die anderen drei Orbitale durch die Bindungselektronenpaare besetzt werden. Die Änderung der Bindungswinkel im Tetraeder auf 107,3° lässt sich auch mathematisch berechnen, wenn man unterschiedlich große Anteile des s- sowie der p-Orbitale in den resultierenden Wellenfunktionen berücksichtigt.

sp^2-Hybridorbitale

BF_3

Das Bor-Atom hat im Grundzustand drei Valenzelektronen ($2s^2$ $2p^1$). Die Oktett-Regel kann hier nicht erfüllt werden, da für die Ausbildung von vier Bindungselektronenpaaren nicht genügend Valenzelektronen vorliegen – die maximale Bindigkeit des Bors ist 3. Um die Bindigkeit von 3 zu erreichen, muss die Spinpaarung der s-Elektronen durch Anregung aufgehoben werden (◘ Abb. 11.4). Die Kombination der Elektronendichte eines s- und zweier besetzter p-Orbitale führt zur energetisch bevorzugten Bildung eines sp^2-Hybridorbitals. Die drei resultierenden Orbitale stehen im Winkel von 120° zueinander und ermöglichen eine hohe Überlappung zu jeweils einem auf die Kernverbindungsachse gerichteten p-Orbital des Fluors.

C_2H_4

Im Ethen-Molekül haben wir eine neue Bindungssituation – die Valenzelektronen des Kohlenstoff-Atoms werden dabei unterschiedlich behandelt. Nach Anregung und Aufhebung der Spinpaarung der Elektronen im 2s-Niveau werden die Wellenfunktionen des s- und zweier p-Niveaus ($p_x + p_y$) zu einem sp^2-Hybridorbital kombiniert. Daraus ergibt sich die Möglichkeit zur Ausbildung von drei σ-Bindungen in einem Bindungswinkel von 120°. Das senkrecht auf der trigonalen Ebene stehende p_z-Orbital bleibt bei der Hybridisierung unberücksichtigt und kann mit einem gleichartig gerichteten p_z-Orbital des benachbarten Kohlenstoff-Atoms im Sinne einer π-Bindung überlappen (◘ Abb. 11.5b). Durch Kombination einer (C–C)-σ-Bindung entlang eins sp^2-Hybridorbitals und einer (C–C)-π-Bindung durch ein zusätzliches p_z-Orbital wird eine Doppelbindung zwischen den beiden Kohlenstoff-Atomen geschlossen.

11

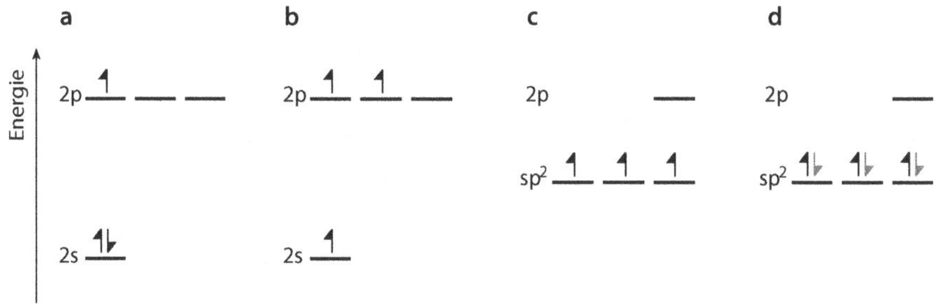

◘ **Abb. 11.4** Bildung von Hybridorbitalen am Beispiel des Bor(III)-fluorids. **a** Elektronenkonfiguration des freien Atoms; **b** ein Elektron geht aus dem 2s-Orbital in ein 2p-Orbital über; **c** Bildung von drei sp2-Hybridorbitalen; **d** die Elektronen des Bors paaren sich mit drei Elektronen der Fluor-Atome (graue Pfeile)

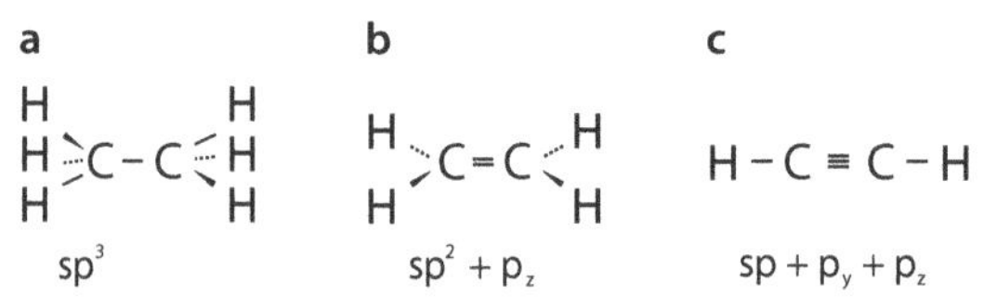

◘ **Abb. 11.5** Hybridisierung des Kohlenstoff-Atoms und Molekülgestalt von Kohlenstoff-Wasserstoff-Verbindungen: **a** Ethan C_2H_6, **b** Ethen C_2H_4, **c** Ethin C_2H_2

sp-Hybridorbitale

$HgCl_2$

In Quecksilber(II)-Chlorid werden nicht alle Valenzelektronen ($4f^{14}\ 5d^{10}\ 6s^2$) für die chemische Bindung verwendet. Die Bildung von sp-Hybridorbitalen erfolgt durch Anregung der Elektronen im 6s-Niveau und Kombination der Wellenfunktionen des s- und eines p-Orbitals. Die Orbitalgeometrie ermöglicht eine Annäherung der Chlor-Atome und die Überlappung mit einem p-Orbital des Chlors in einem Bindungswinkel von 180°.

CO_2

Das Molekül des Kohlenstoffdioxids hat ebenfalls einen linearen Aufbau mit einem Bindungswinkel O–C–O von 180°. Wir können erwarten, dass die Bindung des Kohlenstoffs zu den beiden Sauerstoff-Atomen jeweils durch Überlappung entlang von sp-Hybridorbitalen zustande kommt. Ausgehend von der Standard-Valenzelektronenkonfiguration des Kohlenstoffs ($2s^2\ 2p^2$) muss dafür zunächst eine Anregung der gepaarten Elektronen ($1s^2\ 2p^3$) und anschließend die Hybridisierung des s- mit einem p-Orbital erfolgen (◘ Abb. 11.6). Die senkrecht auf der Kernverbindungsachse (C–O) stehenden (und einfach besetzten) Orbitale p_y und p_z bleiben bei der Hybridisierung unberücksichtigt. Dadurch ergibt sich die Möglichkeit einer Überlappung des p_y-Orbitals in einer π-Bindung zu einem gleichartig gerichteten p-Orbital eines benachbarten Sauerstoff-Atoms. Auch das p_z-Orbital kann eine π-Bindung eingehen – es überlappt dazu mit einem p-Orbital des zweiten Sauerstoff-Atoms. Im Ergebnis dieser Bindungsverknüpfung beschreiben wir das CO_2-Molekül mit jeweils zwei Doppelbindungen (je eine σ- und eine π-Bindung) des Kohlenstoff-Atoms zu den benachbarten Sauerstoff-Atomen. Die Bindigkeit 4 gemäß der Oktett-Regel wird hier dennoch eingehalten.

C_2H_2

Eine weitere Bindungssituation ist ausgehend von der Elektronenkonfiguration der Valenzschale im Kohlenstoff-Atom möglich. Nach Anregung und Hybridisierung zu einem sp-Orbital verbleiben das p_y- und p_z-Orbital als einfach besetzte Elektronenaufenthaltsräume am Kohlenstoff-Atom. Im Ethin-Molekül erfolgt zunächst entlang der beiden sp-Orbitale eine Überlappung mit dem 1s-Orbital eines Wasserstoff-Atoms sowie mit dem sp-Orbital des benachbarten Kohlenstoff-Atoms. Für beide Kohlenstoff-Atome können zusätzlich die senkrecht zueinanderstehenden p_y- und p_z-Orbitale überlappen, sodass zwei weitere π-Bindungen entstehen. Gemeinsam mit der (sp-sp)-σ- Bindung der beiden Kohlenstoff-Atome ergibt sich dann eine Dreifachbindung im Ethin-Molekül (◘ Abb. 11.5).

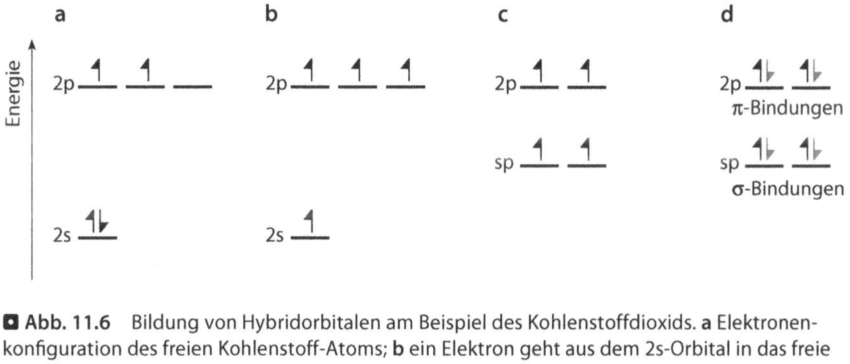

◘ **Abb. 11.6** Bildung von Hybridorbitalen am Beispiel des Kohlenstoffdioxids. **a** Elektronenkonfiguration des freien Kohlenstoff-Atoms; **b** ein Elektron geht aus dem 2s-Orbital in das freie 2p-Orbital über; **c** Bildung von zwei sp-Hybridorbitalen; **d** die Elektronen des Kohlenstoff-Atoms paaren sich mit vier Elektronen der Sauerstoff-Atome (graue Pfeile)

Tab. 11.1 Zusammensetzung der Hybridorbitale und resultierende Molekülgeometrie

Atomorbitale	Anzahl der Atomorbitale	Hybridorbital	Anzahl der Hybridorbitale	Geometrie	Beispiel
$s+p_x$	2	sp	2	Linear	$BeCl_2$, $HgCl_2$
$s+p_x+p_y$	3	sp^2	3	Trigonal-planar	BF_3, NO_3^-
$s+p_x+p_y+p_z$	4	sp^3	4	Tetraedrisch	CH_4, $SiCl_4$, NH_4^+
$s+p_x+p_y+d_{x^2-y^2}$	4	dsp^2	4	Quadratisch-planar	$PtCl_4^{2-}$
$s+p_x+p_y+p_z+d_{z^2}$	5	dsp^3	5	Trigonal-bipyramidal	VCl_5
$s+p_x+p_y+p_z+d_{x^2-y^2}+d_{z^2}$	6	d^2sp^3	6	Oktaedrisch	$ScCl_6^{3-}$, TiF_6^{2-}

▪▪ N_2

Das homoatomare Stickstoff-Molekül N_2 ist isoelektronisch zum gerade diskutierten Ethin-Molekül. Seine Struktur sollte daher identisch sein. Tatsächlich stellt man das Stickstoff-Molekül mit einer N–N-Dreifachbindung dar, anstelle des Bindungselektronenpaares der C–H-Bindung in Ethin belegt in N_2 das freie Elektronenpaar das zweite sp-Hybridorbital.

▪ Hybridorbitale unter Einbeziehung von d-Orbitalen

Die Einbeziehung von d-Orbitalen zur Realisierung der chemischen Bindung mit mehr als vier Bindungspartnern spielt vor allem für die frühen Nebengruppenelemente (Gruppen 3, 4, 5, 6) eine wesentliche Rolle. So fällt auf, dass beispielsweise Scandium, aber auch die Hauptgruppenelemente Aluminium oder Gallium starke Lewis-Säuren sind. Scandium bildet dabei aber bevorzugt Scandate mit oktaedrischer Koordination $[ScX_6]^{3-}$ (X=F, Cl, Br, I) bzw. $[Sc(OH_6]^{3-}$, im Gegensatz zu den tetraedrischen Anionen $[AlX_4]^-$ bzw. $[Al(OH)_4]^-$. Für eine oktaedrische Anordnung von Bindungselektronenpaaren werden bei Scandium die Funktionen elektronischer Zustände im 3d-Niveau mit denen des 4s- und 4-p-Niveaus zu einem d^2sp^3-Hybridorbital kombiniert (Tab. 11.1).

Binnewies, ► Abschn. 12.1: Grundbegriffe der Komplexchemie

Bei der Bildung von *Komplex-Verbindungen* der Nebengruppenelemente spielt diese Art der Kombination von Orbitalen noch mal eine große Rolle. Darauf wird aber an anderer Stelle eingegangen. Eine Vorschau ermöglicht Ihnen die Einführung zur Komplexchemie im Binnewies, ► Abschn. 12.1.

Fragen

58. Beschreiben Sie die Bindungsverhältnisse in folgenden homoatomaren Molekülen, verwenden Sie dazu die Begriffe Hybridorbital, σ- und π-Bindung: N_2, P_4, O_2, S_8, Cl_2.
59. Beschreiben Sie die Bindungsverhältnisse in folgenden heteroatomaren Molekülen und Molekül-Ionen, verwenden Sie dazu die Begriffe Hybridorbital, σ- und π-Bindung: NO_3^-, NO_2^-, CS_2, C_2H_5OH, CH_3COOH.
60. Geben Sie an, durch Kombination welcher Atomorbitale (welche Hauptquantenzahl, welcher Orbitaltyp) die Hybridorbitale der folgenden Zentralatome gebildet werden können: C (Koordinationszahl 2), Al (3), P (3), Si (4), V (5), Mo (6).

11.2 Die Molekülorbitaltheorie (MO-Theorie)

Ein relativ aufwendiges Verfahren zur Beschreibung der chemischen Bindung in kovalent gebundenen Molekülen stellt die Molekülorbitaltheorie dar. Für einfache zweiatomige Moleküle ergeben sich sehr anschauliche Darstellungen der Bindungssituation, die das Verständnis für das Wesen von Elektronenpaarbindungen nachhaltig fördern. Für kompliziertere Moleküle wird die MO-Theorie sehr komplex – sie ist dann in der Dimensionalität unserer Vorstellung kaum zu erfassen. Wir wollen uns daher vor allem mit den wichtigsten Prinzipien und der Anwendung der MO-Theorie bei einfachen Molekülen befassen.

Wie wir bereits wissen, überlagern sich bei der Bildung kovalenter Bindungen die Atomorbitale der Bindungspartner. In den bisherigen Modellen sind wir davon ausgegangen, dass die Bindungselektronen einfach den von den überlappenden Atomorbitalen vorgegebenen Raum gemeinsam nutzen. Quantenchemische Betrachtungen zeigen aber, dass die Wechselwirkung von Atomorbitalen des Zentralatoms mit den Orbitalen der koordinierenden Atome zu modifizierten räumlichen Verteilungen der Elektronen führt. Wir sprechen dabei von der Bildung von **Molekülorbitalen.** Eine mathematische Lösung ergibt sich durch *Linearkombination* von Atomorbitalen, dabei werden die Wellenfunktionen der Atomorbitale durch Addition bzw. Subtraktion verknüpft. Aufgrund dieses Verfahrens wird das Konzept auch als **LCAO-Theorie (Linear Combination of Atomic Orbitals)** bezeichnet. Eine Addition der Wellenfunktionen von zwei s-Orbitalen führt zu einer Wellenfunktion Ψ^{b}, durch die die Elektronendichte zwischen den Kernen erhöht wird. Das entstehende Molekülorbital ist verantwortlich für den Aufenthalt des Bindungselektronenpaares in der σ-Bindung – man bezeichnet das Orbital daher auch als bindendes MO bzw. σ-MO. Die Linearkombination der Wellenfunktionen der Atomorbitale durch Subtraktion führt zu einer neuen Wellenfunktion Ψ^{*}. Die räumlichen Verteilungen der Elektronen zeigt eine Knotenebene zwischen den beiden Atomkernen, d. h. es kommt zu einer Abstoßung von Elektronen. Man bezeichnet das Molekülorbital daher auch als antibindendes MO bzw. σ*-MO.

Die Anwendung des Modells kann relativ anschaulich für die Bildung des Wasserstoff-Moleküls H_2 gezeigt werden. Die Wellenfunktionen der Atomorbitale

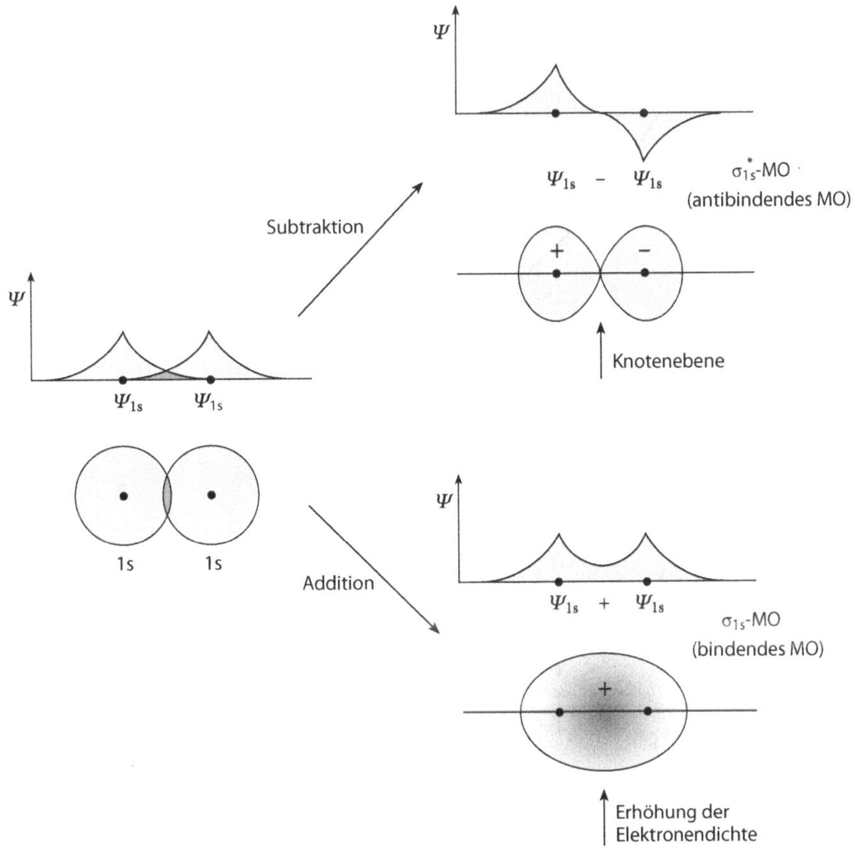

Abb. 11.7 Kombination von zwei s-Atomorbitalen zu σ- und σ*-Molekülorbitalen

und der entstehenden Molekülorbitale sowie die resultierenden Elektronendichten erkennen Sie in ◻ Abb. 11.7.

Durch die elektrostatische Anziehung der Bindungselektronen im bindenden Orbital zwischen den beiden Atomkernen wird die Energie des Orbitals gegenüber der Energie in den Atomorbitalen erniedrigt (◻ Abb. 11.8). Diese Erniedrigung der Energie ist die Triebkraft zur Bildung des Moleküls – wenn man so will, wird damit die Bindungsenergie dargestellt. Ähnlich wie bei der Annäherung von Ionen in der durch elektrostatische Wechselwirkungen geprägten ionischen Bindung gibt es ein Energieminimum, das vom Abstand der Atome in der kovalenten Bindung abhängig ist: Sind die Atome zu weit voneinander entfernt, führt die Summe der Wellenfunktionen zu kaum erhöhter Elektronendichte und damit zu weniger Anziehung; rücken die Atom zu nahe aufeinander zu, erhöht sich die abstoßende Kraft der geladenen Atomkerne.

Wichtig

- **Atomorbitale können nur überlappen, wenn die Wellenfunktionen in den entsprechenden Bereichen dasselbe Vorzeichen aufweisen.**
- **Aus zwei Atomorbitalen bilden sich jeweils zwei Molekülorbitale, ein bindendes und ein antibindendes. Die Energie des bindenden Orbitals ist geringer als die des antibindenden Orbitals.**
- **Eine signifikante Überlappung setzt voraus, dass die Atomorbitale eine ähnliche Energie aufweisen.**
- **Die Bindungsordnung in einem zweiatomigen Molekül ist definiert als die Anzahl der bindenden Elektronenpaare vermindert um die Anzahl der antibindenden Elektronenpaare.**

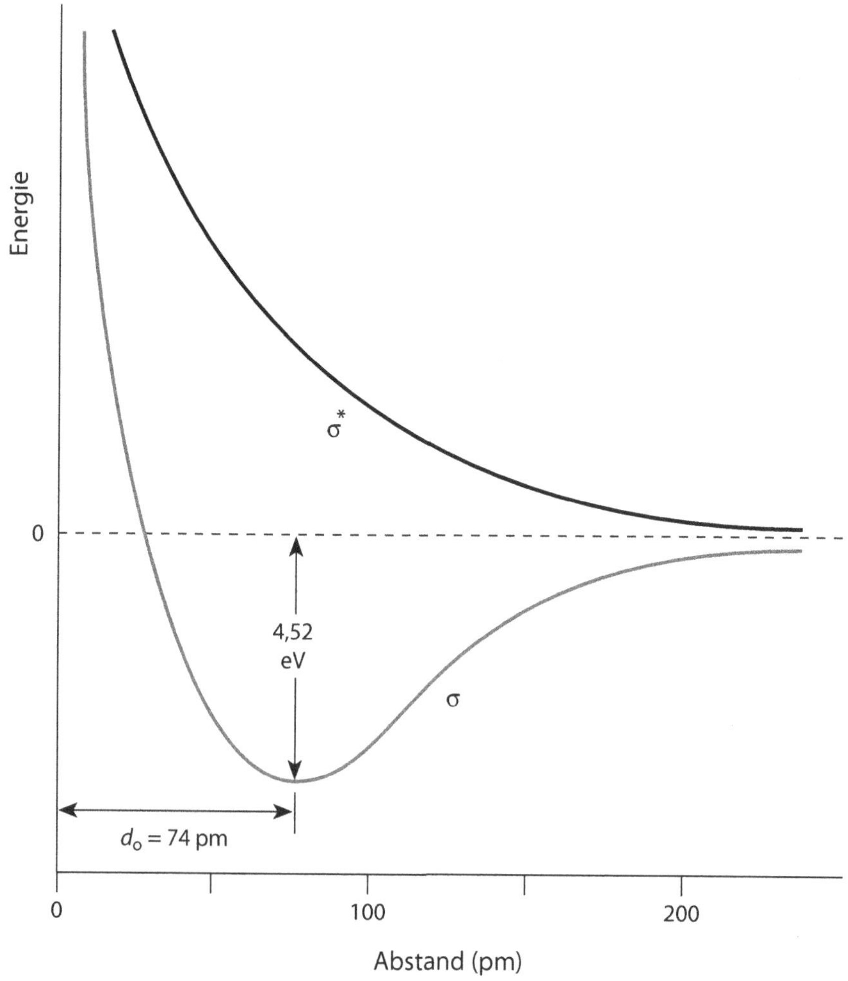

◻ **Abb. 11.8** Energie der Molekülorbitale als Funktion des Abstands zweier Wasserstoff-Atome

11.2.1 Molekülorbitale zweiatomiger Moleküle der ersten Periode

▪▪ H_2

Ein Wasserstoff-Atom hat im Grundzustand eine Elektronenkonfiguration $1s^1$. Bei der Wechselwirkung des 1s-Orbitals mit dem Atomorbital eines benachbarten Wasserstoff-Atoms können durch Kombination der Atomorbitale zwei Molekülorbitale gebildet werden. Aufgrund ihrer „Herkunft" werden die Orbitale häufig mit Indizes gekennzeichnet: σ_{1s} ist das bindenden MO, σ^*_{1s} das antibindende MO (◘ Abb. 11.9). Ähnlich wie für die Abfolge der Energie der Atomorbitale können wir dann ein Energieschema für die Bildung der Molekülorbitale aufstellen. Darin erkennen wir die energetische Abfolge der einzelnen Molekülorbitale wie auch ihre relative Energie in Bezug auf die Ausgangs-Atomorbitale. Das Energieniveauschema des Wasserstoffmoleküls zeigt die Energie der Orbitale im Gleichgewichtsabstand d_0. Die Besetzung erfolgt jetzt – ähnlich wie die Besetzung der Atomorbitale -nach folgenden Regeln.

Regeln zur Besetzung von Molekülorbitalen

- **Energieprinzip: Die Molekülorbitale werden in der Reihenfolge ihrer Energien mit Elektronen besetzt.**
- **Pauli-Prinzip: Jedes Orbital kann maximal zwei Elektronen aufnehmen.**
- **Hund'sche Regel: Entartete – also energetisch gleichwertige – Molekülorbitale werden so besetzt, dass sich die maximale Anzahl ungepaarter Elektronen gleichen Spins ergibt.**

Dementsprechend werden die beiden von verschiedenen Wasserstoff-Atomen stammenden Elektronen nach dem Energieprinzip in das bindende σ-MO gefüllt – sie bilden ein bindendes Elektronenpaar. Das zweite Orbital (σ*) bleibt in diesem Fall leer. Die Bindungsordnung des Wasserstoff-Moleküls ergibt sich aus der Summe der bindenden und der antibindenden Orbitale – sie ist erwartungsgemäß 1 ($1-0=1$). Die Stabilität des Wasserstoff-Moleküls ergibt sich in der Anschaulichkeit der MO-Theorie aus der Differenz der Energie der ursprünglichen Atomorbitale zur Energie der besetzten Molekülorbitale. Da das σ-MO niedriger als die beiden s-Orbitale liegt, ist die Bindung im Molekül mit einem Energiegewinn verbunden.

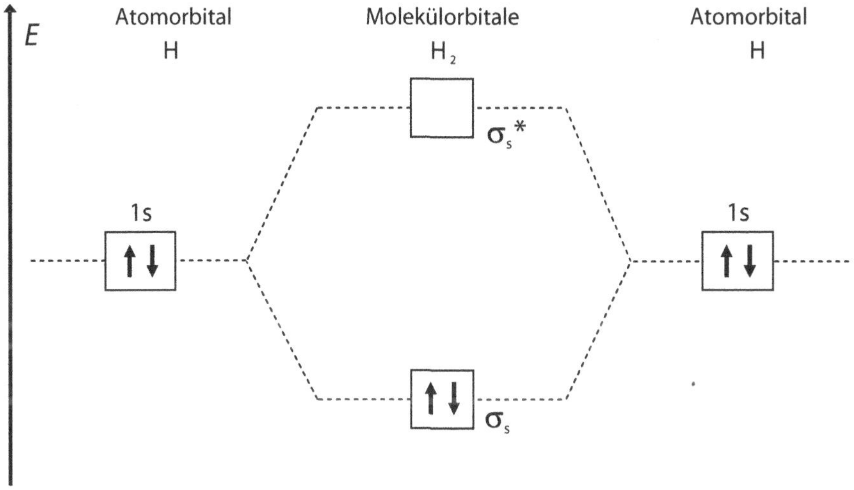

◘ **Abb. 11.9** Molekülorbital-Diagramm für das H_2-Molekül

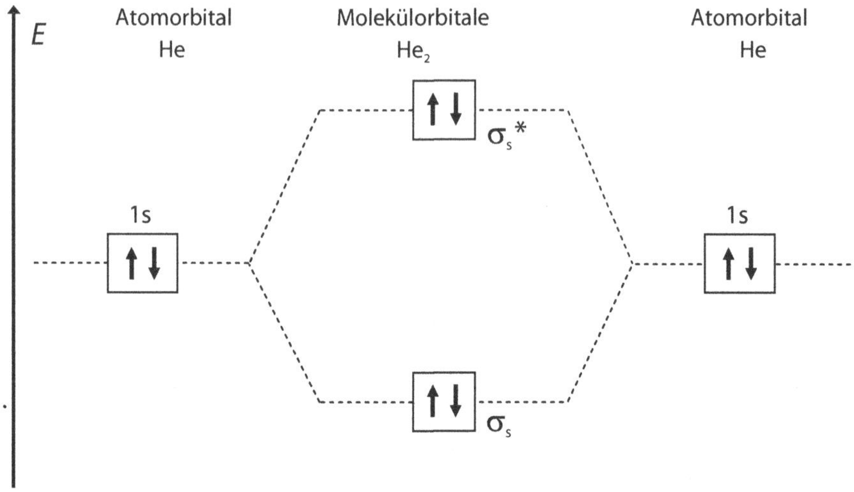

Abb. 11.10 Molekülorbital-Diagramm für das (fiktive) He_2-Molekül

11

He_2

Betrachten wir die Situation in einem „hypothetischen" Molekül He_2: Helium hat eine Elektronenkonfiguration im Grundzustand von $1s^2$. In Linearkombination der Atomorbitale zweier Helium-Atome entstehen wieder ein σ- und ein σ*-MO. Die Besetzung der Molekülorbitale erfolgt nach den oben genannten Regeln mit der Gesamtzahl der Elektronen beider Atome – also insgesamt vier Elektronen. Dabei besetzen je zwei Elektronen das σ- und zwei Elektronen das σ*-MO (Abb. 11.10). Die Energien der beiden Molekülorbitale addieren sich zu einem Betrag, der dem Ausgangszustand der Atomorbitale entspricht. Die Bindung führt nicht zu einer Stabilisierung, und die Bindungsordnung wird null. Damit können wir anschaulich sehen, dass die Bildung eines He_2-Moleküls nicht sinnvoll ist, Helium liegt als Gas einatomig vor.

Dagegen ist die Bildung eines Kations He_2^+ unter bestimmten Bedingungen möglich. Aufgrund der verringerten Gesamtzahl der Elektronen erfolgt die Besetzung mit zwei Elektronen im σ-MO und einem Elektron im σ*-Orbital. Die Bindungsordnung ist dann $1 - 1/2 = 1/2$, die Energie der Bindung entsprechend $2/2\ E^{b} - 1/2\ E^{*}$.

11.2.2 Molekülorbitale zweiatomiger Moleküle der zweiten Periode

Für die Elemente der zweiten Periode werden die 1s-Elektronen nicht weiter für das Bindungsverhalten berücksichtigt. Grund dafür ist zunehmende Anziehung der 1s-Orbitale durch die erhöhte Kernladung der Elemente und die dadurch verringerte Orbitalenergie. Energieniveauschemata der Molekülorbitale von Elementen der zweiten Periode werden daher immer nur unter Berücksichtigung von Atomorbitalen der Valenzschale aufgestellt. Man bezeichnet die darin enthaltenen Orbitale als *Grenzorbitale.* Für die in der zweiten Periode erstmals auftretenden p-Orbitale ergeben sich verschiedene Möglichkeiten der Wechselwirkung mit den Atomorbitalen der Nachbaratome. Wir haben die Möglichkeiten der Überlappung von p-Orbitalen bei der Bildung von σ- und π-Bindungen bereits besprochen (Abb. 11.1 und 11.2). Durch Kombination der Wellenfunktionen von zwei entlang der Kernverbindungsachse ausgerichteten p-Orbitalen (definitionsgemäß ist das die *x*-Achse) entstehen dann ein bindendes $\sigma(p_x)$-Orbital sowie das antibindende $\sigma^*(p_x)$-Orbital. Die senkrecht dazu stehenden Atomorbitale p_y und p_z kombinieren dann zu energetisch

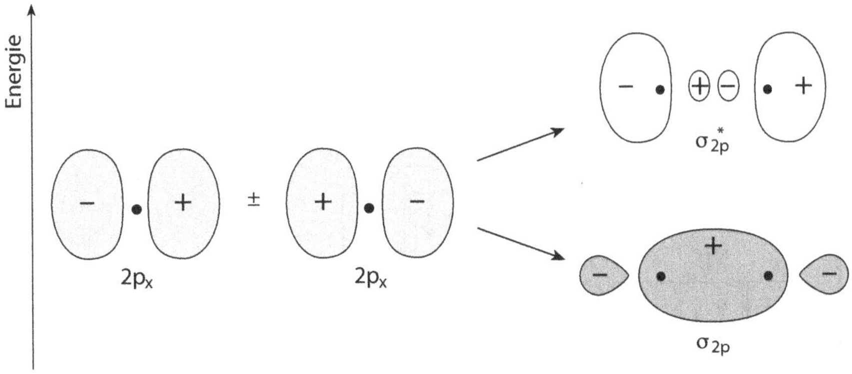

Abb. 11.11 Bildung eines bindenden σ_{2p}- und eines antibindenden σ^*_{2p}-Molekülorbitals durch Überlappung von zwei $2p_x$-Atomorbitalen

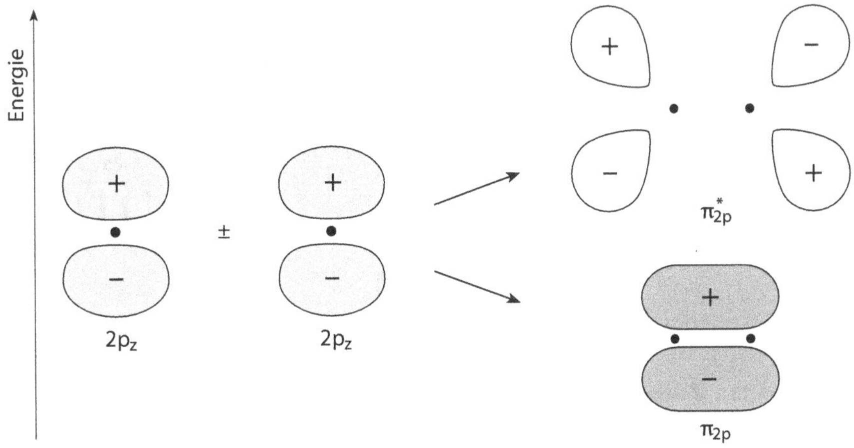

Abb. 11.12 Bildung eines bindenden π_{2p}- und eines antibindenden π^*_{2p}-Molekülorbitals durch Überlappung von zwei $2p_z$-Atomorbitalen

gleichwertigen (d. h. entarteten) bindenden $\pi(p_y)$ – bzw. $\pi(p_z)$-Orbitalen und deren antibindenden Komplementären $\pi^*(p_y)$- bzw. $\pi^*(p_z)$. Bei der Kombination von je einem s- und jeweils drei p-Orbitalen von zwei Atomen der zweiten Periode entstehen so acht Molekülorbitale, von denen zwei einen bindenden σ-Charakter und zwei einen bindenden π-Charakter haben, zwei Orbitale sind σ*-antibindend, zwei weitere π*-antibindend (Abb. 11.11 und 11.12).

F_2

Die Anordnung der resultierenden Molekülorbitale bei Kombination der 2s- und 2p-Atomorbitale ist in Abb. 11.13 am Beispiel des Fluor-Moleküls F_2 dargestellt. Die Molekülorbitale σ_s und σ^*_s aus der Linearkombination der s-Orbitale liegen energetisch am niedrigsten – sie werden zuerst besetzt und spielen im Weiteren keine Rolle für die Bindungssituation in F_2. Die insgesamt zehn Elektronen der p-Schalen (jeweils $2p^5$) werden nach dem Energieprinzip zunächst in die bindenden MOs $\sigma(p_x)$ und $\pi(p_y)$ sowie $\pi(p_z)$ eingesetzt. Daraufhin erfolgt die Besetzung der energetisch höheren antibindenden MOs $\pi^*(p_y)$ sowie $\pi^*(p_z)$. Die Differenz der Anzahl der bindenden Elektronenpaare zur Anzahl der antibindenden Elektronenpaare ergibt für das Fluor-Molekül eine Bindungsordnung von 1 ($3-2=1$; bzw. $4-3=1$ bei Berücksichtigung von σ_s und σ^*_s). Dieses Ergebnis stimmt mit der Darstellung des Moleküls in der Lewis-Formel überein.

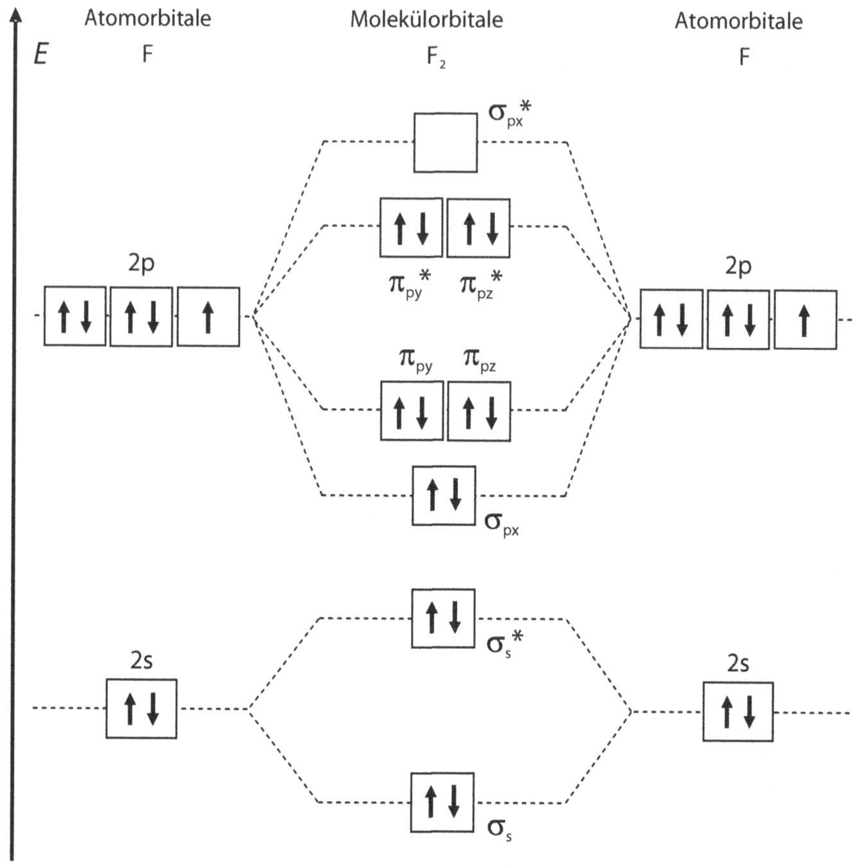

Abb. 11.13 Molekülorbitalschema für die Bildung des Fluor-Moleküls F_2

O_2

Das Sauerstoff-Atom trägt mit seiner Elektronenkonfiguration im Grundzustand ($2s^2$ $2p^4$) mit sechs Elektronen der Valenzschale zur Bindung in Molekülen bei. Im homoatomaren Molekül O_2 werden die Atomorbitale in nunmehr bekannter Weise kombiniert. Die Besetzung der σ_s und σ^*_s-Molekülorbitale erfolgt in der Reihenfolge der Orbitalenergie. Die verbleibenden acht p-Elektronen beider Sauerstoff-Atome werden schrittweise in die bindenden MOs $\sigma(p_x)$, $\pi(p_y)$ und $\pi(p_z)$ sowie die höher gelegenen antibindenden MOs $\pi^*(p_y)$ und $\pi^*(p_z)$ eingesetzt (Abb. 11.14). Aufgrund der energetischen Entartung der beiden MOs $\pi^*(p_y)$ und $\pi^*(p_z)$ liegen zwei Elektronen gemäß der Hund'schen Regel ungepaart und mit gleicher Spinorientierung vor. Diese Charakteristik gibt einen quantenchemischen Hintergrund für die Beobachtung des paramagnetischen Verhaltens des Sauerstoffs: Aufgrund der gleichartigen Spinorientierung der beiden Elektronen ergibt sich ein resultierendes magnetisches Moment für das Molekül O_2.

Die Darstellung des O_2-Moleküls in der Lewis-Formel gibt für das Molekül eine Doppelbindung an. Die Doppelbindung entspricht wiederum auch unserer Vorstellung über die Bindigkeit nach der (8 – N)-Regel. Auch hierzu kann die MO-Theorie Argumente liefern: In den bindenden σ_p und π_p-Orbitalen sind insgesamt drei Elektronenpaare (sechs Elektronen) lokalisiert. Dem stehen zwei ungepaarte Elektronen gegenüber. Die Bindungsordnung ergibt sich dann aus der Differenz der Anzahl der bindenden Elektronenpaare zu den antibindenden Elektronen zu 2 ($3 - 2 \cdot 1/2 = 2$). Mithilfe der MO-Theorie können wir also sowohl die Bindigkeit der Sauerstoff-Atome als auch die physikalischen Eigenschaften des Sauerstoff-Moleküls hinreichend gut erklären.

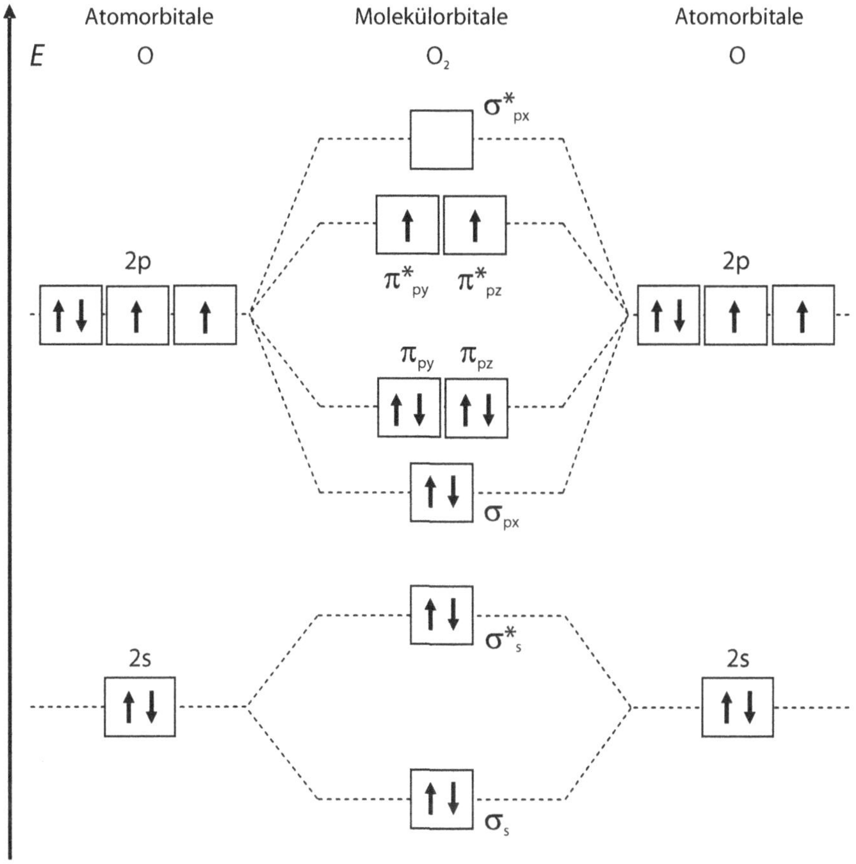

■ Abb. 11.14 Molekülorbitalschema für die Bildung des Sauerstoff-Moleküls O_2

■■ N_2

Mit abnehmender Kernladungszahl der Elemente vermindert sich die Anziehung des 2s-Niveaus etwas, sodass die Energiedifferenz zwischen den 2s- und den 2p-Orbitalen geringer wird. Dabei kommt es im Bindungsgeschehen häufiger zu Mischungen der elektronischen Zustände. Wir haben bereits diskutiert, dass für das N_2-Molekül eine Hybridisierung unter Kombination des 2s und eines 2p-Orbitals zu zwei sp-Orbitalen sinnvoll ist. Auch wenn man das Konzept der Hybridisierung nicht in direkten Zusammenhang mit der MO-Theorie stellen sollte, so erkennen wir den Einfluss der Wechselwirkungen zwischen dem 2s- und dem $2p_x$-Orbital auf die entstehenden Molekülorbitale. Die Energie des σ_s-Orbitals wird dabei erniedrigt, während das $\sigma(p_x)$-Orbital destabilisiert wird. Dadurch liegt die Energie der Molekülorbitale $\pi(p_y)$ und $\pi(p_z)$ niedriger als die des $\sigma(p_x)$-Orbitals (■ Abb. 11.15). Die Besetzung nach dem Energieprinzip erfolgt im N_2-Molekül in vier bindenden Molekülorbitalen und einem antibindenden Orbital. Die Bindigkeit des Moleküls ist demnach 3 $(4-1=3)$ – in Übereinstimmung mit der Schreibweise der Lewis-Formel.

Die Unterschiede in den Bindungsordnungen der drei betrachteten Moleküle F_2, O_2 und N_2 werden in der Bindungslänge und der jeweiligen Bindungsenthalpie deutlich (■ Tab. 11.2). Das Stickstoff-Molekül hat aufgrund der Dreifachbindung die kürzeste Bindungslänge, während die mit einer Einfachbindung verknüpften Fluor-Atome deutlich weiter voneinander entfernt stehen. Die Bindungsenthalpien verdoppeln sich näherungsweise mit Erhöhung der Bindungsordnung. So sind für die Elemente der zweiten Periode Bindungsenthalpien von etwa 200 $kJ \cdot mol^{-1}$ für Einfachbindungen, um 500 $kJ \cdot mol^{-1}$ für Doppelbindungen und etwa 900 bis 1000 $kJ \cdot mol^{-1}$ für Dreifachbindungen charakteristisch.

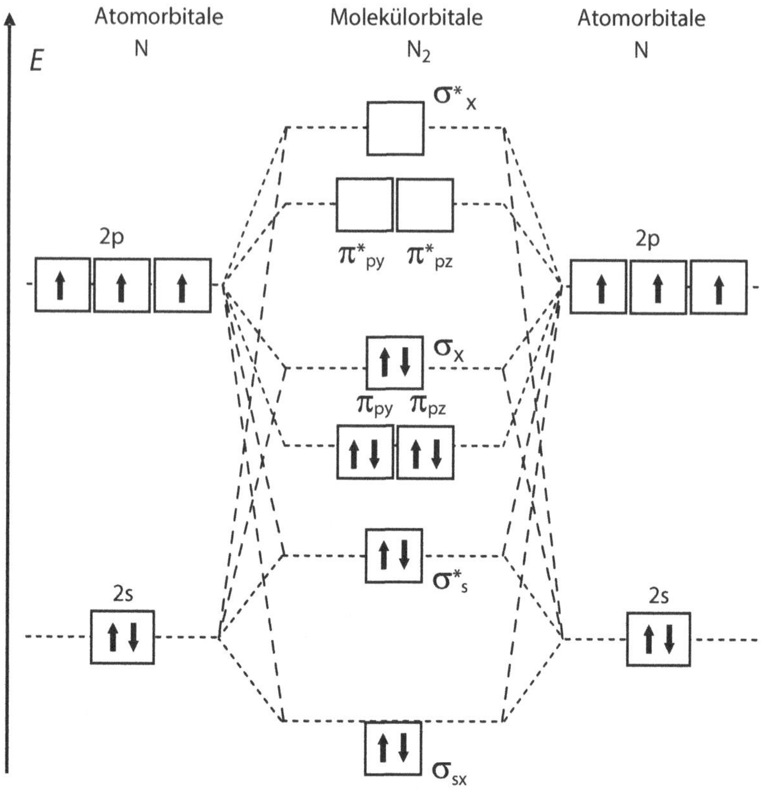

11

Abb. 11.15 Molekülorbitalschema für die Bildung des Stickstoff-Moleküls N_2

Tab. 11.2 Bindungsordnung und -enthalpie für homoatomare Moleküle der Elemente der zweiten Periode

Bindungsordnung	Molekül	Bindungslänge (in pm)	Bindungsenthalpie (in kJ · mol^{-1})
1	F_2: F–F	142	159
2	O_2: O=O	121	498
3	N_2: N≡N	110	945

11.2.3 Molekülorbitale heteronuklearer zweiatomiger Moleküle

Bei der Kombination von Atomorbitalen in heteroatomaren Molekülen sind die unterschiedlichen energetischen Beträge der einzelnen Orbitale zu berücksichtigen. Prinzipiell lassen sich aber auch hier MO-Schemata aufstellen, die eine anschauliche Darstellung der Bindungssituation gewähren.

Wichtig

- **Die Energie gleichnamiger Atomorbitale sinkt mit zunehmender Kernladungszahl.**
- **Molekülorbitale werden zwischen energetisch gleichwertigen Orbitalen gebildet.**

CO

Ein charakteristisches Beispiel ist das Molekül von Kohlenstoffmonoxid (CO; Abb. 11.16). Das Molekül ist isoelektronisch zum N_2-Molekül, sodass man eine gleichartige Bindungssituation erwarten kann. Da die Orbitalenergien der Kohlenstoff- und Sauerstoff-Atome aber deutlich voneinander verschieden sind,

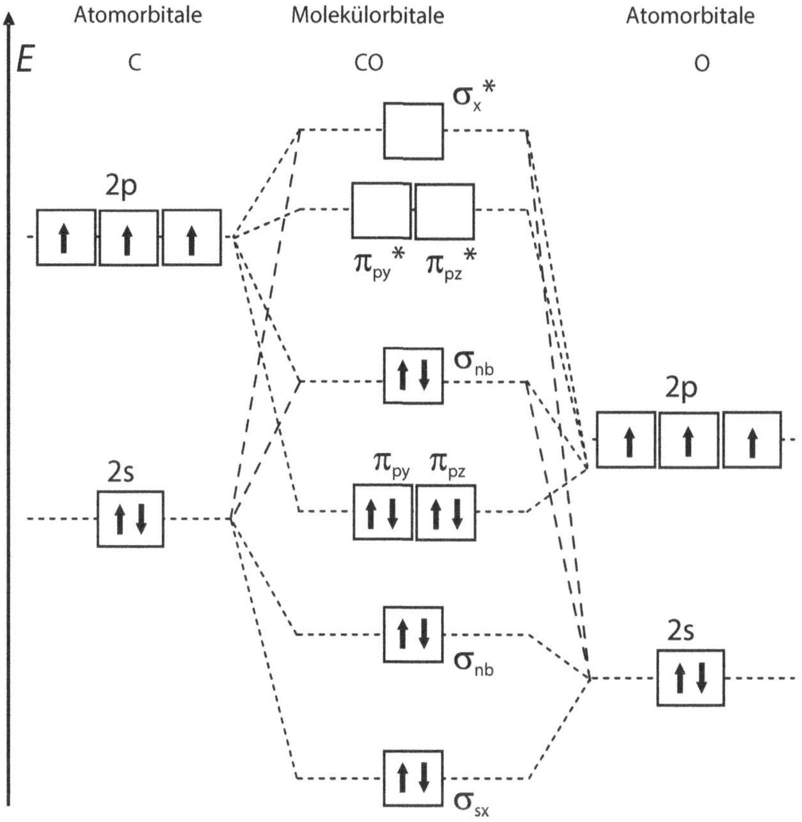

Abb. 11.16 Vereinfachtes Molekülorbital-Diagramm für die 2s- und 2p-Atomorbitale des CO-Moleküls (nb: nichtbindend)

wollen wir unsere Vorstellung über die chemische Bindung im CO-Molekül mithilfe des MO-Schemas überprüfen.

Die Atomorbitale von Sauerstoff liegen aufgrund der stärkeren Anziehung durch die höhere Kernladung energetisch niedriger als die betreffenden Orbitale des Kohlenstoff-Atoms. Die Wechselwirkung energetisch gleichwertiger Orbitale ergibt sich hier nicht wie bei den heteroatomaren Molekülen zwischen den 2s-Niveaus und zwischen den 2p-Niveaus, sondern bevorzugt zwischen dem 2s-Niveau des Kohlenstoff- und den 2p-Niveaus des Sauerstoff-Atoms. Aufgrund der unterschiedlichen Lage haben die einzelnen Atomorbitale auch verschiedene Anteile an den Molekülorbitalen: Die Atomorbitale von Sauerstoff tragen wesentlich zu den bindenden Zuständen bei, während die Orbitale von Kohlenstoff einen hohen Anteil an den antibindenden Orbitalen haben. Darüber hinaus werden Molekülorbitale gebildet, deren Energie sich gegenüber den Ausgangsorbitalen nicht signifikant ändert – sie werden als nichtbindende Orbitale σ_{nb} bezeichnet. Bei Besetzung der resultierenden Molekülorbitale nach dem Energieprinzip werden drei bindende Orbitale und zwei nichtbindende Orbitale besetzt. Man erhält eine Bindungsordnung von 3 ($3-0=3$), die nichtbindenden Zustände haben dabei keinen Einfluss auf die Bindigkeit. Im Ergebnis dieser Diskussion wird die Vorstellung einer Dreifachbindung im Kohlenstoffmonoxid-Molekül (und damit die Schreibweise der Lewis-Formel) bestätigt. Allerdings erkennen wir, dass die Bindungssituation von der im Stickstoff-Molekül verschieden ist.

▪▪ HCl

Die Beschreibung der chemischen Bindung mithilfe der MO-Theorie bei Molekülen aus verschiedenen Perioden des Periodensystems setzt voraus, dass die zu kombinierenden Orbitale ähnliche Energien haben. Für die Bildung des Chlorwasserstoff-Moleküls sind die Energien des 1s-Niveaus von Wasserstoff und

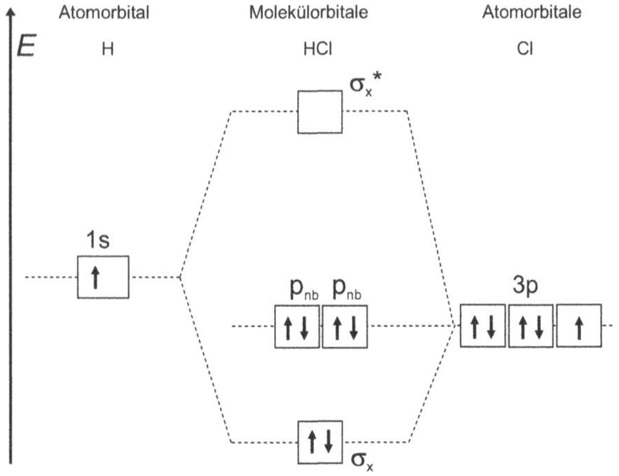

■ **Abb. 11.17** Molekülorbital-Diagramm für das HCl-Molekül

die 3p-Niveaus von Chlor relevant. Hier ergibt sich eine besondere Bindungssituation: Das s-Orbital des Wasserstoff-Atoms kann nur mit dem in Richtung der Kernverbindungsachse ausgerichteten p-Orbital des Chlor-Atoms (p_x) im Sinne einer σ-Bindung überlappen. Die Kombination beider Orbitale führt zur Ausbildung eines bindenden Molekülorbitals σ und eines antibindenden σ*-Orbitals. Die senkrecht zur Kernverbindungsachse stehenden p-Orbitale des Chlor-Atoms (p_y, p_z) kombinieren mit dem s-Orbital, wenn überhaupt, mit dem positiven *und* dem negativen Bereich der Wellenfunktion. Dadurch entsteht ein nichtbindender Zustand der Wellenfunktion des Molekülorbitals. Die nichtbindenden Orbitale (nb) sind ausschließlich mit p-Elektronen des Chlor-Atoms besetzt, während das bindende σ-MO mit jeweils einem Elektron von Chlor und einem Elektron von Wasserstoff das Bindungselektronenpaar enthält (■ Abb. 11.17). Die Bindungsordnung ergibt sich aus der Charakteristik der besetzten Orbitale zu 1 ($1-0=1$).

11

Fragen

61. Zeichnen Sie die MO-Diagramme für folgende zweiatomige Moleküle des Sauerstoffs: O_2^{2+}, O_2, O_2^{2-}.
62. Bestimmen Sie die Bindungsordnung der Moleküle anhand der Besetzung der Molekülorbitale.
63. Ermitteln Sie, zu welchen neutralen, zweiatomigen Molekülen die Molekül-Ionen O_2^{2+} und O_2^{2-} isoelektronisch sind.
64. Schätzen Sie den Verlauf der Bindungslängen in den Molekülen O_2^{2+}, O_2, O_2^{2-} ab.

Intermolekulare Kräfte

P. Schmidt, *Allgemeine Chemie*, https://doi.org/10.1007/978-3-662-57846-9_12

Aufgrund der gerichteten Bindungen der Bindungspartner bestehen kovalente Verbindungen in der Regel aus kleinen, in sich abgeschlossenen molekularen Einheiten. Mithilfe der bisher diskutierten Bindungskräfte für solche Stoffe haben wir zunächst nur die Verknüpfung der Atome im Molekül charakterisiert. Wir sprechen dabei von *intramolekularen Bindungskräften*. Für in der Gasphase vorliegende, isolierte Moleküle ist es ausreichend, sich auf diese Kräfte zu beschränken. In der Realität zeigen die meisten Molekülverbindungen aber auch Wechselwirkungen der Moleküle untereinander, die zur Kondensation in den flüssigen oder sogar in den festen Zustand führen können: Stickstoff und Sauerstoff lassen sich bei etwa −190 °C verflüssigen und dann durch Destillation trennen, CO_2 kondensiert bei −78 °C zu festem „Trockeneis", Wasser-Moleküle kondensieren, wie Sie wissen, bei 100 °C und kristallisieren bei 0 °C. Für dieses charakteristische Verhalten sind Bindungskräfte zwischen den Molekülen verantwortlich – die intermolekularen Bindungskräfte.

Im Wesentlichen beruhen diese Kräfte auf elektrostatischen Wechselwirkungen der Teilchen untereinander. Anders als bei ionisch aufgebauten Verbindungen wirken hier keine geladenen Teilchen aufeinander, sondern schwache elektrische Dipole – die Stärke der Bindung ist entsprechend bedeutend geringer als bei Ionenverbindungen. Temporäre Dipole können in allen Molekülen (d. h. auch in homoatomaren Molekülen) auftreten und bei der Ausbildung von **Dispersionskräften** oder London-Kräften wirksam werden. Heteroatomare Moleküle können aufgrund der Elektronegativitätsunterschiede der Bindungspartner sogar dauerhafte (permanente) Dipole aufweisen und damit intermolekulare Bindungen eingehen. Alle intermolekularen Kräfte, die auf Wechselwirkungen zwischen permanenten oder temporären Dipolen beruhen, bezeichnet man als **Van-der-Waals-Wechselwirkungen.**

12

In einer Reihe von Element-Wasserstoff-Verbindungen kommt es schließlich bei elektronischen Wechselwirkungen über das Molekül hinaus zur Ausbildung von **Wasserstoffbrückenbindungen.**

Die Bildung kovalenter Netzwerke in Stoffen wie dem Diamant oder SiO_2 basiert auf der Verknüpfung einer Vielzahl von Atomen über verzweigte kovalente Bindungen. Diese Bindungen sind äußerst stark – sie haben nicht den Charakter von „zwischenmolekularen" Wechselwirkungen.

12.1 Dispersionskräfte

Atom- und Molekülorbitale beschreiben eine Aufenthalts*wahrscheinlichkeit* der Elektronen – deren genaue Position ist aufgrund der Unschärferelation gar nicht bestimmbar. Man kann die Orbitale aus diesem Grund auch als einen Mittelwert der zeitlichen oder örtlichen Verteilung von Elektronendichten auffassen. Das heißt, auf ein einzelnes Atom bezogen muss die Elektronendichte nicht kugelsymmetrisch verteilt sein. (Ein anschaulicher Vergleich: Ein Tennisball ändert während eines Spiels ständig seine Form – beim Aufschlag, beim Aufprall auf dem Platz – wir können die Änderungen aber gar nicht so schnell „sehen"; der Ball ist für uns immer rund ...) Durch die zeitlich befristete (temporäre) Verschiebung der Elektronendichte entstehen auf der Oberfläche entgegengesetzte Ladungsschwerpunkte, die Dipole (◘ Abb. 12.1). Die elektrostatische Anziehung

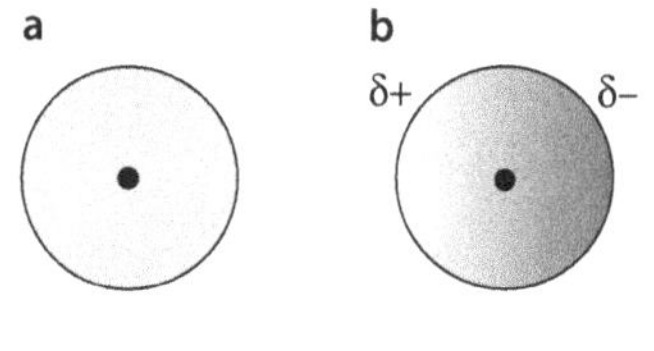

◘ **Abb. 12.1** Elektronenverteilung in der Elektronenhülle eines Atoms im zeitlichen Mittel; Momentaufnahme der Elektronenverteilung (**a**), die einen temporären Dipol erzeugt (**b**)

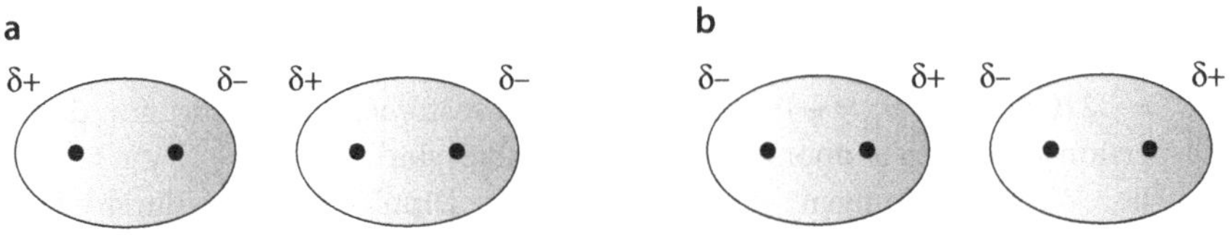

■ **Abb. 12.2** Anziehung benachbarter Moleküle (**a**) und entgegengesetzte Polarität im nächsten Moment (**b**)

■ **Tab. 12.1** Siedetemperaturen von Atomen und Molekülen

Elektronenzahl	**Siedetemperatur ϑ_b (in °C)**	**Elektronenzahl**	**Siedetemperatur ϑ_b (in °C)**
2 (He)	−270	2x1 (H_2)	−253
10 (Ne)	−246	2x9 (F_2)	−188
18 (Ar)	−125	2x17 (Cl_2)	−34
36 (Kr)	−153	2x35 (Br_2)	59
54 (Xe)	−108	2x53 (I_2)	184

mehrerer Dipole *(Dispersion)* bewirkt schließlich die attraktiven Wechselwirkungen der Moleküle untereinander (■ Abb. 12.2). Die Edelgase stellen solche Atome mit kugelsymmetrischer Verteilung der Elektronendichte dar. In einer zeitlichen Momentaufnahme kann die Verschiebung der Ladungsdichte zu einem positiven Schwerpunkt (δ+ – sprich: delta plus) und einem negativen Schwerpunkt (δ− – sprich: delta minus) führen. Mit jeder zeitlichen Veränderung der Ladungsschwerpunkte ändern sich auch die Dispersionskräfte und es werden ständig intermolekulare Bindungen geknüpft und wieder gebrochen. Eine solche Bindung ist nicht sonderlich stabil – das Helium-Atom hat entsprechend eine Siedetemperatur nahe dem absoluten Nullpunkt der Temperatur. Je größer die Gesamtzahl der Elektronen eines Atoms oder Moleküls ist, desto größer ist auch deren Polarisierbarkeit. Man spricht davon, dass die Teilchen „weicher“ werden. Atome und Moleküle mit höherer Polarisierbarkeit haben größere Dispersionskräfte, also stärkere intermolekulare Bindungskräfte und schließlich höhere Schmelz- oder Siedetemperaturen (■ Tab. 12.1).

Nicht nur die Anzahl der Elektronen, sondern auch deren Verteilung über ein Molekül beeinflusst die Polarisierbarkeit eines Teilchens. In zweiatomigen Molekülen können die Elektronen auf einer größeren Oberfläche verteilt und die Ladungsschwerpunkte somit besser separiert werden. Die Siedetemperaturen sind im Trend höher als bei Atomen mit der gleichen Elektronenanzahl. Die größere Polarisierbarkeit von elektronenreichen Molekülen führt schließlich zu stärkeren kooperativen Phänomenen (d. h. die Dipole induzieren und stabilisieren sich gegenseitig). So sind die zweiatomigen Moleküle von Brom bei Raumtemperatur flüssig, die von Iod liegen sogar in fester Form vor.

12.2 Dipol/Dipol-Wechselwirkungen

In heteroatomaren Molekülen bestehen, abhängig von den Elektronegativitäten der Bindungspartner, unterschiedlich starke Anziehungskräfte auf die Bindungselektronen. Durch eine Verschiebung der Elektronendichte zwischen den Kernen entsteht zum elektronegativen Element hin ein negativer Ladungsschwerpunkt, zum weniger elektronegativen Element ein positiver Ladungsschwerpunkt. Im Ergebnis weist das Molekül einen dauerhaften (permanenten) Dipol auf. Die beiden isoelektronischen Moleküle CO und N_2 können den Effekt belegen: Kohlenstoffmonoxid hat als heteroatomares Molekül etwas höhere Schmelz- und Siedetemperaturen ($\vartheta_m = -205$ °C und $\vartheta_b = -192$ °C) als Stickstoff ($\vartheta_m = -210$ °C und $\vartheta_b = -196$ °C), dessen homoatomare Moleküle nur durch Dispersionskräfte der temporären Dipole gebunden sind.

Die Wechselwirkungen der permanenten Dipole können durch Dispersionskräfte noch zusätzlich beeinflusst werden. Das zeigt ein Vergleich der Wasserstoffverbindungen von Chlor und von Brom. Aufgrund der größeren Elektronegativitätsdifferenz in Chlorwasserstoff ($\Delta\chi = 3{,}2 - 2{,}2 = 1{,}0$) gegenüber Bromwasserstoff ($\Delta\chi = 3{,}0 - 2{,}2 = 0{,}8$) ist ein größeres permanentes Dipol im HCl-Molekül zu erwarten. Die Siedetemperatur des Chlorwasserstoffs (−85 °C) liegt aber niedriger als die des Bromwasserstoffs (−67 °C). Das heißt, die stärkere Polarisierbarkeit des elektronenreicheren Moleküls HBr hat hier einen dominierenden Einfluss – die Dispersionskräfte überwiegen die permanenten Dipole der beiden Moleküle.

Wichtig

- **Dispersionskräfte beruhen auf der elektrostatischen Anziehung temporärer (zeitweiliger) Dipole.**
- **Dipol/Dipol-Kräfte beruhen auf der elektrostatischen Anziehung permanenter (dauerhafter) Dipole. Die Wirksamkeit permanenter Dipole ist abhängig von der Differenz der Elektronegativitäten der Bindungspartner.**
- **Dispersionskräfte und Dipol/Dipol-Kräfte können gleichzeitig – und mit unterschiedlichem Anteil – wirksam werden.**

12.3 Wasserstoffbrückenbindungen

Entgegen dem Trend, dass die Schmelz- und Siedetemperaturen systematisch zu den elektronenreichen Verbindungen hin ansteigen, zeigen einige Element-Wasserstoff-Verbindungen Maxima der charakteristischen Temperaturen gerade bei den Elementen der zweiten Periode. So haben Ammoniak, Wasser und Fluorwasserstoff jeweils deutlich höhere Schmelz- und Siedetemperaturen als ihre Nachfolger in den Gruppen. Nach einem Minimum der Temperaturen bei den Verbindungen PH_3, H_2S und HCl steigen die Werte dann doch wieder systematisch an. Der charakteristische Verlauf ist am Beispiel der Wasserstoffverbindungen der Elemente der Gruppe 17 in ◘ Abb. 12.3 dargestellt.

Die besonders starken intermolekularen Bindungskräfte der Element-Wasserstoff-Verbindungen bezeichnet man als Wasserstoffbrückenbindungen. Die Bindungsstärke der Wasserstoffbrückenbindung nimmt in der Reihe H/F, H/O, H/N mit der Elektronegativitätsdifferenz ab. Allerdings sind diese Bindungskräfte nicht allein durch die Elektronegativitätsdifferenz der Elemente bestimmt. So hat Chlor eine größere Elektronegativitätsdifferenz zu Wasserstoff (1,0) als Stickstoff (0,8), dennoch werden im HCl-Molekül praktisch keine Wasserstoffbrücken wirksam. Eine Erklärung finden wir über die Analyse der Bindungslängen und Molekülabstände: Da die Abstände von Molekülen in einer Wasserstoffbrückenbindung deutlich geringer als die Summe der Van-der-Waals-Radien sind, müssen zumindest schwache kovalente Bindungsanteile vorliegen. Diese Bindung kann man sich als Verteilung der Elektronendichte eines freien Elektronenpaares der Fluor-, Sauerstoff- oder Stickstoff-Atome über ein Wasserstoff-Atom hinweg bis zum nächsten Molekül vorstellen. In Verbindungen größerer Atome (der 3. und höheren Perioden) kommen sich die Moleküle offensichtlich nicht nahe genug, um die Elektronen auf diese Weise zu teilen.

Ein ganz praktisches Beispiel für die Wirksamkeit von Wasserstoffbrückenbindungen ist die **Dichteanomalie des Wassers.** Wasser hat bei 4 °C seine größte Dichte. Gefriert das Wasser zu Eis, sinkt die Dichte, d. h. die Moleküle nehmen

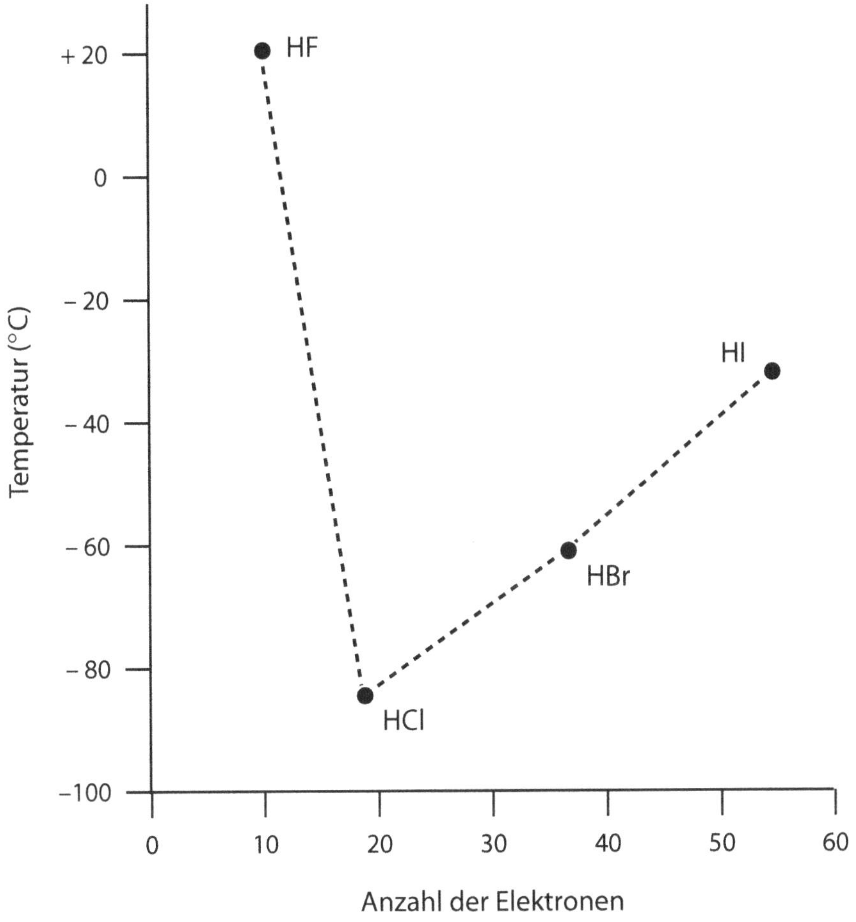

Abb. 12.3 Abhängigkeit der Siedetemperaturen von der Elektronenzahl am Beispiel der Wasserstoffverbindungen von Elementen der Gruppe 7

im Kristall einen größeren Platz ein. Dieser Platzbedarf ist durch die Ausrichtung der Wasserstoffbrücken zwischen den Wassermolekülen bedingt. Die Bindungslänge einer solchen Bindung wirkt als „Abstandshalter" im Kristallgitter.

Wichtig

- **Wasserstoffbrückenbindungen sind schwache kovalente Bindungen über mehrere Bindungszentren.**
- **Wasserstoffbrückenbindungen treten nur bei Element-Wasserstoff-Verbindungen der Elemente der zweiten Periode auf. Sie führen zu Abweichungen im systematischen Trend physikalischer Eigenschaften der homologen Verbindungen.**

Fragen

65. Warum ist Chlor bei Raumtemperatur ein Gas, Iod aber ein Feststoff?
66. Die Moleküle Br_2 und ICl sind isoelektronisch: Warum hat ICl eine höhere Schmelztemperatur als Br_2?
67. Methan (CH_4) hat die niedrigste Siedetemperatur der Wasserstoff-Verbindungen der Elemente der Gruppe 14. Geben Sie eine Erklärung dafür.

Trends im Bindungsverhalten

P. Schmidt, *Allgemeine Chemie*, https://doi.org/10.1007/978-3-662-57846-9_13

Sie haben jetzt drei Grundtypen der chemischen Bindung kennengelernt. Deren Wesen besteht immer auf der Wechselwirkung von Elektronen der Valenzschale. Um den Bindungstyp einer Verbindung abzuschätzen, haben wir das Maß der Anziehung von Elektronen in der chemischen Bindung, also das Verhältnis der Elektronegativitäten der Bindungspartner, untersucht. Dabei haben wir festgestellt, dass in einer kovalenten Bindung die Orbitale zweier Atome überlappen und damit Platz für ein gemeinsames Elektronenpaar schaffen. In der metallischen Bindung erstreckt sich die Wechselwirkung von Atomorbitalen über viele Atome, sodass die Elektronen über das gesamte Gitter verteilt vorliegen können. Im Gegensatz dazu sind die Elektronen in ionischen Verbindungen sehr stark lokalisiert. Die durch den Elektronenübergang entstehenden Ionen ziehen sich elektrostatisch an.

Der systematische Verlauf physikalischer Eigenschaften von Elementen und Verbindungen zeigt aber, dass die Bindungskräfte innerhalb der Grenztypen veränderlich sind. Wir sollten dabei daran denken, dass die Beschreibung der Bindungstypen auf Modellen beruht, in denen wir häufig vereinfachende Annahmen einsetzen und aufgrund derer wir zu plakativen Aussagen gelangen.

13.1 Das Bindungsdreieck

Berücksichtigen wir, dass das Valenzelektron eines Atoms ein Bindungselektronenpaar bildet, dabei aber ggf. stark polarisiert wird und über das zentrale Teilchen hinaus Einfluss auf die Anziehungskräfte mehrerer Atome hat, so ist die von diesem Atom ausgehende chemische Bindung als Mischung verschiedener Anteile einer kovalenten, ionischen oder metallischen Bindung zu beschreiben. Die systematischen Beziehungen der Grenztypen der chemischen Bindung und deren Übergang in Elementen und Verbindungen können in einem Dreiecksdiagramm – dem Bindungsdreieck – dargestellt werden. Das Beispiel in ◘ Abb. 13.1

13

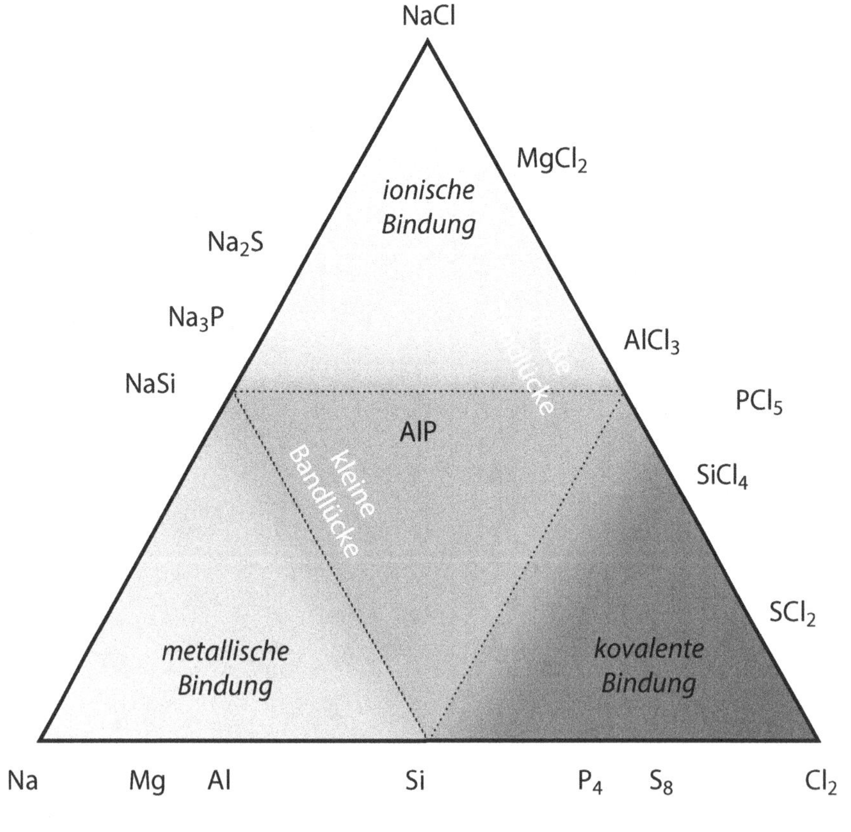

◘ **Abb. 13.1** Das Bindungsdreieck

zeigt Vertreter von Elementen und Verbindungen der dritten Periode. Die Ecken des Bindungsdreiecks sind durch Vertreter besetzt, in denen die Bindungstypen relativ eindeutig repräsentiert sind: In Natrium soll eindeutig die metallische Bindung vorherrschen, in Chlor die kovalente Bindung und in der Spitze des Dreiecks, bei Natriumchlorid, ist die ionische Bindung charakteristisch.

▪ Das Bindungsdreieck

▪▪ Cl_2 … NaCl

Die Chlor-Atome bilden ein unpolares Cl_2-Molekül. Das Bindungselektronenpaar ist also völlig gleichmäßig zwischen den Kernen verteilt. Ersetzen wir den Bindungspartner durch Atome von Elementen der vorhergehenden Gruppen (SCl_2, PCl_5, $SiCl_4$, $AlCl_3$, $MgCl_2$), erhöht sich systematisch die Elektronegativitätsdifferenz und damit die Polarität der Bindung zu den Chlor-Atomen. Wir können uns bildlich vorstellen, dass die Energie der an der Bindung beteiligten Atomorbitale immer weiter auseinanderliegt – die Atomorbitale von Chlor sind aufgrund der stärkeren Anziehung durch die höhere Kernladung energetisch niedriger als die betreffenden Orbitale der anderen Bindungspartner. So wird das bindende Molekülorbital zunehmend durch Zustände des Chlors geprägt, während der antibindende Zustand vom Bindungspartner dominiert wird. Bei Magnesiumchlorid liegen die Orbitale so weit auseinander, dass eine Überlappung und Kombination zu gemeinsamen Molekülorbitalen praktisch nicht mehr sinnvoll ist. Natriumchlorid wird aufgrund der großen Differenz der Orbitalenergien als ganz überwiegend ionisch aufgefasst. Dabei gehen die Valenzelektronen des Natrium-Atoms vollständig in energetisch günstigere Atomorbitale des Chlor-Atoms über.

▪▪ Na … Cl_2

Entlang der unteren Dreieckskante treten Bindungspartner mit der gleichen Elektronegativität auf. Die Charakteristik der Bindung ändert sich systematisch hinsichtlich der Reichweite der elektronischen Wechselwirkungen. Im Chlor-Molekül ist die Bindung nahezu auf das Bindungselektronenpaar zwischen den Chlor-Atomen beschränkt. Lediglich schwache disperse Kräfte bewirken die intermolekulare Bindung der Chlor-Moleküle. In Schwefel (S_8) teilen bereits mehrere Atome ein Elektronensystem miteinander, das durch wechselseitige Überlappung von sp^3-Hybridorbitalen entsteht. In gleicher Weise ist die Bindung im Phosphor-Molekül P_4 zu beschreiben. Das Element Phosphor zeigt aber bereits eine ausgeprägte Allotropie (das Auftreten mehrerer Strukturen für ein Element). In den anderen Strukturvarianten (wir bezeichnen sie nach ihren charakteristischen Eigenschaften als schwarzen, roten, violetten oder faserförmigen Phosphor) werden bereits Stränge oder Netze von einer Vielzahl kovalent gebundener Phosphor-Atome ausgebildet. Im halbleitenden Silicium sind die Atome, genau wie in der Diamant-Struktur, tetraedrisch in einem Raumnetzwerk kovalente verknüpft. Unter hohem Druck kann die Lage der Molekülorbitale jedoch so weit modifiziert werden, dass die Bandlücke aufgehoben und das Element metallisch leitend wird. Für die Elemente Aluminium, Magnesium und Natrium nehmen wir die metallische Bindung als dominierend an.

▪▪ Na … NaCl

Ausgehend von der metallischen Bindung in Natrium ändert sich die Breite der Bänder (der dispersen Molekülorbitale) mit zunehmender Differenz der Elektronegativitäten der Bindungspartner. Je größer die Elektronegativitätsdifferenz ist, umso weniger überlappen die Orbitale und umso eindeutiger sind die Elektronen den Atomorbitalen des elektronegativeren Atoms zugeordnet. In NaCl haben wir dann dominierende ionische Bindungsanteile. Eine besondere Verbindung ist NaSi. Diese halbleitende Verbindung zeigt als sogenannte Zintl-Phase in seiner Struktur gleichzeitig verschiedene Bindungstypen: Die Silicium-Teilstruktur zeigt ein elektronenreiches kovalentes Netzwerk, das mit einer formal negativen Ladung mit dem Natrium-Kation in partiell ionischen Wechselwirkungen steht.

13.2 Periodische Trends im Bindungsverhalten

Wir haben bereits mehrfach diskutiert, in welcher Weise sich die Charakteristik der chemischen Bindung auf die physikalischen Eigenschaften auswirkt. In einer umgekehrten Betrachtung können wir in den Werten charakteristischer physikalischer Eigenschaften eine Periodizität erkennen, die auf periodische Trends im Bindungsverhalten schließen lässt. Wir wollen an dieser Stelle die Schmelz- und Siedetemperaturen von Elementen und Verbindungen als synonymes Maß für die Art und Stärke der chemischen Bindung heranziehen.

▪ Bindungstrends bei den Elementen der zweiten Periode

Die Schmelztemperaturen der Elemente der zweiten Periode steigen von Lithium bis zu Kohlenstoff systematisch an (◘ Tab. 13.1). Ab Stickstoff erfolgt eine abrupte Änderung der Schmelztemperaturen, wodurch ein ebenso sprunghafter Wechsel des Bindungstyps markiert wird.

Lithium ist wie Beryllium durch eine metallische Bindung geprägt. Beide Elemente zeigen gute elektrische Leitfähigkeit und metallischen Glanz. Nach dem Elektronengasmodell bestehen bei Lithium mit nur einem Valenzelektron schwächere Bindungskräfte, das Element hat eine niedrige Schmelztemperatur und darüber hinaus eine hohe chemische Reaktivität. Die zwei Valenzelektronen im Beryllium-Atom bewirken zusammen mit einem kleineren Atomradius stärkere Anziehungskräfte in der metallischen Bindung – die Schmelztemperatur steigt und die Reaktivität sinkt.

Der weitere Anstieg der Schmelztemperaturen für die Elemente Bor und Kohlenstoff reiht sich scheinbar in einen systematischen Trend ein. Tatsächlich beruhen die Werte auf einem Wechsel des Bindungstyps hin zu einem kovalenten Netzwerk. Bor bildet dabei kovalent gebundene B_{12}-Ikosaeder, die über Mehrzentrenbindungen untereinander verknüpft und ähnlich wie in einer kubisch dichtesten Kugelpackung gestapelt werden. Der Bindungsbruch dieser sehr komplexen strukturellen Anordnung erfordert eine sehr hohe thermische Energie – und somit hohe Temperaturen. In der thermodynamisch stabilen Modifikation des Kohlenstoffs – dem Graphit – sind die Kohlenstoff-Atome in einem bienenwabenartigen Muster schichtartig angeordnet. Innerhalb dieser Schichten sind die Kohlenstoff-Atome untereinander über σ-Bindungen verknüpft, die Bindung wird durch ein π-System noch maßgeblich verstärkt. Auch hier ist eine hohe thermische Energie für den Bindungsbruch aufzuwenden.

Die Elemente Stickstoff, Sauerstoff und Fluor bilden kovalent gebundene Moleküle, die über die starke intramolekulare Bindung hinaus nur sehr schwache intermolekulare Wechselwirkungen zeigen. Die notwendige thermische Energie für das Brechen der Bindungen zwischen den Molekülen ist deshalb gering. Die Dispersionskräfte sind dennoch höher als im Neon-Atom, da die Erzeugung temporärer Dipole in den zweiatomigen Molekülen effektiver ist. Die Schmelztemperatur des Neons ist aufgrund der äußerst schwachen Dispersion am niedrigsten.

▪ Bindungstrends bei den Elementen der dritten Periode

Die Elemente Natrium, Magnesium und Aluminium verhalten sich wie typische Metalle. Die Stärke der metallischen Bindung wird durch die Anzahl der Valenzelektronen mitbestimmt. Wir sehen daher einen systematischen Anstieg der Schmelztemperaturen (◘ Tab. 13.2).

◘ **Tab. 13.1** Schmelztemperaturen ϑ_m (in °C) der Elemente der zweiten Periode; der Wert für Kohlenstoff (Graphit) gibt die Sublimationstemperatur an (s)

Li	Be	B	C	N_2	O_2	F_2	Ne
181	1287	≈2080	≈3700(s)	−210	−219	−220	−249

13

Tab. 13.2 Schmelztemperaturen ϑ_m (in °C) der Elemente der dritten Periode

Na	Mg	Al	Si	P_4	S_8	Cl_2	Ar
98	650	660	1412	44	115	−101	−189

Der Sprung in den Bindungseigenschaften und die damit verbundene deutliche Änderung der Schmelztemperatur zwischen den Elementen Aluminium und Silicium ist signifikant. Silicium kristallisiert in einer Raumnetzstruktur. Die Atome sind dabei wie im Diamant kovalent gebunden und über Tetraederecken miteinander verknüpft.

Die Schmelztemperaturen der folgenden Nichtmetalle zeigen wiederum einen großen Sprung, weichen aber deutlich von denen der Elemente der zweiten Periode ab. Hier zeigt sich, dass die Moleküle der Elemente der dritten Periode ausschließlich durch Einfachbindungen geprägt sind, während bei den Elementen der zweiten Periode Mehrfachbindungen dominierend sind. So bildet Phosphor als einfachstes Molekül ein P_4-Tetraeder, in dem alle Phosphor-Atome über drei Einfachbindungen mit den nächsten Nachbarn verknüpft sind, im Stickstoff werden dagegen die drei Bindungen zu demselben Nachbaratom als Dreifachbindung ausgebildet. Auch im Schwefel-Molekül S_8 werden die Atome ausschließlich über Einfachbindungen verbunden, im Sauerstoff sind die Atome in einer Doppelbindung zum O_2-Molekül verknüpft. Die im Vergleich zu N_2 und O_2 deutlich größeren Moleküle P_4 und S_8, die zudem einen ausgeprägt dreidimensionalen Aufbau haben, erlauben erheblich größere Dispersionskräfte zwischen den Molekülen, sodass die Schmelztemperaturen für Verbindungen mit abgeschlossenen Molekülen relativ hoch sind.

Im Chlor-Molekül kann (wie im F_2) nur eine Einfachbindung vorliegen. Die Schmelztemperatur ist deshalb signifikant kleiner, als für die Moleküle P_4 und S_8. Gegenüber dem Fluor-Molekül werden aufgrund der höheren Elektronenzahl stärkere Dispersionskräfte möglich, sodass die Schmelztemperatur gegenüber F_2 höher ist.

Das Edelgas Argon liegt atomar vor. Seine Schmelztemperatur ist (wie die aller Edelgase in ihrer Periode) am niedrigsten. Die steigende Elektronenzahl ergibt aber auch unter den Edelgasen einen periodischen Trend.

Trends bei den Fluoriden der zweiten und dritten Periode

Ähnlich wie bei den Elementen ändern sich auch die Bindungseigenschaften von Verbindungen periodisch. Die metallischen Elemente Li, Be und Na, Mg, Al (Tab. 13.1 und 13.2) bilden mit Fluor hoch schmelzende, ionische Verbindungen. Für die Halbmetalle ändern sich die Bindungsverhältnisse in ihren Fluoriden dramatisch: Ausgehend von den kovalenten Netzwerken der Elemente werden in Verbindung mit Fluor kleine, kovalent gebundene Moleküle mit geringen intermolekularen Wechselwirkungen gebildet (Tab. 13.3). Die Schmelztemperaturen fallen gegenüber den ionischen Fluoriden drastisch ab. Die Schmelztemperaturen der Nichtmetallfluoride spiegeln gleichfalls die Bindungssituation in kleinen, abgeschlossenen Molekülen wider. Gegenüber den Element-Molekülen (N_2, O_2, F_2) ändern sich die Eigenschaften dabei nicht gravierend.

Tab. 13.3 Schmelztemperaturen ϑ_m (in °C) der höchsten Fluoride von Elementen der 2. und 3. Periode; Verbindungen, die sublimieren, sind mit (s) gekennzeichnet

LiF	BeF_2	BF_3	CF_4	NF_3	OF_2	F_2
845	552	−127	−184	−209	−224	−220
NaF	MgF_2	AlF_3	SiF_4	PF_5	SF_6	ClF_5
996	1263	1291(s)	−96(s)	−94	−64(s)	−103

Die Zusammensetzung der Fluoride gibt eine differenzierte Auskunft über die Bindigkeit der Atome in ihren Molekülen. Während die Elemente der zweiten Periode strikt die (8 − *N*)-Regel einhalten – also mit vier lokalisierten Bindungselektronenpaaren auskommen –, erreichen die Elemente der höheren Perioden Zustände mit formaler Überschreitung des Elektronen-Oktetts. Wir haben bereits gesehen, dass wir diese besondere Bindungssituation durch Mehrzentrenbindungen mit gebrochenen Bindungsordnungen erklären können. Aufgrund der Größe und der Vielzahl von Valenzelektronen in solchen Molekülen wie PF_5 oder SF_6 sind die Schmelztemperaturen höher als für die Moleküle der zweiten Periode.

■■ Trends bei den Oxiden der zweiten und dritten Periode

Die Oxide folgend im Wesentlichen dem Trend der Fluoride der jeweiligen Elemente. Eine Besonderheit stellt Silicium(IV)-oxid dar. Wie schon in der Elementstruktur des Siliciums werden auch im Oxid tetraedrisch koordinierende, kovalente Bindungen um ein Silicium-Atom herum geknüpft. Über die Sauerstoff-Atome werden die $[SiO_4]$-Tetraeder eckenverknüpft. Dadurch entsteht wieder ein kovalentes Netzwerk, das maßgeblich für die hohe Schmelztemperatur von SiO_2 verantwortlich ist. Die Bindung im CO_2 ist dagegen dominierend intramolekular, sodass eine sehr viel niedrigere Phasenübergangstemperatur resultiert (CO_2 schmilzt nicht, es sublimiert).

Die höheren Schmelztemperaturen der Oxide von Bor, Phosphor und Schwefel sind in der dreidimensionalen Anordnung größerer molekularer Einheiten begründet (◘ Tab. 13.4).

Wichtig

- **Die Bindungseigenschaften von Verbindungen sind von der Differenz der Elektronegativitäten $\Delta\chi$ abhängig. Innerhalb einer Periode ändert sich die Charakteristik von ionischen Bindungen über Bindungen in kovalenten Netzwerken hin zu kovalenten Bindungen in kleinen molekularen Einheiten.**
- **Die Schmelz- und Siedetemperaturen der Verbindungen ändern sich innerhalb einer Periode abrupt beim Wechsel des dominierenden Bindungstyps. Ionische Verbindungen haben die höchsten Schmelz- und Siedetemperaturen.**

Fragen

68. Geben Sie für nachstehende Verbindungen den vorherrschenden Bindungstyp an:
    KCl, SiC, Br_2, CuSn, CH_4, $SiCl_4$, SiO_2, CO_2.
    (*Elektronegativitäten:* $\chi(K) = 0{,}8$; $\chi(Si) = 1{,}9$; $\chi(C) = 2{,}5$; $\chi(H) = 2{,}2$; $\chi(O) = 3{,}4$; $\chi(Cl) = 3{,}2$; $\chi(Cu) = 1{,}9$; $\chi(Sn) = 2{,}0$).
69. Ermitteln und erklären Sie den Trend der Schmelztemperaturen der Oxide der Elemente der Gruppe 16: SO_2, SeO_2, TeO_2.

◘ **Tab. 13.4** Schmelztemperaturen ϑ_m (in °C) der Oxide von Elementen der 2. und 3. Periode; Verbindungen, die sublimieren, sind mit (s) gekennzeichnet

Li_2O	BeO	B_2O_3	CO_2	NO_2	O_2	
1570	2550	450	−78(s)	−11	−219	
Na_2O	MgO	Al_2O_3	SiO_2	P_2O_5	SO_3	ClO_2
1132	2830	2054	1723	358(s)	33(s)	−60

Zusammenfassung: Ionenbindung, metallische Bindung und kovalente Bindung

P. Schmidt, *Allgemeine Chemie*, https://doi.org/10.1007/978-3-662-57846-9_14

14.1 Die Ionenbindung

Zusammenfassung

Elektronegativität χ - Fähigkeit eines Atoms, in einer chemischen Bindung Elektronen anzuziehen

Ionenbindung - elektrostatische Wechselwirkungen geladener Teilchen (Ionen), Coulomb'sches Gesetz

Dichteste Kugelpackungen - *hexagonal dichteste Packung:* Schichtenfolge ABAB …

kubisch dichteste Packung: Schichtenfolge ABCABC …

Lücken in dichtesten Kugelpackungen

Tetraederlücke: Koordinationszahl 4, Radienquotient $r_+/r_- = 0{,}225 - 0{,}414$

Oktaederlücke: Koordinationszahl 6, Radienquotient $r_+/r_- = 0{,}414 - 0{,}732$

Würfellücke: Koordinationszahl 8, Radienquotient $r_+/r_- = 0{,}732 - 1$

Gittertypen bei Ionenverbindungen

AB-Verbindungen

ZnS: Besetzung von Tetraederlücken der kubisch dichtesten (Zinkblende-Typ) oder der hexagonal dichtesten Kugelpackung (Wurtzit-Typ),

NaCl: Besetzung von Oktaederlücken der kubisch dichtesten Kugelpackung (Steinsalz-Typ)

NiAs: Besetzung von Oktaederlücken der hexagonal dichtesten Kugelpackung (Nickelarsenid-Typ)

CsCl: Besetzung von Würfellücken (Caesiumchlorid-Typ)

AB_2-Verbindungen

SiO_2: Besetzung von Tetraederlücken (Cristobalit-Typ)

TiO_2: Besetzung von Oktaederlücken (Rutil-Typ)

CaF_2: Besetzung von Würfellücken (Fluorit-Typ)

14.2 Die metallische Bindung

Zusammenfassung

14

Elektronengas - In einem Metall sind nur die Rumpfelektronen an den Atomen lokalisiert. Die Valenzelektronen sind dagegen im Kristall frei beweglich. Man spricht deshalb von einem Elektronengas und erklärt so anschaulich die elektrische Leitfähigkeit. Die Leitfähigkeit sinkt mit steigender Temperatur.

Gitterstrukturen bei Metallen - Die meisten Metalle kristallisieren in der kubisch (Cu-Typ) bzw. hexagonal dichtesten Kugelpackung (Mg-Typ) oder im kubisch-innenzentrierten Gitter (W-Typ).

Bändermodell - Das Bändermodell beruht auf einer quantenmechanischen Beschreibung der Bindung in Festkörpern: Ein Metall wird dabei als ein aus sehr vielen Atomen bestehendes Molekül aufgefasst. Als Folge des Pauli-Verbots bilden sich aus den Atomorbitalen zahlreiche, energetisch sehr eng benachbarte Molekülorbitale, die man gemeinsam als ein *Band* bezeichnet. Man unterscheidet zwischen *Valenzband* und *Leitungsband.* Die Elektronen in einem Band haben keine bestimmte Energie; sie können vielmehr jeden beliebigen Energiezustand innerhalb der *Bandbreite* aufweisen.

Metalle/Halbleiter/Isolatoren

Bei einem *Metall* überlappen sich das Valenzband und das Leitungsband. Eine Folge ist die hohe elektrische Leitfähigkeit.

In einem *Halbleiter* haben Valenz- und Leitungsband einen bestimmten Abstand. Der *Bandabstand* wird meist in Elektronenvolt (eV) angegeben. Bei Energiezufuhr (Licht, Wärme) gelangen Elektronen vom Valenzband in das unbesetzte Leitungsband. Die elektrische Leitfähigkeit steigt mit der Temperatur. Der wichtigste Halbleiter ist elementares Silicium mit einem Bandabstand von 1,1 eV bei Raumtemperatur.

In einem *Isolator* ist der Bandabstand so groß, dass auch durch Energiezufuhr keine Elektronen vom Valenzband in das Leitungsband gelangen.

Dotierung in Halbleitern

Ersetzt man in Silicium einen sehr kleinen Anteil der Silicium-Atome durch Arsen-Atome, so werden vier Valenzelektronen des Arsen-Atoms für die Bindungen zu den vier Nachbaratomen benötigt. Das fünfte Elektron bleibt nicht am Arsen-Atom lokalisiert, es ist im Gitter frei beweglich und bewirkt eine gewisse elektrische Leitfähigkeit. Einen so dotierten Halbleiter nennt man einen *n-Halbleiter,* da hier *negativ* geladene Elektronen als Ladungsträger auftreten.

Erfolgt die Dotierung mit Atomen aus der vorangehenden Gruppe, können beispielsweise Indium-Atome nur drei Bindungen zu den vier Nachbaratomen ausbilden. Das so gebildete Elektronenloch wird durch ein Bindungselektron eines benachbarten Silicium-Atoms gefüllt. Das *Elektronenloch* wird so frei beweglich, es ist als positiver Ladungsträger im Gitter delokalisiert. Man spricht von einer *p-Dotierung*. Kontaktiert man einen n-Halbleiter mit einem p-Halbleiter, entsteht ein *p/n-Übergang*. p/n-Übergänge sind die Grundlage moderner Elektronik

14.3 Die kovalente Bindung

Zusammenfassung

Kovalente Bindung - Bildung gemeinsamer Elektronenpaare, anschauliche Beschreibung durch Valenzstrichformeln

Wichtige Begriffe: *Oktettregel, Bindungsordnung, Mesomerie, Formalladung, σ-Bindung, π-Bindung*

Polarität der kovalenten Bindung - Elektronegativität ist die Fähigkeit eines Atoms, in einer chemischen Bindung Elektronen anzuziehen (Pauling). Die Polarität einer Bindung zwischen zwei Atomen steigt mit der Differenz der Elektronegativitäten $\Delta\chi$.

Molekülgeometrie (VSEPR-Modell) - Das Valenzschalen-Elektronenpaar-Abstoßungsmodell führt die Molekülgeometrie auf die Abstoßung zwischen bindenden und freien Elektronenpaaren der Valenzschale zurück.

Die räumliche Anordnung der Atome in einem Molekül wird danach durch die Gesamtzahl der Elektronenpaare bestimmt:

2 Elektronenpaare: linear

3 Elektronenpaare: trigonal-planar

4 Elektronenpaare: tetraedrisch

5 Elektronenpaare: trigonal-bipyramidal

6 Elektronenpaare: oktaedrisch

7 Elektronenpaare: pentagonal-bipyramidal

Bindungskonzepte - *Valenzbindungstheorie (VB-Theorie):*

- Die Realisierung der maximalen Anzahl von Bindungen erfolgt durch Anregung der Valenzelektronen und Besetzung leerer Orbitale.
- *Hybridorbitale* bilden sich aus Atomorbitalen verschiedenen Typs.
  sp: linear, sp^2: trigonal-planar, sp^3: tetraedrisch, sp^3d: trigonal-bipyramidal, d_2sp_3: oktaedrisch
- Die räumliche Anordnung der Atome in einem Molekül wird durch die Geometrie der Orbitale des Zentralatoms bestimmt.

Molekülorbitaltheorie (MO-Theorie):

- Bei der Bildung einer kovalenten Bindung zwischen zwei Atomen kombinieren die Atomorbitale zu Molekülorbitalen (Linearkombination).
- Die Gesamtzahl der Orbitale bleibt dabei erhalten.
- Bei der Besetzung von Molekülorbitalen gelten dieselben Regeln wie bei der Besetzung von Atomorbitalen.
- Die *Bindungsordnung* ergibt sich als Differenz zwischen den Anzahlen von besetzten bindenden und antibindenden Orbitalen.

Energieumsatz und Geschwindigkeit chemischer Reaktionen

Inhaltsverzeichnis

Voraussetzungen

Sie haben sich in den vorangegangenen Kapiteln mit den verschiedenen Prinzipien des Aufbaus der Materie und den Prinzipien der chemischen Bindung befasst. Dabei haben wir bereits mehrfach energetische Argumente zu Rate gezogen, um die Bereitwilligkeit einer Reaktion oder die Stärke einer Bindung zu charakterisieren.

Auch wenn wir in diesem Abschnitt grundlegende Konzepte zur Beschreibung des Energieumsatzes chemischer Reaktionen sowie zu deren Geschwindigkeit neu einführen, ist es wichtig, von Anfang an die Verknüpfung zu eher stoffchemischen Fragestellungen herzustellen. Vielen Studierenden fällt es schwer, sich mit der Thermodynamik und der Kinetik auseinanderzusetzen. Grund dafür ist, dass Sie nicht gleich die Motivation für dieses Thema erkennen: Ob eine Reaktion tatsächlich abläuft und welche Stoffmengenanteile der beteiligten Stoffe sich in einem chemischen Gleichgewicht jeweils bilden, hängt aber wesentlich von der thermodynamischen Triebkraft der Reaktion – und ihrer Geschwindigkeit – ab!

Wir möchten Sie ermutigen, das allgemeine chemische Wissen der vorhergehenden Abschnitte mitzunehmen und in die spezielle Betrachtungsweise dieses Abschnitts zur physikalisch-chemischen Betrachtungsweise chemischer Reaktionen einzubinden.

Folgende Begriffe und Konzepte sollten Ihnen geläufig sein:

- Atom
- Molekül
- Kation
- Anion
- Element
- Verbindung
- Ionenkristall
- Reaktion
- Phasensymbole (s), (l), (g)
- Elektronenaffinität
- Ionisierungsenthalpie
- Elektronegativität
- Gitterenergie

Lernziele

In diesem Abschnitt werden Sie sich zunächst mit dem Energieumsatz bei chemischen Reaktionen vertraut machen – man nennt dieses Teilgebiet der Chemie die **Thermodynamik.** Die Thermodynamik beschreibt alle bei einer Reaktion ablaufenden Vorgänge auf der Grundlage energetischer Größen. Sie sollen erkennen, dass der Verlauf einer chemischen Reaktion anhand des Wertes einer charakteristischen Größe – der freien Enthalpie – beschrieben werden kann. Diese Größe steht in enger Beziehung zur Gleichgewichtskonstanten der Reaktion. Auf die freie Enthalpie haben wiederum weitere Größen einen entscheidenden Einfluss: die Enthalpie und die Entropie. Für *alle* von Ihnen durchzuführenden oder zu charakterisierenden Reaktionen wird sich die Frage der Triebkraft der Reaktion stellen – die Antwort dazu legen Sie sich mit den Kenntnissen aus diesem Abschnitt zurecht.
Für die vollständige thermodynamische Beschreibung einer chemischen Reaktion benötigen Sie zudem Regeln und Festlegungen über den Standardzustand von Stoffen in den drei bekannten Aggregatzuständen sowie zur Ermittlung des Energieumsatzes bei mehreren an der Reaktion beteiligten Stoffen. Eine kurze Einführung vermittelt Ihnen die Grundlagen zur Beschreibung von Zustandssystemen.
Für die praktische Durchführung von Reaktionen ist schließlich nicht nur die Lage des Gleichgewichts von großer Bedeutung, sondern auch der Zeitraum, innerhalb dessen die Einstellung des chemischen Gleichgewichts erreicht werden kann. Diese Fragestellung ist Kernthema der **Kinetik** chemischer Reaktionen. Sie werden

erfahren, von welchen Parametern die Geschwindigkeit einer Reaktion abhängt und wie es gelingt, die zeitabhängige Änderung der Konzentration der an der Reaktion beteiligten Stoffe zu berechnen.
Und zum Schluss: Was macht eigentlich ein Katalysator – beeinflusst er die Thermodynamik oder die Kinetik?

Lesen Sie vertiefende Diskussionen, ergänzende Informationen, beispielsweise zu berühmten Persönlichkeiten sowie Exkurse zu aktuellen Themen in Wissenschaft und Technik in den Kapiteln zur Thermodynamik, zur Beschreibung des chemischen Gleichgewichts sowie zur Geschwindigkeit chemischer Reaktionen in den betreffenden Kapiteln der dritten (aktualisierten) Auflage des Binnewies.

Binnewies, Allgemeine und Anorganische Chemie, ▶ Kap. 7: Thermodynamik anorganischer Stoffe; ▶ Kap. 8: Reine Stoffe und Zweistoffsysteme; ▶ Kap. 9: Das chemische Gleichgewicht; ▶ Kap. 13: Geschwindigkeit chemischer Reaktionen

Enthalpie

P. Schmidt, *Allgemeine Chemie*, https://doi.org/10.1007/978-3-662-57846-9_15

15.1 Energieumsatz bei chemischen Reaktionen

Chemische Reaktionen verlaufen immer mit einer stofflichen Veränderung. So bildet sich bei der Umsetzung von metallischem Natrium mit gasförmigem Chlor die ionische Verbindung Natriumchlorid. Dabei ändern sich ganz offensichtlich auch die physikalischen Stoffeigenschaften: NaCl hat beispielsweise ein anderes Aussehen als die beiden Edukte und eine viel höhere Schmelztemperatur ($\vartheta_m(\text{Na}) = 98\,°\text{C}, \vartheta_m(\text{Cl}_2) = -101\,°\text{C}, \vartheta_m(\text{NaCl}) = 801\,°\text{C}$). Diese Änderungen lassen sich auf die Ausbildung neuer chemischer Bindungen zurückführen. Sie wissen bereits, dass sich in Natriumchlorid eine starke ionische Bindung ausbildet, die zur hohen Stabilität des Stoffes beiträgt. Wenn ein Stoff stabiler ist als die Ausgangsstoffe, die zu seiner Bildung beigetragen haben, so ist neben der stofflichen auch eine energetische Veränderung eingetreten. Wir wollen im Folgenden klären, was die energetische Triebkraft für chemische Reaktionen ist und wie hoch der Energiebetrag ist, der bei der Reaktion ausgetauscht wird.

$$\text{Na(s)} + 1/2\,\text{Cl}_2\text{(g)} \rightarrow \text{NaCl(s)} \qquad \Delta H_f^0 = -411\ \text{kJ} \cdot \text{mol}^{-1}$$
$$\Delta G_f^0 = -432\ \text{kJ} \cdot \text{mol}^{-1}$$

Bei der Bildung einer Stoffmenge von 1 mol Natriumchlorid wird im Verlauf der Reaktion Energie in Form von Wärme im Umfang von $411\ \text{kJ} \cdot \text{mol}^{-1}$ freigesetzt. Für die Beurteilung der Triebkraft einer Reaktion betrachten wir aber die gesamte bei der Reaktion ausgetauschte Energie, die **Freie Enthalpie *G*.** Wir benötigen im Folgenden zur Beschreibung dieser Energie die Begriffe *Enthalpie* und *Entropie*. Der insgesamt freiwerdende Energiebetrag von $-432\ \text{kJ} \cdot \text{mol}^{-1}$ zeigt uns, dass NaCl gegenüber seinen Ausgangsstoffen sehr stabil ist (Stellen Sie sich das so vor: Zu Beginn einer Reaktion stehen die Ausgangsstoffe wie auf einer Murmelbahn ganz oben. Der Verlauf der Reaktion folgt der Bahn der Murmel ins Tal; nicht die Weglänge, sondern die dabei „verlorene" Höhe entspricht der freigewordenen Energie. In einer tiefen Senke liegen die Produkte – oder die Murmeln – sehr stabil vor und kommen ohne fremde Hilfe nicht wieder heraus ...).

In diesem Sinne ist die die Umkehrreaktion, also die Zersetzung von Natriumchlorid, keine freiwillig ablaufende Reaktion. Wir müssen sehr viel Energie zuführen, um aus NaCl wieder die Elemente zu erhalten. Ein solcher Vorgang ist durch Zufuhr elektrischer Energie in einer Schmelzfluss-Elektrolysezelle möglich.

■ Systeme

Der Verlauf einer chemischen Reaktion und damit auch die energetischen Größen hängen ganz wesentlich von den Bedingungen ab, unter denen die Reaktion durchgeführt wird. Um die Ergebnisse verschiedener Messungen oder auch die Resultate unterschiedlicher Stoffsysteme untereinander vergleichen zu können, müssen die Bedingungen für die Erfassung der Stoffsysteme genau definiert werden. Das gilt insbesondere für die Stoffmenge und die darauf bezogene Menge an Energie, die bei einer Reaktion ausgetauscht wird. Aus diesem Grund werden häufig Systeme festgelegt, die in ihrem Umfang begrenzt sind und die sich deutlich von ihrer unmittelbaren Umgebung unterscheiden. Ein solches System kann ein Reaktionsgefäß sein (ein großer, druckstabiler Reaktor oder aber ein offenes Becherglas), das nur mit einer bestimmten Sorte von Stoffen gefüllt ist. Genauso gut kann ein System riesig groß und stofflich vielseitig sein („ein Ökosystem") – wir wollen uns aber zunächst mit Beispielen beschäftigen, die im Laboralltag relevant sind.

Man unterscheidet Systeme vor allem hinsichtlich des möglichen Austauschs von Materie und Energie (■ Abb. 15.1): **Offene Systeme** gewährleisten demnach sowohl einen stofflichen als auch einen energetischen Austausch (■ Abb. 15.1a): In einem offenen Becherglas können Sie Wasser erhitzen – Sie führen dem System Energie zu; dabei verdampft ein Teil des Wassers und wird

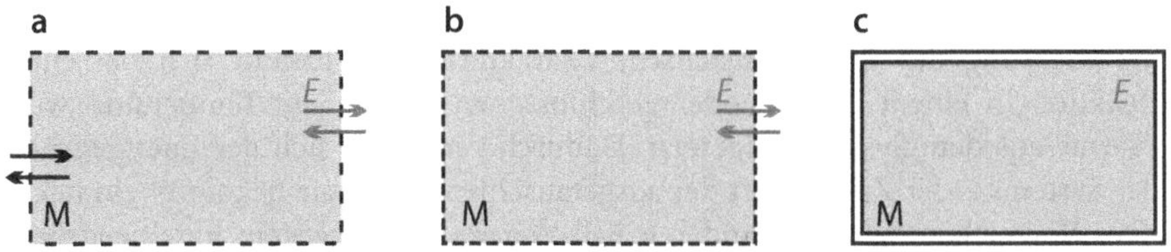

Abb. 15.1 Charakterisierung des Stoff- und Energieaustauschs bei chemischen Reaktionen: **a** isoliertes System ohne Materie- (M) und Energieaustausch (E), **b** geschlossenes System mit Energieaustausch, **c** offenes System mit Stoff- und Energieaustausch

an die Umgebung abgegeben – die Stoffmenge des Wasers ist über den Verlauf des Vorgangs nicht konstant. **Geschlossene Systeme** schließen alle Stoffe vollständig ein – ermöglichen aber mit der Umgebung einen Austausch von Energie (Abb. 15.1b): In einem speziellen druckdichten Gefäß – einem Autoklaven – kann das Wasser verdampfen, aber nicht entweichen; es wird nur Wärmeenergie mit der Umgebung ausgetauscht. **Isolierte Systeme** sind so von der Umgebung getrennt, dass sie weder Materie noch Energie abgeben oder aufnehmen können (Abb. 15.1c): In einem ideal isolierten Dewar-Gefäß bleibt das Wasser praktisch unendlich unverändert. Sie kennen Dewar-Gefäße wahrscheinlich für die Lagerung von Kühlmitteln – Eis, flüssiger Stickstoff, Helium … Die gezeigten Bespiele sind für physikalische Phasenumwandlungen illustriert, für Systeme mit chemischer Stoffwandlung gelten sie aber gleichermaßen.

15.2 Enthalpie

Reaktionsenthalpie

Wir werden im Folgenden eine ganz allgemeine Erklärung zur energetischen Beschreibung von chemischen Reaktionen geben – ein detaillierte und in ihrer Ableitung konsistente Beschreibung der Energie der ablaufenden Prozesse erhalten Sie in den Lehrbüchern der Physikalischen Chemie.

Prinzipiell besitz jedes System einen definierten Energieinhalt. Die Gesamtheit aller Energien des Systems (potenzielle Energie, kinetische Energie, Schwingungsenergie, …) bezeichnen wir als **innere Energie *U***. Bei chemischen Reaktionen beobachten wir insbesondere eine Temperaturänderung. Der damit verbundene Austausch an Wärmeenergie wird als **Enthalpie *H*** bezeichnet. Diese Energieform resultiert im Wesentlichen aus der Veränderung der chemischen Bindung während einer Reaktion: Die Spaltung einer Bindung erfordert Energie, die Knüpfung einer Bindung setzt Energie frei. Die Energiebeträge zur Spaltung der alten Bindung und zur Knüpfung der neuen Bindung sind selten identisch, sodass sich ein Differenzbetrag der Energie ergibt, die mit der Umgebung ausgetauscht werden kann. Am deutlichsten wird das für uns bei Verbrennungsprozessen mit großen Differenzen der Wärmeenergie (das Holzkohlefeuer oder aber die Knallgasreaktion, …). Aber auch noch andere Energieformen können dabei auftreten, z. B. Lichtenergie bei der Verbrennung oder elektrische Energie in Batterien und Brennstoffzellen.

Die Formen der inneren Energie U und der Enthalpie H sind miteinander verknüpft, ihre Beträge unterscheiden sich durch den Anteil der Volumenarbeit am System. Für Chemiker ist es am leichtesten praktikabel, Reaktion unter einem *konstanten Druck* zu betrachten (z. B. in einem offenen System bei konstantem äußerem Druck). Man erhält dann die **Reaktionsenthalpie** ΔH_r^0. Bei Reaktionen in geschlossenen Systemen mit konstantem Volumen wird formal die **Reaktionsenergie** ΔU_r erfasst. Ändern sich in beiden Fällen Druck und Volumen nur geringfügig, sind die jeweiligen Größen nahezu äquivalent.

Das Vorzeichen des betrachteten Energiebetrages ist dabei nicht einfach das Ergebnis einer mathematischen Verknüpfung von verschiedenen Zahlen.

Vielmehr lassen sich dadurch der Verlauf der chemischen Reaktion und die Richtung des Energieaustauschs charakterisieren: Erhöht sich bei einer Reaktion in einem offenen oder geschlossenen System die Temperatur, wird Wärme aus dem System freigesetzt. Dadurch verringert sich der Energiegehalt des Systems – der Zahlenwert der ausgetauschten Enthalpie bekommt ein negatives Vorzeichen. Wird im anderen Fall Wärme in das System hineingegeben, erhöht sich die Gesamtenergie des Systems – die Enthalpie bekommt ein positives Vorzeichen. Wir erkennen, dass das System selber der Bezugspunkt für die Betrachtungen ist. Entsprechend bezeichnet man Reaktionen, die Wärme freisetzen, als **exotherme Reaktionen** (exo = *nach außen* gerichtet; ◘ Abb. 15.2a). Reaktionen, die unter Wärmezugabe verlaufen, werden als **endotherme Reaktionen** gekennzeichnet (endo = *nach innen* gerichtet; ◘ Abb. 15.2b).

Als internationale Einheit (SI-Einheit) der Wärmemenge ist das *Joule J* festgelegt. Um die Enthalpiebeträge der Reaktionen vergleichbar zu machen, erfolgt der Bezug auf die umgesetzte Stoffmenge mit der Einheit $J \cdot mol^{-1}$ (bzw. $kJ \cdot mol^{-1}$). In älteren Büchern und Veröffentlichungen (selbst heute noch auf Lebensmittelverpackungen) findet man die Einheit Kalorie für Angaben von Energieumsätzen. Doch Vorsicht: Es bestehen unterschiedliche Definitionen für die Einheit; die „thermochemische Kalorie" kann wie folgt umgerechnet werden: 1 cal = 4,184 J.

Wichtig

- **Die Reaktionsenthalpie ΔH_r^0 beschreibt die ausgetauschte Wärmeenergie eines Systems bei konstantem Druck.**
- **Das Vorzeichen der Enthalpie gibt die Richtung des Austauschs von Wärmeenergie an: $\Delta H_r^0 < 0$: Wärmeabgabe aus dem System (exotherme Reaktion)**
- **$\Delta H_r^0 > 0$: Wärmeaufnahme durch das System (endotherme Reaktion)**

Der absolute Energiegehalt eines Systems mit einer Vielzahl von Energieformen lässt sich experimentell nicht bestimmen. Wir beobachten immer nur die im Verlauf der Reaktion eintretende *Veränderung* des energetischen Zustandes des Systems, indem wir die ausgetauschten Energiemengen messtechnisch erfassen. Daraus resultieren die Werte der Reaktionsenthalpie ΔH_r^0 bzw. Reaktionsenergie ΔU_r. Das griechische Symbol Δ (Delta = sprachliches Symbol für „auseinanderliegend", vgl. Flussdelta) macht uns deutlich, dass ein Differenzbetrag ermittelt wurde. Die Reaktionsenthalpie ist entsprechend die Differenz der Enthalpie der Ausgangsstoffe und der Reaktionsprodukte. Sie werden in der Physikalischen Chemie weiter erfahren, dass die Reaktionsenthalpie nur vom Status des Anfangs- und Endzustands abhängig ist – nicht aber vom Reaktionsweg (1. Hauptsatz der Thermodynamik: In ◘ Abb. 15.3 nehmen wir noch mal das anschauliche Beispiel der Murmelbahn. Die Kugeln können auf unterschiedlichen Wegen ins Tal rollen – die dabei zurückgelegte Höhe Δ ist aber jeweils gleich!). Aus diesem Grund ist der Wert der Reaktionsenthalpie ΔH_r^0 eine wesentliche und charakteristische Größe für jede Reaktion.

15

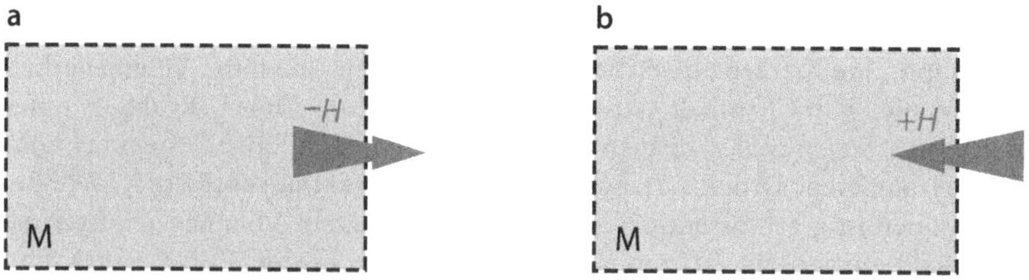

◘ **Abb. 15.2** Charakterisierung des Energieaustauschs bei chemischen Reaktionen: **a** exotherme Reaktion, **b** endotherme Reaktion

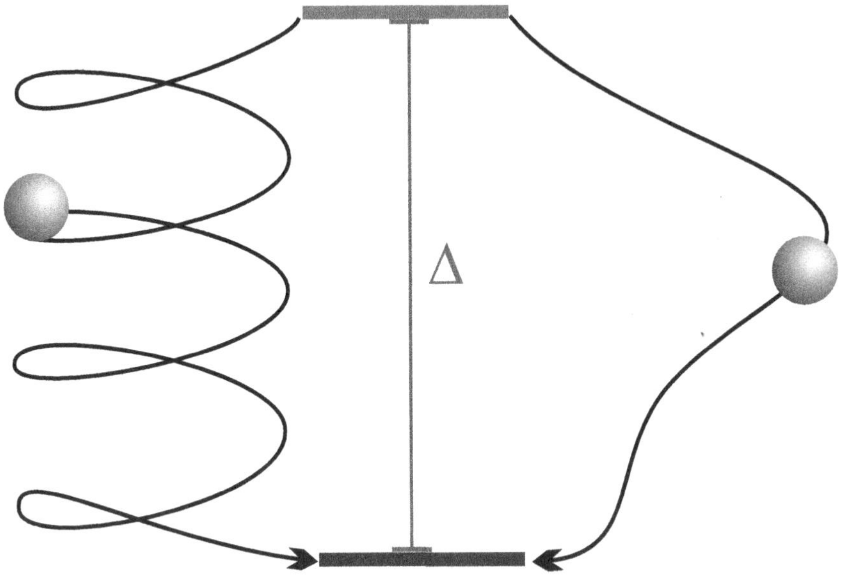

Abb. 15.3 Symbolhafte Darstellung der Unabhängigkeit des Wertes von Δ vom jeweiligen Weg

Standardzustand und Standardbildungsenthalpie

Feststoffe und Flüssigkeiten

Bei der Bestimmung von Reaktionsenthalpien haben wir zunächst zwei Probleme zu lösen:

1. Wir müssen alle an der Reaktion beteiligten Stoffe kennen und deren Ausgangs- und Endzustand bestimmen.
2. Da der absolute Wert der Energie eines Stoffes nicht bestimmbar ist, muss der Ausgangszustand definiert werden – man verwendet dazu die Festlegung des **Standardzustandes**.

Wichtig

- **Der Standardzustand für chemische Elemente und Verbindungen besteht bei einem Umgebungsdruck von 100 kPa (1 bar).**
- **Der Standardzustand kann für verschiedene Temperaturen definiert werden, in Tabellenwerken werden häufig die Standardwerte für 25 °C (298,15 K) angegeben.**
- **Den Elementen wird bei 298,15 K und Standarddruck eine Standardbildungsenthalpie ΔH_f^0 mit einem Wert von null zugewiesen. Die Standardenthalpie gilt jeweils für die bei dieser Temperatur stabile Erscheinungsform des Elements, z. B. bei unterschiedlichen kristallinen Modifikationen: C(Graphit) _ aber nicht C(Diamant) oder in unterschiedlichen Aggregatzuständen: O_2 (gasförmig), Hg (flüssig), Fe (fest).**

ACHTUNG: Es besteht einige Verwirrung hinsichtlich der Definition des Standardzustandes – insbesondere zur Verwendung des Standarddruckes (1 atm oder 1 bar bzw. 101,3 oder 100 kPa). Selbst in Chemie-Lehrbüchern werden dazu unterschiedliche Angaben gemacht. Im thermochemischen Sinn ist der Standardzustand aber auf die Einheit 1 bar (100 kPa) bezogen (IUPAC Green Book).

Die physikalischen Symbole, die sich auf den Standardzustand beziehen, werden durch eine hochgestellte Null gekennzeichnet: ΔH^0 (bitte beachten Sie, dass *nicht* das Grad-Symbol (*nicht* ΔH°) zu verwenden ist). Es gibt übrigens nur eine einzige Ausnahme von der Regel in der Zuweisung des Standardzustandes mit dem Wert von $\Delta H_f^0 = 0$: Für die verschiedenen Kristallformen des Phosphors wird die am wenigsten stabile Form – der weiße Phosphor – als Standardzustand ausgewiesen, die anderen Formen (schwarzer, violetter, faserförmiger Phosphor) haben dann negative Standardbildungsenthalpien.

Nach Empfehlung der IUPAC wird der Bezug des Standardzustandes auf die jeweilige Temperatur (in K) in runden Klammern ergänzt, z. B. $\Delta H^0(700)$. Fehlt diese Ergänzung, nimmt man an, dass der Standardwert für $T = 298{,}15$ K (25 °C) gilt. Weitere Indizes hinter dem Buchstaben H können die Art der jeweiligen Enthalpie charakterisieren: Standardbildungsenthalpien erhalten den Index „f" – ΔH_f^0 (für *formation* = Bildung), Standardreaktionsenthalpien werden mir „r" gekennzeichnet – ΔH_r^0 (für *reaction* = Reaktion), Dissoziationsreaktionen erhalten den Index „diss" – ΔH_{diss}^0 (für ***diss****ociation* = Spaltung).

Wichtig

- **Die Standardbildungsenthalpien von Verbindungen beziehen sich auf die Bildung der Verbindung aus den im Standardzustand vorliegenden Elementen.**
- **Da die Standardbildungsenthalpien der Elemente bei 25 °C mit null definiert sind, entsprechend die Standardbildungsenthalpien der Verbindungen den Reaktionsenthalpien unter den gegebenen Standardbedingungen.**
- **Die Standardbildungsenthalpie gilt jeweils für die bei dieser Temperatur stabile Erscheinungsform der Verbindung, z. B. bei unterschiedlichen kristallinen Modifikationen: TiO_2(Rutil) – aber nicht TiO_2(Anatas) oder in unterschiedlichen Aggregatzuständen: CO_2 (gasförmig), H_2O (flüssig), Fe_2O_3 (fest).**

Für festes NaCl ergibt sich die Standardbildungsenthalpie bei 25 °C also aus dem Wert der Reaktionsenthalpie für die Bildung von 1 mol Natriumchlorid aus den Elementen. Die Standardbildungsenthalpien von festem Natrium und gasförmigem Chlor sind bei 25 °C jeweils zu null definiert.

$$\mathrm{Na(s)} + 1/2\,\mathrm{Cl_2(g)} \rightarrow \mathrm{NaCl(s)}; \qquad \Delta H_f^0 = \Delta H_r^0 = -411\ \mathrm{kJ \cdot mol^{-1}}$$

▪▪ Gase

Der Standardzustand von Gasen ist wie der von Feststoffen und Flüssigkeiten bei 1 bar unter Angabe der betreffenden Temperatur definiert. Zusätzlich kommt hinzu, dass isolierte Gasteilchen betrachtet werden sollen. Das heißt, dass keine zwischenmolekularen Wechselwirkungen zwischen den gasförmigen Teilchen bestehen dürfen. Diesen hypothetischen Standardzustand nennt man **ideales Gas.** Wir werden im Folgenden die Eigenschaften idealer Gase noch näher beschreiben.

In der Nähe der Kondensationstemperatur eines Stoffes nehmen die zwischenmolekularen Wechselwirkungen naturgemäß zu. Hierbei kommt es zunehmend zu Abweichungen vom idealen Verhalten – wir sprechen dann von realen Gasen.

▪▪ Lösungen

Auch für Teilchen in Lösungen ist der Standardzustand mit idealisierten Vorstellungen verknüpft: Die gelösten Teilchen sollen dabei wiederum isoliert – also ohne Wechselwirkungen untereinander – vorliegen. Eine solche ideale Lösung wird angenommen, wenn 1 mol des gelösten Stoffes in 1 kg des Lösungsmittels vorliegt (Molalität $b = n/m = 1\ \mathrm{mol \cdot kg^{-1}}$; die Molalität ist eng verwandt mit der Stoffmengenkonzentration $c = n/V$, dabei muss praktischerweise nicht die Temperaturabhängigkeit des Volumens berücksichtigt werden). Allerdings sind die Wechselwirkungen der Teilchen mit der gegebenen Molalität hinreichend groß, dass man im Laboralltag prinzipiell von der Existenz realer Salzlösungen mit individuellen Eigenschaften hinsichtlich ihrer Löslichkeitsgleichgewichte, den pH-Werten von Salz- oder Pufferlösungen und der Elektrodenpotenziale ausgehen muss.

Die Standardbildungsenthalpien für in wässrigen Lösungen gelöste Ionen beziehen sich auf den definierten Standardzustand der Oxonium-Ionen in

Lösungen (H_3O^+) und des Wasserstoffs ($H_2(g)$) mit jeweils $\Delta H_f^0 = 0$. Somit entspricht die Bildungsenthalpie von Ionen unedler Metalle der Reaktionsenthalpie in einer Säurelösung, z. B.:

$$Zn(s) + 2\,H^+(aq) \rightarrow Zn^{2+}(aq) + H_2(g); \qquad \Delta H_f^0\left(Zn^{2+}(aq)\right) = \Delta H_r^\circ = -153\ \text{kJ} \cdot \text{mol}^{-1}$$

Wichtig
- **Für die Standardbildungsenthalpie von Oxonium-Ionen ($H_3O^+(aq)$) ist der Wert null festgelegt.**
- **Die Standardbildungsenthalpien von Metall-Ionen in Lösungen bezeichnen die Reaktionsenthalpie der Metalle in Säuren.**

Bindungsenthalpie

Die Bindungsenthalpie ist die Enthalpie, die nötig ist, um eine chemische Bindung zwischen zwei Atomen zu lösen. In einer umgekehrten Sichtweise gibt sie an, welche Energie frei wird, wenn die Atome miteinander zu molekularen Einheiten verknüpft werden. Häufig verwendet man auch den Begriff der Bindungsdissoziationsenthalpie und das Symbol ΔH^0_{diss}. Werden die Bindungen eines Moleküls vollständig aufgelöst – werden also alle stofflichen Bestandteile bis in die einzelnen, gasförmigen Atome zerlegt, spricht man von der Atomisierungsenthalpie ΔH^0_{at}. Für den Fall, dass in einem zweiatomigen Molekül nur eine Bindung vorliegt, sind Bindungsenthalpie und Atomisierungsenthalpie gleich. Tab. 15.1 und Binnewies, Anhang C nennen die Bindungsenthalpien der wichtigsten Bindungen.

Binnewies, Kap. 28: Anhang C – Datensammlung

Wichtig
- **Bei gleichem Bindungspartner ist die Bindungsenthalpie umso größer, je höher die Bindungsordnung ist.**
- **Die Trends der Bindungsenthalpie entlang der Gruppen und Perioden sind nicht eindeutig: In der Regel ist die Bindungsenthalpie umso größer, je kleiner der Atomradius der beteiligten Atome ist.**

Mittlere Bindungsenthalpien

Die in Tab. 15.1 dargestellten Werte sind überwiegend mittlere Bindungsenthalpien. Die Werte ergeben sich zum einen aus den Bindungsenthalpien

Tab. 15.1 Bindungsenthalpien ΔH^0_{diss} für homoatomare und heteroatomare Verbindungen (in $kJ \cdot mol^{-1}$)

Halogene und Interhalogen-verbindungen		Wasserstoff-verbindungen		Kohlenstoff-verbindungen		Sonstige Verbindungen	
F–F	159	H–H	436	C–C	346	O–O	142
F–Cl	251	H–C	414	C=C	589	O=O	498
F–Br	250			C≡C	810		
Cl-Cl	243	H–F	570	C–F	492	O–F	192
Cl–Br	219	H–Cl	432	C–Cl	325	O–Cl	202
Cl–I	211	H–Br	366	C–Br	271	O–N	214
Br–Br	193	H–I	298	C–I	220	O=N	587
Br–I	178	H–O	464	C–O	358	O–P	363
I–I	151			C=O	804		
		H–N	391	C–N	310	N–N	158
				C=N	615	N=N	470
				C≡N	890	N≡N	945

gleicher atomarer Verknüpfungen verschiedener Verbindungen. Andererseits können in einer Verbindung auch mehrere gleichartige Bindungen vorkommen. Deren Bindungsenhalpie muss nicht identisch sein, wie das Beispiel des Methans (CH_4) zeigt. Die schrittweise Abspaltung der vier Wasserstoffatome erfordert unterschiedlich große Energien – abhängig von der jeweils neu entstehenden Bindungssituation:

$$
\begin{array}{lll}
CH_4(g) \rightarrow CH_3(g) + H(g); & \Delta H^0_{diss} = 439\ \text{kJ} \cdot \text{mol}^{-1} \\
CH_3(g) \rightarrow CH_2(g) + H(g); & \Delta H^0_{diss} = 458\ \text{kJ} \cdot \text{mol}^{-1} \\
CH_2(g) \rightarrow CH(g) + H(g); & \Delta H^0_{diss} = 426\ \text{kJ} \cdot \text{mol}^{-1} \\
CH(g) \rightarrow C(g) + H(g); & \Delta H^0_{diss} = 341\ \text{kJ} \cdot \text{mol}^{-1} \\
\hline
CH_4(g) \rightarrow C(g) + 4\,H(g); & \Delta H^0_{at} = 1664\ \text{kJ} \cdot \text{mol}^{-1}
\end{array}
$$

Die Atomisierungsenthalpie ergibt sich hier aus der Summe der Dissoziation aller vier Wasserstoffatome. Als Mittelwert ergibt sich schließlich für die Auflösung *einer* C–H-Bindung die *mittlere Bindungsenthalpie* von 416 kJ · mol^{-1}. Die Auswertung weiterer Kohlenstoff-Wasserstoff-Verbindungen führt zu einem mittleren Wert von 414 kJ · mol^{-1}.

In der Modifikation des Kohlenstoffs als Diamant liegen die Atome wie auch in CH_4 in einer tetraedrischen Anordnung verknüpft vor. Zur Atomisierung des Diamants müssen entsprechend vier C–C-Bindungen gebrochen werden. Anders als im Methan-Molekül sind die Tetraeder aber untereinander verknüpft. Jeder Bindungsbruch hat unmittelbar Auswirkung auf die Bindungssituation des benachbarten Kohlenstoff-Atoms (das ist wie in einem Reihenhaus: Wenn Sie eine Trennwand einreißen, zerstören Sie auch die Wand Ihres Nachbarn …). Gehen wir also davon aus, dass ein Kohlenstoff-Atom im tetraedrischen Netzwerk nicht vier vollwertige, sondern statistisch 4/2 Bindungen aufweist, so ergibt sich die Bindungsenthalpie für *eine* C–C-Bindung zu 357,5 kJ · mol^{-1}.

$$C(s, \text{Diamant}) \rightarrow C(g); \qquad \Delta H^0_{at} = \Delta H^0_{subl} = 715\ \text{kJ} \cdot \text{mol}^{-1}$$

Verglichen mit der *mittlere Bindungsenthalpie* für Verbindungen mit einer C–C-Bindung ($\Delta H^0_{diss} = 346$ kJ · mol^{-1}) liegt der Wert für Diamant etwas höher. Dieser Unterschied ist Ausdruck verschiedener Bindungsverhältnisse bzw. unterschiedlicher Bindungsstärken – abhängig von der Bindungssituation im gesamten Molekül. So weist Ethan (C_2H_6) neben der C–C-Bindung weitere sechs C–H-Bindungen auf. Ausgehend von der Atomisierungsenergie des Moleküls (2827 kJ · mol^{-1}) erhalten wir mit der mittleren Bindungsenthalpie der C–H-Bindungen ($\Delta H^0_{diss} = 414$ kJ · mol^{-1}) eine Bindungsenthalpie für die C–C-Bindung in Ethan von $\Delta H^0_{diss} = 343$ kJ · mol^{-1}.

15

- **Gitterenthalpie ΔH^0_G**

In Verbindungen mit Ionenkristallen beschreibt die Gitterenthalpie das Maß für die elektrostatischen Bindungskräfte der Ionen im Kristallgitter. Die Gitterenthalpie ΔH^0_G ist dabei als die Energieänderung bei der Bildung von einem Mol eines Feststoffes aus den entsprechenden gasförmigen Ionen definiert:

$$Na^+(g) + Cl^-(g) \rightarrow Na^+Cl^-(s); \qquad \Delta H^0_G = -788\ \text{kJ} \cdot \text{mol}^{-1}$$

15.3 Satz von Hess

- **Reaktionsenthalpie**

Der Verlauf chemischer Reaktionen kann über mehrere Teilschritte formuliert werden. Wie wir bereits erörtert haben, ist die Reaktionsenthalpie dabei vom Weg unabhängig. Diese Gesetzmäßigkeit wird im Satz von Hess formuliert:

Wichtig
Die energetische Bilanz einer chemischen Reaktion ist nur vom Anfangs- und Endzustand bestimmt – sie ist unabhängig vom Verlauf der Reaktion.
- **Die Reaktionsenthalpie entspricht der Differenz der Standardbildungsenthalpien der Produkte und der Standardbildungsenthalpien der Edukte:** $\Delta H_r^0 = \Sigma\ \Delta H_f^0(\text{Produkte}) - \Sigma\ \Delta H_f^0(\text{Edukte})$
- **Betrachtet man eine Reaktion in umgekehrter Richtung (Tausch von Anfangs- und Endzustand), ändert sich das Vorzeichen der betreffenden Reaktionsenthalpie, nicht aber der Betrag.**

Die Bildung von Kohlenstoffdioxid (■ Abb. 15.4) kann entsprechend auf zwei verschiedenen Wegen beschrieben werden:

$$\begin{array}{ll} 1.\ C(s) + O_2(g) \rightarrow CO_2(g); & \Delta H_{r1}^0 = 394\ \text{kJ} \cdot \text{mol}^{-1} \\ 2.\ C(s) + 1/2\ O_2(g) \rightarrow CO(g); & \Delta H_{r2}^0 = 110\ \text{kJ} \cdot \text{mol}^{-1} \\ 3.\ CO(g) + 1/2\ O_2(g) \rightarrow CO_2(g); & \Delta H_{r3}^0 = 284\ \text{kJ} \cdot \text{mol}^{-1} \\ \hline C(s) + O_2(g) \rightarrow CO_2(g); & \Delta H_{r1}^0 = \Delta H_{r2}^0 + \Delta H_{r3}^0 = 394\ \text{kJ} \cdot \text{mol}^{-1} \end{array}$$

Viel wichtiger ist die Anwendung des Hess'schen Satzes für die Berechnung verschiedener Enthalpiewerte, die einen Beitrag zur Reaktionsenthalpie liefern bzw. mit dieser über die Reaktionsgleichung verknüpft sind. Die Bildung von Phosphorsäure können wir zunächst als Reaktion aus den Elementen beschreiben. Da die Bildungsenthalpien der Elemente null sind, entspricht die Reaktionsenthalpie dieser Reaktion der Standardbildungsenthalpie der Phosphorsäure:

$$P(s) + 2\ O_2(g) + 1,5\ H_2(g) \rightarrow H_3PO_4(l)$$

$$\begin{aligned} \Delta H_r^0 &= \Delta H_f^0(H_3PO_4) - (\Delta H_f^0(P) + 2\ \Delta H_f^0(O_2) + 3/2\ \Delta H_f^0(H_2)) \\ &= \Delta H_f^0(H_3PO_4) - 0 = -1279\ \text{kJ} \cdot \text{mol}^{-1} \end{aligned}$$

Es ist aber viel sinnvoller, Phosphorsäure durch Verbrennung des Phosphors zu Phosphor(V)-oxid (P_4O_{10}) und anschließende Hydrolyse mit Wasser herzustellen. Mit den bekannten Daten der beteiligten Stoffe kann die Reaktionsenthalpie im Voraus berechnet und so der Prozess hinsichtlich seiner Wärmeentwicklung kontrolliert werden.

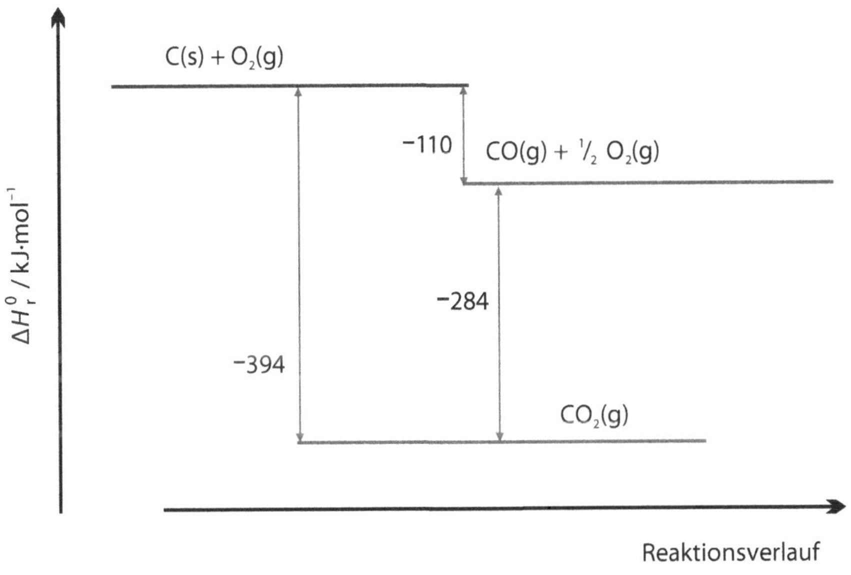

■ **Abb. 15.4** Symbolhafte Darstellung des Reaktionsverlaufs bei der Bildung von Kohlenstoffdioxid

$$4\,P(s) + 5\,O_2(g) \rightarrow P_4O_{10}(s)$$

$$\Delta H_r^0 = \Delta H_f^0(P_4O_{10}) - (4\,\Delta H_f^0(P) + 5\,\Delta H_f^0(O_2)) = \Delta H_f^0(P_4O_{10}) - 0$$
$$= -3010\ \text{kJ} \cdot \text{mol}^{-1}$$

$$P_4O_{10}(s) + 6\,H_2O(l) \rightarrow 4\,H_3PO_4(l)$$

$$\Delta H_r^0 = 4\,\Delta H_f^0(H_3PO_4) - (\Delta H_f^0(P_4O_{10})\ \Delta H_f^0(H_2O))$$
$$= 4\,(-1279\ \text{kJ} \cdot \text{mol}^{-1}) - (-3010\,\text{kJ} \cdot \text{mol}^{-1} + 6 \cdot (-286\text{kJ} \cdot \text{mol}^{-1}))$$

$$\Delta H_r^0 = -390\,\text{kJ} \cdot \text{mol}^{-1}$$

Schließlich können wir aus den Reaktionsdaten auch Werte der Standardbildungsenthalpien von Verbindungen ableiten. Die Neutralisationsreaktion von Phosphorsäure mit Calciumoxid (CaO) führt zu der Verbindung $Ca_3(PO_4)_2$. Deren Standardbildungsenthalpie ist aus den bisher bekannten Daten und dem experimentellen Wert für die Reaktionswärme zu berechnen.

$$3\,CaO(s) + 2\,H_3PO_4(l) \rightarrow Ca_3(PO_4)_2(s) + 3\,H_2O(l)$$

$$\Delta H_r^0 = \left(\Delta H_f^0(H_3PO_4) + 3\,\Delta H_f^0(H_2O)\right) - \left(2\,\Delta H_f^0(H_3PO_4) + 3\,\Delta H_f^0(CaO)\right)$$

$$\Delta H_r^0 = -516\,\text{kJ} \cdot \text{mol}^{-1}$$

$$\Delta H_f^0(Ca_3(PO_4)_2(s)) = \Delta H_r^0 - 3 \cdot \Delta H_f^0(H_2O) + (2 \cdot \Delta H_f^0(H_3PO_4) + 3 \cdot \Delta H_f^0(CaO))$$

$$\Delta H_f^0(Ca_3(PO_4)_2(s)) = (-516\,\text{kJ} \cdot \text{mol}^{-1}) - 3 \cdot (-286\,\text{kJ} \cdot \text{mol}^{-1})$$
$$+ (2 \cdot (-1279\,\text{kJ} \cdot \text{mol}^{-1}) + 3 \cdot (-635\,\text{kJ} \cdot \text{mol}^{-1}))$$

$$\Delta H_f^0(Ca_3(PO_4)_2(s)) = -4121\,\text{kJ} \cdot \text{mol}^{-1}$$

Beachten Sie bei den Rechnungen unbedingt die Einhaltung der Vorzeichen: Bei der Berechnung der Reaktionsenthalpie werden die Werte der Standardbildungsenthalpien der Produkte *addiert,* die der Edukte *subtrahiert.* Die Vorzeichen der Rechenoperationen müssen vollständig mit den Vorzeichen der Enthalpiewerte multipliziert werden (z. B. $(-1) \cdot (-100) = +100$). Wenn Sie die Gleichungen schließlich auch noch umstellen, um eine der Bildungsenthalpien zu berechnen, müssen die Vorzeichen der Rechenoperationen in gleicher Weise umgestellt werden!

Eine Reihe von thermodynamischen Standarddaten der Elemente und von Verbindungen finden Sie im Binnewies in Anhang C.

Binnewies, Kap. 28: Anhang C – Datensammlung.

15.4 Beispiele

■ **Born-Haber-Kreisprozess**

Wir haben bereits in einem vorangegangenen Kapitel die Stabilität von Ionenkristallen mithilfe der Gitterenthalpie beschrieben. Der Wert der **Gitterenthalpie** ist als Reaktionsenthalpie für die Bildung einer ionischen Verbindung aus den gasförmigen Elementen definiert.

$$Na^+(g) + Cl^-(g) \rightarrow NaCl(s); \qquad \Delta H_r^0 = \Delta H_G^0$$

Diese Reaktion ist allerdings praktisch kaum durchführbar und ihr Enthalpiewert experimentell nicht zu ermitteln. In Anwendung des Hess'schen Satzes kann aber ein Reaktionsweg formuliert werden, der es erlaubt, die Gitterenthalpie aus einer Reihe anderer, komplementärer Enthalpie-Werte zu berechnen (stellen Sie sich vor: Sie stehen an einer hohen Klippe und halten den direkten Weg nach unten für viel zu gefährlich … Sie können allerdings gefahrlos dieselbe Höhendifferenz zurücklegen, wenn Sie einen längeren Umweg um die Klippe herum nehmen ...). Da man vom gleichen Angangs- und Endpunkt auf verschiedenen Reaktionswegen vorangeht, spricht man von einem Kreisprozess.

Wir können die Wege der Bildung von NaCl wie folgt beschreiben:

a) Die direkte Bildung erfolgt aus den Elementen im Standardzustand.

$$Na(s) + 1/2\,Cl_2(g) \rightarrow NaCl(s); \qquad \Delta H_f^0 = -411\ kJ \cdot mol^{-1}$$

b) Die Bildung kann mit mehreren Teilschritten beschrieben werden:

1. Sublimationsenthalpie	$Na(s) \rightarrow Na(g)$	$\Delta H_{subl}^0 = 107\ kJ \cdot mol^{-1}$
2. Dissoziationsenthalpie	$1/2Cl_2(g) \rightarrow Cl(g)$	$1/2\Delta H_{diss}^0 = 1/2 \cdot 242\ kJ \cdot mol^{-1}$
3. Ionisierungsenthalpie	$Na(g) \rightarrow Na^+(g) + e^-$	$\Delta H_{ion}^0 = 502\ kJ \cdot mol^{-1}$
4. Elektronenaffinität	$Cl(g) + e^- \rightarrow Cl^-(g)$	$\Delta H_{EA}^0 = -355\ kJ \cdot mol^{-1}$
5. Gitterenthalpie	$Na^+(g) + Cl^-(g) \rightarrow NaCl(s)$	$\Delta H_G^0 = ?$

Da Anfangs- und Endzustand des Kreisprozesses gleich sind, können wir mithilfe des Hess'schen Satzes eine Bilanz der Enthalpien aufstellen (Abb. 15.5):

$$\Delta H_{subl}^0 + 1/2\Delta H_{diss}^0 + \Delta H_{ion1}^0 + \Delta H_{EA}^0 + \Delta H_G^0 = \Delta H_f^0$$

$$\Delta H_G^0(NaCl) = \Delta H_f^0 - \Delta H_{subl}^0 - \Delta H_{diss}^0 - \Delta H_{ion1}^0 - \Delta H_{EA}^0$$

$$\Delta H_G^0(NaCl) = (-411\ kJ \cdot mol^{-1}) - (107\ kJ \cdot mol^{-1}) - (121\ kJ \cdot mol^{-1}) - (502\ kJ \cdot mol^{-1}) - (-355\ kJ \cdot mol^{-1})$$

$$\Delta H_G^0(NaCl) = -786\ kJ \cdot mol^{-1}$$

Andererseits können wir mithilfe des Kreisprozesses jede andere Enthalpie ermitteln, wenn die übrigen Werte bekannt sind. Man wendet ein solches

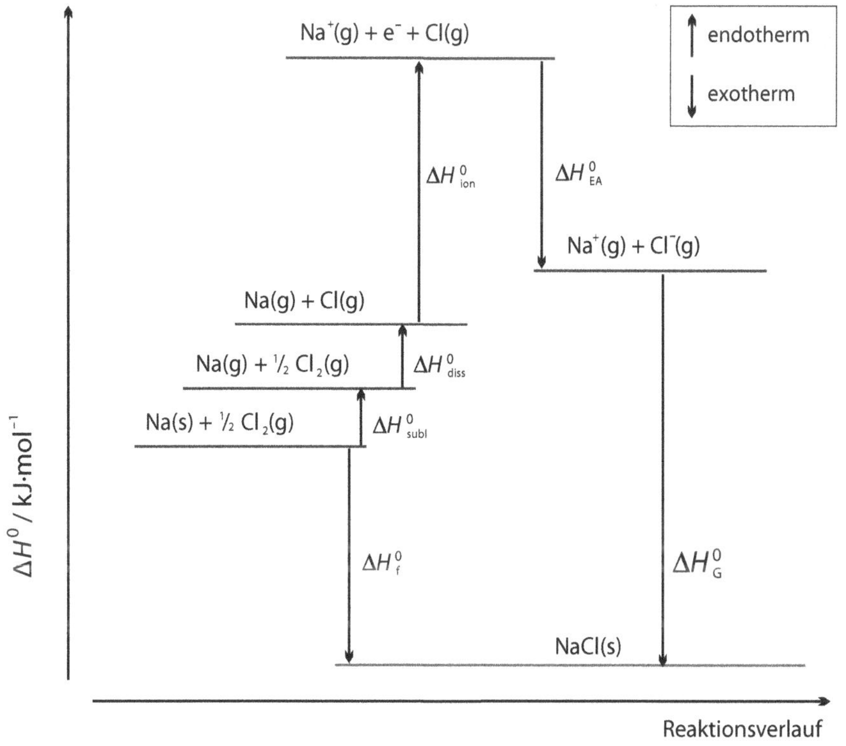

Abb. 15.5 Symbolhafte Darstellung des Kreisprozesses zur Bildung von NaCl (Born-Haber-Kreisprozess)

Verfahren beispielsweise an, um die Stabilität von hypothetischen Verbindungen zu ermitteln.

Bildung von Verbindungen MgF, MgF_2 oder MgF_3

Die Bildung von Ionenverbindungen erfolgt in den Teilschritten mit unterschiedlichen Beträgen der einzelnen Enthalpiewerte (Tab. 15.2). Den größten endothermen Beitrag ($\Delta H > 0$) erfordert jeweils die Ionisierung des Metall-Atoms zum Kation der ionischen Verbindung. Je größer die Ladung des Kations ist, umso größer ist der Wert der Ionisierungsenthalpie (ΔH_{ion2}). Besonders groß wird der Wert der Ionisierungsenthalpie, wenn ein weiteres Elektron aus einer bestehenden Edelgaskonfiguration herausgelöst werden soll. Die Bildung von Verbindungen mit hohen Ladungszahlen der Kationen erscheint als energetisch ungünstig.

Für die Bildung der Anionen wird ein Enthalpiebetrag als Elektronenaffinität ΔH_{EA} frei – der Vorgang ist exotherm. Allerdings können die Beträge der Elektronenaffinität den endothermen Beitrag der Ionisierung der Kationen nicht kompensieren (Tab. 15.2). Ein wesentlicher exothermer Beitrag bei der Bildung der ionischen Verbindung wird durch die Gitterenthalpie geleistet. Wir haben bereits diskutiert, dass dieser Wert experimentell nicht zugänglich ist – über theoretische Betrachtungen der Wechselwirkung der Coulomb'schen Anziehung und der Born'schen Abstoßung können die Werte aber sinnvoll abgeschätzt werden (Abschn. 7.4). Die Gitterenthalpie wird demnach mit zunehmender Ladung der Ionen dramatisch stärker exotherm.

$$E_C = \frac{Z_+ \cdot e \cdot Z_- \cdot e}{4\pi \cdot \varepsilon_0 \cdot d}$$

Abschn. 7.4.

Bei der Bildung von Verbindungen verschiedener Zusammensetzungen kommt es also im Prinzip darauf an, ob der endotherme Beitrag der Ionisierung oder die exotherme Gitterenthalpie dominiert. Für die Verbindungen MgF, MgF_2 und MgF_3 können wir dieses Prinzip nachvollziehen:

Die Verbindung MgF_3 würde eine sehr hohe Gitterenthalpie von etwa –5900 kJ · mol^{-1} aufweisen. Das ist ein Vielfaches im Vergleich zur Gitterenthalpie des stabilen Natriumchlorids (787 kJ · mol^{-1}). Dennoch kennen wir MgF_3 nicht aus dem chemischen Alltag – die Verbindung ist nicht stabil. In diesem Fall wird die hohe exotherme Gitterenthalpie durch einen extrem hohem Wert der endothermen Ionisierung von Magnesium zu einem Mg^{3+}-Kation ausgeglichen (+9940 kJ · mol^{-1}) – die aus allen Enthalpiebeträgen resultierende Standardbildungsenthalpie ΔH_f^0 von etwa +3400 kJ · mol^{-1} kennzeichnet eindeutig die Instabilität von MgF_3. Die Ionisierung zu Mg^{3+} erfordert eine solch hohe Energie, weil aus der stabilen Edelgaskonfiguration des Mg^{2+} ([Ne]) ein weiteres Elektron herausgelöst werden müsste.

Aber auch für die Ionisierung zum zweifach geladenen Kation Mg^{2+} ist eine hohe Ionisierungsenthalpie $\Delta H_{\text{ion2}} \approx 2200 \text{kJ} \cdot \text{mol}^{-1}$ notwendig. Andererseits kann aufgrund der höheren Ladung eine größere Gitterenthalpie von etwa –2960 kJ · mol^{-1} gewonnen werden. Getrieben durch die hohe Gitterenthalpie wird die Reaktion zur Bildung von MgF_2 aus den Elementen stark exotherm ($\Delta H_f^0 = -1123$ kJ · mol^{-1}), sodass die Verbindung stabil ist.

15

Tab. 15.2 Enthalpiebeiträge zur Bildung von Verbindungen MgF, MgF_2 und MgF_3

Verbindung	ΔH^0_{subl} (in kJ · mol^{-1})	ΔH^0_{diss} (in kJ · mol^{-1})	ΔH^0_{ion} (in kJ · mol^{-1})	ΔH^0_{EA} (in kJ · mol^{-1})	ΔH^0_{G} (in kJ · mol^{-1})	ΔH^0_{f} (in kJ · mol^{-1})
MgF	+147	1/2 (+158)	+744	–334	≈ –900	≈ –260
MgF_2	+147	+158	+2201	2 (–334)	–2961	–1123
MgF_3	+147	3/2 (+158)	+9940	3 (–334)	≈ –5900	≈ +3420

Zur Bildung von MgF ist eine relativ geringe erste Ionisierungsenthalpie $\Delta H_{\text{ion1}} = 744\ \text{kJ} \cdot \text{mol}^{-1}$ für Magnesium aufzubringen. Dieser Wert wird durch die Gitterenthalpie von etwa –900 kJ · mol^{-1} kompensiert, sodass eine exotherme Standardbildungsenthalpie (($\Delta H_\text{f}^0 \approx -260\ \text{kJ} \cdot \text{mol}^{-1}$) resultiert. Ist MgF also stabil? Prinzipiell ist MgF gegenüber den Elementen stabil:

$$\text{Mg(s)} + 1/2\ \text{F}_2\text{(g)} \rightarrow \text{MgF(s)} \qquad \Delta H_\text{f}^0 \approx -260\ \text{kJ} \cdot \text{mol}^{-1}$$

Allerdings haben wir bereits gesehen, dass es bei der Reaktion von Magnesium mit Fluor durch die Bildung von MgF_2 eine Alternative für die Bildung von MgF gibt. Wir können die resultierende Reaktion dazu formulieren. Deren Reaktionsenthalpie von $-603\ \text{kJ} \cdot \text{mol}^{-1}$ zeigt uns, dass MgF zu MgF_2 und Magnesium zerfallen wird – die Verbindung MgF ist also trotz einer exothermen Standardbildungsenthalpie nicht stabil!

$$2\ \text{MgF(s)} \rightarrow \text{Mg(s)} + \text{MgF}_2\text{(s)}$$
$$\Delta H_\text{r}^0 = \Delta H_\text{f}^0(\text{MgF}_2) + \Delta H_\text{f}^0(\text{Mg}) - 2\,\Delta H_\text{f}^0(\text{MgF})$$
$$\Delta H_\text{r}^0 = -603\ \text{kJ} \cdot \text{mol}^{-1}$$

Genauso wie wir den Prozess der Bildung von Ionenkristallen aus den Elementen als Folge von einzelnen Reaktionsschritten beschrieben haben, können auch andere Reaktionen über verschiedene Teilschritte als Kreisprozess dargestellt werden. Dabei nutzen wir immer die Kernaussage des Hess'schen Satzes, wonach die Reaktionsenthalpie unabhängig vom Reaktionsweg ist. Wir wollen im Folgen zwei kurze Beispiele dazu diskutieren.

Kreisprozess für Lösungen

Sie wissen aus reichhaltiger Erfahrung, dass sich Natriumchlorid gut in Wasser löst. Welche energetischen Veränderungen sind aber damit verbunden? Wir können die Teilprozesse im Kreisprozess wie folgt beschreiben (Abb. 15.6):

a) Der Löseprozess:

$$\text{NaCl(s)} \rightarrow \text{Na}^+\text{(aq)} + \text{Cl}^+\text{(aq)}; \qquad \Delta H_\text{L}^0 = ?$$

b) Die Auflösung kann in mehreren Teilschritten erfolgen:

1. Aufhebung der Gitterenthalpie	$\text{NaCl(s)} \rightarrow \text{Na}^+\text{(g)} + \text{Cl}^-\text{(g)}$	$\Delta H_\text{r}^0 = -\Delta H_\text{G}^0 = +788\ \text{kJ} \cdot \text{mol}^{-1}$
2. Hydratation Na^+	$\text{Na}^+\text{(g)} \rightarrow \text{Na}^+\text{(aq)}$	$\Delta H_\text{hydr}^0 = -406\ \text{kJ} \cdot \text{mol}^{-1}$
3. Hydratation Cl^-	$\text{Cl}^-\text{(g)} \rightarrow \text{Cl}^-\text{(aq)}$	$\Delta H_\text{hydr}^0 = -378\ \text{kJ} \cdot \text{mol}^{-1}$

Mithilfe der Teilreaktionen können wir die Bilanz der Enthalpien aufstellen:

$$\Delta H_\text{G}^0 + \Delta H_\text{hydr}^0(\text{Na}^+) + \Delta H_\text{hydr}^0(\text{Cl}^-) = \Delta H_\text{L}^0$$
$$\Delta H_\text{L}^0(\text{NaCl}) = -(-788\ \text{kJ} \cdot \text{mol}^{-1}) + (-406\ \text{kJ} \cdot \text{mol}^{-1}) + (-378\ \text{kJ} \cdot \text{mol}^{-1})$$
$$\Delta H_\text{L}^0(\text{NaCl}) = +4\ \text{kJ} \cdot \text{mol}^{-1}$$

Für die Beschreibung des Lösevorgangs haben wir die Hydratationsenthalpien der Kationen- und Anionen-Sorte berücksichtigt. Unter Hydratation versteht man die Wechselwirkung geladener Teilchen mit den Dipolen des Lösungsmittels Wasser. Dabei werden die positiv geladenen Kationen von den negativen Dipolen der Wasser-Moleküle (am elektronegativen Sauerstoff-Atom) umgeben. Die Anionen werden von den Wasser-Molekülen so umhüllt, dass die positiven Dipole (der Wasserstoff-Atome) auf das negativ geladene Ion gerichtet sind. Aufgrund der elektrostatischen Wechselwirkungen der unterschiedlichen Ladungen der gelösten Ionen und der Lösungsmittelteilchen können stark exotherme Hydratationsenthalpien auftreten. Ob sich eine Verbindung gut löst, hängt aber nicht allein von der exothermen Hydratationsenthalpie ab, sondern der Differenz der Hydratationsenthalpie zur

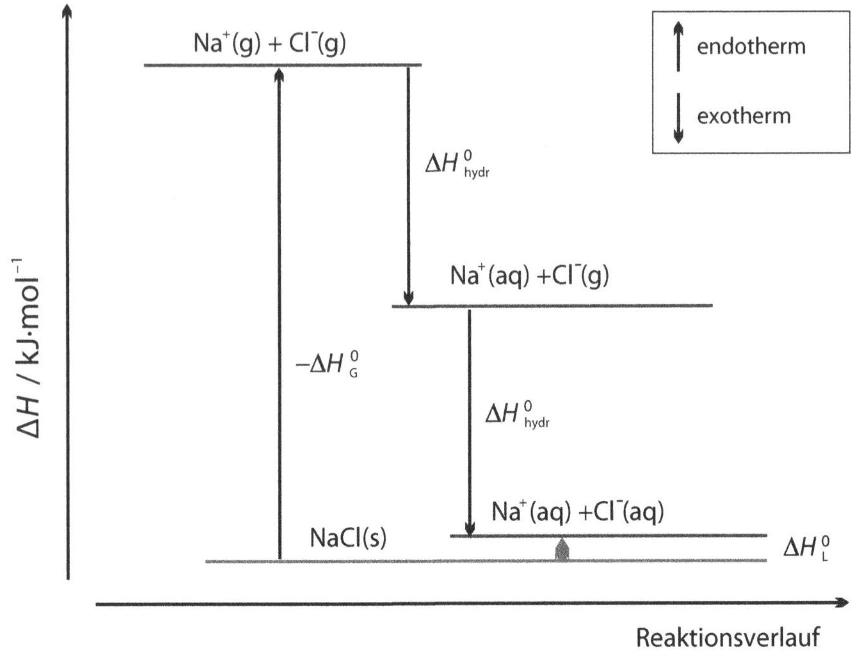

Abb. 15.6 Symbolhafte Darstellung des Kreisprozesses zur Auflösung von NaCl in Wasser

Gitterenthalpie, die beim Lösevorgang aufgehoben werden muss. Dabei gilt: Je höher die Ladung, umso höher der Absolutwert der Hydratationsenthalpie, aber umso höher auch der Wert der Gitterenthalpie!

Binnewies, ► Abschn. 7.4: Thermodynamik des Lösevorgangs ionischer Verbindungen

Zum Kreisprozess bei Lösevorgängen informieren Sie sich weiter im Binnewies, ► Abschn. 7.4.

Kreisprozess für kovalente Verbindungen

Schließlich können wir auch für kovalent aufgebaute Verbindungen ein solches Schema des Kreisprozesses verwenden. In den Teilreaktionen berücksichtigen wir die einzelnen Schritte, die zu der Molekülverbindung führen können. Im Gegensatz zu den Ionenverbindungen treten hier natürlich keine geladenen Teilchen auf. Den Prozess können wir am Beispiel der Bildung von Stickstoff(III)-fluorid beschreiben (Abb. 15.7):

a) Die Bildungsreaktion aus den Elementen:

$$1/2\,N_2(g) + 3/2\,F_2(g) \rightarrow NF_3(g); \qquad \Delta H_f^0(NF_3) = \Delta H_r^0$$

b) Die Bildung können wir auch in folgenden Teilschritten darstellen:

1. Bruch der Dreifachbindung des Stickstoff-Moleküls

$$1/2\,N_2(g) \rightarrow N(g); \qquad 1/2\ \Delta H^0_{diss}(N{-}N) = 473\ kJ \cdot mol^{-1}$$

2. Bruch der Bindung des Fluor-Moleküls

$$3/2\,F_2(g) \rightarrow 3\,F(g); \qquad 3/2\ \Delta H^0_{diss}(F{-}F) = 237\ kJ \cdot mol^{-1}$$

3. Verknüpfung der Stickstoff/Fluor-Bindung (also die Umkehrung der Dissoziation)

$$N(g) + 3\,F(g) \rightarrow NF_3(g); \qquad -3\ \Delta H^0_{diss}(N{-}F) = -844\ kJ \cdot mol^{-1}$$

Mithilfe der Teilreaktionen können wir die Bilanz der Enthalpien aufstellen:

$$1/2\ \Delta H^0_{diss}(N{-}N) + 3/2\ \Delta H^0_{diss}(F{-}F) + (-3 \cdot \Delta H^0_{diss}(N{-}F)) = \Delta H_f^0(NF_3)$$

$$\Delta H_f^0(NF_3) = 473\,kJ \cdot mol^{-1} + 239\,kJ \cdot mol^{-1} - 844\,kJ \cdot mol^{-1}$$

$$\Delta H_f^0(NF_3) = -132\,kJ \cdot mol^{-1}$$

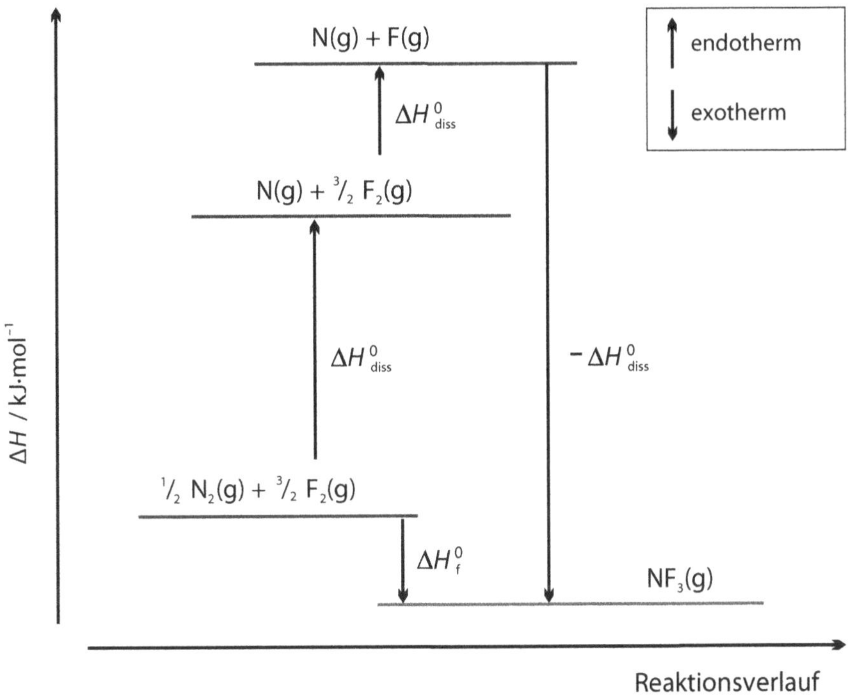

Abb. 15.7 Symbolhafte Darstellung des Kreisprozesses zur Bildung der kovalenten Verbindung NF_3

Fragen

70. Worin unterscheidet sich die Enthalpie von der inneren Energie?
71. Warum ist die Standardenthalpie *aller* Elemente null?
72. Welche Möglichkeit der Berechnung der Gitterenergie gibt es neben der Bestimmung im Born-Haber-Kreisprozess?
73. Ist die Reaktion der Bildung von Calciumsilicat $CaSiO_3$ aus den binären Oxiden CaO und SiO_2 endotherm oder exotherm?

$\Delta H_f^0(\text{CaO}) = -635\ \text{kJ} \cdot \text{mol}^{-1}$; $\Delta H_f^0(\text{SiO}_2) = -910\ \text{kJ} \cdot \text{mol}^{-1}$;

$\Delta H_f^0(\text{CaSiO}_3) = -1635\ \text{kJ} \cdot \text{mol}^{-1}$

Triebkraft chemischer Reaktionen

P. Schmidt, *Allgemeine Chemie*, https://doi.org/10.1007/978-3-662-57846-9_16

16.1 Entropie

Bislang stand der Austausch von Energie bei chemischen Reaktionen – vorrangig als Wärmeenergie – im Vordergrund unserer Betrachtungen. Was aber passiert im Reaktionsgemenge infolge des Wärmeaustauschs? Folgen wir dem 1. Hauptsatz der Thermodynamik, dem Energieerhaltungssatz, so kann Energie nicht vernichtet werden. Im 2. Hauptsatz der Thermodynamik werden wir etwas genauer: Es ist nämlich praktisch unmöglich, Wärme *vollständig* in Arbeit zu transferieren (in welchem Maße das passiert, hängt vom Wirkungsgrad des Prozesses ab). Die übrige Wärmemenge führt zu irreversiblen Zustandsänderungen im System. Wir bezeichnen das Maß der irreversiblen Zustandsänderungen und damit das Äquivalent zur irreversiblen Wärmemenge als Entropie. In diesem Sinne ist die Entropie auch ein Maß für die *ungenutzte Abwärme* eines Prozesses. Sie haben jetzt vielleicht eine Vorstellung davon, wie Entropie zustande kommt. Wie äußert sich aber die Veränderung der Entropie in einem System – was können wir beobachten?

Eine recht triviale Anschaulichkeit des Entropiebegriffes gewinnen wir mit der Vorstellung eines idealen Kristalls: Am absoluten Nullpunkt der Temperatur liegen alle Teilchen völlig starr auf ihren in der Struktur vorgesehenen Plätzen (◘ Abb. 16.1a). Wird diesem Kristall Wärmeenergie zugeführt, so „verschwindet" die Energie nicht einfach, sondern wird in andere Energieformen übertragen. Im Kristall können die Teilchen *kinetische Energie* aufnehmen. Dadurch werden die Teilchen in Schwingungen (Vibrationen) um die Ruhepunktlage versetzt. In einem solchem „realen" Kristall liegen die Schwerpunkte der Atome oder Moleküle immer noch auf den Positionen der Teilchen des idealen Kristalls, sie entsprechen allerdings nur noch einem statistischen, zeitlich gemittelten Wert der Lage der Teilchens (◘ Abb. 16.1b). Mit weiterer Zufuhr von Wärme werden die Schwingungen stärker. Der Kristall bleibt weiterhin bestehen – die zunehmenden Schwingungen werden aber beispielsweise in der Vergrößerung der Gitterkonstanten sichtbar (→ thermische Ausdehnung).

Wird dem Feststoff weiter Energie zugeführt, kommt es zu einem Bindungsbruch – das Schmelzen setzt ein. Infolgedessen können sich die Teilchen freier bewegen: So sind sie in der Lage, sich aus der Ursprungslage heraus zu drehen (Rotationen auszuführen; ◘ Abb. 16.1c). Darüber hinaus werden Platzwechselvorgänge leichter möglich.

Wird die kinetische Energie der Teilchen durch weitere Wärmezufuhr noch größer, können die Bindungsenergien der Teilchen vollständig aufgehoben werden. Der Stoff verdampft, und alle Teilchen sind frei beweglich (Schwingung + Rotation + Translation; ◘ Abb. 16.1d). In einem idealen Gas schließlich bestehen keinerlei Wechselwirkungen der Teilchen mehr untereinander – also auch keine Einschränkungen der Beweglichkeit der Teilchen.

Durch die zunehmende Bewegung der Teilchen wird deren Anordnung weniger regelmäßig – der Ordnungsgrad des Stoffes verringert sich. In sprachlicher Umkehrung dieser Feststellung kann man sagen, dass sich die **Unordnung des Systems** erhöht. Sie wissen ja bereits, dass die beschriebenen

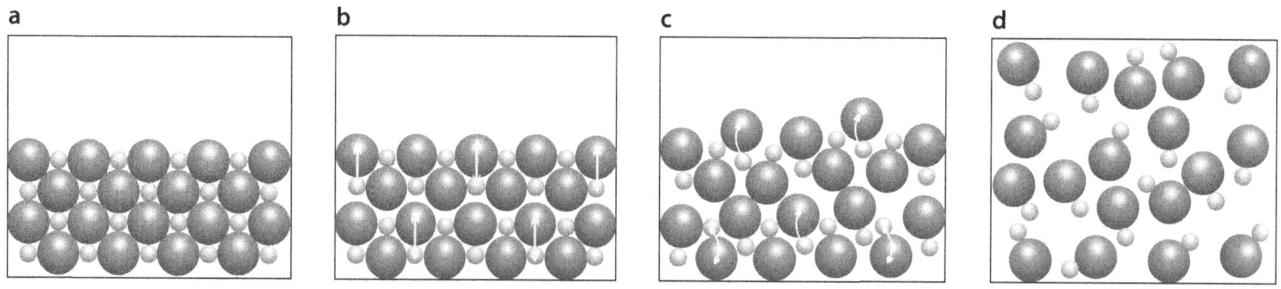

◘ **Abb. 16.1** Veränderung der Lage von Teilchen durch Zuführung von Wärmeenergie: **a** idealer Kristall mit ortsfesten Atompositionen, **b** Schwingung der Teilchen, **c** Drehungen der Teilchen, **d** freie Beweglichkeit der Teilchen

Zustandsänderungen aus der Aufnahme einer bestimmten Wärmemenge resultieren – die damit verbundene Unordnung des Systems können wir dann also direkt mit dem Begriff der **Entropie** verknüpfen. Innerhalb eines Zustandes (fest, flüssig, gasförmig) ändert sich Entropie durch die von außen zugeführte Wärmeenergie kontinuierlich, d. h. die Beweglichkeit der Teilchen nimmt stetig zu. An den Umwandlungspunkten wird jedoch durch den vollzogenen Bindungsbruch ein Freiheitsgrad der Bewegung hinzugewonnen, sodass sich die Entropie sprunghaft erhöhen kann. Dabei ist die Zunahme der Unordnung bei der Verdampfung nochmals deutlich größer als während des Schmelzvorgangs (◘ Abb. 16.2). Für die Phasenumwandlungen des Wassers beobachtet man beispielsweise eine Schmelzentropie ΔS_{schm} von $20\,\text{J} \cdot \text{K}^{-1} \cdot \text{mol}^{-1}$ und eine Verdampfungsentropie ΔS_{v} von $110\,\text{J} \cdot \text{K}^{-1} \cdot \text{mol}^{-1}$. Die Umwandlung der kristallinen Modifikationen des Kohlenstoffs – Graphit und Diamant – weist dagegen nur eine Umwandlungsentropie ΔS_{u} von $3{,}5\,\text{J} \cdot \text{K}^{-1} \cdot \text{mol}^{-1}$ auf.

Aus unserer Argumentation folgt ein unmittelbarer physikalischer Zusammenhang zwischen der ausgetauschten Wärmemenge und der Veränderung der Unordnung im System. Die Entropie lässt sich folglich über die vom absoluten Nullpunkt bis zu einer bestimmten Temperatur T reversibel aufgenommene *Wärmemenge* Q bestimmen. Für ein Mol des untersuchten Stoffes ergibt sich aus der molaren Wärmemenge Q_{m} und der absoluten Temperatur (in Kelvin):

$$S = \frac{Q_{\text{m}}}{T}$$

Wie wir bereits erörtert haben, entspricht die ausgetauschte Wärmemenge Q_{m} der Änderung der Enthalpie ΔH. Auf diese Weise können wir die für Chemiker wichtige Schlussfolgerung für Umwandlungsprozesse ziehen:

$$S = \frac{\Delta H}{T}$$

Gemäß diesem Zusammenhang ist die SI-Einheit der Entropie $1\,\text{J} \cdot \text{K}^{-1} \cdot \text{mol}^{-1}$. Die Werte einiger wichtiger Verbindungen sind im Binnewies, Kap. 28 zusammengefasst.

Binnewies, Kap. 28: Anhang C – Datensammlung.

Mithilfe der statistischen Thermodynamik können die mikroskopischen Zustände eines Systems mathematisch näher analysiert werden. Auf diese Weise

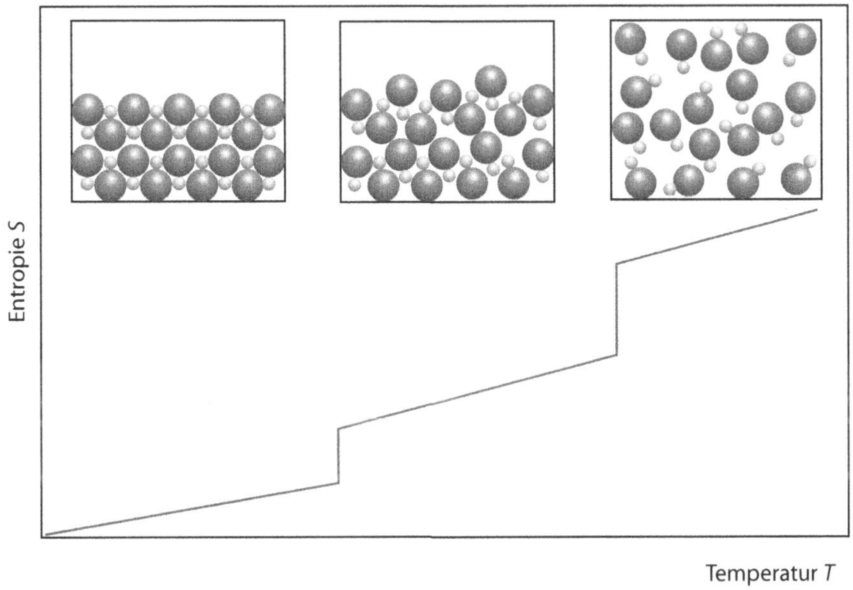

◘ **Abb. 16.2** Verlauf der Entropie eines Systems in Abhängigkeit von der Temperatur; sprunghafte Änderungen treten an den Phasenumwandlungstemperaturen auf (Schmelze, Verdampfung)

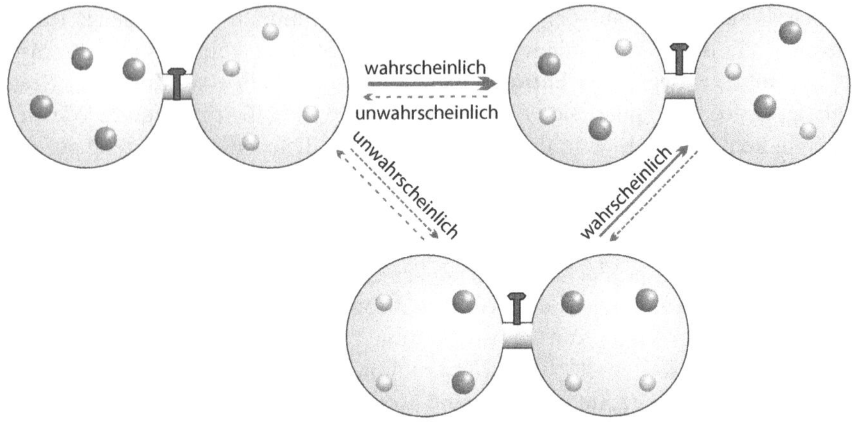

Abb. 16.3 Deutung der Entropie mithilfe der statistischen Thermodynamik – Analyse der Wahrscheinlichkeiten von Zuständen der Ordnung von Teilchen

ergibt sich eine weitere Deutung zum Begriff der Entropie. Sie führt zu der wesentlichen Aussage, dass die größte Wahrscheinlichkeit (die größte Anzahl an Variationen) der Anordnung von Teilchen im Zustand größtmöglicher Unordnung besteht. Aus der Grafik (Abb. 16.3) wird zudem deutlich, dass Prozesse spontan in Richtung der größeren Unordnung (Entropie) verlaufen, deren Umkehrung ist in der Regel nicht möglich (vgl. Binnewies, 3. Auflage 2016, S. 170 bzw. S. 172 ff; S. 909).

Binnewies, 3. Auflage 2016, S. 170 bzw. S. 172 ff; S. 909: Bildung kovalenter Verbindungen

Wichtig

- Die Entropie beschreibt den Grad der Unordnung in einem System.
- Am absoluten Nullpunkt der Temperatur (bei 0 K) besteht ein maximaler Ordnungszustand der Materie – die Entropie nimmt dann den Wert null ein.
- Bei 298,15 K und dem Standarddruck hat jeder Stoff eine genau definierte (von null verschiedene) Standardentropie S^0.
- Für den Verlauf chemischer Reaktion können kann die Reaktionsentropie ΔS_r^0 aus den Standardentropien der beteiligten Stoffe nach dem Hess'schen Satz berechnet werden:
  $\Delta S_r^0 = \Sigma\, \Delta S^0(\text{Produkte}) - \Sigma\, \Delta S^0(\text{Edukte})$

16

Einen besonders großen Einfluss auf die Reaktionsentropie ΔS_r^0 beobachtet man, wenn gasförmige Stoffe an der Reaktion beteiligt sind. Die Reaktionsentropie wird dabei signifikant durch den Verlauf der chemischen Reaktion beeinflusst:

1. Die Reaktionsentropie ist ausgeglichen (nahe null), wenn die Stoffmenge der gasförmigen Produkte gleich der Stoffmenge der gasförmigen Edukte ist (Reaktionen ohne Änderung der Teilchenzahl in der Gasphase).

$$C(s) + O_2(g) \rightarrow CO_2(g)$$

$$\Delta S_r^0 = S^0(CO_2) - (S^0(C) + S^0(O_2))$$

$$\Delta S_r^0 = 214\,\text{J} \cdot \text{K}^{-1} \cdot \text{mol}^{-1} - \left(6\,\text{J} \cdot \text{K}^{-1} \cdot \text{mol}^{-1} + 205\,\text{J} \cdot \text{K}^{-1} \cdot \text{mol}^{-1}\right)$$

$$\Delta S_r^0 = 3\,\text{J} \cdot \text{K}^{-1} \cdot \text{mol}^{-1}$$

2. Die Reaktionsentropie ist stark positiv, wenn die Stoffmenge der gasförmigen Produkte größer als die Stoffmenge der gasförmigen Edukte ist (Reaktionen mit Erhöhung der Teilchenzahl in der Gasphase).

   $CaCO_3(s) \rightarrow CaO(s) + 1\ CO_2(g)$

   $\Delta S_r^0 = S^0(CaO) + S^0(CO_2) - S^0(CaCO_3)$

   $\Delta S_r^0 = 38\ J \cdot K^{-1} \cdot mol^{-1} + 214\ J \cdot K^{-1} \cdot mol^{-1} - 93\ J \cdot K^{-1} \cdot mol^{-1}$

   $\Delta S_r^0 = +159\ J \cdot K^{-1} \cdot mol^{-1}$

   $2\ C(s) + 1\ O_2(g) \rightarrow 2\ CO(g)$

   $\Delta S_r^0 = 2 \cdot S^0(CO) - (2 \cdot S^0(C) + S^0(O_2))$

   $\Delta S_r^0 = 2 \cdot 198\ J \cdot K^{-1} \cdot mol^{-1} - (2 \cdot 6\ J \cdot K^{-1} \cdot mol^{-1} + 205\ J \cdot K^{-1} \cdot mol^{-1})$

   $\Delta S_r^0 = +179 J \cdot K^{-1} \cdot mol^{-1}$

3. Die Reaktionsentropie ist stark negativ, wenn die Stoffmenge der gasförmigen Produkte kleiner als die Stoffmenge der gasförmigen Edukte ist (Reaktionen mit Erniedrigung der Teilchenzahl in der Gasphase).

   $1\ N_2(g) + 3\ H_2(g) \rightarrow 2\ NH_3(g)$

   $\Delta S_r^0 = 2 \cdot S^0(NH_3) - (S^0(N_2) + 3 \cdot S^0(H_2))$

   $\Delta S_r^0 = 2 \cdot 192\ J \cdot K^{-1} \cdot mol^{-1} - (192\ J \cdot K^{-1} \cdot mol^{-1} + 3 \cdot 131\ J \cdot K^{-1} \cdot mol^{-1})$

   $\Delta S_r^0 = -201\ J \cdot K^{-1} \cdot mol^{-1}$

Wichtig

- **Die Reaktionsentropie wird besonders stark beeinflusst, wenn gasförmige Stoffe an der Reaktion beteiligt sind: Reaktionen mit Zunahme der Teilchenzahl haben eine positive Reaktionsentropie ($\Delta S_r^0 > 0$), Reaktionen mit Abnahme der Teilchenzahl haben eine negative Reaktionsentropie ($\Delta S_r^0 < 0$).**

Mit letztgenanntem Beispiel stellt sich ein Problem ein: Wenn Reaktionen spontan in Richtung der größeren Entropie (also mit $\Delta S_r^0 > 0$) verlaufen, sollte die Bildung von Ammoniak (NH_3) aus den Elementen *nicht möglich* sein. Wir wissen aber, dass Ammoniak eine wichtige Grundchemikalie ist – auf welchem Weg ist NH_3 dann als stabile Verbindung zu erhalten?

16.2 Freie Enthalpie

Für die Beurteilung des tatsächlichen Verlaufs einer chemischen Reaktion müssen wir die bisher gewonnenen Informationen zur Reaktionsenthalpie, Reaktionsentropie sowie zur (absoluten) Reaktionstemperatur miteinander verknüpfen. J. W. Gibbs führte dazu den Begriff der **Freien Enthalpie ΔG** (engl. *free energy*) ein. Wir können uns den Zusammenhang wie folgt vorstellen: Von einem System wird Wärme (Enthalpie) mit der Umgebung ausgetauscht. Ein Teil der (messbar) ausgetauschten Wärmeenergie wird aber im System selbst für die Änderung des Ordnungszustandes genutzt. Ob ein Prozess freiwillig abläuft, hängt jetzt davon ab, ob abschließend (nach Ausgleich von Enthalpie und Entropie) ein Energiegewinn oder -verlust eintritt. Dieser Energiebetrag ist die (nach

Abzug aller „Ausgaben") *freie* Enthalpie. Der Zusammenhang wird durch die **Gibbs-Helmholtz-Gleichung** ausgedrückt:

$$\Delta G_r^0 = \Delta H_r^0 - T \cdot \Delta S_r^0$$

Für den Chemiker erschließt sich damit, welche Konzentrationen von Edukten und Produkten in einem *chemischen Gleichgewicht* vorliegen und wie sich die Gleichgewichtslage temperaturabhängig ändert.

Prinzipiell erwarten wir, dass das Gleichgewicht weit auf der Seite der Reaktionsprodukte liegt, wenn der Wert der freien Reaktionsenthalpie besonders niedrig ist (ein hoher negativer Wert). Bei hohen positiven Werten der freien Reaktionsenthalpie werden die Edukte kaum umgesetzt. Für die Aussage lässt sich ein einfacher quantitativer Zusammenhang zwischen der freien Reaktionsenthalpie und der thermodynamischen Gleichgewichtskonstante K herstellen.

$$\Delta G_r^0(T) = -R \cdot T \cdot \ln K$$

Hat die freie Reaktionsenthalpie ΔG_r^0 einen negativen Wert, so spricht man von einer **exergonen Reaktion** (vgl. exotherm bei $\Delta H_r^0 < 0$). Die Gleichgewichtskonstanten K hat dann einen Wert größer als eins. Bei einem positiven Wert der freien Reaktionsenthalpie ΔG_r^0 **(endergone Reaktion)** wird der Zahlenwert der Gleichgewichtskonstante kleiner als eins. Im absoluten Gleichgewichtszustand der Reaktion sind die charakteristischen Werte $\Delta G_r^0 = 0$ und $K = 1$.

Der Bezug zur Gleichgewichtskonstanten K zeigt, dass der Wert der freien Enthalpie nicht einfach darüber Auskunft gibt, ob eine Reaktion abläuft oder nicht. Vielmehr kann man die Anteile der beteiligten Stoffe im chemischen Gleichgewicht ermitteln und den Verlauf der Reaktion gegebenenfalls steuern. So werden auch bei schwach endergonen Reaktionen noch Produkte gebildet, wenn auch ein größerer Teil der Produkte im Gemenge zurückbleibt.

Wichtig

- **Die Freie Reaktionsenthalpie ΔG_r^0 ist ein Maß dafür, in welcher Weise sich das Gleichgewicht einer chemischen Reaktion einstellt:**
  - **Eine Reaktion verläuft umso vollständiger, je niedriger der Wert der freien Reaktionsenthalpie ist ($\Delta G_r^0 < 0$).**
  - **In einer Reaktion werden die Produkte nicht oder nur in sehr kleinen Anteilen gebildet, wenn $\Delta G_r^0 > 0$.**
  - **Eine Reaktion befindet sich im Gleichgewicht von Produkten und Edukten, wenn $\Delta G_r^0 \approx 0$.**

1. $C(s) + O_2(g) \rightarrow CO_2(g)$

   $\Delta H_r^0(298) = -394\,kJ \cdot mol^{-1}$, $\Delta S_r^0(298) = +3\,J \cdot K^{-1} \cdot mol^{-1}$

   $\Delta G_r^0(298) = -395\,kJ \cdot mol^{-1}$ $\quad \Delta G_r^0 < 0 \Rightarrow$ Bildung von CO_2

2. $2\,C(s) + O_2(g) \rightarrow 2\,CO(g)$

   $\Delta H_r^0(298) = -220\,kJ \cdot mol^{-1}$, $\Delta S_r^0(298) = +179\,J \cdot K^{-1} \cdot mol^{-1}$

   $\Delta G_r^0(298) = -273\,kJ \cdot mol^{-1}$ $\quad \Delta G_r^0 < 0 \Rightarrow$ Bildung von CO

3. $N_2(g) + 3\,H_2(g) \rightleftharpoons 2\,NH_3(g)$

   $\Delta H_r^0(298) = -92\,kJ \cdot mol^{-1}$, $\Delta S_r^0(298) = -201\,J \cdot K^{-1} \cdot mol^{-1}$

   $\Delta G_r^0(298) = -32\,kJ \cdot mol^{-1}$ $\quad \Delta G_r^0 < 0 \Rightarrow$ Bildung von NH_3

Die ausgewählten Beispiele zeigen, dass die Werte der Enthalpie und der Entropie allein kaum Schlüsse über den Verlauf der Reaktion zulassen; erst die Berechnung der freien Reaktionsenthalpie ermöglicht eine Aussage darüber. Verändern wir im Beispiel der Bildung von Ammoniak die Reaktionstemperatur, so wird die freie Enthalpie weniger negativ und schließlich sogar positiv: Die Lage des chemischen Gleichgewichts verändert sich. Nahe bei 500 °C liegen Ausgangsstoffe und Produkte gemeinsam im Reaktionsgemenge vor.

4. $N_2(g) + 3\,H_2(g) \rightleftharpoons 2\,NH_3(g)$
   $\Delta H_r^0(500) = -100\ \text{kJ} \cdot \text{mol}^{-1}$, $\Delta S_r^0(500) = -219\ \text{J} \cdot \text{K}^{-1} \cdot \text{mol}^{-1}$
   $\Delta G_r^0(500) = +9\ \text{kJ} \cdot \text{mol}^{-1}$ $\Delta G_r^0 \approx 0 \Rightarrow$ ausgewogenes Gleichgewicht von N_2, H_2 und NH_3

Stoffe können darüber hinaus auch im „Nichtgleichgewicht" existieren. Wir bezeichnen einen solchen Zustand als **metastabil.** Metastabile Stoffe sind gar nicht so selten und haben durchaus praktische Relevanz: Sie kennen die Kohlenstoffmodifikation des Diamants. Diese kristalline Form ist gegenüber dem Graphit weniger stabil – also metastabil. Dennoch können wir Diamanten praktisch zeitlich unbegrenzt verwenden, die Umwandlung in die stabile Modifikation findet praktisch nicht statt.

5. C(Graphit)(s) $\rightarrow$ C(Diamant)(s)
   $\Delta H_r^0(298) = +2\ \text{kJ} \cdot \text{mol}^{-1}$, $\Delta S_r^0(298) = -3\ \text{J} \cdot \text{K}^{-1} \cdot \text{mol}^{-1}$
   $\Delta G_r^0(500) = +3\ \text{kJ} \cdot \text{mol}^{-1}$

Auch bei Phosphor existieren mehrere kristalline Modifikationen. Erstaunlicherweise wird aus der Gasphase zunächst die am wenigsten stabile Form – der weiße Phosphor – abgeschieden. Diese metastabile Modifikation wandelt sich allerdings bereitwillig in andere kristalline Anordnungen des Phosphors um. Die Bildung der thermodynamisch stabilen kristallinen Modifikation – des schwarzen Phosphors – stellte bis vor Kurzem allerdings eine große experimentelle Herausforderung dar.

Für andere Stoffe ist der metastabile Zustand viel deutlicher ausgeprägt. Nach Zufuhr einer Aktivierungsenergie können sich diese Stoffe spontan in die stabilen Reaktionsprodukte umwandeln (Binnewies, Abschn. 7.7).

Binnewies, Abschn. 7.7: Die freie Enthalpie als treibende Kraft einer Reaktion.

16.3 Gleichgewichtskonstante

■ Prinzip des kleinsten Zwanges

Bereits mit sehr einfachen Betrachtungen lässt sich die Verschiebung der Gleichgewichtslage durch äußere Einflüsse wie Temperatur oder Druck bzw. Konzentration qualitativ beschreiben. Die grundlegenden Prinzipien des Verlaufs des Gleichgewichts und seiner Beeinflussung wurden bereits 1884 von dem französischen Chemiker Le Chatelier erkannt. Man bezeichnet die Aussagen deshalb auch als **Prinzipien von Le Chatelier**. Mit den bisher bekannten thermodynamischen Größen können wir bereits allgemeingültige Abschätzungen zur Beeinflussung von chemischen Gleichgewichten vornehmen. Eine detaillierte Diskussion dazu wird bei der Behandlung von verschiedenen Gleichgewichtsreaktionen durchgeführt.

Reaktionen, die über einen Wärmeaustausch (Änderung der Enthalpie) mit der Umgebung korrespondieren, können durch die Umgebungstemperatur beeinflusst werden. Exotherme Reaktionen ($\Delta H_r^0 < 0$) geben Wärme an die Umgebung ab. Damit dieser Wärmefluss ungehindert ablaufen kann, sollte die Umgebungstemperatur möglichst niedrig sein. Endotherme Reaktionen ($\Delta H_r^0 < 0$) verlaufen unter Zufuhr von Wärme in das System. Die angebotene äußere Wärmemenge äußert sich in einer erhöhten Umgebungstemperatur.

Die Entropie ändert sich besonders stark bei Reaktionen mit Änderung der Teilchenzahl in der Gasphase oder in Lösungen. Erhöht sich die Teilchenzahl in der Gasphase (oder in Lösung), so verläuft eine solche Reaktion mit stark positiver Reaktionsentropie ab ($\Delta S_r^0 \gg 0$). Bei konstantem Volumen erhöht sich dadurch gleichzeitig der Druck im System. Reaktionen mit Erhöhung der Teilchenzahl in der Gasphase werden dann begünstigt, wenn der äußere Druck gering ist. Bei Reaktionen mit Erniedrigung der Teilchenzahl in der Gasphase ($\Delta S_r^0 \ll 0$) verringert sich der Druck im System. Eine solche Reaktion läuft bevorzugt unter erhöhtem Druck von außen ab.

In gleicher Weise haben die Konzentrationen der einzelnen Reaktionspartner Einfluss auf die Einstellung des chemischen Gleichgewichts: Prinzipiell führt eine Erhöhung der Konzentration der Edukte und/oder eine Erniedrigung der Konzentration der Produkte zu dem „Zwang“, das Gleichgewicht erneut in Richtung der Produkte einzustellen.

Wichtig

- **Ein System, dass sich im chemischen Gleichgewicht befindet, weicht dem „Zwang" äußerer Einflüsse in der Weise aus, dass der Zwang geringer wird:**
  - **Eine exotherme Reaktion ($\Delta H_r^0 < 0$) wird begünstigt, wenn die Temperatur niedrig ist; eine endotherme Reaktion ($\Delta H_r^0 < 0$) verläuft bei höherer Temperatur begünstigt ab.**
  - **Eine Reaktion unter Vergrößerung der Teilchenzahl in der Gasphase (Druckanstieg; ($\Delta S_r^0 \gg 0$) wird begünstigt, wenn der Druck niedrig ist; eine Reaktion unter Verringerung der Teilchenzahl in der Gasphase ($\Delta S_r^0 \ll$) verläuft bei erhöhtem Druck begünstigt ab.**

Die Prinzipien des kleinsten Zwangs erlauben hinreichend plausible *qualitative* Aussagen über die Richtung einer Verschiebung der Gleichgewichtslage. Detailliertere Aussagen gewinnen wir mithilfe weiterführender thermodynamischer Betrachtungen.

Van't-Hoff-Gleichung

Wir haben bereits am Beispiel der Bildung von Ammoniak gesehen, dass sich die Lage des Gleichgewichts in Abhängigkeit von der Temperatur verändern kann. Diese Temperaturabhängigkeit der Lage des chemischen Gleichgewichts kann quantitativ über die Van't-Hoff-Gleichung ausgedrückt werden. Beachten Sie dabei, dass die Werte von T in K und der Reaktionsenthalpie in $J \cdot mol^{-1}$ angegeben werden ($R = 8{,}314\ J \cdot K^{-1} \cdot mol^{-1}$).

$$\ln K = -\frac{\Delta H_r^0}{R \cdot T} + \frac{\Delta S_r^0}{R}$$

Abhängig von den Werten, die wir für die Reaktionsenthalpie und die -entropie in die Van't-Hoff-Gleichung einsetzen, können wir vier verschiedene Szenarien zur temperaturabhängigen Lage des chemischen Gleichgewichts beschreiben (Tab. 16.1):

1. Die Bildung der Produkte wird durch eine exotherme Reaktion ($\Delta H_r^0 < 0$) genauso wie durch eine Reaktion mit Zunahme der Entropie ($\Delta S_r^0 > 0$) begünstigt. In der Van't-Hoff-Gleichung führen beide Werte immer zu

Tab. 16.1 Temperaturabhängiger Verlauf chemischer Reaktionen gemäß der Van't-Hoff-Gleichung

Enthalpie ΔH_r^0	Entropie ΔS_r^0	Freie Enthalpie ΔG_r^0	Gleichgewichtskonstante K	Beispiel
< 0 (exotherm)	> 0	< 0	> 1	$C(s) + O_2(g) \rightarrow CO_2(g)$
< 0	< 0	Bei niedriger T: < 0 bei hoher T: > 0	> 1 < 1	$N_2(g) + 3\,H_2(g) \rightleftharpoons 2\,NH_3(g)$
> 0 (endotherm)	> 0	Bei niedriger T: > 0 bei hoher T: < 0	< 1 > 1	$I_2(s) + H_2(g) \rightleftharpoons 2\,HI(g)$
> 0	< 0	> 0	< 1	$N_2(g) + 2\,O_2(g) \rightleftharpoons NO_2(g)$

16

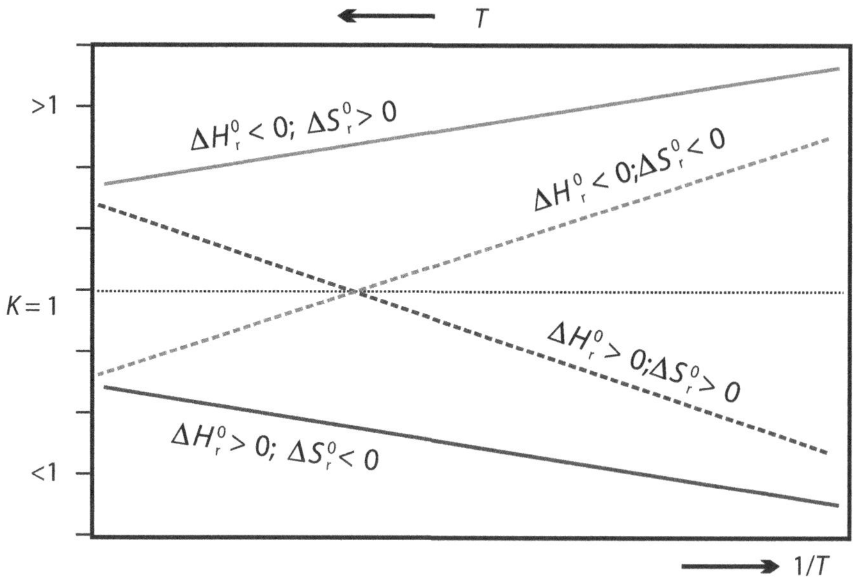

Abb. 16.4 Temperaturabhängiger Verlauf chemischer Reaktionen gemäß der Van't-Hoff-Gleichung

positiven Beiträgen im Term ln K, sodass die Gleichgewichtskonstanten bei allen Temperaturen einen hohen Wert (> 1) einnimmt (vgl. Abb. 16.4).

2. Ist die Reaktionsentropie bei einer exothermen Reaktion ($\Delta H_r^0 < 0$) ebenfalls negativ ($\Delta S_r^0 > 0$), ist der Wert von ln K von den Zahlenwerten der Enthalpie und Entropie sowie von der Temperatur abhängig. Bei niedriger Temperatur überwiegt der Einfluss der exothermen Reaktionsenthalpie, und die Gleichgewichtskonstante kann einen Wert $K > 1$ annehmen. Bei steigender Temperatur wird K kleiner und das Gleichgewicht kann auf die Seite der Edukte ($K < 1$) verschoben werden, (Tab. 16.1, Abb. 16.4).

Ein Beispiel für eine solche Reaktion ist die Bildung von Ammoniak aus den Elementen (($\Delta H_r^0(298) = -92\,\text{kJ} \cdot \text{mol}^{-1}$; $\Delta S_r^0 = -201\ \text{J} \cdot \text{K}^{-1} \cdot \text{mol}^{-1}$). Die Ammoniaksynthese sollte also prinzipiell bei möglichst niedrigen Temperaturen ablaufen, um die Gleichgewichtslage in Richtung der Produkte zu verschieben. Die technische Realisierung der Ammoniaksynthese unter Berücksichtigung der Gleichgewichtslage stellte eine große Herausforderung im beginnenden 20. Jahrhundert dar.

Eine endotherme Reaktion ($\Delta H_r^0 < 0$) kann nur dann ablaufen, wenn sie gleichzeitig mit einem Entropiegewinn ($\Delta S_r^0 > 0$) einhergeht. Bei niedriger Temperatur überwiegt der Einfluss der endothermen Reaktionsenthalpie, und die Gleichgewichtskonstante kann einen Wert $K < 1$ annehmen. Bei steigender Temperatur wird K größer, und das Gleichgewicht kann auf die Seite der Produkte ($K > 1$) verschoben werden (Tab. 16.1, Abb. 16.4).

3. Reaktionen die mit einer endothermen Reaktionsenthalpie ($\Delta H_r^0 > 0$) und einer negativen Entropie ($\Delta S_r^0 < 0$) verlaufen, führen *immer* zu negativen Werten für ln K und somit zu Gleichgewichtskonstanten $K < 1$. Für diese Reaktionen liegt das chemische Gleichgewicht immer aufseiten der *Edukte*.

Fragen

74. Wie verändert sich die Entropie bei folgenden Reaktionen?

$CaCO_3(s) \rightarrow CaO(s) + CO_2(g)$

$CaSO_4(s) + 2\,H_2O(g) \rightarrow CaSO_4 \cdot 2\,H_2O\,(s)$

$H_2(g) + F_2(g) \rightarrow 2\,HF(g)$

75. Ist die Reaktion der Bildung von Calciumfluorid CaF_2 aus den Elementen endergon oder exergon?

    $\Delta H_f^0(CaF_2) = -\,1230\,kJ \cdot mol^{-1}$; $S^0(CaF_2) = 70\,J \cdot K^{-1} \cdot mol^{-1}$;
    $S^0(Ca) = 40\,J \cdot K^{-1} \cdot mol^{-1}$; $S^0(F_2) = 200\,J \cdot K^{-1} \cdot mol^{-1}$

76. Die Reaktion $CaCO_3(s) \rightarrow CaO(s) + CO_2(g)$ hat bei etwa 900 °C eine Gleichgewichtskonstante von $K = 1$. Welche freie Enthalpie hat die Reaktion bei dieser Temperatur? Bestimmen Sie unter Berücksichtigung der Antwort aus Frage 74, ob die Reaktion exotherm oder endotherm ist.
77. Ermitteln Sie nach dem Prinzip des kleinsten Zwanges die geeigneten Reaktionsbedingungen (Druck, Temperatur) für die Umsetzung:
    $C(s) + CO_2(g) \rightleftharpoons 2\,CO(g)$; $\Delta H_r^0 = 170\,kJ \cdot mol^{-1}$.

Stoffsysteme

P. Schmidt, *Allgemeine Chemie*, https://doi.org/10.1007/978-3-662-57846-9_17

17.1 Gase

Binnewies, ▶ Kap. 8: Reine Stoffe und Zweistoffsysteme.

Bei Betrachtung von chemischen Reaktionen spielt der Zustand des Stoffsystems oder einzelner, an der Reaktion beteiligter Stoffe eine große Rolle. Im Folgenden sollen einige Stoffsysteme und ihre Existenzbedingungen kurz erläutert werden. Ausführliche Erklärungen finden Sie dazu im Binnewies, ▶ Kap. 8.

17.1.1 Das ideale Gas

Der Begriff des idealen Gases stellt eine Modellvorstellung dar. Tatsächlich gibt es keine „idealen Gase" – wohl aber gasförmige Stoffe, die den Eigenschaften von idealen Gasen sehr nahe kommen. Diese Stoffe bilden möglichst geringe Dipole, sie existieren weit oberhalb ihrer Siedetemperaturen und unter geringem Druck. Diese Bedingungen werden vor allem durch die Edelgase, Wasserstoff oder Sauerstoff erfüllt.

Wichtig

- **In einem idealen Gas wirken keinerlei zwischenmolekulare Kräfte zwischen den Teilchen.**
- **Das Eigenvolumen der Gasteilchen eines idealen Gases ist vernachlässigbar gering gegenüber dem Gesamtvolumen des Gases.**
- **Die beiden ersten Bedingungen werden von realen Stoffen am besten erfüllt, wenn die Gasdichte gering ist und wenn es sich um wenig polarisierbare Gasteilchen ohne ein permanentes Dipolmoment handelt.**

In einem solchen gasförmigen Zustand können sich alle Teilchen völlig frei (unbeeinflusst) bewegen. Wenn keine Bindungskräfte der Teilchen untereinander bestehen, so ist die Entropie alleinige Triebkraft bei der Wechselwirkung von Gasen – alle Gase sind dann vollständig miteinander mischbar. Die Stöße der Gasteilchen untereinander und schließlich die effektiven Stöße auf die Gefäßwand führen zu einem charakteristischen Druck des Gases. Es ist einleuchtend, dass die Wahrscheinlichkeit der Stöße zunimmt, wenn mehr Teilchen im System vorliegen (Stoffmenge n), wenn die Temperatur erhöht wird (T) und wenn das Volumen des Gefäßes begrenzt ist (V). Für ideale Gase gilt dann das **allgemeine Gasgesetz**. Es verknüpft die genannten Zustandsgrößen eines Gases (n, p, V, T – die thermodynamische Temperatur T in Kelvin) miteinander (R: allgemeine Gaskonstante, $R = 8{,}3145\ \mathrm{J \cdot mol^{-1} \cdot K^{-1}}$ bzw. $8{,}3145\ \mathrm{kPa \cdot l \cdot mol^{-1} \cdot K^{-1}}$):

$$p \cdot V = n \cdot R \cdot T$$

17

▪ Druck und Volumen

Das allgemeine Gasgesetz beinhaltet einige Gesetze, die den Zusammenhang zwischen jeweils zwei Zustandsgrößen darstellen. Das **Gesetz von Boyle-Mariotte** formuliert den Zusammenhang zwischen Druck und Volumen. Bei konstanter Stoffmenge des Systems und definierter Temperatur ist das Produkt aus Druck und Volumen konstant:

$$p \cdot V = \text{konst.}$$

In einem Druck-Volumen-Diagramm ergibt sich für diesen Zusammenhang eine Hyperbel (▣ Abb. 17.1).

▪ Volumen und Temperatur

Bei konstanter Stoffmenge des Systems und konstantem Druck ist der Quotient aus Volumen und Temperatur konstant:

$$V/T = \text{konst.}$$

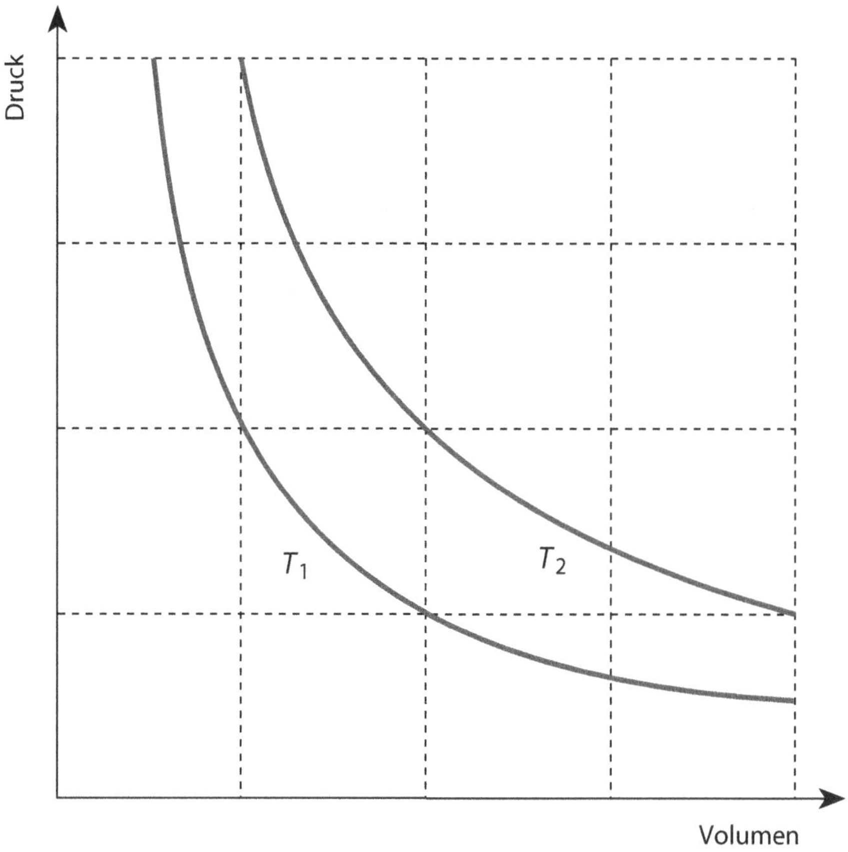

Abb. 17.1 Das Gesetz von Boyle-Mariotte: Das Produkt aus Druck und Volumen ist (bei konstanter Temperatur) für ein ideales Gas konstant

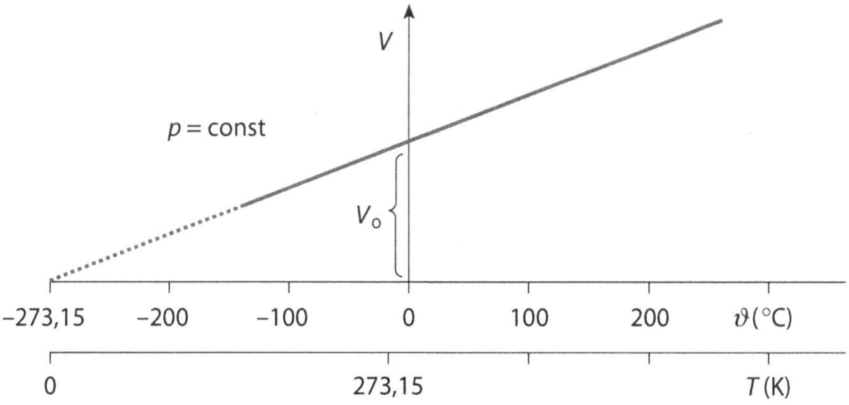

Abb. 17.2 Bei konstantem Druck nimmt das Volumen eines idealen Gases linear mit der Temperatur zu

Wenn wir die bei einer Ausgangstemperatur $T_0 = 273{,}15$ K (0 °C) das Volumen V_0 bestimmen, so ergibt sich bei konstantem Druck ein linearer Zusammenhang zwischen Volumen und Temperatur:

$$V = V_0 \cdot \frac{T}{T_0}$$

Gemäß diesem Zusammenhang wird das Volumen des Gases mit abnehmender Temperatur kontinuierlich kleiner – am absoluten Nullpunkt ($T = 0$ K) müsste auch das Volumen null sein (**Abb. 17.2**). Wir zeigen hier die Grenzen der Anwendbarkeit des Modells des idealen Gases auf: Da alle Teilchen ein

Eigenvolumen haben, kann eine solche Komprimierung nicht realisiert werden. Mit fortschreitender Verkleinerung des Volumens treten vielmehr verstärkt Bindungskräfte der Gasteilchen auf, und der Stoff kondensiert bzw. erstarrt schließlich.

- **Druck und Temperatur**

Bei ansonsten konstanten Bedingungen ist der Quotient aus Druck und Temperatur konstant:

$$p/T = \text{konst.}$$

Bezogen auf die Ausgangstemperatur $T_0 = 273{,}15$ K (0 °C) und den dabei herrschenden Ausgangsdruck p_0 können wir den tatsächlichen Druck im System über das **Gesetz von Gay-Lussac** ermitteln (▪ Abb. 17.3):

$$p = p_0 \cdot \frac{T}{T_0}$$

- **Das molare Volumen**

Unabhängig von der chemischen Zusammensetzung eines idealen Gases ergibt sich aus dem allgemeinen Gasgesetz das Volumen für eine definierte Stoffmenge **(Gesetz von Avogadro)**. Unter der Annahme der Gültigkeit von Standardbedingungen ($p = 1$ bar) erhalten wir – abhängig von der gegebenen Temperatur – charakteristische Werte des Volumens:

$$V = \frac{n \cdot R \cdot T}{p}$$

mit: $n = 1$ mol

$p = 1 \text{ bar} = 1000 \text{ hPa} = 100 \text{ kPa}$
$R = 8{,}3145 \text{ kPa} \cdot \text{l} \cdot \text{mol}^{-1} \cdot \text{K}^{-1}$
$T_1 = 273{,}15$ K (0 °C)
$T_2 = 298{,}15$ K (25 °C)
$\Rightarrow V_1 = 22{,}71$ l
$V_2 = 24{,}78$ l

Mit Bezug auf die Stoffmenge (1 mol) erhalten wir den Wert des molaren Volumens V_m; die Werte für V_m sind mit der Einheit $\text{l} \cdot \text{mol}^{-1}$ anzugeben.

$$V_m = \frac{V}{n} = \frac{R \cdot T}{p}$$

$$\Rightarrow V_m(298 \text{ K}) = 24{,}78 \text{ l} \cdot \text{mol}^{-1}$$

17

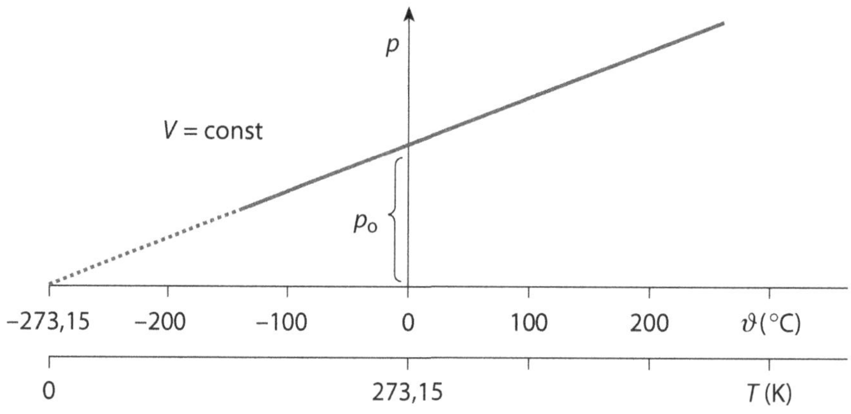

▪ **Abb. 17.3** Das Gesetz von Gay-Lussac: Bei konstantem Volumen steigt der Druck eines idealen Gases mit der Temperatur an

Die molare Masse von Gasen

Durch die Unabhängigkeit der Zustandsgrößen von der Individualität eines gasförmigen Stoffes lässt sich dessen molare Masse M bestimmen. Ist die Masse des Stoffes durch Einwiegen bekannt, können wir über die Messung der Zustandsgrößen Druck und Temperatur prinzipiell die Stoffmenge der Gasteilchen ermitteln. Durch den Zusammenhang von Stoffmenge und Masse ($M = m/n$) ist schließlich die molare Masse mithilfe der allgemeinen Gasgleichung zu berechnen:

$$p \cdot V = \frac{m}{M} \cdot R \cdot T$$

$$M = \frac{m \cdot R \cdot T}{p \cdot V}$$

Auf diese Weise lässt sich feststellen, welche Masse ein Gasteilchen – und welche Zusammensetzung es somit hat. So wird für die Moleküle in Phosphordampf eine molare Masse von $124\ \mathrm{g} \cdot \mathrm{mol}^{-1}$ ermittelt. Phosphor muss in der Gasphase als P_4-Molekül vorliegen ($M = \Sigma M_{\mathrm{Atome}} = 4 \cdot 31\ \mathrm{g} \cdot \mathrm{mol}^{-1}$).

17.1.2 Reale Gase

Treffen die modellhaften Vorstellungen zu den Existenzbedingungen eines idealen Gases nicht zu, sprechen wir von realen Gasen. Prinzipiell sind alle gasförmigen Stoffe reale Gase – die Abweichungen vom idealen Verhalten sind aber unterschiedlich stark ausgeprägt. Besonders große Abweichungen treten bei tiefen Temperaturen und erhöhtem Druck auf. Dabei werden die Wechselwirkungen der Gasteilchen untereinander und das Eigenvolumen in erheblichem Maße wirksam:

Anziehungskräfte zwischen den Gasteilchen bei tiefen Temperaturen führen zu einer Verringerung des realen Gasvolumens.

Das Eigenvolumen der Gasteilchen führt bei sehr hohen Drücken zu einer Vergrößerung des realen Gasvolumens.

Die beiden Effekte treten unterschiedlich stark für jedes Gas – abhängig von Temperatur und Druck – als stoffspezifische Größe auf. Diese Größe kann als Kompressibilitätsfaktor z erfasst werden (◘ Abb. 17.4).

$$p \cdot V = z \cdot n \cdot R \cdot T$$

In den gezeigten Beispielen (◘ Abb. 17.4) dominiert für CO_2 zunächst die Verringerung des Volumens durch die Anziehungskräfte entlang der Dipole des Moleküls. Erst bei höheren Drücken führt das Eigenvolumen der Gasteilchen zu einer signifikanten Erhöhung des molaren Volumens.

Das Methan-Molekül hat aufgrund der tetraedrischen Molekülgestalt kein Dipolmoment. Die Anziehungskräfte der Moleküle sind hier schwächer und die Kompressibilität ist größer als bei CO_2. Durch das größere Volumen des CH_4-Moleküls nimmt das Volumen bei höheren Drücken deutlich stärker zu. Erhöhen wir die Temperatur im System, werden die Anziehungskräfte gar nicht mehr wirksam – das Volumen ist in allen Druckbereichen größer als das eines idealen Gases. Ganz ähnlich verhält sich Wasserstoff.

Das Verhalten realer Gase kann vollständig durch die **Van-der-Waals-Gleichung** beschrieben werden; a und b sind dabei die stoffspezifischen Van-der-Waals-Koeffizienten.

$$\left(p + \frac{n^2 \cdot a}{V^2}\right) \cdot (V - n \cdot b) = n \cdot R \cdot T$$

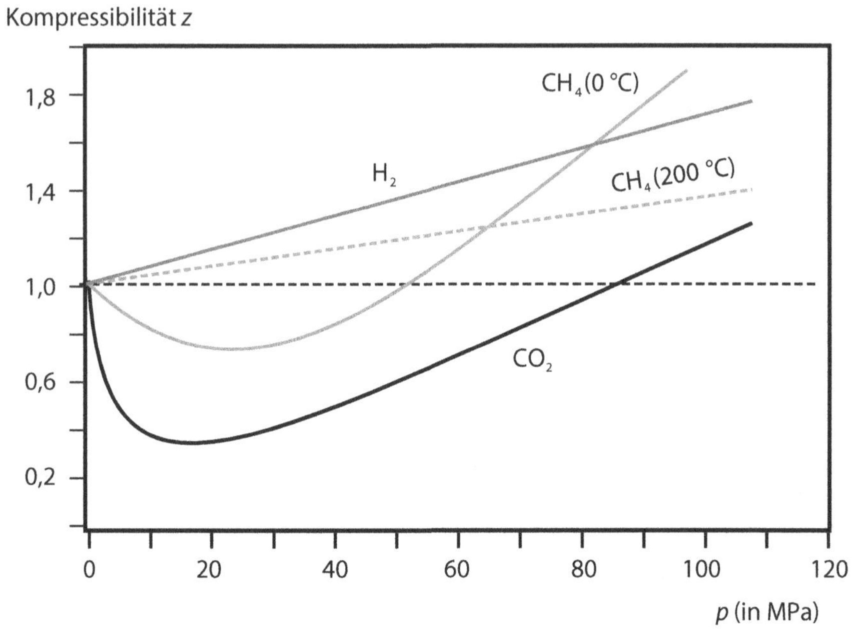

Abb. 17.4 Druckabhängiger Verlauf des Kompressibilitätsfaktors realer Gase; Abweichung vom Verhalten eines idealen Gases bei $z \neq 1$

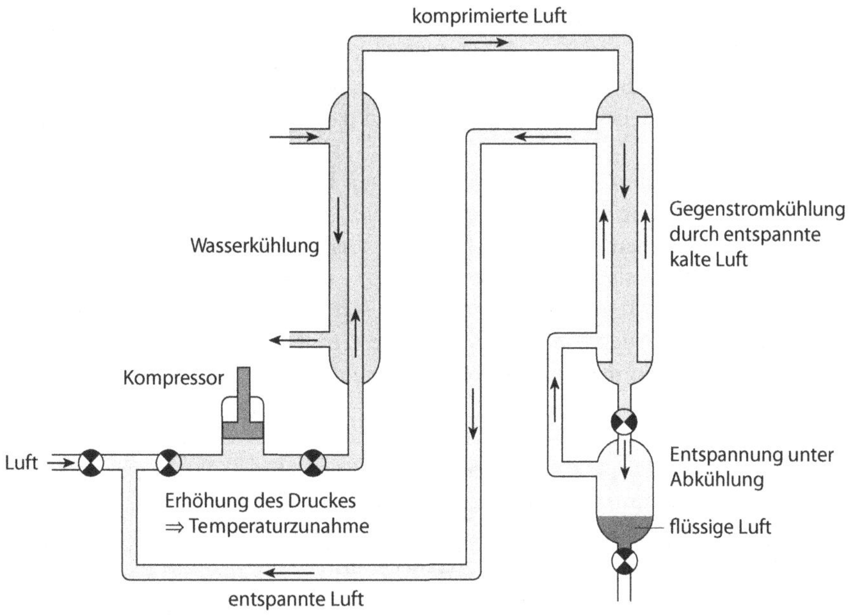

Abb. 17.5 Das Linde-Verfahren zur Luftverflüssigung

17

▪ Der Joule-Thomson-Effekt

Eine besondere Anwendung ergibt sich für reale Gase in der Anwendung des Joule-Thomson-Effekts: *Unter hohem Druck komprimierte Gase kühlen sich bei der Ausdehnung (und Entspannung des Druckes) ab.*

Unter hohem Druck wirken in einem realen Gas bindende Wechselwirkungen der Gasteilchen. Wird das Gas an einer Düse entspannt, vergrößern sich die Teilchenabstände, und die schwachen Bindungen brechen auf. Wird dem System keine (Wärme-) Energie für den endothermen Bindungsbruch zugeführt, muss sich das Gas abkühlen.

Der Joule-Thomson-Effekt kann ausgenutzt werden, um Gase zu verflüssigen. Ein so verflüssigtes Gasgemisch kann anschließend durch Destillation getrennt werden. Bei der „Luftverflüssigung" werden überwiegend die Luftbestandteile Stickstoff, Sauerstoff und Argon gewonnen (Abb. 17.5).

17.2 Flüssigkeiten

Die Teilchen in Flüssigkeiten weisen stärkere Anziehungskräfte auf, als sie im gasförmigen Zustand auftreten. Wir haben bereits gesehen, dass diese Unterschiede in den Bindungskräften durch energetische Beiträge der jeweiligen Umwandlungsenthalpien kompensiert werden. Dennoch ist die kinetische Energie der Teilchen in der Flüssigkeit hoch genug für eine relativ freie Beweglichkeit. Diese Teilchenbeweglichkeit bewirkt, dass sich eine Flüssigkeit jeweils der Form des umgebenden Behälters anpasst. Aufgrund der Bindungskräfte zwischen den Teilchen behält eine Flüssigkeit aber ihr Volumen und füllt nicht spontan das gesamte verfügbare Volumen des umgebenden Behälters aus.

Wird einer Flüssigkeit weiter Energie entzogen, verringert sich die Beweglichkeit der Teilchen nochmals drastisch – der Stoff erstarrt unter Bildung eines kristallinen Feststoffs. Dieser Vorgang, der durch Zufuhr der Schmelzenthalpie reversibel gestaltet werden kann, findet stoffspezifisch bei der Schmelztemperatur statt.

Führen wir dagegen einer Flüssigkeit weitere (Wärme-)Energie zu, so erhöht sich die kinetische Energie der Teilchen. Besonders energiereiche Teilchen können an der Oberfläche der Flüssigkeit in die Gasphase übergehen.

▪ Dampfdruck von Flüssigkeiten

Im Gegensatz zum Schmelzvorgang vollziehen nicht alle Teilchen einer Flüssigkeit gleichzeitig (d. h. bei derselben Temperatur) den Phasenübergang in die Gasphase. Über der Flüssigkeit bildet sich vielmehr ein Gleichgewichtszustand, bei dem temperaturabhängig ein definierter Dampfdruck eingestellt wird. Der Dampfdruck einer Substanz kann in geschlossenen Apparaturen mithilfe eines Manometers bestimmt werden. Heute gibt es verschiedene Messprinzipien von Manometern. Eine sehr einfache Methode besteht darin, durch den Druck Quecksilber in einem U-förmigen Rohr zu verdrängen. Eine Änderung der Höhe der „Quecksilbersäule" um 1 mm entspricht der Einheit Torr (1 mm Hg = 1 Torr = 133,3 Pa = 1,333 · 10^{-3} bar).

Wichtig

- **Der Dampfdruck eines Stoffs ist nur von der Temperatur, nicht aber von seiner Stoffmenge oder dem Volumen des umgebenden Behälters abhängig.**

Der temperaturabhängige Verlauf des Dampfdruckes über einer Flüssigkeit ist nicht linear (wie bei idealen Gasen), sondern exponentiell. Die Werte können mithilfe der **Clausius-Clapeyron-Gleichung** ermittelt werden.

$$\ln\frac{p}{p_0} = -\frac{\Delta H^o_{\text{verd}}}{R \cdot T} + \frac{\Delta S^o_{\text{verd}}}{R}$$

Der dabei erhaltene Wert von p nimmt Bezug auf den Standarddruck $p_0 = 1$ bar.

Die thermodynamischen Größen der Verdampfungsenthalpie und -entropie bestimmen dabei die Größe des Dampfdrucks eines Stoffes. Bei einer hohen Verdampfungsenthalpie muss viel Energie aufgewendet werden, um einen Stoff in die Gasphase zu überführen. Der Dampfdruck dieses Stoffes ist bei gegebener Temperatur entsprechend sehr viel niedriger als bei einem Stoff mit geringerer Verdampfungsenthalpie. ◘ Abb. 17.6 zeigt den Verlauf des Dampfdruckes von Wasser mit steigender Temperatur.

Wichtig

- **Die Verdampfung eines Stoffes erfordert immer Energie. Die Verdampfungsprozesse sind deshalb immer endotherm ($\Delta H^0_v > 0$).**
- **Bei der Verdampfung werden immer mehr Teilchen in der Gasphase gebildet. Die Verdampfungsentropie ist deshalb immer positiv ($\Delta S^0_v > 0$).**

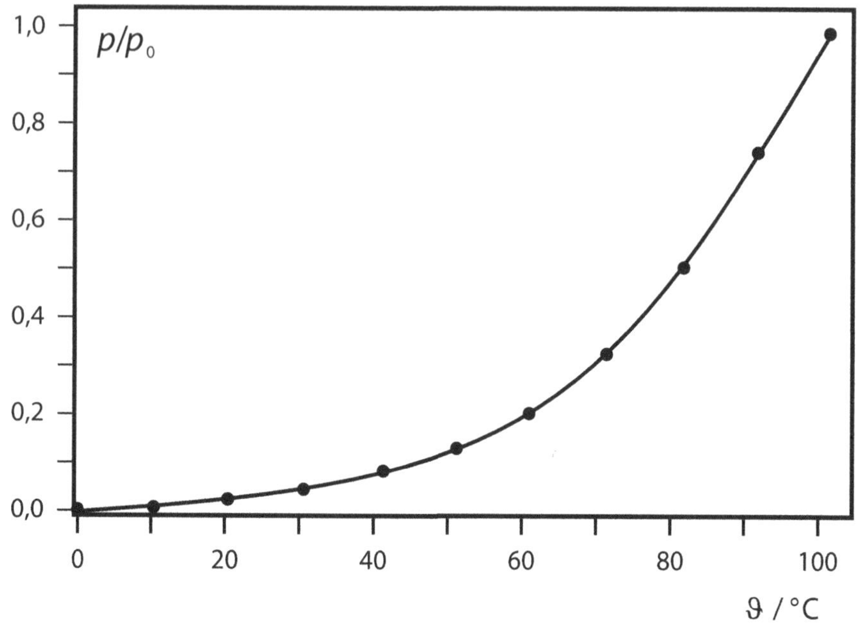

Abb. 17.6 Temperaturabhängiger Verlauf des Dampfdruckes von Wasser

$$H_2O(l) \rightarrow H_2O(g)$$

$$\Delta H_v^0(373) = +40{,}9\ \text{kJ} \cdot \text{mol}^{-1},\ \Delta S_v^0(373) = +109{,}5\ \text{J} \cdot \text{K}^{-1} \cdot \text{mol}^{-1}$$

$$\ln(p(H_2O)/1\text{bar}) = -\left(40900\ \text{J} \cdot \text{mol}^{-1}\right)/(8{,}314\ \text{J} \cdot \text{K}^{-1} \cdot \text{mol}^{-1})\ 1/T + (109{,}5\ \text{J} \cdot \text{K}^{-1} \cdot \text{mol}^{-1})/(8{,}314\ \text{J} \cdot \text{K}^{-1} \cdot \text{mol}^{-1})$$

$$\ln(p(H_2O)/1\text{bar}) = -(4920\,\text{K}) \cdot 1/T + 13{,}2$$

17.3 Feststoffe

Zwischen den Teilchen in Feststoffen (Atome, Ionen) bestehen starke Bindungskräfte. Im Gegensatz zu Gasen und Flüssigkeiten sind die Teilchen in ihrer Beweglichkeit dabei stark eingeschränkt. Dadurch ist die Lage der Teilchen im Kristallgitter relativ starr und die Form der Feststoffe nahezu unveränderlich. Allerdings erhöht sich in der Regel die Beweglichkeit der Teilchen mit zunehmender Temperatur, und die Feststoffe dehnen sich aus. Die Kompressibilität fester Stoffe ist aufgrund des geringen Teilchenabstands und der dichten Packung der Gitterbausteine außerordentlich gering. Der thermische Ausdehnungskoeffizient ist dabei etwa um drei Größenordnungen geringer als der von Flüssigkeiten.

17

▪ Schmelztemperatur von Feststoffen

Die meisten Feststoffe schmelzen bei Temperaturerhöhung, einige gehen direkt in die Gasphase über (sie sublimieren) oder zersetzen sich vor Erreichen der Schmelztemperatur in einzelne Komponenten der Verbindung. Bei der Schmelztemperatur gehen die festen Stoffe reversibel in Flüssigkeiten über. Die Schmelztemperatur hängt wesentlich von den Werten der Schmelzenthalpie und -entropie ab. Schmelzprozesse sind immer endotherm – eine hohe Schmelzenthalpie bedeutet, dass eine große Wärmemenge für den Bindungsbruch im Feststoff aufgebracht werden muss – die Schmelztemperatur liegt in der Regel höher. Da bei der Schmelztemperatur ein Gleichgewicht beider

Phasenzustände herrscht, muss der Wert der freien Reaktionsenthalpie null sein. Daraus folgt eine sehr einfache Berechnung der Schmelztemperatur:

$$\Delta G_r^0 = \Delta G_m^0 = \Delta H_m^0 - T\,\Delta S_m^0 = 0$$

$$T_m = \Delta H_m^0 / \Delta S_m^0$$

Gallium schmilzt bereits nahe bei Raumtemperatur: Ga(s) → Ga(l)

$$\Delta H_m^0 = +5,6\ \text{kJ} \cdot \text{mol}^{-1},\ \Delta S_m^0 = +18,45\ \text{J} \cdot \text{K}^{-1} \cdot \text{mol}^{-1}$$

$$T_m = \left(5600\ \text{J} \cdot \text{mol}^{-1}\right)/(18,45\ \text{J} \cdot \text{K}^{-1} \cdot \text{mol}^{-1})$$

$$T_m = 303\ \text{K} = 30\,^\circ\text{C}$$

Zirkonium ist ein sehr hoch schmelzendes Metall: Zr(s) → Zr(l)

$$\Delta H_m^0 = +18,7\ \text{kJ} \cdot \text{mol}^{-1},\ \Delta S_m^0 = +8,8\ \text{J} \cdot \text{K}^{-1} \cdot \text{mol}^{-1}$$

$$T_m = \left(18700\ \text{J} \cdot \text{mol}^{-1}\right)/(8,8\ \text{J} \cdot \text{K}^{-1} \cdot \text{mol}^{-1})$$

$$T_m = 2125\ \text{K} \approx 1850\,^\circ\text{C}$$

- **Dampfdruck von Feststoffen**

Genauso wie Flüssigkeiten haben auch feste Stoffe einen temperaturabhängigen Dampfdruck. Die Aussage, ein Stoff habe „keinen Dampfdruck" ist prinzipiell falsch; eigentlich meint man damit, dass der Stoff nicht merklich in die Gasphase übergeht bzw. dabei *keinen messbaren Dampfdruck* ausbildet. Auch Stoffe, die regulär schmelzen, können vor Erreichen der Schmelztemperatur in erheblichem Maße in die Gasphase übergehen. Bei der Erwärmung von Iod beobachten Sie bereits etwas oberhalb von Raumtemperatur die Ausbildung einer violett gefärbten Gasphase (◘ Abb. 17.7).

Die Temperaturabhängigkeit des Dampfdrucks eines Feststoffes folgt einem analogen Zusammenhang zwischen der freien Reaktionsenthalpie und der Gleichgewichtskonstanten des Druckes wie bei der Berechnung des Dampfdrucks einer Flüssigkeit. Anstelle der Verdampfungsenthalpie und -entropie werden die entsprechenden Werte für die **Sublimation** – also den direkten Übergang vom festen in den gasförmigen Zustand – verwendet (auch hier gilt der Bezug auf den Standarddruck ($\ln(p/p_0)$ mit $p_0 = 1$ bar). Die Werte der Sublimationsenthalpie und -entropie sind jeweils deutlich größer als die Werte der Verdampfungsprozesse. Zum einen wird für den direkten Bindungsbruch vom Festkörper in die Gasphase eine höhere Energie benötigt, zu anderen ist der Zugewinn an Unordnung (Entropie) im System besonders hoch.

$$\ln\frac{p}{p_0} = -\frac{\Delta H_{subl}^0}{R \cdot T} + \frac{\Delta S_{subl}^0}{R}$$

$$I_2(s) \rightarrow I_2(g)$$

$$\Delta H_{subl}^0(350) = +61,1\ \text{kJ} \cdot \text{mol}^{-1},\ \Delta S_{subl}^0(350) = +1480,8\ \text{J} \cdot \text{K}^{-1} \cdot \text{mol}^{-1}$$

$$\ln(p(I_2)/1\text{bar}) = -\left(61100\ \text{J} \cdot \text{mol}^{-1}\right)/(8,314\ \text{J} \cdot \text{K}^{-1} \cdot \text{mol}^{-1}) \cdot 1/T + (140,8\ \text{J} \cdot \text{K}^{-1} \cdot \text{mol}^{-1})/(8,314\ \text{J} \cdot \text{K}^{-1} \cdot \text{mol}^{-1})$$

$$\ln(p(I_2)/1\text{bar}) = -(7350\ \text{K}) \cdot 1/T + 16,9$$

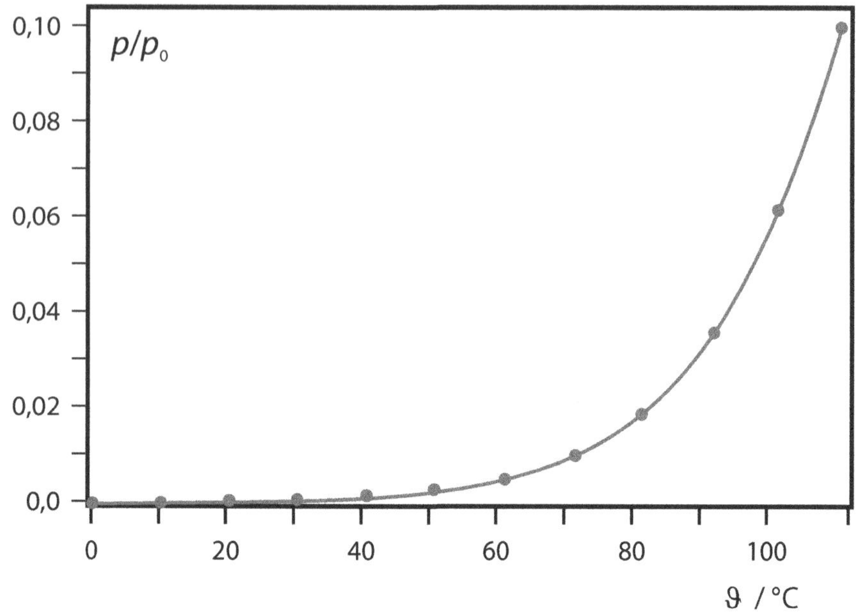

■ **Abb. 17.7** Temperaturabhängiger Verlauf des Dampfdruckes von Iod

17.4 Phasendiagramme reiner Stoffe

Die mithilfe der thermodynamischen Funktionen der Stoffe berechneten einzelnen charakteristischen Punkte und Kurven können wir auch zusammenfügen und in einem einheitlichen Diagramm darstellen. Die Darstellung der relevanten Zustandsgrößen Druck *(p)* und Temperatur *(T)* in einem Diagramm bezeichnet man als **Zustandsdiagramm** oder Phasendiagramm des Stoffes. Unter einer **Phase** versteht man einen homogen zusammengesetzten Stoff, der sich in seinen physikalischen Eigenschaften (Dichte, Brechungsindex, Kristallstruktur, …) eindeutig von anderen Bereichen unterscheidet. Die Gasphase ist immer homogen, d. h. es gibt in einem Zustandssystem immer nur eine Gasphase; darüber hinaus können zwei flüssige Phasen und/oder mehrere feste Phasen nebeneinander existieren (■ Abb. 17.8).

Das Phasendiagramm zeigt die typischen Aggregatzustände als *Phasenfelder*, die x-Achse stellt dabei den Temperaturverlauf *T* dar, die y-Achse repräsentiert den Dampfdruck *p*.

17

- Die **feste Phase** liegt insbesondere bei niedriger Temperatur vor (also im Phasendiagramm weit links). Die flüssige Phase und die Gasphase kondensieren und kristallisieren jeweils bei Abkühlung aus. Die charakteristischen Punkte für die Phasenübergänge von einer festen Phase aus sind die Sublimationstemperatur für den direkten Übergang in die Gasphase (■ Abb. 17.8, Subl) sowie die Schmelztemperatur (■ Abb. 17.8, Schm). Die Sublimation kann durch Erhöhung der Temperatur bei konstantem Druck ausgelöst werden oder auch durch Erniedrigung des Druckes bei gleichbleibender Temperatur (z. B. bei der Gefriertrocknung).
- Die **flüssige Phase** liegt im Phasendiagramm bei einer mittleren Temperatur und erhöhtem Druck vor. Von der flüssigen Phase aus besteht die Möglichkeit des isothermen Übergangs in die feste Phase bei der Schmelztemperatur und in die Gasphase bei der Verdampfungstemperatur (■ Abb. 17.8, Verd). Wir können die flüssige Phase auch durch Verringerung des Druckes bei konstanter Temperatur in die Gasphase überführen (z. B. bei einer Vakuumdestillation).

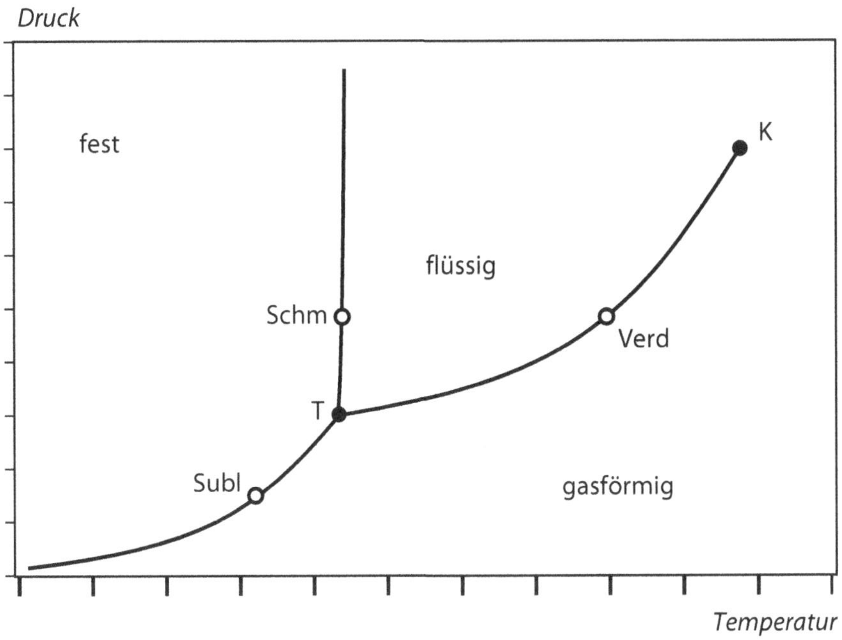

Abb. 17.8 Phasendiagramm eines reinen Stoffes; Bezeichnung der Punkte: Subl = Sublimationspunkt, Schm = Schmelzpunkt, Verd = Verdampfungspunkt, T = Tripelpunkt, K = kritischer Punkt

- Der Existenzbereich der **Gasphase** liegt im Phasendiagramm bei verringertem Druck und hoher Temperatur vor. Ein Stoff kann aus allen anderen Aggregatzuständen durch Temperaturerhöhung oder Druckerniedrigung in den gasförmigen Zustand überführt werden. Der Bereich der Gasphase endet formal bei hoher Temperatur und hohem Druck am *kritischen Punkt.*
- Am **Tripelpunkt** liegen die feste, die flüssige und Gasphase nebeneinander im Gleichgewicht vor. An diesem Punkt sind die Parameter Druck und Temperatur genau festgelegt – das System ist invariant. Die Existenz des Tripelpunkts in einem Phasendiagramm folgt aus der Anwendung der Gibbs'schen Phasenregel, die den Zusammenhang der Anzahl der physikochemischen Parameter und der Anzahl der Phasen in einem System aufzeigt. Am Tripelpunkt treffen die Linien des Sublimationsdampfdruckes, des Dampfdruckes der Flüssigkeit sowie die Schmelzdruckkurve aufeinander. Von Bedeutung ist dieser Punkt für die Ableitung des charakteristischen Verhaltens eines Stoffes beim Übergang in die Gasphase: Liegt der Tripelpunkt unterhalb der Isobaren des Standarddruckes, so schmilzt und verdampft der Stoff. Liegt der Tripelpunkt bei einen höheren als dem Standarddruck, so sublimiert der Stoff.
- Der **kritische Punkt** eines Stoffes beschreibt den Zustand, an dem die Gasphase und die flüssige Phase nicht mehr voneinander unterschieden werden können. Wie geht das? Wird eine Flüssigkeit stetig erwärmt, nehmen die Teilchen des Stoffes mehr kinetische Energie auf. Durch die stärkere Bewegung und zunehmende Stöße der Teilchen untereinander vergrößert sich deren Abstand – die Dichte der Flüssigkeit verringert sich. In einem offenen System würde alle Flüssigkeit nach und nach verdampfen – in einem geschlossenen System aber bleibt die Flüssigkeit mit der Gleichgewichtsgasphase eingeschlossen. Die Gasphase enthält mit steigender Temperatur immer mehr Teilchen, sodass die Dichte des Gases zunimmt. Am kritischen Punkt ist die Dichte des Stoffes in der flüssigen Phase genauso groß wie die Dichte des Stoffes im gasförmigen Zustand. Dadurch verschwindet die Phasengrenze, es liegt ein homogener Zustand – der **überkritische Zustand** – vor (Abb. 17.9).

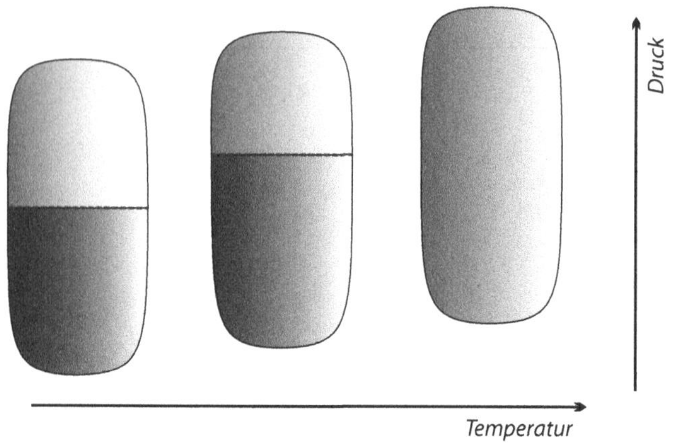

Abb. 17.9 Änderung der Dichte der flüssigen und der Gasphase bis zum kritischen Punkt

- Die Dampfdruckkurve endet am kritischen Punkt, da der damit bezeichnete Phasenübergang (flüssig → gasförmig) nicht mehr stattfindet. Die Konstanten *(p, T)* des kritischen Punktes sind eng mit der Stärke der intermolekularen Kräfte des Stoffes verknüpft. Bei schwachen Wechselwirkungen der Teilchen untereinander wird bereits bei geringer Temperaturerhöhung ein hoher Dampfdruck erzeugt; die Flüssigkeit kann sich zudem stärker ausdehnen. Ein solcher Stoff hat einen kritischen Punkt bei niedrigeren Werten der Temperatur und des Druckes. Sind die zwischenmolekularen Wechselwirkungen stärker (z. B. bei Wasser), liegen Temperatur und Druck des kritischen Punktes höher (Tab. 17.1).

Für einige Stoffe nutzt man die veränderten Lösungsmitteleigenschaften des Stoffes im überkritischen Zustand besonders aus. Bei Reaktionen in überkritischem Wasser spricht man von *Hydrothermalsynthesen*. Die Synthese von Quarzkristallen als Schwingquarz (Taktgeber) für Uhren, Prozessoren und Ultraschallsensoren ist nur auf diese Weise möglich. CO_2 wird als Lösungsmittel im überkritischen Zustand für die Entkoffeinierung von Kaffee angewandt. Reaktionen in überkritischem Ammoniak werden als *Ammonothermalsynthesen* bezeichnet – allgemein spricht man von **Solvothermalsynthesen**.

Dieser prinzipiellen Darstellung (Abb. 17.8) folgen fast alle Phasendiagramme reiner Stoffe. Für die chemischen Elemente sind grundsätzlich Umwandlungen in alle Aggregatzustände (fest, flüssig, gasförmig) möglich. Allerdings unterscheiden sich die Elemente in ihrem Verhalten deutlich voneinander: So bedarf es extremer Temperaturen, um festes Helium (< 1 K) oder gasförmigen Kohlenstoff (> 4000 K) zu erhalten; Gallium hat eine niedrige Schmelz- (300 K), aber eine sehr hohe Siedetemperatur (2400 K), während sich die flüssige Phase beim Iod nur über einen Temperaturbereich von etwa 70 K erstreckt.

Für eine Reihe von Verbindungen sind aber nicht alle Aggregatzustände zugänglich. Viele Naturstoffe (Stärke, Cellulose), aber auch eine Vielzahl von Mineralien (Kalk $CaCO_3$; Gips $CaSO_4 \cdot 2\ H_2O$) zersetzen sich aus dem festen Zustand direkt zu anderen festen und gasförmigen Produkten. Darüber hinaus können einige Stoffe schmelzen, aber nicht verdampfen (Zucker). Schließlich gibt es auch noch Verbindungen, die nur im gasförmigen Zustand stabil sind, bei

17

Tab. 17.1 Temperatur und Druck am kritischen Punkt einiger ausgewählter Gase

	He	H2	N2	CO	O2	CH4	CO2	NH3	H2O
ϑ (in °C)	–267,9	–239,9	–146,9	–140,2	–118,6	–82,1	31,1	132,3	374,1
p (in bar)	2,3	13,0	34,0	35,5	50,4	46,4	73,8	113,0	220,5

Abkühlung aber wieder zerfallen (Disproportionierung: 3 $AlCl(g) \rightarrow AlCl_3(g) + 2$ Al(s,l)).

Zum Nachlesen: Phasendiagramme reiner Stoffe werden im Binnewies, 3. Auflage 2016, S. 195 ff erläutert.

Binnewies, 3. Auflage 2016, S. 195 ff: Phasendiagramme reiner Stoffe.

Wichtig

- **In einem Phasendiagramm eines reinen Stoffes werden die Existenzbedingungen der Phasen durch die Parameter Druck und Temperatur dargestellt.**
- **Unter Standardbedingungen ($p = 1$ bar) kann man im Phasendiagramm die charakteristischen Punkte eines Stoffes bestimmen: Sublimationstemperatur oder Schmelztemperatur und Verdampfungstemperatur.**
- **Oberhalb des kritischen Punktes sind die flüssige und die Gasphase nicht mehr unterscheidbar; der Stoff existiert nur noch als *eine* überkritische Phase.**

Beispiele

Iod

Wir haben im vorangegangenen Abschnitt die Dampfdruckkurve des Iods berechnet. Diese Kurve ist direkt Bestandteil des Phasendiagramms beim Übergang vom festen in den gasförmigen Zustand. Zuzüglich der Schmelzdruckkurve und der Verdampfungskurve von flüssigem Iod ergibt sich das Phasendiagramm mit den charakteristischen Punkten: Tripelpunkt bei 114 °C und 0,12 bar, Schmelztemperatur bei 114 °C, Siedetemperatur bei 184 °C. Der Vergleich zeigt, dass die Temperatur des Tripelpunkts und des Schmelzpunktes identisch sind. Dieses Verhalten folgt aus der Eigenschaft der meisten Stoffe, dass die Schmelzdruckkurve nahezu senkrecht verläuft.

H_2O

Das Phasendiagramm des Wassers weist die folgenden charakteristischen Punkte auf: Tripelpunkt bei 0,01 °C und 6 mbar, Schmelztemperatur bei 0,0 °C, Siedetemperatur bei 100 °C, kritischer Punkt bei 374,1 °C und 220,5 bar. Als Besonderheit des Phasendiagramms des Wassers weist die Schmelzdruckkurve eine negative Steigung auf. Dadurch kann unter erhöhtem Druck festes Eis wieder geschmolzen werden. Grund für dieses besondere Verhalten ist die **Dichteanomalie** des Wassers. Dabei werden beim Schmelzvorgang Wasserstoffbrückenbindungen zwischen den Wasser-Molekülen gebrochen, und die Dichte der Flüssigkeit erhöht sich gegenüber dem Feststoff. Die Konsequenz dieses Effekts ist ganz wesentlich für die Entstehung des Lebens auf der Erde: Durch die Dichteanomalie des Wassers wird in Gewässern bei niedrigen Temperaturen zunächst die Oberfläche mit Eis bedeckt. Das Wasser dagegen sinkt aufgrund der höheren Dichte (mit der maximalen Dichte bei 4 °C) nach unten. Auf diese Weise können Lebewesen unter extremen klimatischen Bedingungen im Wasser gut überleben. Praktikabel ist die Dichteanomalie für uns auch beim Schlittschuhlaufen: Durch den Druck der Kufe wird das Eis geschmolzen, und wir gleiten tatsächlich auf einem dünnen Wasserfilm (auf „festem" Eis würden wir wie auf einer Sandoberfläche entlangkratzen).

CO_2

Kohlenstoffdioxid ist ein Stoff, der seinen Tripelpunkt oberhalb des Standarddruckes hat: Tripelpunkt bei −56,6 °C und 5,2 bar, Sublimationstemperatur bei −78,5 °C, kritischer Punkt bei 31,1 °C und 73,8 bar. Dadurch sublimiert CO_2 unter Normalbedingungen – die Bezeichnung „Trockeneis" leitet sich davon ab. Unter erhöhtem Druck kann allerdings auch Kohlenstoffdioxid verflüssigt werden. So gibt es in großen Tiefen auf dem Meeresboden Vorkommen von flüssigem CO_2.

Fragen

78. Warum ist Wasserstoff ein nahezu ideales Gas?
79. Warum kann die Luft unter Druckentspannung verflüssigt werden?
80. Warum platzen mit Wasser gefüllte Glasflaschen im Gefrierschrank?
81. Ist der überkritische Zustand eines Stoffes in einem offenen Gefäß zu erreichen?

Geschwindigkeit chemischer Reaktionen

P. Schmidt, *Allgemeine Chemie*, https://doi.org/10.1007/978-3-662-57846-9_18

18.1 Reaktionsgeschwindigkeit

Wir haben uns bisher damit auseinander gesetzt, ob chemische Reaktionen prinzipiell ablaufen können und in welche Richtung sich ein chemisches Gleichgewicht einstellt. Diese Betrachtung haben wir auf der Grundlage energetischer Werte (Enthalpie, Entropie, Freie Enthalpie, Gleichgewichtskonstante) vorgenommen. Alle diese Größen fassen wir in der *Thermodynamik* eines Stoffes oder eines Stoffsystems zusammen. Die Berechnung eines bestimmten Wertes für die freie Enthalpie und die Gleichgewichtskonstante sagt aber zunächst nichts darüber aus, *wie schnell* sich ein Gleichgewicht einstellt. Manche Reaktionen verlaufen tatsächlich nur sehr langsam ab, andere schneller, vgl. ◘ Abb. 18.1. Einige Reaktionen laufen zunächst überhaupt nicht ab und setzen sich dann plötzlich explosionsartig fort.

Ein unmittelbarer Zusammenhang zwischen dem Energieumsatz einer chemischen Reaktion und ihrem zeitlichen Verlauf besteht nicht. Es lohnt daher, die prinzipiellen zeitlichen Abläufe von Reaktionen näher zu untersuchen. Das ist Gegenstand der **Reaktionskinetik**. Wenn Sie an Geschwindigkeit denken, stellen Sie sich in der Regel ein schnelles Auto oder Motorrad vor. Das Fahrzeug legt in einer bestimmten Zeit eine definierte Wegstreckte zurück – den Quotienten aus Wegstrecke und Zeit bezeichnen wir als **Geschwindigkeit** ($v = s/t$). Für chemische Reaktionen ist die Änderung der Konzentration eines Stoffes eine sinnvolle Größe zur Beurteilung der Geschwindigkeit (◘ Abb. 18.2). Die Einstellung des Gleichgewichts ist dann erfolgt, wenn sich die Konzentrationen der beteiligten Stoffe nicht mehr ändern.

$$v = \frac{c}{t}$$

Viele Reaktionen verlaufen allerdings so schnell, dass man den Verlauf über einen definierten (sehr kleinen) Zeitraum kaum messen kann. Eine solche extrem schnelle Reaktion ist die Neutralisation in wässriger Lösung (bei der Titration müssen Sie praktisch nicht warten, bis sich das Gleichgewicht einstellt):

$$H_3O^+(aq) + OH^-(aq) \rightarrow 2\,H_2O(l)$$

Binnewies, ▶ Kap. 13: Geschwindigkeit chemischer Reaktionen.

Mittlerweile gibt es Messverfahren, die es ermöglichen, Konzentrationsveränderungen auch in extrem kurzen Zeiträumen (von $\approx 10^{-10}$ s) zu verfolgen (Binnewies, ▶ Kap. 13).

Wichtig

- **Die Reaktionsgeschwindigkeit beschreibt die zeitliche Änderung der Konzentration von an der Reaktion beteiligten Stoffe.**

18

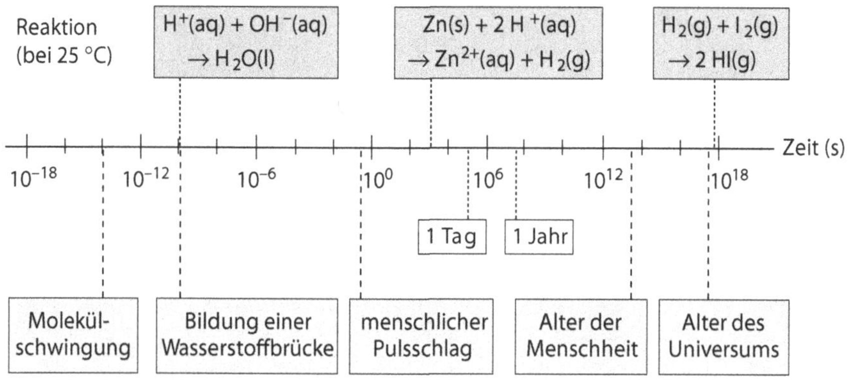

◘ **Abb. 18.1** Reaktionszeiten im Vergleich. Die Zeitangaben für die chemischen Reaktionen beziehen sich jeweils auf die Hälfte des Umsatzes bei einer Anfangskonzentration von 0,1 mol^{-1}

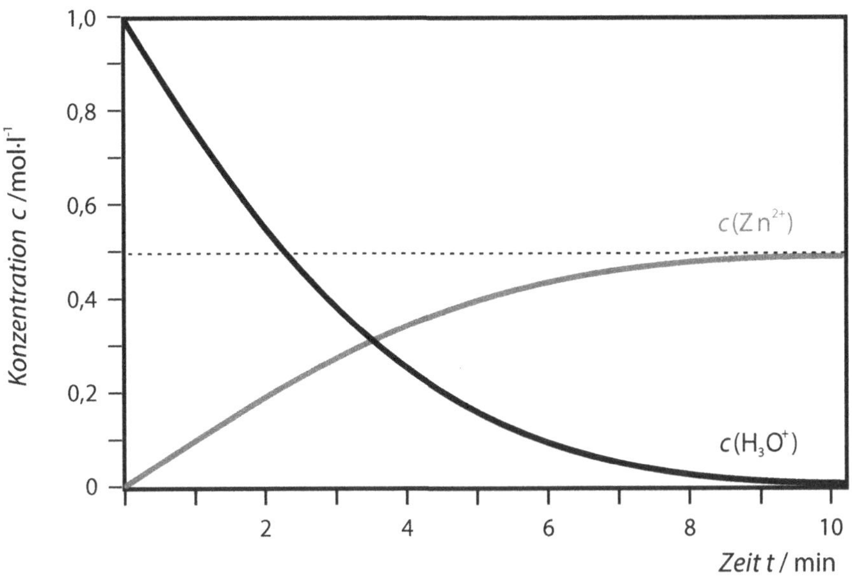

Abb. 18.2 Zeitlicher Verlauf der chemischen Reaktion: $Zn(s) + 2\,H_3O_+(aq) \rightarrow Zn^{2+}(aq) + H_2(g) + 2\,H_2O$

18.2 Bestimmung der Reaktionsgeschwindigkeit

Chemische Reaktionen sind in ihrem zeitlichen Verlauf stark von den Reaktionsbedingungen abhängig. So reagiert feines Zinkpulver mit Salzsäure rasch unter Bildung von Wasserstoff:

$$Zn(s) + 2\,H_3O^+(aq) \rightarrow Zn^{2+}(aq) + H_2(g) + 2\,H_2O(l)$$

Variieren wir den Versuch in der Weise, dass Zink in großer Menge und in groben Stücken (Granalien) vorgelegt wird, so beobachten wir eine langsame Abnahme der Wasserstoffentwicklung – die Metallstücke verbleiben in der Flüssigkeit. Der zeitliche Verlauf der Reaktion ist durch eine Bestimmung des Volumens des gebildeten Wasserstoffs in Abhängigkeit von der Reaktionsdauer zu ermitteln. Unter der Annahme des Verhaltens des Wasserstoffs als ein ideales Gas können wir über die Anwendung des allgemeinen Gasgesetzes die gebildete Stoffmenge des Wasserstoffs pro Zeiteinheit berechnen. Gemäß der Reaktionsgleichung kann dann die Zunahme der Konzentration der Zn^{2+}-Ionen in der Lösung und die Abnahme der Konzentration der Oxonium-Ionen (H_3O^+) berechnet werden. Auf diese Weise erhalten wir den für die Ermittlung der Geschwindigkeit wesentlichen Verlauf der Konzentrationen als Funktion der Zeit (Abb. 18.2).

▪ Durchschnittsgeschwindigkeit

Wir haben bereits in Abb. 18.2 gesehen, dass sich die Konzentrationen der Stoffe nicht linear ändern. Wir werden mit der Abhängigkeit von *c/t* also keine konstante Geschwindigkeit messen können. (Wenn Sie Ihr Auto vor einer roten Ampel ausrollen lassen, könnten Sie aufgrund der Gesamtstrecke und der Zeit eine mittlere Geschwindigkeit ermitteln – der Blitzer allerdings misst die Momentangeschwindigkeit …). Entlang der Messkurve der Konzentrationen können wir ein bestimmtes Zeitintervall Δt festlegen, für das wir die Änderung der Konzentration ermitteln. Im Ergebnis erhalten wir die *Durchschnittsgeschwindigkeit* $\bar{v}$ in diesem Intervall. Betrachten wir ein Produkt der Reaktion, so nimmt dessen Konzentration zu – die Durchschnittsgeschwindigkeit ergibt sich zu:

$$\bar{v} = \frac{\Delta c(\text{Produkt})}{\Delta t}$$

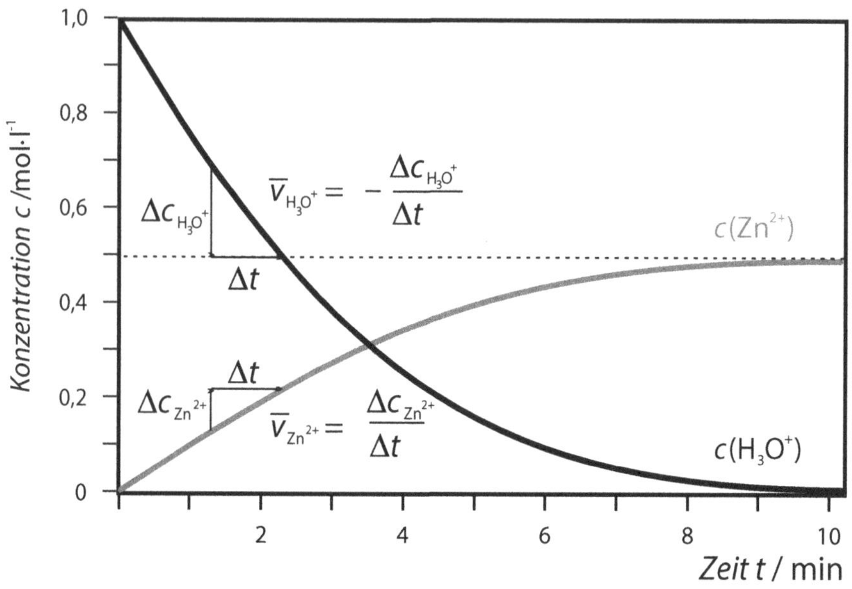

Abb. 18.3 Ermittlung der Durchschnittsgeschwindigkeit für zwei Zeitintervalle für die chemische Reaktion: $Zn(s) + 2\ H_3O^+(aq) \rightarrow Zn^{2+}(aq) + H_2(g) + 2\ H_2O$

Für einen Ausgangsstoff nimmt die Konzentration ab, Δc ist also negativ. Diese negative Änderung der Konzentration ist dennoch ein Zeichen dafür, dass die Reaktion weiter abläuft und nicht etwa umgekehrt wird – die Reaktionsgeschwindigkeit ist also weiter *positiv*. Für diesen Zusammenhang berechnet man die Durchschnittsgeschwindigkeit mit den Werten eines Ausgangsstoffes wie folgt (Abb. 18.3):

$$\bar{v} = -\frac{\Delta c(\text{Edukt})}{\Delta t}$$

Beide Geschwindigkeiten stehen darüber hinaus durch die Gleichgewichtsreaktion miteinander in Beziehung. So werden gemäß der Reaktionsgleichung bei der Bildung von einem Mol Zink-Ionen zwei Mol Oxonium-Ionen verbraucht. Die Konzentration der Oxonium-Ionen verringert sich dabei doppelt so schnell, wie die Konzentration der Zink-Ionen ansteigt (Abb. 18.3):

$$v = v(H_3O^+) = 2v(Zn^{2+}) = -\frac{\Delta c(H_3O^+)}{\Delta t} = 2\frac{\Delta c(Zn^{2+})}{\Delta t}$$

- **Momentangeschwindigkeit**

Wird das gewählte Zeitintervall immer kleiner, können wir direkt die Steigung der Kurve anhand ihrer Tangente bestimmen. Der Anstieg der Tangente gibt schließlich die aktuelle Geschwindigkeit der Reaktion zum Zeitpunkt t an (Sie wissen schon: Der Blitzer ermittelt innerhalb von Sekundenbruchteilen Ihre Geschwindigkeit). Diese Momentangeschwindigkeit wird als **Reaktionsgeschwindigkeit *v*** bezeichnet. Der Tangentenanstieg entspricht dem Differenzialquotienten:

$$v = \frac{dc(\text{Produkt})}{dt} \text{ oder } v = -\frac{dc(\text{Edukt})}{dt}$$

18.3 Reaktionsgeschwindigkeit und Konzentration

Wollen wir berechnen, wie der zeitliche Verlauf einer Reaktion und die Änderung der Konzentrationen der beteiligten Stoffe sein werden, benötigen wir einen verlässlichen mathematischen Zusammenhang – das Geschwindigkeitsgesetz.

18

Wichtig
- **Das Geschwindigkeitsgesetz gibt an, in welcher Weise die Reaktionsgeschwindigkeit und die Konzentrationen der miteinander reagierenden Stoffe in Beziehung stehen: $v = k \cdot c^n(A) \cdot c^m(B)$.**
- **Die Proportionalitätskonstante k wird als Geschwindigkeitskonstante bezeichnet. Sie ist eine reaktionsspezifische Größe, die zudem durch die Temperatur beeinflusst wird.**
- **Die Reaktionsordnung entspricht der Summe der Exponenten $(m+n)$ des Geschwindigkeitsgesetzes. Die Reaktionsordnung muss experimentell ermittelt werden – sie ergibt sich nicht automatisch aus den stöchiometrischen Verhältnissen der Reaktanden in der Reaktionsgleichung.**

Reaktion erster Ordnung

Reaktionen erster Ordnung verlaufen nach dem Geschwindigkeitsgesetz:

$$v = -\frac{dc(A)}{dt} = k \cdot c(A)$$

Häufig verlaufen monomolekulare Reaktionen mit dieser Reaktionsordnung:

$$N_2O(g) \rightarrow N_2(g) + 1/2\ O_2(g)$$

Aus den stöchiometrischen Verhältnissen der Reaktanden in der Reaktionsgleichung kann jedoch nicht in jedem Fall auf die Reaktionsordnung geschlossen werden:

$$2\ N_2O_5(g) \rightarrow 4\ NO_2(g) + O_2(g)$$

$$v(N_2O_5) = k \cdot c(N_2O_5)$$

Häufig reagiert ein Stoff A auch erst mit ausreichender Geschwindigkeit, wenn der Reaktionspartner B in großem Überschuss vorliegt. Die Konzentration des Stoffes B ändert sich dabei im Verlauf der Reaktion fast nicht, sodass die Reaktionsgeschwindigkeit maßgeblich von der Konzentration von A abhängt und sich ein Geschwindigkeitsgesetz 1. Ordnung ergibt ($v = k \cdot c(A)$; $c(B) \approx$ konstant). Solche Fälle werden bezeichnet als Reaktionen pseudo-erster Ordnung. Die Pseudo-Ordnung hängt maßgeblich von dem Verhältnis der Konzentrationen der Reaktionspartner ab:

$$S_2O_3^{2-}(aq) + 2\ H_3O^+(aq) \rightarrow S(s) + SO_2(aq) + 3\ H_2O(l)$$

$$v\left(S_2O_3^{2-}\right) = k \cdot c\left(S_2O_3^{2-}\right)$$

Letztlich lässt sich die Reaktionsordnung nur durch Experimente zum zeitlichen Verlauf der Konzentrationsänderung ermitteln. Für ein Geschwindigkeitsgesetz erster Ordnung können wir folgende Umformung des Geschwindigkeitsgesetzes zur Bestimmung der Zeitabhängigkeit vornehmen:

$$v = -\frac{dc(A)}{dt} = k \cdot c(A)$$

$$\frac{dc(A)}{c(A)} = -k \cdot dt$$

$$\ln(c(A)) = -k \cdot t + \ln(c_0(A))$$

oder: $c(A) = c_0(A) + e^{-k \cdot t}$

Aus den experimentellen Werten zum zeitlichen Verlauf einer Reaktion lässt sich häufig nicht sofort erkennen, ob es sich um eine Reaktion 1. Ordnung handelt oder nicht (◘ Abb. 18.4a). Verwenden wir jedoch die Werte des natürlichen Logarithmus der Konzentration als Funktion der Reaktionsdauer *t*, muss sich für eine Reaktion 1. Ordnung eine Gerade ergeben (◘ Abb. 18.4b). Die Geschwindigkeitskonstante *k* kann dabei direkt aus der Steigung der Geraden ermittelt werden.

Wenn wir die Geradengleichung „entlogarithmieren" ergibt sich für diesen Reaktionstyp eine Zeitabhängigkeit der Konzentrationsänderung, die analog dem Zerfallsgesetz für den radioaktiven Zerfall ist ($N(t) = N_0 \cdot e^{-k \cdot t}$). Entsprechend diesem Zusammenhang können wir die charakteristische Reaktionszeit bestimmen, bei der die Hälfte der Ausgangskonzentration umgesetzt ist – die *Halbwertszeit* $t_{1/2}$ (◘ Abb. 18.4b). Die Halbwertszeit einer Reaktion erster Ordnung ist nur von deren Geschwindigkeitskonstante *k* abhängig:

$$\ln \frac{{}^{1}/{}_{2}c_0(\mathrm{A})}{c_0(\mathrm{A})} = -k \cdot t_{1/2}$$

$$t_{1/2} = \frac{1}{k} \cdot \ln 2$$

Binnewies, ► Abschn. 13.2: Geschwindigkeitsgesetze und Reaktionsordnung

Das experimentelle Vorgehen für die Bestimmung des Geschwindigkeitsgesetzes ist im Binnewies ausführlich am Beispiel der intensiv rot gefärbten Ferroin-Lösung bei der Umsetzung zum Hexaaquaeisen(II)-Ion erläutert (◘ Abb. 18.5; Binnewies, ► Abschn. 13.2).

▪ Reaktion zweiter Ordnung

Die Geschwindigkeit einer chemischen Reaktion zwischen zwei Stoffen A und B ist in den meisten Fällen von den Konzentrationen beider Partner abhängig. Im einfachsten Fall lässt sich das Geschwindigkeitsgesetz folgendermaßen beschreiben:

$$v = -\frac{\mathrm{d}c(\mathrm{A})}{\mathrm{d}t} = k \cdot c(\mathrm{A}) \cdot c(\mathrm{B})$$

$$\mathrm{NO(g)} + \mathrm{O_3(g)} \rightarrow \mathrm{NO_2(g)} + \mathrm{O_2(g)}$$

$$v = k \cdot c(\mathrm{NO}) \cdot c(\mathrm{O_3})$$

$$2\,\mathrm{NO_2(g)} \rightarrow 2\,\mathrm{NO(g)} + \mathrm{O_2(g)}$$

$$v = k \cdot c^2(\mathrm{NO_2})$$

18

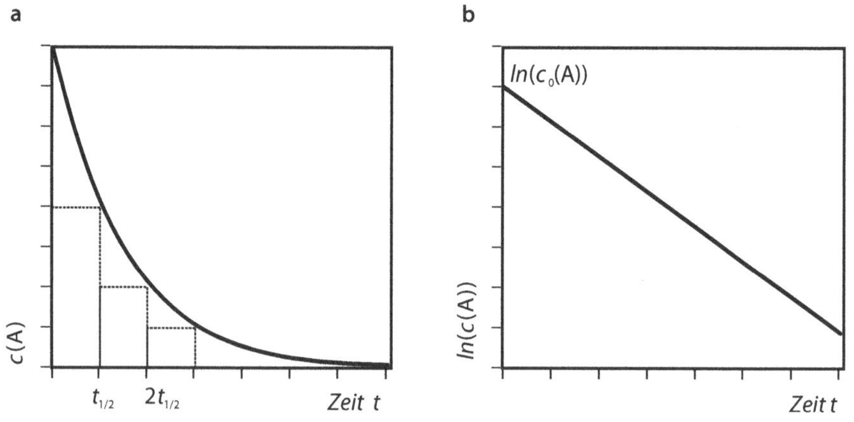

◘ **Abb. 18.4** Zeitlicher Verlauf einer Reaktion erster Ordnung: **a** Verlauf der Änderung der Konzentration des Stoffes A; **b** Verlauf der berechneten Werte für ln (c(A))

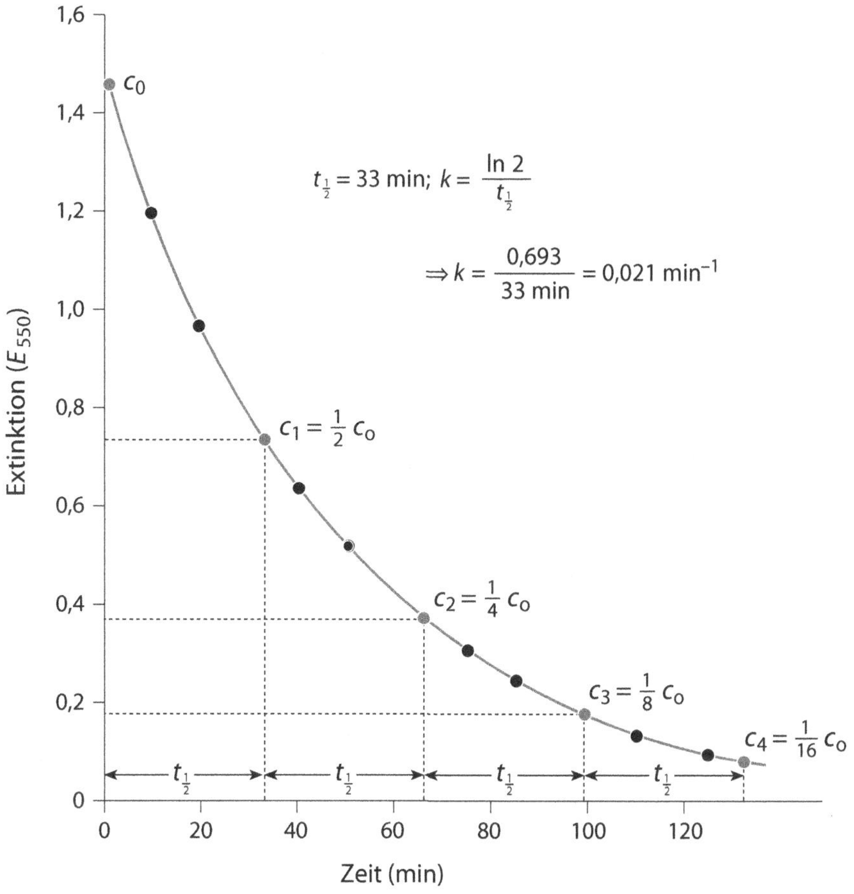

Abb. 18.5 Zeitlicher Verlauf der Entfärbung einer Ferroin-Lösung (bei 35 °C)

Die Integration des Geschwindigkeitsgesetzes führt für eine Reaktion zweiter Ordnung zu einer veränderten Zeitabhängigkeit der Konzentration:

$$v = -\frac{dc(A)}{dt} = k \cdot c^2(A)$$

$$\frac{dc(A)}{c^2(A)} = -k \cdot dt$$

$$\frac{1}{c(A)} = k \cdot t + \frac{1}{c_0(A)}$$

Am zeitabhängigen Verlauf der Konzentration allein ist die Reaktionsordnung schwerlich festzustellen (Abb. 18.6a), die Auftragung von $1/c(A)$ gibt allerdings Gewissheit über die zutreffende Reaktionsordnung (Abb. 18.6b). Der Anstieg der Geraden wird auch in diesem Fall von der Geschwindigkeitskonstante k bestimmt. Für die Halbwertszeit einer solchen Reaktion ergibt sich schließlich folgender Zusammenhang:

$$\frac{1}{{}^1\!/_2 c_0(A)} = k \cdot t_{1/2} + \frac{1}{c_0(A)}$$

$$t_{1/2} = \frac{1}{k \cdot c_0(A)}$$

Die Halbwertszeit ist für eine Reaktion zweiter Ordnung konzentrationsabhängig.

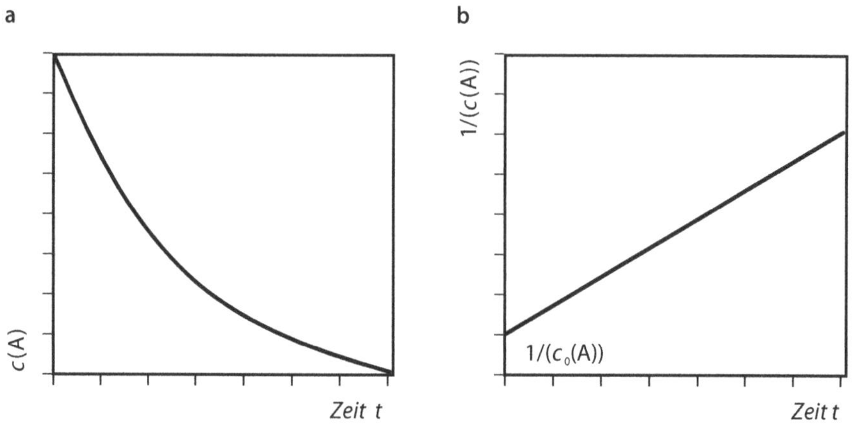

Abb. 18.6 Zeitlicher Verlauf einer Reaktion zweiter Ordnung: **a** Verlauf der Änderung der Konzentration des Stoffes A; **b** Verlauf der berechneten Werte für $1/c(A)$

Für eine Reihe von Reaktionen lässt sich aus der Reaktionsgleichung kein unmittelbarer Zusammenhang zur Reaktionsordnung herstellen. Häufig verlaufen diese Reaktionen über mehrere Teilschritte, die in der Brutto-Reaktionsgleichung gar nicht erfasst werden. Wir sprechen in dem Falle von einer Reihe von aufeinander folgenden **Elementarreaktionen**. Die Geschwindigkeit der Reaktion wird dabei nur durch den langsamsten Reaktionsschritt bestimmt (stellen Sie sich den Kauf eines neuen Autos vor: Die Zeit des Ausfüllens des Bestellscheins und der Unterschrift unter den Kaufvertrag sind für die Geschwindigkeit der Auslieferung kaum von Bedeutung, der geschwindigkeitsbestimmende Schritt ist allein die kundenspezifische Produktion).

Am Beispiel der Oxidation von Iodid durch Peroxodisulfat können wir das Phänomen beschreiben. Die Brutto-Summenformel der Reaktion lautet:

$$2\,I^-(aq) + S_2O_8^{2-}(aq) \rightarrow I_2(aq) + 2\,SO_4^{2-}(aq)$$

Diese Reaktion verläuft jedoch über drei Reaktionsschritte:

$$I^-(aq) + S_2O_8^{2-}(aq) \rightarrow IS_2O_8^{3-}(aq)$$

$$IS_2O_8^{3-}(aq) \rightarrow 2\,SO_4^{2-}(aq) + I^+(aq)$$

$$I^-(aq) + I^+(aq) \rightarrow I_2(aq)$$

Die erste Elementarreaktion beschreibt den geschwindigkeitsbestimmenden Schritt, das Geschwindigkeitsgesetz der Gesamtreaktion folgt daraus:

$$v = k \cdot c\left(I^-\right) \cdot c\left(S_2O_8^{2-}\right)$$

Chemische Reaktionen können über mehrere Teilschritte – Elementarreaktionen – verlaufen, die langsamste Elementarreaktion bildet dabei den geschwindigkeitsbestimmenden Schritt.

Weitere Reaktionsordnungen

Reaktionen nullter Ordnung sind prinzipiell unabhängig von der Konzentration der reagierenden Stoffe. Die Umsetzung von Gasen an Katalysatoroberflächen kann häufig mit einer solchen Reaktionsordnung beschrieben werden:

$$v = -\frac{c(A)}{dt} = k$$

$$c(A) = -k \cdot t + c_0(A)$$

18

Reaktionen dritter oder höherer Ordnung finden praktisch nicht statt. Eine Erklärung dazu liefert die Stoßtheorie. Demnach ist es äußerst unwahrscheinlich, dass mehr als zwei Teilchen gleichzeitig reaktiv zusammenstoßen. Sind mehrere Teilchen gemäß der Brutto-Reaktionsgleichung an einer chemischen Reaktion beteiligt, so finden in der Regel mehrere Elementarreaktionen erster oder zweiter Ordnung statt.

Die Zusammenhänge zwischen Geschwindigkeitsgesetz und Reaktionsordnung sind in ◘ Tab. 18.1 zusammengefasst.

Stoßtheorie

Die eben erläuterten Zusammenhänge zum zeitlichen Verlauf chemischer Reaktionen sowie zum Ablauf der einzelnen Elementarreaktionen können mithilfe der Stoßtheorie anschaulich erklärt werden. Folgende vereinfachende Annahmen sollen dabei getroffen werden:

Wichtig

- **An einer Reaktion beteiligte Teilchen werden als *starre Körper* angesehen.**
- **Für den Ablauf einer chemischen Reaktion müssen Teilchen *wirksam zusammenstoßen:***
  - **für einen wirksamen Zusammenstoß der Teilchen ist eine Mindestenergie E_{min} notwendig**
  - **für einen wirksamen Zusammenstoß müssen die Teilchen eine bestimmte räumliche Orientierung zueinander haben**
- **Die *Häufigkeit* der Zusammenstöße beeinflusst die Geschwindigkeit der Reaktion.**

Das Prinzip des wirksamen Stoßes von Teilchen in einer chemischen Reaktion ist in ◘ Abb. 18.7 dargestellt. Zum Vergleich: Bei Raumtemperatur und Standarddruck finden in einem Liter Gasvolumen über 10^{30} Stöße in einer Sekunde statt. Nur ein Bruchteil führt tatsächlich zu einer Reaktion, der Großteil der Stöße ist unwirksam. Für einen wirksamen Zusammenstoß müssen die Teilchen zunächst eine genügend hohe kinetische Energie aufweisen, die ausreichend ist, die Bindung des benachbarten Teilchens zu zerstören. Anschließend müssen sich die Bindungspartner in direkter räumlicher Nachbarschaft gegenüberstehen, um weiter miteinander reagieren zu können (◘ Abb. 18.7a). Bei unzureichender Mindestenergie kann die ursprüngliche Bindung nicht gebrochen werden und die Teilchen prallen voneinander ab (◘ Abb. 18.7b). Stoßen die Teilchen schließlich in einer ungünstigen räumlichen Orientierung aufeinander, können die benachbarten Teilchen nicht wirkungsvoll kollidieren und die Ausgangsteilchen bleiben nach Abschluss des Stoßes bestehen (◘ Abb. 18.7c).

Reaktionen mit mehr als zwei Partnern für einen reaktiven Stoß müssen noch mehr Bedingungen für ein wirksames Aufeinandertreffen erfüllen. Wesentlich ist dabei, dass die an der Reaktion beteiligten Teilchen gleichzeitig in einer günstigen räumlichen Orientierung aller Teilchen zueinander zusammenstoßen müssen (◘ Abb. 18.8). Solche Situationen sind sehr selten – die Geschwindigkeit

◘ Tab. 18.1 Geschwindigkeitsgesetz und charakteristische Beziehungen für die Ordnung von Reaktionen

Reaktionsordnung	Geschwindigkeitsgesetz	Zeitabhängigkeit der Konzentration	Linearität zur Ermittlung der Reaktionsordnung
0	$v = k$	$c(A) = -k \cdot t + c_0(A)$	$c(A) = f(t)$
1	$v = k \cdot c(A)$	$\ln(c(A)) = -k \cdot t + \ln(c_0(A))$	$\ln(c(A)) = f(t)$
2	$v = k \cdot c^2(A)$	$\frac{1}{c(A)} = k \cdot t + \frac{1}{c_0(A)}$	$1/c(A) = f(t)$

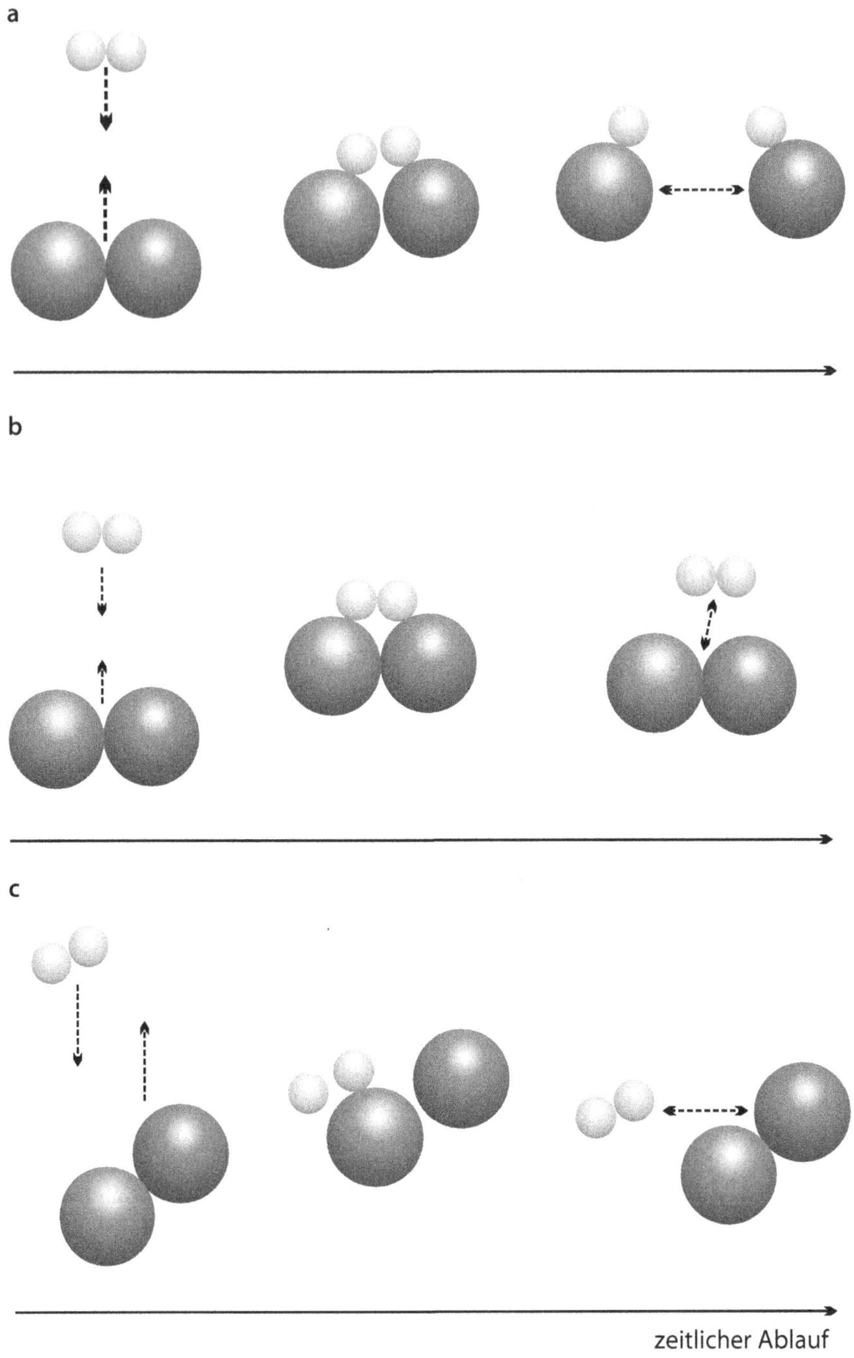

Abb. 18.7 Zusammenstoß von Teilchen A_2 und B_2 bei der Reaktion $A_2 + B_2 \rightarrow 2\,AB$: **a** wirksamer Stoß mit ausreichender Mindestenergie und geeigneter räumlicher Orientierung; **b** Zusammenstoß mit unzureichender Mindestenergie und Abstoßung $A_2 + B_2$; **c** Zusammenstoß mit ungeeigneter räumlicher Orientierung und Abstoßung $A_2 + B_2$

einer solchen Reaktion wird deshalb äußerst gering sein. Sind andere Elementarreaktionen mit einer höheren Wahrscheinlichkeit an wirksamen Stößen möglich, so wird die Reaktion schneller über einen solchen Umweg verlaufen.

Die Reaktion von Cer(IV) in wässriger Lösung mit Thallium(I) würde gemäß der Brutto-Reaktionsgleichung ein Zusammentreffen von zwei Cer-Ionen mit einem Thallium-Ion erfordern. Diese Reaktion läuft praktisch nicht ab:

$$2\,Ce^{4+} + Tl^{+} \nrightarrow 2\,Ce^{3+} + Tl^{3+}$$

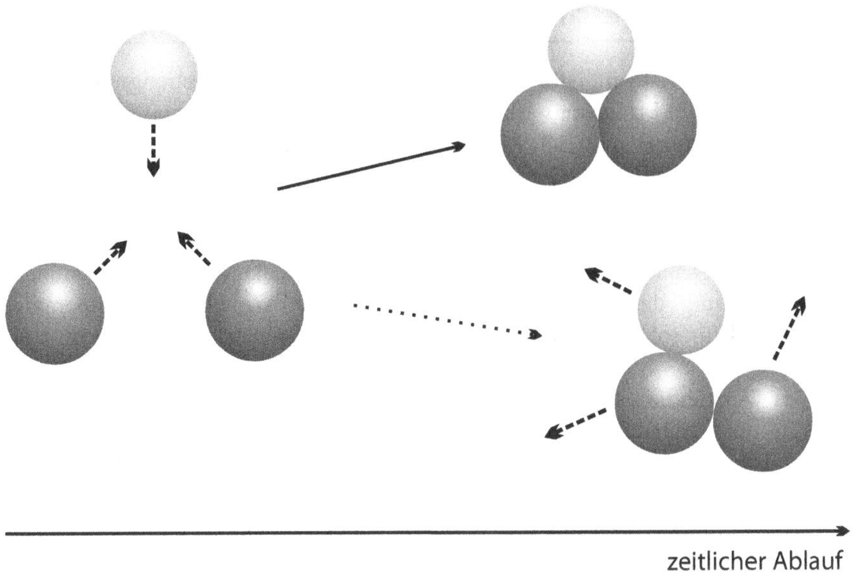

Abb. 18.8 Möglichkeiten des Zusammenstoßes von Teilchen A und B bei der Reaktion $2\,A + B \rightarrow A_2B$

Unter Zusatz von Mangan(II)-Ionen verläuft dieselbe Reaktion jedoch schnell ab:

$$Ce^{4+} + Mn^{2+} \rightarrow Ce^{3+} + Mn^{3+}$$

$$Ce^{4+} + Mn^{3+} \rightarrow Ce^{3+} + Mn^{4+}$$

$$Tl^{+} + Mn^{4+} \rightarrow Tl^{3+} + Mn^{2+}$$

Für jede dieser Elementarreaktionen ist nur noch ein wirksamer Stoß zwischen jeweils zwei Ionen notwendig – die Wahrscheinlichkeit eines solchen Stoßes ist um ein Vielfaches höher als für einen Dreierstoß. Jede der Teilreaktionen ist eine Reaktion zweiter Ordnung. Die Gesamtreaktion wird dann auch nach dem Geschwindigkeitsgesetz für eine Reaktion zweiter Ordnung verlaufen, obwohl das Stoffmengenverhältnis der Reaktanden das zunächst nicht erwarten lässt. Die Geschwindigkeit der Gesamtreaktion wird aber durch die langsamste Elementarreaktion bestimmt. Auch wenn wir den geschwindigkeitsbestimmenden Schritt hier nicht genau kennen, wissen wir doch, dass alle Teilreaktionen nach der zweiten Ordnung verlaufen.

Die Stoßtheorie liefert auch eine Erklärung für die Abhängigkeit der Reaktionsgeschwindigkeit von der Konzentration der beteiligten Stoffe gemäß den Geschwindigkeitsgesetzen: Die Anzahl der wirksamen Stöße pro Zeiteinheit ist proportional zur Anzahl der Möglichkeiten des Stoßes zwischen A_2-Teilchen und B_2-Teilchen in einem definierten Volumen. Die Stöße zwischen gleichartigen Teilchen (A_2/A_2 und B_2/B_2) führen nicht zur gewünschten Reaktion – sie brauchen nicht weiter berücksichtigt zu werden. In einem sehr kleinen Volumen mit zwei Teilchen A_2 ($A_2(1)$ und $A_2(2)$) und zwei Teilchen B_2 ($B_2(1)$ und $B_2(2)$) gibt es vier verschiedene Möglichkeiten des Zusammenstoßes:

$$A_2(1) + B_2(1);\; A_2(1) + B_2(2);\; A_2(2) + B_2(1);\; A_2(2) + B_2(2)$$

Wenn wir die Teilchenanzahl in diesem Volumen verdoppeln ($A_2(1) \ldots A_2(4)$ und $B_1(1) \ldots B_1(4)$), so werden 16 Stöße der Teilchen $A_2 + B_2$ untereinander möglich. Die Reaktionsgeschwindigkeit steigt mit der Anzahl der Stöße und ist somit proportional zu den Konzentrationen von A_2 und von B_2. Mit der Geschwindigkeitskonstanten k als Proportionalitätsfaktor folgt das **Zeitgesetz einer Reaktion 2. Ordnung**: $v = k \cdot c(A) \cdot c(B)$.

18.4 Reaktionsgeschwindigkeit und Energie

Die Reaktionsgeschwindigkeit ist wesentlich von der Umgebungstemperatur abhängig: Als ein Erfahrungswert gilt, dass die Reaktionsgeschwindigkeit auf das Zweifache bis Vierfache steigt, wenn man die Temperatur um 10 K erhöht. Diese allgemeine Regel zur Abschätzung der Kinetik chemischer Reaktionen wird auch als **Van't-Hoff-Regel** oder **RGT-Regel** (**R**eaktions**g**eschwindigkeit-**T**emperatur) bezeichnet. Durch eine Temperaturerhöhung um 100 K könnte man entsprechend dieser Regel die Geschwindigkeit um den Faktor $2^{10} = 1024$ erhöhen. Die Einhaltung der Temperaturkonstanz und die Angabe des Temperaturwertes sind für solide kinetische Untersuchungen zu einem Stoffsystem deshalb unabdingbar.

Das Verständnis für die RGT-Regel ergibt sich aus der Betrachtung der Energie der reagierenden Teilchen. Es ist keineswegs so, dass bei einer konstanten Temperatur alle Teilchen genau dieselbe Geschwindigkeit haben. Durch Stoßbewegungen wird ständig Energie ausgetauscht – manche Teilchen werden abgebremst, andere beschleunigt. Dadurch ergibt sich ein breites Spektrum an Geschwindigkeiten mit unterschiedlicher Häufigkeit.

Aus der Häufigkeitsverteilung der Geschwindigkeiten von Gasteilchen kann man schließlich die **Energieverteilungskurven** (Boltzmann-Verteilung) berechnen (◘ Abb. 18.9). Vom Nullpunkt der Energie steigt die Anzahl der Teilchen in einem bestimmten Intervall zunächst steil an und fällt nach einem Maximum der Verteilung langsam ab. Der Einfluss der Temperatur zeigt sich darin, dass das Maximum bei einer höheren Energie liegt und der Abfall langsamer erfolgt – die mittlere Energie steigt dabei proportional zur Temperatur an.

▪ Mindestenergie

Bei vielen chemischen Reaktionen sind wirksame Stöße der Teilchen nur möglich, wenn deren kinetische Energie weit oberhalb der mittleren Energie liegt (◘ Abb. 18.9). Eine Vielzahl von Reaktionen erfordert Mindestenergien E_{min} im Bereich von 10^{-19} J pro Teilchen (etwa 50 bis 100 kJ · mol^{-1}). Bei Raumtemperatur ist die mittlere Bewegungsenergie eines Teilchens dagegen nur $6 \cdot 10^{-21}$ J. Nur eine sehr geringe Anzahl von Teilchen kann auf diese Weise wirksame Stöße ausführen (◘ Abb. 18.10). Bei Erhöhung der Temperatur

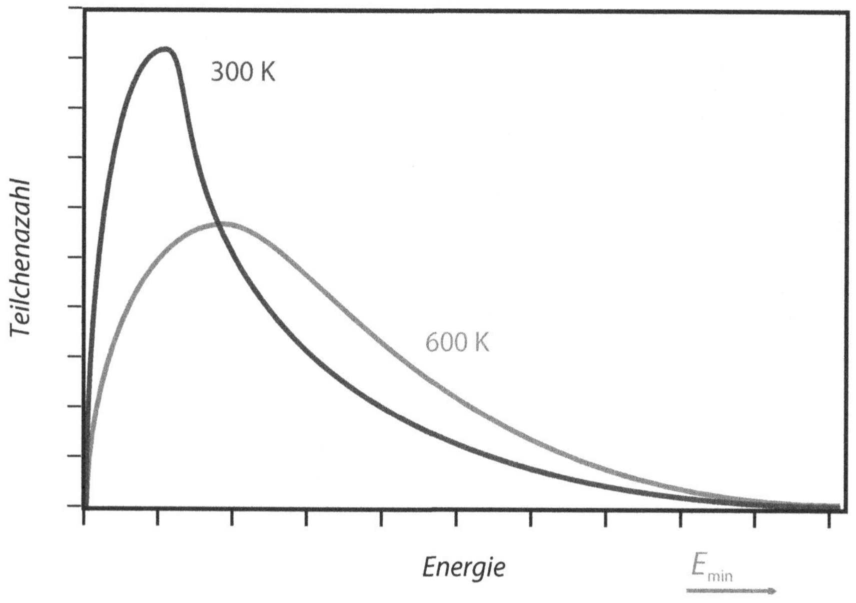

◘ **Abb. 18.9** Energieverteilung für Teilchen eines Gases bei 300 und 600 K

18

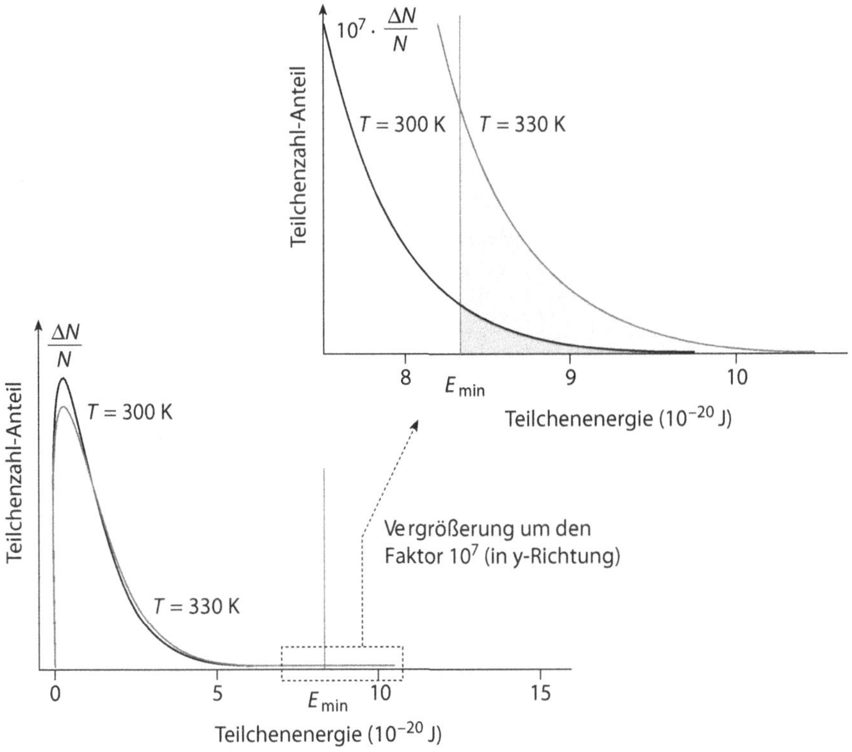

Abb. 18.10 Nur ein sehr kleiner Anteil aller Teilchen hat die für eine Reaktion erforderliche Mindestenergie E_{min}. Dieser Anteil wächst exponentiell mit der Temperatur

nimmt deren Zahl jedoch stark zu, sodass die Reaktionsgeschwindigkeit exponentiell ansteigt.

Aktivierungsenergie

Basierend auf der Van't-Hoff-Regel (1884) kam Arrhenius bei seinen folgenden Untersuchungen über den Zusammenhang zwischen der Reaktionsgeschwindigkeit und der Reaktionstemperatur zu der Erkenntnis, dass sich die Geschwindigkeitskonstante k proportional zu einem Faktor $e^{-c/T}$ ändert (1889). Die Konstante c verschafft mithilfe der allgemeinen Gaskonstante R Zugang zu einem reaktionsspezifischen Energiewert E_A, den man als *Aktivierungsenergie* bezeichnet.

$$c = \frac{E_A}{R}$$

Der Bezug zur Geschwindigkeitskonstante k wird über den Proportionalitätsfaktor A (präexponentieller oder Frequenzfaktor) hergestellt. Daraus folgt die **Arrhenius-Gleichung** zur Beschreibung der Abhängigkeit der Geschwindigkeitskonstante k von der Temperatur und der Aktivierungsenergie:

$$k = A \cdot e^{-\frac{E_A}{R \cdot T}}$$

Wichtig

- **Die Geschwindigkeitskonstante k ist maßgeblich von der Temperatur des Systems und der reaktionsspezifischen Aktivierungsenergie E_A abhängig.**

Ein linearer Zusammenhang mit der Aktivierungsenergie lässt sich durch Logarithmieren der Arrhenius-Gleichung herstellen:

$$ln\, k = ln\, A - \frac{E_A}{R} \cdot \frac{1}{T}$$

Die Aktivierungsenergie einer Reaktion lässt sich damit ermitteln, wenn die Geschwindigkeiten (bzw. die Geschwindigkeitskonstanten) bei verschiedenen Temperaturen bestimmt werden. Die Auftragung der individuellen Werte von ln *k* über den inversen Werten der Temperatur ($1/T$) führt zu einer Geraden, deren Anstieg dem Quotienten E_A/R entspricht (◘ Abb. 18.11). Dabei ist R die allgemeine Gaskonstante ($R = 8{,}314\ \mathrm{J \cdot K^{-1} \cdot mol^{-1}}$). ◘ Abb. 18.12 zeigt ein Rechenbeispiel hierzu.

Mit dem Namen Aktivierungsenergie verband Arrhenius die Vorstellung, dass sich für den Ablauf einer Reaktion zunächst aktivierte Moleküle bilden müssen.

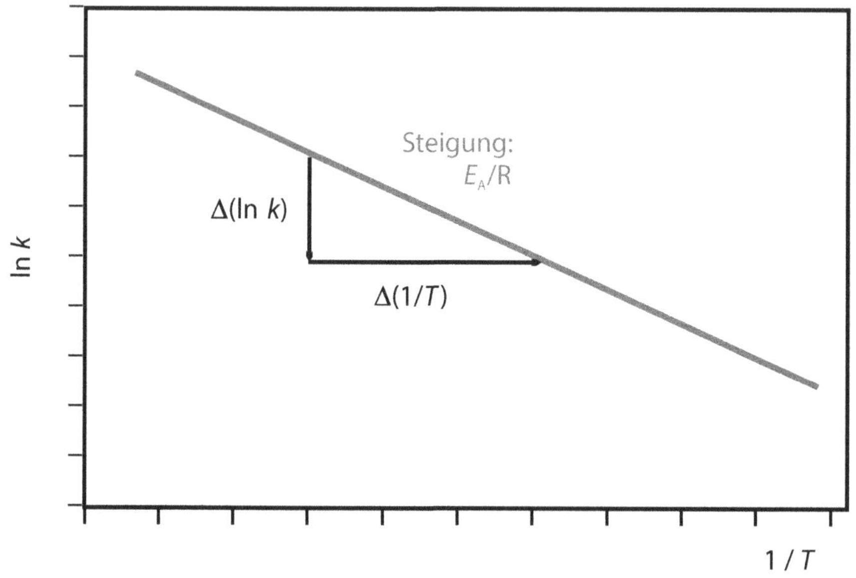

◘ **Abb. 18.11** Bestimmung der Aktivierungsenergie E_A nach der Arrhenius-Gleichung

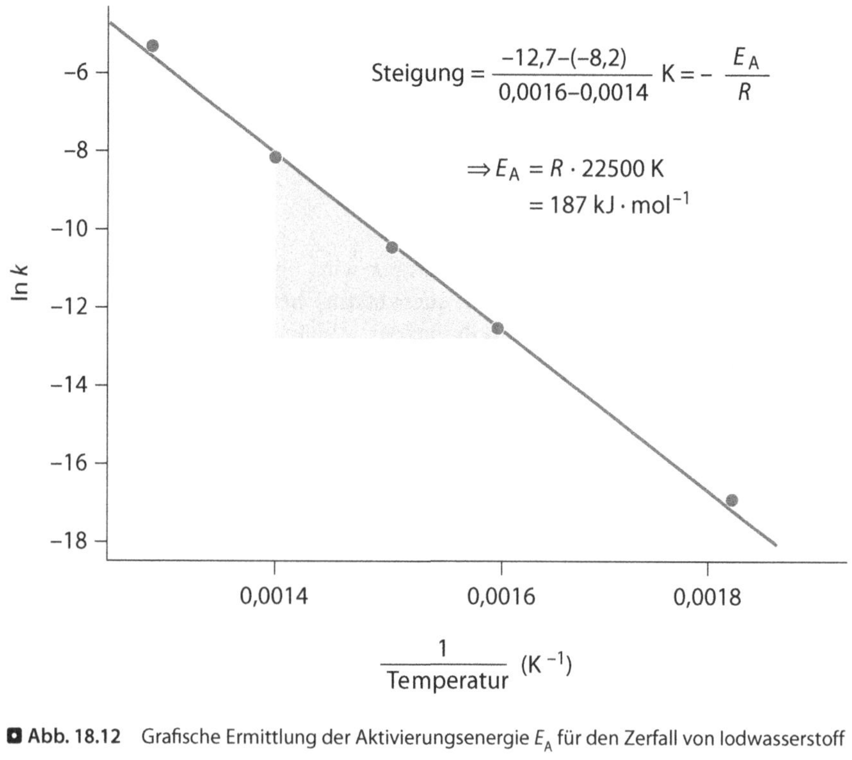

◘ **Abb. 18.12** Grafische Ermittlung der Aktivierungsenergie E_A für den Zerfall von Iodwasserstoff

Dieser aktivierte Zustand ist mit der Aufnahme der Aktivierungsenergie E_A verbunden. Die Qualität dieses Zustandes blieb aber zunächst unklar. Die nach der Arrhenius-Gleichung experimentell ermittelten Daten zur Aktivierungsenergie erfahren mittlerweile auch eine Deutung auf der Basis physikalischer Grundlagen: Die Aktivierungsenergie entspricht etwa der Mindestenergie E_{min} für den wirksamen Zusammenstoß der Teilchen in einer Reaktion.

In einem vereinfachten Energiediagramm wird die Aktivierungsenergie E_A als Energiedifferenz zwischen der mittleren Energie der Ausgangstoffe und der Energie der bei einem Stoß erfolgreich reagierenden Teilchen („aktivierter Zustand" oder „Übergangszustand") dargestellt (◘ Abb. 18.13). Die Reaktionsenthalpie ΔH_r stellt dabei die Differenz zwischen der mittleren Energie der Ausgangstoffe und der mittleren Energie der Reaktionsprodukte dar.

Mehr dazu erfahren Sie im Binnewies im Exkurs: Übergangszustand und Aktivierungsenergie in ► Abschn. 13.3.

Binnewies, ► Abschn. 13.3: Warum steigt die Reaktionsgeschwindigkeit mit der Temperatur; Exkurs Übergangszustand und Aktivierungsenergie

Wichtig

- **Reaktionen mit sehr kleiner Aktivierungsenergie laufen schnell ab; Reaktionen mit sehr großer Aktivierungsenergie sind dagegen sehr langsam.**

Katalyse

Für eine Vielzahl von Reaktionen werden heute in der chemischen Technik Katalysatoren eingesetzt (Ammoniaksynthese, Schwefelsäure-Kontaktverfahren, Ostwald-Verfahren zur Salpetersäuresynthese, Weiterverarbeitung von Erdölfraktionen zu Kraftstoffen, ...). Katalysatoren haben im Wesentlichen die Aufgabe, die Geschwindigkeit einer Reaktion zu erhöhen. (Wird eine Reaktion bewusst verlangsamt, sprechen wir von Inhibitoren.) Liegt ein Katalysator im selben Aggregatzustand vor wie die reagierenden Stoffe, spricht man von homogener Katalyse. Systeme, in den der Katalysator in einem anderen Aggregatzustand vorkommt (häufig ein fester Katalysator in einem flüssigen oder gasförmigen Reaktionsgemenge), bilden eine heterogene Katalyse (siehe auch Binnewies, ► Abschn. 13.4).

Binnewies, ► Abschn. 13.4: Katalyse.

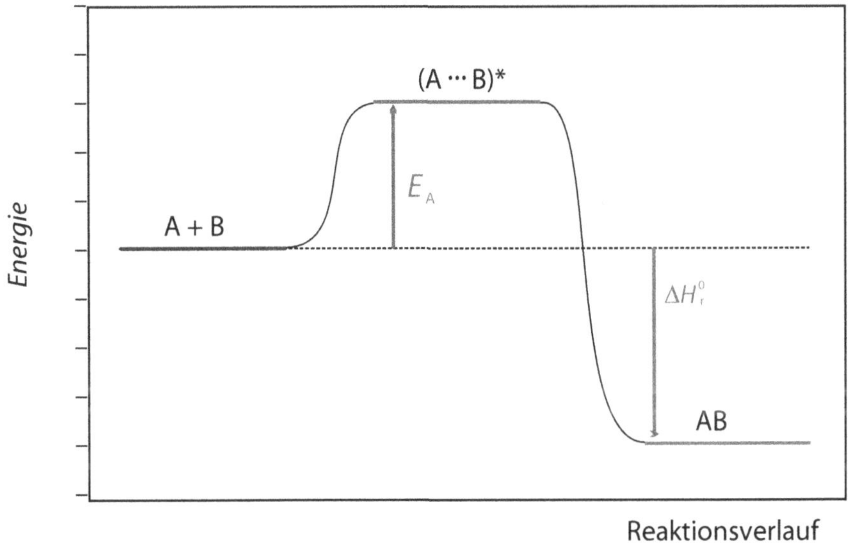

◘ **Abb. 18.13** Schematische Darstellung des Energiediagramms für den Verlauf einer exothermen Reaktion A + B über einen Übergangszustand (A···B)*

Wichtig

- **Katalysatoren erhöhen die Geschwindigkeit einer Reaktion.**
- **Katalysatoren werden im Verlauf der Reaktion nicht verbraucht.**
- **Ein Katalysator beeinflusst *nicht* die Lage des chemischen Gleichgewichts**

Die Wirksamkeit von Katalysatoren lässt sich anschaulich mit dem Prinzip des Übergangszustandes erklären. Durch Hinzufügen des Katalysatorstoffes werden weitere Elementarreaktionen möglich. Ist die Aktivierungsenergie für einen dieser neuen Reaktionswege niedriger, ist der Anteil der Teilchen, die bei einer bestimmten Temperatur reagieren können, wesentlich größer als bei der nicht katalysierten Reaktion – die Geschwindigkeit erhöht sich. Die niedrigere Aktivierungsenergie ergibt sich durch die Bildung eines aktivierten Komplexes unter Beteiligung des Katalysators. Dieser Komplex wird im weiteren Verlauf der Reaktion jedoch wieder aufgelöst – der Katalysator liegt nach Ablauf der Reaktion unverändert vor. Da der Energiezustand der Ausgangsstoffe und der Reaktionsprodukte bei der katalysierten Reaktion derselbe wie bei der nichtkatalysierten ist, ändert sich die freie Reaktionsenthalpie der Gesamtreaktion *nicht*. Im Ergebnis ändert sich auch die Lage des chemischen Gleichgewichts nicht!

Fragen

82. Wie verändert sich die Reaktionsgeschwindigkeit, wenn sie unter Verwendung der Konzentration eines Ausgangsstoffes oder unter Verwendung der Konzentration eines Reaktionsproduktes ermittelt wird?
83. Welche Reaktionsordnung gilt für folgende Reaktionen A + B?

    $v = k \cdot c(\mathrm{A})$

    $v = k \cdot c^2(\mathrm{A})$

    $v = k \cdot c(\mathrm{A}) \cdot c(\mathrm{B})$

84. Eine Reaktion erster Ordnung verläuft bei einer Temperatur von 300 K mit einer Geschwindigkeitskonstante $k_{300} = 10^{-3}\ \mathrm{s}^{-1}$ und bei $T = 310$ K mit $k_{310} = 4{,}6 \cdot 10^{-3}\ \mathrm{s}^{-1}$ ($R = 8{,}314\ \mathrm{J \cdot K^{-1} \cdot mol^{-1}}$): Berechnen Sie die Aktivierungsenergie E_A der Reaktion.
85. Überprüfen Sie folgende Aussage: „Mithilfe eines Katalysators wurde das Gleichgewicht der Reaktion schnell auf die Seite der Reaktionsprodukte verschoben …"

18

Zusammenfassung: chemische Reaktionen – Energieumsatz, Stoffsysteme und Geschwindigkeit

P. Schmidt, *Allgemeine Chemie*, https://doi.org/10.1007/978-3-662-57846-9_19

19.1 Energieumsatz chemischer Reaktionen und chemisches Gleichgewicht

Zusammenfassung

Energieumsatz - *Energie und Enthalpie*:

Bei fast allen chemischen Reaktionen ändert sich die Temperatur, es wird Wärme erzeugt oder aufgenommen. Erhöht sich die Temperatur, spricht man von exothermen Reaktion, anderenfalls von endothermen. Verläuft die Reaktion unter konstantem Druck, bezeichnet man die umgesetzte Wärme als Reaktionsenthalpie ΔH_r^0. Verläuft sie in einem konstanten Volumen, spricht man von der Reaktionsenergie ΔU_r^0. Der Wärmeumsatz ist proportional zur Stoffmenge; eine Reaktionsenthalpie wird deshalb in der Einheit $kJ \cdot mol^{-1}$ angegeben. Bei einer exothermen Reaktion erhält die Reaktionsenthalpie ein negatives Vorzeichen. Die Reaktionsenthalpie bei der Bildung eines Stoffs aus den Elementen bei Standardbedingungen (1 bar) nennt man die Standardbildungsenthalpie ΔH_f^0. Die Standardbildungsenthalpien der Elemente sind null. Aus den tabellierten Standardbildungsenthalpien von Verbindungen lassen sich Reaktionsenthalpien berechnen.

Entropie:

Bei einer chemischen Reaktion ändert sich auch der Ordnungszustand. Bilden sich gasförmige Moleküle, verringert sich die Ordnung. Die Reaktionsentropie ΔS_r^0 ist ein quantitatives Maß für die Änderung der Ordnung während einer Reaktion in einem chemischen System. Ihre Einheit ist $J \cdot K^{-1} \cdot mol^{-1}$. Aus den Tabellenwerten der Standardentropien S^0 kann man die Reaktionsentropien berechnen.

Freie Enthalpie:

Aus der Reaktionsenthalpie und der Reaktionsentropie kann man mithilfe der Gibbs-Helmholtz-Gleichung die freie Reaktionsenthalpie ΔG_r^0 berechnen: $\Delta G_r^0 = \Delta H_r^0 - T \cdot \Delta S_r^0 \cdot \Delta G_r^0$ ist unmittelbar mit der Gleichgewichtskonstante K für eine chemische Reaktion verknüpft: $\Delta G_r^0 = -R \cdot T \cdot \ln K$.

Gitterenthalpie - Die bei der Bildung einer Ionenverbindung aus gasförmigen Ionen frei werdende Enthalpie nennt man die Gitterenthalpie ΔH_G^0. Sie kann nicht direkt experimentell bestimmt werden.

Die Gitterenthalpie wird aus experimentell bestimmbaren Größen mithilfe des Born-Haber-Kreisprozesses ermittelt. Dessen Grundlage ist der Satz von Hess: Die gesamte Energiebilanz für einen chemischen Vorgang ist unabhängig vom Weg, auf dem das Produkt aus den Edukten gebildet wird.

19.2 Stoffsysteme

Zusammenfassung

Ideale und reale Gase - Ein Gas, das unter geringem Druck steht, verhält sich nahezu ideal: Es wirken praktisch keine zwischenmolekularen Kräfte, und das Eigenvolumen der Gasteilchen ist vernachlässigbar klein gegenüber dem Gesamtvolumen des Gases. Es gilt das Allgemeine Gasgesetz: $p \cdot V = n \cdot R \cdot T$

Bei einem realen Gas kommt es zu Abweichungen. Für die quantitative Beschreibung müssen deshalb die Kräfte zwischen den Teilchen und das Eigenvolumen der Gasteilchen berücksichtigt werden. Eine Folge des realen Charakters eines Gases ist der Joule-Thomson-Effekt: Expandiert ein komprimiertes Gas durch eine feine Düse, so ändert sich seine Temperatur. Meist kühlt es sich ab; dieser Effekt wird zur Kälteerzeugung genutzt.

Flüssigkeiten - In einer Flüssigkeit haben die Teilchen einen geringen Abstand; sie sind nicht ortsfest. Aufgrund der Kräfte zwischen den Teilchen hat eine Flüssigkeit eine Oberflächenspannung. Die Viskosität einer Flüssigkeit wird mit steigender Temperatur geringer. Eine Flüssigkeit hat einen Dampfdruck, der exponentiell mit der Temperatur ansteigt. Der Dampfdruck hängt nicht von der Menge der Flüssigkeit ab.

Kristalline Feststoffe - In den allermeisten kristallinen Feststoffen haben alle Teilchen einen festen Platz in einem Kristallgitter. Der Teilchenabstand ist meist etwas geringer als in der entsprechenden Flüssigkeit. Die Struktur eines kristallinen Feststoffs wird durch die Elementarzelle beschrieben.

Phasendiagramme - Die Existenzbereiche des festen, flüssigen und gasförmigen Zustands eines Stoffs werden durch das Zustandsdiagramm oder auch Phasendiagramm beschrieben. Dargestellt werden die Temperaturabhängigkeit des Sublimationsdrucks (Sublimationsdruckkurve), die Temperaturabhängigkeit des Dampfdrucks (Dampfdruckkurve) und die Druckabhängigkeit der Schmelztemperatur (Schmelzdruckkurve). Die Dampfdruckkurve endet am kritischen Punkt.

19.3 Geschwindigkeit chemischer Reaktionen

Zusammenfassung

Reaktionsgeschwindigkeit - Die Reaktionsgeschwindigkeit hängt von den Konzentrationen der Reaktionsteilnehmer ab. Aus dem Geschwindigkeitsgesetz einer Reaktion lässt sich die Reaktionsordnung ablesen.

Die Reaktionsgeschwindigkeit steigt mit der Temperatur. Die Arrhenius-Gleichung beschreibt die Temperaturabhängigkeit der Reaktionsgeschwindigkeit:

$$k = A \cdot e^{-\frac{E_A}{R \cdot T}}$$

Übergangszustand - Bei manchen exothermen Reaktionen wird ein energetisches Maximum, ein Übergangszustand, durchlaufen. Die Differenz zwischen der Energie des Übergangszustands und der Energie der Ausgangsstoffe ist die Aktivierungsenergie.

Katalyse - Ein Katalysator erniedrigt die Aktivierungsenergie und erhöht so die Reaktionsgeschwindigkeit. Der Katalysator verändert jedoch nicht die Lage des chemischen Gleichgewichts. Man unterscheidet zwischen homogener Katalyse und heterogener Katalyse'.

Serviceteil

P. Schmidt, *Allgemeine Chemie*, https://doi.org/10.1007/978-3-662-57846-9

Antworten

1. Br: Brom; Au: Gold; Se: Selen; Bi: Bismut; Er: Erbium (eines der Lanthanoiden); Li: Lithium; Mo: Molybdän; Ru: Ruthenium; Co: Cobalt; La: Lanthan; B: Bor; Eu: Europium; Te: Tellur; Si: Silicium; N: Stickstoff; Ne: Neon.
2. Salzsäure: HCl, Schwefelsäure: H_2SO_4, Salpetersäure: HNO_3, Essigsäure: CH_3COOH, Ammoniak: NH_3, Natronlauge: NaOH.
3. KBr: Kaliumbromid, $KBrO_4$: Kaliumbromat(VII) oder Kaliumperbromat, ZnS: Zinksulfid, $BaSO_4$: Bariumsulfat, $AlPO_4$: Aluminiumphosphat, V_2O_5: Vanadium(V)-oxid oder Divanadiumpentaoxid, Re_2O_7: Rhenium(VII)-oxid oder Dirheniumheptoxid.
4. Korund: Al_2O_3, Fluorit: CaF_2, Spinell: $MgAl_2O_4$, Perowskit: $CaTiO_3$, Zirkon: $ZrSiO_4$.
5. Mittlere Atommasse von Eisen (Fe): 55,9.
6. α-Zerfall von ${}^{210}_{84}Po$: ${}^{210}_{84}Po \rightarrow {}^{206}_{82}Pb + {}^{4}_{2}He$.
7. β-Zerfall von ${}^{14}_{6}C$: ${}^{14}_{6}C \rightarrow {}^{14}_{7}N + e^-$.
8. Zerfallsreihe ${}^{235}_{92}U$ = Uran-Actinium-Reihe: Ende bei ${}^{207}_{82}Pb$.
9. Zerfall von ${}^{235}_{92}U$: z. B. ${}^{131}I$, ${}^{129}I$, ${}^{133}Xe$, ${}^{137}Cs$, ${}^{139}Ba$, ${}^{144}Ba$, ${}^{85}Kr$, ${}^{89}Kr$, ${}^{90}Sr$.
10. Reinelemente zur Isotopentrennung: Der Trenneffekt darf nur auf dem Unterschied der Isotopenmassen beruhen. Zwei Elemente mit mehreren Isotopen vermischen sich in den Massenzahlen der Verbindung und sind dann nicht trennbar.
11. Plasma: vollständig verdampfte, atomare, geladene Teilchen (Ionen, Elektronen).
12. Quadrat der Wellenfunktion Ψ^2: Aufenthaltswahrscheinlichkeit der Elektronen.
13. ($n=3$, $l=0$) erlaubt: 3s; ($n=2$, $l=1$) erlaubt: 2p; ($n=1$, $l=2$) nicht erlaubt; ($n=3$, $l=2$, $m_l=-2$) erlaubt: 3d (z. B. $3d_{xy}$); ($n=2$, $l=1$, $m_l=+2$) nicht erlaubt.
14. Wellenfunktion mit negativem Vorzeichen: Die Aufenthaltswahrscheinlichkeit wird durch das Quadrat der Wellenfunktion Ψ^2 ausgedrückt, der Wert wird in jedem Fall positiv.
15. Energieprinzip, Pauli-Prinzip, Hund'sche Regel.
16. Cr ($3d^5 4s^1$): halb besetzte d-Schale.
17. „Rösselsprung": Sc auf $_{41}Nb$ ([Kr]$5s^2 4d^3$) weiter auf $_{75}Re$ ([Xe]$6s^2 4f^{14} 5d^7$) weiter auf $_{26}Fe$ ([Ar]$4s^2 3d^6$) und so weiter …
18. Pentele: N (Stickstoff), P (Phosphor), As (Arsen), Sb (Antimon), Bi (Bismut).
19. Be, Mg, Ca, Sr und Ba: Gruppe 2.
20. Halogene: $ns^2\ np^5$, ab Br: $ns^2\ (n-1)d^{10}\ np^5$.
21. $1s^2\ 2s^2\ 2p^6\ 3p^2\ 3p^6$ = [Ar]; P^{3-}, S^{2-}, Cl^-, K^+, Ca^{2+}, Sc^{3+}.
22. $r(P^{3-}) > r(S^{2-}) > r(Cl^-) > r(K^+) > r(Ca^{2+}) > r(Sc^{3+})$.
23. Die starke Kernanziehung der aufgefüllten 3d-Schale bewirkt eine Kontraktion.
24. Elektronen in kernnäheren s-Orbitalen schirmen die Wirkung des Kerns auf Elektronen in p-Orbitalen der gleichen Hauptquantenzahl stärker ab, das äußere Elektron des Aluminiums ($3p^1$) ist damit leichter ionisierbar.
25. Die Alkalimetalle erreichen mit der ersten Ionisierung eine äußerst stabile Edelgaskonfiguration, die weitere Ionisierung erfordert entsprechend eine extrem hohe Energie
26. Elektronegativität ist die Fähigkeit eines Atoms, in einer chemischen Bindung Elektronen an sich zu ziehen.
27. Fluor hat die höchste Elektronegativität, weil es von allen Elementen die Elektronen am stärksten anzieht.
28. KBr: ionisch, CaO: ionisch, SO_3: kovalente Bindung, P_2O_5: kovalente Bindung, $AuCu_3$: metallische Bindung.
29. Titan: Ti^{4+}, Niob: Nb^{5+}, Wolfram: W^{6+}.
30. Lithium vs. Kalium: Ein Kation wirkt umso stärker polarisierend, je kleiner es ist (hier Li^+).
31. Oxid-Anion (O^{2-}) vs. Selenid-Anion (Se^{2-}): Ein Anion wird umso leichter polarisiert, je größer es ist (hier Se^{2-}).
32. Silberhalogenide vs. Natriumhalogenide: Die Polarisierung ist stärker, wenn das Kation keine Edelgaskonfiguration hat (hier Ag^+).
33. $K^+ + I^- \rightarrow KI$, $Ba^{2+} + I^- \rightarrow BaI_2$, $Sc^{3+} + I^- \rightarrow ScI_3$, $Li^+ + O^{2-} \rightarrow Li_2O$, $Sr^{2+} + O^{2-} \rightarrow SrO$, $Y^{3+} + O^{2-} \rightarrow Y_2O_3$, $Na^+ + N^{3-} \rightarrow Na_3N$, $Mg^{2+} + N^{3-} \rightarrow Mg_3N_2$, $Ti^{3+} + N^{3-} \rightarrow TiN$.
34. Elementarzelle: kleinste translatorische Baueinheit des Kristalls mit der höchstmöglichen Symmetrie.
35. Dichteste Kugelpackungen: Koordinationszahl 12.
36. Kubisch-flächenzentrierte Elementarzelle: 4 Atome.
37. Lücken in Kugelpackungen: in der Regel die kleineren Teilchen – also die Kationen.
38. Polyeder: definierte geometrische Form („Vielflächner"), kennzeichnet die räumliche Umgebung eines Atoms durch die jeweils andere Atomsorte.
39. Koordinationszahl 4: Tetraeder, Koordinationszahl 6: Oktaeder, Koordinationszahl 8: Würfel.
40. Besetzung aller Oktaederlücken: AB (NaCl oder NiAs-Typ).
41. Tetraederlücken der hexagonal dichtesten Kugelpackung: Verknüpfung der Tetraederflächen führt zu starken Abstoßungskräften der Ionen in den Lücken.
42. CsCl-Typ: Die Radien sind ungefähr gleich groß.
43. Schichtverbindungen: An den äußeren Enden der Schichten liegen gleichartige Ionensorten vor. Damit es nicht zur Abstoßung der gleichartigen Ladungen kommt, müssen die Atome zusätzlich kovalent verknüpft werden.
44. Anti-Fluorit-Typ: Li_2O, die Oxid-Ionen bilden das Gitter, die Lithium-Kationen sitzen in den Tetraederlücken.

45. Madelung-Konstante: Summe der elektrostatischen Wechselwirkungen im Umfeld eines Ionenpaares, Ausdruck der relativen Stabilität des Ionenkristalls.
46. MgF_2: $\vartheta_m = 1263$ °C; ein zweiwertiges Kation und ein einwertiges Anion haben stärkere elektrostatischen Anziehung als die Natriumhalogenide, aber schwächere als die Erdalkalimetalloxide.
47. Kovalente Bindungen sind gerichtet. Die Ausrichtung entlang einer begrenzten Anzahl von Orbitalen führt zu einer Verringerung der Koordinationszahl.
48. Sowohl der Kupfer- als auch der Magnesium-Typ resultieren aus der dichtesten Packung von Atomen. Im Kupfertyp erfolgt eine Stapelung der Schichten in der Abfolge ABC, im Magnesiumtyp in der Folge AB.
49. Ein Metall lässt sich als sehr großes Molekül beschreiben, in dem die Orbitale von n Atomen miteinander kombiniert werden. Aufgrund der großen Anzahl der kombinierten Orbitale werden die energetischen Abstände zwischen den unterschiedlichen Energieniveaus so gering, dass sich ein Kontinuum bezüglich der Orbitalenergien bildet.
50. Bei Halbleitern ist die Bandlücke klein, sodass Elektronen durch Anregung vom Valenz- ins Leitungsband wechseln können. Wird die Energie der thermischen Anregung größer, steigt die Anzahl der Ladungsträger im Leitungsband an – die Leitfähigkeit steigt. In Metallen sinkt die Leitfähigkeit mit zunehmender Temperatur, da die Ladungsträger vermehrt miteinander kollidieren.
51. HBr: linear, H_2S: gewinkelt, AsH_3: trigonal pyramidal, SiH_4: tetraedrisch.
52. Die C=O-Doppelbindung kann alternierend an jedem Sauerstoff-Atom sitzen.
53. Im Sulfit-Anion kann ein Elektronenpaar am Schwefel-Atom verbleiben. Das Elektronenoktett ist erfüllt, wenn jedes Sauerstoff-Atom einfach an Schwefel gebunden ist; dadurch ergeben sich die Formalladungen: S(+1), 3 · O(−1). Eine weitere Grenzformel ist denkbar, wenn alle Elektronen Bindungselektronen sind und ein Sauerstoff-Atom in einer Doppelbindung gebunden ist; dadurch ergeben sich die Formalladungen: S(0), 2 · O(−1), 1 · O(0).
54. Bornitrid (BN) kommt wie Kohlenstoff in einer hexagonalen Schichtstruktur (Graphit) und einer Raumnetzstruktur (Diamant) vor.
55. $SiCl_4$: Tetraeder, SCl_4: Wippenform/verzerrter Tetraeder, PCl_3: trigonal pyramidal, ICl_3: T-förmig, AsF_5: trigonale Bipyramide, IF_5: quadratische Pyramide.
56. $SiCl_4$: C_3, SCl_4: C_2, PCl_3: C_3, ICl_3: C_2, AsF_5: C_3, IF_5: C_4.
57. Ammonium-Kation (NH_4^+) und Tetrafluoridobromat-Anion (BrF_4^-) jeweils: T_d.
58. N_2: Dreifachbindung, sp-Hybridorbital, eine σ-Bindung (sp-sp) und zwei π-Bindungen (p_y-p_y + p_z-p_z); P_4: Einfachbindung, sp^3-Hybridorbital, drei σ-Bindungen (sp^3-sp^3); O_2: Doppelbindung, keine Hybridisierung notwendig, eine σ-Bindung (p_x-p_x) und eine π-Bindung (p_z-p_z); S_8: Einfachbindung, sp^3-Hybridorbital, zwei σ-Bindungen (sp^3-sp^3); Cl_2: Einfachbindung, keine Hybridisierung notwendig, eine σ-Bindung (p_x-p_x).
59. NO_3^-: sp^2-Hybridorbital, drei σ-Bindungen (sp(N)-p_x(O)) und eine π-Bindung (p_z(N)-p_z(O)); NO_2^-: sp^2-Hybridorbital, zwei σ-Bindungen (sp(N)-p_x(O)) und eine π-Bindung (p_z(N)-p_z(O)); CS_2: sp-Hybridorbital, zwei σ-Bindungen (sp(C)-p_x(S)) und zwei π-Bindungen (p_y(C)-p_y(S)/p_z(C)-p_z(S)); C_2H_5OH: zwei Kohlenstoff-Atome mit sp^3-Hybridorbital, fünf σ-Bindungen (sp^3(C)-s(H)), eine σ-Bindung (sp^3(C)-p_x(O)); CH_3COOH: ein sp^3-Hybridorbital, ein sp^2-Hybridorbital, drei σ-Bindungen (sp^3(C)-s(H)), zwei σ-Bindungen (sp^2(C)-p_x(O)), eine π-Bindung (p_z(C)-p_z(O)).
60. C: s + p = sp; Al: s + 2p = sp^2; P: s + 3p = sp^3 (davon drei Bindungen, ein freies Elektronenpaar), Si: s + 3p = sp^3, V: s + 3p + d = dsp^3, Mo: s + 3p + 2d = d^2sp^3.
61. MO-Diagramme für O_2^{2+}, O_2, O_2^{2-}: O_2 – vergleiche ◘ Abb. 11.14, die Ionen haben zwei Elektronen mehr (O_2^{2-}) bzw. weniger (O_2^{2+}).
62. Bindungsordnung O_2^{2+}: drei; O_2: zwei; O_2^{2-}: eins.
63. O_2^{2+} isoelektronisch zu N_2, O_2^{2-} isoelektronisch zu F_2.
64. Die Bindungslänge nimmt mit steigender Bindungsordnung ab: $O_2^{2+} < O_2 < O_2^{2-}$.
65. Chlor ist bei Raumtemperatur ein Gas, weil geringe Dispersionskräfte vorliegen (geringe Polarisierbarkeit); Iod ist ein Feststoff, weil starke Dispersionskräfte vorliegen (gute Polarisierbarkeit).
66. Br_2 und ICl: in ICl werden zusätzlich zu den Dispersionskräften noch Dipol/Dipol-Wechselwirkungen wirksam, dadurch wird die Bindung verstärkt.
67. Die Dispersionskräfte sind in Methan (CH_4) am schwächsten (geringe Polarisierbarkeit), außerdem können wegen des symmetrischen Aufbaus des Moleküls keine Wasserstoffbrückenbindungen wirken.
68. KCl: ionisch, SiC: kovalent, Br_2: kovalent, CuSn: metallisch, CH_4: kovalent, $SiCl_4$: kovalent, SiO_2: kovalent (Netzwerk), CO_2: kovalent.
69. $SO_2 < SeO_2 < TeO_2$: Die Dispersionskräfte nehmen deutlich zu (gute Polarisierbarkeit).
70. Die innere Energie tritt bei konstantem Volumen auf, die Enthalpie bei konstantem Druck.
71. Standardenthalpie der Elemente: Die absolute Enthalpie ist nicht messbar, nur deren Änderung. Der Ausgangspunkt ist deshalb auf null gesetzt.
72. Berechnung der Gitterenergie mithilfe der Madelung-Konstante.
73. $\Delta H_r^0 = -90$ kJ · mol^{-1}, die Reaktion ist exotherm.
74. $CaCO_3(s) \rightarrow CaO(s) + CO_2(g)$: Zunahme der Entropie (Zunahme der Anzahl der gasförmigen Teilchen).$CaSO_4(s) + 2\,H_2O(g) \rightarrow CaSO_4 \cdot 2\,H_2O$ (s): Abnahme der Entropie (Abnahme der Anzahl der gasförmigen Teilchen). $H_2(g) + F_2(g) \rightarrow 2\,HF(g)$: keine Veränderung der Entropie (keine Änderung der Anzahl der Gasteilchen).
75. $\Delta H_r^0 = -1230$ kJ · mol^{-1}, $\Delta S_r^0 = -170$ J · K^{-1} · mol^{-1}, $\Delta G_r^0 = -1179$ kJ · mol^{-1}, die Reaktion ist exergon.
76. $CaCO_3(s) \rightarrow CaO(s) + CO_2(g)$: $\Delta S_r^0 > 0$ (Zunahme der Anzahl der gasförmigen Teilchen), wenn $K = 1$, dann ist $\Delta G_r^0 = 0$; die beiden Beträge ΔH_r^0 und $-T \cdot \Delta S_r^0$ kompensieren sich gerade; dann ist $\Delta H_r^0 > 0$ (endotherm).

77. $C(s) + CO_2(g) \rightleftharpoons 2\ CO(g)$: endotherme Reaktion → Temperatur erhöhen; Zunahme der Anzahl der gasförmigen Teilchen → Druckverminderung.
78. Wasserstoff ist ein nahezu ideales Gas, weil es ein sehr kleines Eigenvolumen und äußerst geringe Wechselwirkungen der Teilchen untereinander hat.
79. Luftverflüssigung nach dem LINDE-Verfahren (Anwendung des Joule-Thomson-Effekts).
80. Dichteanomalie des Wassers; Eis dehnt sich gegenüber der Flüssigkeit aus.
81. Nein. Der kritische Punkt ist nur in geschlossenen Systemen erreichbar.
82. Die Reaktionsgeschwindigkeit verändert sich nicht, wenn die Bezugsgröße (Edukt oder Produkt) verändert wird.
83. $v = k \cdot c\,(A)$: erster Ordnung $v = k \cdot c^2(A)$: zweiter Ordnung $v = k \cdot c(A) \cdot c(B)$: zweiter Ordnung.
84. $E_A = 118\ \text{kJ} \cdot \text{mol}^{-1}$.
85. Die Aussage ist falsch: Katalysatoren beeinflussen die Lage des chemischen Gleichgewichtes nicht.

Glossar

Die wichtigsten Begriffe im Überblick

α-Strahlung Emission von Partikeln bei Prozessen der Kernumwandlung = Abgabe von $^{4}_{2}He$-Teilchen.

Abschirmung Verringerung der Wirksamkeit der Kernladung auf die äußeren Elektronen.

Absorption 1) Energieaufnahme, insbesondere Aufnahme elektromagnetischer Strahlung. 2) Aufnahme von Gasen durch Flüssigkeiten oder Feststoffe mit einer gleichmäßigen Verteilung (Lösung) im Absorptionsmittel.

Absorptionsspektrum Grafische Darstellung der Energieaufnahme eines Stoffs als Funktion der Energie, Wellenlänge oder Frequenz der eingestrahlten elektromagnetischen Strahlung.

Actinoide Elemente mit der Ordnungszahl 90 (Th) bis 103 (Lr). Actinium (Ordnungszahl 89) gehört nach den IUPAC-Kriterien formal nicht zu den Actinoiden, wird aber in der wissenschaftlichen Praxis häufig dazugezählt.

Aktivierungsenergie Energiedifferenz zwischen der mittleren Energie der Ausgangsstoffe und der Energie der bei einem Stoß erfolgreich reagierenden Teilchen („Übergangszustand").

Alkalimetalle Elemente der Gruppe 1 des Periodensystems der Elemente (Li, Na, K, Rb, Cs, Fr).

Allgemeines Gasgesetz Zusammenhang zwischen Druck, Volumen, Temperatur und Stoffmenge eines idealen Gases: $p \cdot V = n \cdot R \cdot T$.

Allred und Rochow Skala nach, Elektronegativitätswerte, bestimmt anhand effektiver Kernladungen.

angeregter Zustand Zustand eines Atoms oder Moleküls, der eine höhere Energie aufweist als der energieärmste Grundzustand.

Anion Negativ geladenes Teilchen.

Atom kleinster, auf *chemischem* Weg nicht weiter teilbarer Bestandteil der Materie. Der Aufbau der Atome bestimmt die Individualität der chemischen Elemente. Nach dem Standardmodell der Elementarteilchenphysik sind die Atome aus Quarks, Leptonen und Bosonen als elementare Bausteine sowie Mesonen, Baryonen und Hadronen als zusammengesetzte Teilchen aufgebaut.

Atomare Masseneinheit u Entspricht genau 1/12 der Masse eines Atoms des Kohlenstoff-Isotops $^{12}_{6}C$: $1\,u = 1/12\ m(^{12}_{6}C) = 1{,}66 \cdot 10^{-24}$ g.

Atomorbital Mathematische Beschreibung des Energiezustands eines Elektrons in einem Atom, Ion oder Molekül durch eine Wellenfunktion. Veranschaulichung der räumlichen Verteilung der Elektronen.

Atomorbitalschema Darstellung der Besetzung der Atomorbitale in Diagrammform.

Bandlücke Energetischer Abstand zwischen Valenz- und Leitungsband eines Festkörpers, s. *Bändermodell.*

Bändermodell Quantenmechanische Beschreibung der Energie von Elektronen in Festkörpern. Diese besitzen keine ganz bestimmte Energie, sondern können eine beliebige Energie innerhalb der Bandbreite des Valenz- oder Leitungsbandes haben. Anschauliche Erklärung für die Eigenschaften von Metallen und Halbleitern.

β-Strahlung Emission von Elektronen bei Prozessen der Kernumwandlung. Das Elektron stammt nicht aus der Elektronenhülle eines Atoms, sondern entsteht im Atomkern bei der Umwandlung eines Neutrons in ein Proton. Die Kernladungszahl nimmt durch den β-Zerfall also um eine Einheit zu.

Bindungsdreieck Darstellung des systematischen Verlaufs von Bindungseigenschaften.

Bindungsenergie Energie, die bei 0 K erforderlich ist, um die Bindung zwischen zwei Atomen zu spalten. Häufig werden jedoch (die geringfügig abweichenden) Bindungsenthalpien (für 298 K) angegeben, die sich unmittelbar aus tabellierten Standard- Bildungsenthalpien berechnen lassen.

Bindungsenthalpie ΔH^{0}_{diss} Enthalpie, die nötig ist, um eine chemische Bindung zwischen zwei Atomen zu lösen; Einheit: $kJ \cdot mol^{-1}$.

Bohr'sches Atommodell Modellvorstellung zur Beschreibung diskreter Zustände von Elektronen in der Atomhülle bei der Bewegung auf festgelegten Bahnen um den Atomkern. Eine Anregung der Elektronen auf ein höheres Energieniveau erfolgt durch Energiezufuhr, beim Zurückfallen auf die ursprüngliche Bahn wird elektromagnetische Strahlung bestimmter Wellenlänge emittiert.

Born-Haber-Kreisprozess Zurückführung des (gesamten) Energieumsatzes bei einer Reaktion auf die Energieumsätze der einzelnen Teilschritte. Dabei vor allem Bestimmung der Gitterenergie über Teilschritte bei der Bildung von Ionenkristallen.

Dipol/Dipol-Wechselwirkungen Intermolekulare Wechselwirkungen durch permanente Dipole in heteroatomaren Molekülen.

Dispersionskräfte Anziehungskräfte zwischen Atomen bzw. Molekülen durch induzierte, temporäre Dipole.

Drehung Symmetrieoperation, Drehung (Rotation) um eine Achse.

effektive Kernladung Im Ergebnis der Abschirmung resultierende Kernladung.

Elektron Negativ geladenes Elementarteilchen.

Elektronegativität χ Maß für die Fähigkeit eines kovalent gebundenen Atoms, innerhalb einer chemischen Bindung Elektronen anzuziehen. Aus der Differenz der Elektronegativitäten der Bindungspartner lässt sich die Polarität einer chemischen Bindung ableiten, der ionische Bindungscharakter nimmt mit steigender Differenz $\Delta\chi$ zu.

Elektronenaffinität ΔH_{EA} Betrag der Enthalpie, der bei der Aufnahme eines Elektrons bei der Bildung negativ geladener Ionen ausgetauscht wird, die Elektronenaffinität kann positiv oder negativ sein.

Elektronenkonfiguration Symbolische Darstellung der Verteilung der Elektronen bei der Besetzung der verschiedenen Energieniveaus bzw. der Orbitale eines Atoms.

Element Elemente bestehen einheitlich aus nur einer Atomsorte.

Elementarzelle Kleinster Baustein eines kristallinen Feststoffs, der durch periodisches Aneinanderreihen einen makroskopischen Kristall ergeben würde. Die E. enthält die vollständige Information über den inneren Aufbau des Kristalls (alle Symmetrieelemente). Die Kantenlängen der E. nennt man die Gitterkonstanten.

Elementarreaktion Reaktion, die ohne Zwischenschritte abläuft. Die langsamste E. bestimmt jeweils die Geschwindigkeit der Gesamtreaktion.

Energieprinzip Besetzung der Orbitale eines Atoms in seinem Grundzustand mit Elektronen in der Reihenfolge ihrer Energien. Das energieärmste Orbital ist das 1s-Orbital, es wird zuerst besetzt.

Erdalkalimetalle Elemente der Gruppe 2 des Periodensystems der Elemente (Be, Mg, Ca, Sr, Ba, Ra).

Formalladung Ladungszahl, die sich für ein kovalent gebundenes Atom (oder Ion) in einem Molekül ergibt: Differenz der Anzahl der Valenzelektronen des isolierten Atoms und der Anzahl der in der Valenzstrichformel zugeordneten Elektronen.

Freie Enthalpie ΔG^0 Maß für die bei einer chemischen Reaktion tatsächlich nutzbare bzw. benötigte Energie; Einheit: $kJ \cdot mol^{-1}$.

γ-Strahlung Emission von teilchenfreier, elektromagnetischer Strahlung bei Prozessen der Kernumwandlung.

Geschlossenes System Austausch von Energie mit der Umgebung; die Menge der enthaltenen Stoffe bleibt konstant.

Geschwindigkeitsgesetz Mathematische Beschreibung des Zusammenhangs zwischen der Reaktionsgeschwindigkeit und den Konzentrationen der Reaktionspartner (Proportionalitätsfaktor ist dabei die Geschwindigkeitskonstante k).

Gibbs-Helmholtz-Gleichung Zusammenhang zwischen *freier Enthalpie*, *Enthalpie*, *Entropie* und Temperatur einer Reaktion: $\Delta G = \Delta H - T \cdot \Delta S$.

Gitterenergie ΔU^0_G Energieänderung bei der Bildung eines kristallinen Feststoffes aus den gasförmigen Ionen bei 0 K.

Gitterenthalpie ΔH^0_G Maß für die elektrostatischen Bindungskräfte der Ionen, wenn aus den gasförmigen Bausteinen eines Kristallgitters (Atome, Moleküle oder Ionen) der kristalline feste Stoff gebildet wird. Einheit: $kJ \cdot mol^{-1}$.

Gruppe des Periodensystems Elemente im Periodensystem, deren Elektronenkonfiguration der Valenzschale die gleiche Anzahl an Elektronen aufweist; Bezeichnung der Gruppen von 1 (Alkalimetalle) bis 18 (Edelgase).

Halbleiter Stoff mit einer kleinen *Bandlücke*. Ein H. leitet den elektrischen Strom schlecht, die Leitfähigkeit nimmt aber mit steigender Temperatur zu.

Halbwertszeit Zeitraum bis zum Zerfall der Hälfte der ursprünglich vorhandenen Teilchen. Der Begriff H. wird überwiegend auf den radioaktiven Zerfall angewendet.

Heisenberg'sche Unschärferelation Kleine, schnell bewegte (atomare oder subatomare) Teilchen sind nicht gleichzeitig exakt im Ort und Impuls bestimmbar.

Hexagonal dichteste Kugelpackung Anordnung von Schichten gleichgroßer Kugeln in einer Stapelfolge ABAB …

Hauptgruppenelemente Elemente der Gruppen 1, 2 und 13–18 des Periodensystems der Elemente.

Hund'sche Regel Besetzung energetisch gleichwertiger Orbitale eines Atoms mit der maximalen Anzahl *ungepaarter* Elektronen.

Hybridisierung Mischung der elektronischen Zustände verschiedener Atomorbitale (ähnlicher Energie) unter Ausbildung von gleichartigen Hybridorbitalen mit gleicher Symmetrie und gleicher Energie. Aus s- und p-Orbitalen können beispielsweise sp3-Hybridorbitale gebildet werden.

Hybridorbital Beschreibung des Energiezustands und der Aufenthaltswahrscheinlichkeit eines Elektrons in einem Molekül durch Mischung verschiedener Atomorbitale.

Hypervalenz (Hyperkoordination) Beschreibung für das Auftreten von Molekülen mit formaler Überschreitung des Elektronen-Oktetts, heute nicht mehr gebräuchlich.

Inert-Pair-Effekt Abschirmung der s-Elektronen der Valenzschale bei schwereren Atomen der Hauptgruppenelemente (Gruppe 13 und höher) durch die Elektronen der d-Schale. An der Verbindungsbildung sind häufig nur die p-Elektronen beteiligt, die höchstmögliche Oxidationsstufe ist wenig stabil (z. B. Pb_{II} stabiler als Pb_{IV}).

Innere Energie *U* Gesamtheit der Energie eines Systems.

Inversion Symmetrieoperation, Spiegelung an einem Punkt (Inversionszentrum, Symmetriezentrum).

Ion Geladenes Teilchen, es kann aus lediglich einem Atom oder auch aus Molekülen bestehen.

Ionenbindung Ungerichtete, elektrostatische Anziehung unterschiedlich geladener Ionen.

Ionenbindungscharakter Polarität der chemischen Bindung in Ionenkristallen.

Ionengitter Periodische Anordnung der Ionen im Raum.

Ionenradien Mittlerer Radius eines Ions in kristallinen Feststoffen.

Ionisierungsenthalpie ΔH_{Ion} Betrag der Enthalpie, der für die Abgabe eines Elektrons bei der Bildung positiv geladener Ionen benötigt wird, die Ionisierungsenthalpie ist immer positiv.

Isolator Stoff mit einer großen *Bandlücke*.

Isoliertes System Kein Austausch von Materie und Energie mit der Umgebung.

Isotope Atome eines Elements mit gleicher Protonen-, jedoch unterschiedlicher Neutronenanzahl.

IUPAC International Union for Pure and Applied Chemistry. Internationales Gremium zur Vereinheitlichung der chemischen Nomenklatur, zur Klärung von Fachbegriffen und zur Festlegung von Symbolen und Formelzeichen.

Joule-Thomson-Effekt Effekt der Abkühlung von realen Gasen bei Ausdehnung (Druckentspannung).

Katalysator Stoff, der die Geschwindigkeit einer chemischen Reaktion erhöht, der Katalysator wird bei der Reaktion nicht verbraucht.

Kation Positiv geladenes Teilchen.

Kernbindungsenergie Energie des Zusammenhalts der Bausteine der Atomkerne (Protonen und Neutronen; s. *Massendefekt*).

Kernfusion Vereinigung leichter Atomkerne unter Bildung schwererer Kern mit höherer Kernbindungsenergie (s. *Massendefekt*).

Kernspaltung Zerfall schwerer Atomkerne unter Bildung leichterer Kern mit höherer Kernbindungsenergie.

Knotenfläche Fläche mit einem Zahlenwert der Wellenfunktion $\Psi = 0$; dadurch ist auch Elektronendichte gleich null.

Koordinationszahl Anzahl der der zu einem Atom oder Ion unmittelbar benachbarten Atome oder Ionen.

Kovalente Bindung Gerichtete Bindung von Atomen durch Bildung gemeinsamer Elektronenpaare (oder von *Mehrzentrenbindungen*) zu Molekülen, mehratomigen Ionen oder Netzwerken. Für Atome der zweiten Periode gilt dabei die Oktettregel.

Kovalentes Netzwerk Räumlich unendliche Verknüpfung von Atomen durch kovalente Bindungen.

Kovalenzradius Abstand der Kerne eines Atoms in einer kovalenten Bindung. Die Summe der Kovalenzradien zweier kovalent aneinander gebundener Atome ist gleich dem Bindungsabstand.

Kritischer Punkt Punkt im Phasendiagramm reiner Stoffe: Der Zustand des flüssigen und gasförmigen Stoffs wird ununterscheidbar; Ende der Verdampfungskurve.

Kubisch dichteste Kugelpackung Anordnung von Schichten gleichgroßer Kugeln einer *Kugelpackung* in einer Stapelfolge ABC …

Kugelpackung Anordnung gleich großer, starrer Kugeln in einem Volumenelement.

Lanthanoide Elemente mit der Ordnungszahl 58 (Ce) bis 71 (Lu).

Leitungsband s. *Bändermodell*.

Lewis-Formel Darstellung der Anordnung der Atome und der Elektronenpaare in einem Molekül durch sogenannte Valenzstriche; in der Regel entspricht jeder Valenzstrich einem Elektronenpaar (*Valenzstrichformel*).

Madelung-Konstante Faktor, der für die Berechnung der Gitterenergie von Ionenkristallen mit Hilfe des Coulomb'schen Gesetzes notwendig ist, um die elektrostatische Wechselwirkung aller Ionen zu berücksichtigen.

Massendefekt Verringerung der Masse eines Atomkerns gegenüber der Summe der Masse der Nukleonen; Äquivalent der Kernbindungsenergie: $E = m \cdot c^2$.

Mehrzentrenbindung Besondere Art der kovalenten Bindung, bei der ein Elektronenpaar nicht zwischen zwei Atomen lokalisiert ist, sondern zwischen drei oder mehr Atomen verteilt ist.

Mesomerie Möglichkeiten der Verteilung der Valenzelektronen in einem Molekül oder mehratomigen Ion (mehrere Möglichkeiten der Schreibweise der *Lewis-Formel*). Man zeichnet verschiedene Grenzstrukturen und setzt einen Mesomerie-Pfeil $\leftrightarrow$ dazwischen. Anstelle des Begriffs M. kann auch der Begriff der Resonanz verwendet werden.

Metall Stoff ohne *Bandlücke* zwischen Valenz- und Leitungsband (s. *Bändermodell*).

Metallische Bindung Ungerichtete, elektrostatische Anziehung von Metall-Atomrümpfen und Elektronen.

Molekül Struktureinheit aus einer begrenzten Anzahl von Atomen, die durch kovalente Bindungen verknüpft sind.

Molekülorbital Elektronische Zustände im Molekül durch Kombination der Wellenfunktionen des Zentralatoms und des koordinierenden Atoms.

Molekülorbitaltheorie (MO-Theorie) Beschreibung kovalenter Bindungen mithilfe von *Molekülorbitalen* zwischen dem Zentralatom und dem koordinierenden Atom.

Münzmetalle Elemente der Gruppe 11 des Periodensystems der Elemente (Cu, Ag, Au).

Mulliken-Skala Elektronegativitätswerte, bestimmt aus Elektronenaffinitäten und Ionisierungsenthalpien.

Nebengruppenelemente Elemente der Gruppen 3–12 des Periodensystems der Elemente.

Neutron Ungeladenes Elementarteilchen, zählt zu den Baryonen (Kernteilchen).

Nukleon Elementarteilchen im Atomkern: Protonen und Neutronen.

Offenes System Austausch von Materie und Energie mit der Umgebung.

Oktaeder Polyeder mit acht gleichseitigen Dreiecken als Begrenzungsfläche.

Oktaederlücke Lücke in einer dichtesten Kugelpackung mit sechs Nachbaratomen.

Oktett-Regel Nennt die Anzahl an Elektronen, die zum Erreichen einer stabilen Edelgaskonfiguration in einer kovalenten Bindung aufgenommen werden müssen – $(8-N)$-Regel.

Ordnungszahl Kernladungszahl eines Elements = Anzahl der Protonen im Kern des Atoms.

Oxidationszahl Formale Ladung eines Atoms in einer Verbindung, wenn die Bindungselektronen jeweils dem Bindungspartner mit der höheren Elektronegativität zugeordnet werden.

Paramagnetismus Auftreten eines magnetischen Moments bei Stoffen bzw. Teilchen mit ungepaarten Elektronen. Paramagnetische Stoffe werden in ein inhomogenes magnetisches Feld hineingezogen.

Pauli-Prinzip In einem Atom können nicht zwei Elektronen auftreten, die den gleichen Zustand besitzen; sie dürfen also nicht in allen Quantenzahlen übereinstimmen. Dadurch erfolgt die Besetzung der Orbitale eines Atoms mit maximal zwei Elektronen (die sich in ihrem *Spin* unterscheiden). Das Pauli-Prinzip gilt auch für Ionen und für Moleküle.

Pauling'sche Skala Elektronegativitätswerte, bestimmt anhand von Bindungsenthalpien.

Pentele Elemente der Gruppe 15 des Periodensystems der Elemente (N, P, As, Sb, Bi, Mc).

Periode Reihe von Elementen, deren Elektronenkonfiguration der Valenzschale mit der gleichen Hauptquantenzahl beginnt.

Periodensystem der Elemente Ordnungsprinzip der chemischen Elemente in der Reihenfolge ihrer Ordnungszahlen, Untergliederung in sieben Perioden und 18 Gruppen.

π-Bindung Kovalente Bindung, bei der sich die bindenden Elektronen in zwei voneinander getrennten räumlichen Bereichen aufhalten; zwischen diesen befindet sich eine Knotenfläche, in der die Elektronendichte null beträgt.

Platinmetalle Die Elemente Ruthenium, Rhodium, Palladium sowie Osmium, Iridium und Platin.

Polarisierung Abweichung der Elektronendichteverteilung von der Kugelform des idealen Anions.

Polyeder Bezeichnung zur räumlichen Anordnung von Atomen, Angabe zur Anzahl der Flächen der geometrischen Gestalt („Vielflächner").

Proton Positiv geladenes Elementarteilchen, zählt zu den Baryonen (Kernteilchen).

Punktgruppe Mathematischer Begriff der Gruppentheorie: Summe der Symmetrieelemente eines Moleküls.

Quantenzahlen Zahlenwerte zur Beschreibung der Zustände von Elektronen, mithilfe der Quantenzahlen können die Größe, Form und Orientierung von Orbitalen bestimmt werden.

Radioaktivität Prozesse der Kernumwandlung unter Aussenden von Strahlung.

Reaktionsgeschwindigkeit Zeitliche Änderung der Konzentration von an der Reaktion beteiligten Stoffe.

Reaktionsordnung Maß der Abhängigkeit der Reaktionsgeschwindigkeit von den Konzentrationen der miteinander reagierenden Stoffe; entspricht der Summe der Exponenten $(m+n)$ des Geschwindigkeitsgesetzes.

Reinelement Element, das nur ein stabiles *Isotop* aufweist.

Resonanz siehe *Mesomerie.*

Satz von Hess Die energetische Bilanz einer chemischen Reaktion ist nur vom Anfangs- und Endzustand bestimmt – sie unabhängig vom Verlauf der Reaktion.

σ-Bindung Kovalente Bindung, bei der die Elektronendichte der bindenden Elektronen rotationssymmetrisch zur Kernverbindungsachse zwischen den Atomen ist.

Schrödinger-Gleichung Mathematische Beziehung zur Beschreibung der Wellenfunktion Ψ.

Seltene Erden Oxide der Seltenerdelemente.

Seltenerdelemente Die Elemente Scandium (Sc), Yttrium (Y), Lanthan (La) und die Lanthanoide werden häufig zusammenfassend als Seltenerdelemente bezeichnet.

Seltenerdmetalle siehe Seltenerdelemente.

Skala nach Allred und Rochow Elektronegativitätswerte, bestimmt anhand effektiver Kernladungen.

Spiegelung Symmetrieoperation, Spiegelung (Reflexion) an einer Ebene.

Spin Magnetfeld eines Elektrons durch Drehung um seine eigene Achse. Die zwei möglichen Zustände werden durch die magnetischen Spinquantenzahlen $m_s = +1/2$ und $m_s = -1/2$ dargestellt.

Spinpaarungsenergie Energie zur Kombination zweier Elektronen (mit entgegengesetztem Spin) in einem Orbital. Die S. ist ungünstiger als die Energie beider Elektronen in zwei verschiedenen Orbitale (gleicher Energie) mit parallelem Spin.

Standardbildungsenthalpie ΔH_f^0 der Elemente Molare Enthalpie $\Delta H_f^0 = 0$ bei Standarddruck (1 bar) und 298 K für die jeweils stabile Modifikation eines Elements; Einheit: $kJ \cdot mol^{-1}$.

Standardbildungsenthalpie ΔH_f^0 von Verbindungen Molare Reaktionsenthalpie $\Delta H_r^0 = \Delta H_f^0$ bei der Bildung eines Stoffes aus den Elementen; Angabe bei Standarddruck (1 bar) und 298 K; Einheit: $kJ \cdot mol^{-1}$.

Standardentropie S^0 Wert der Entropie eines Stoffes unter Standardbedingung (1 bar); Einheit: $J \cdot K^{-1} \cdot mol^{-1}$.

Standardreaktionsenthalpie ΔH_r^0 Mithilfe der molaren Standardbildungsenthalpien der an einer Reaktion beteiligten Stoffe berechnete Enthalpieänderung bei einer chemischen Reaktion; Einheit: $kJ \cdot mol^{-1}$.

Standardreaktionsentropie ΔS_r^0 Mithilfe der molaren Standardentropien der an einer Reaktion beteiligten Stoffe berechnete Entropieänderung bei einer chemischen Reaktion.

Standardzustand Festlegung von einheitlichen (vergleichbaren) Umgebungs- oder Prozessbedingungen für das thermodynamische Verhalten eines Stoffes: 1 bar (100 kPa).

Strukturtyp Namensgebender Vertreter mit typischen Strukturmerkmalen, häufig ein Mineral.

Sublimation Übergang eines Stoffs vom festen in den gasförmigen Zustand, ohne vorher zu schmelzen.

Symmetrieelement Eigenschaften der Moleküle zur Durchführung von Symmetrieoperationen.

Symmetrieoperation Vorschrift zur Vervielfältigung von Punkten (Atomen).

Tetraeder Polyeder mit vier gleichseitigen Dreiecken als Begrenzungsfläche.

Tetraederlücke Lücke in einer dichtesten Kugelpackung mit vier Nachbaratomen.

Tetrele Elemente der Gruppe 14 des Periodensystems der Elemente (C, Si, Ge, Sn, Pb, Fl).

Triele Elemente der Gruppe 13 des Periodensystems der Elemente (B, Al, Ga, In Tl, Nh).

Tripelpunkt Punkt im Phasendiagramm reiner Stoffe: Fester, flüssiger und gasförmiger Stoff liegen nebeneinander im Gleichgewicht vor.

Valenzband s. *Bändermodell.*

Valenzbindungstheorie (VB-Theorie) Beschreibung kovalenter Bindungen mithilfe gemischter Atomorbitale (Hybridorbitale) des Zentralatoms.

Valenzstrichformel siehe *Lewis-Formel.*

van-der-Waals-Wechselwirkung Schwache Anziehung, die zwischen allen Teilchen wirkt, insbesondere zwischen solchen mit hoher Polarisierbarkeit und/oder mit polaren Bindungen.

Van't-Hoff-Gleichung Zusammenhang zwischen der Freien Enthalpie einer Reaktion und ihrer Gleichgewichtskonstante.

Verbindung Verbindungen bestehen aus mindestens zwei Atomsorten.

VSEPR-Modell Valenzelektronenpaar-Abstoßungsmodell zur Beschreibung des Aufbaus von Molekülen oder mehratomigen Ionen. Grundlage ist die Vorstellung, dass die einem Atom zugeordneten (bindenden und nichtbindenden) Elektronenpaare einen möglichst großen Abstand voneinander einnehmen.

Wasserstoffbrückenbindung Relativ starke intra- oder intermolekulare Wechselwirkung zwischen einem kovalent gebundenen Wasserstoff-Atom mit positiver Partialladung und einem freien Elektronenpaar eines anderen Atoms.

Wellenfunktion ψ Mathematische Beschreibung eines Elektrons bestimmter Energie als Welle. Das Quadrat des Funktionswerts für eine bestimmte Stelle ($\psi^2(x,y,z)$) ist proportional zur Elektronendichte.

Wellenmechanisches Atommodell Modell zur differenzierten Beschreibung der Zustände von Elektronen in der Atomhülle.

Würfellücke Lücke in einer Kugelpackung mit acht Nachbaratomen.

Zeitgesetz s. *Geschwindigkeitsgesetz.*

Zerfallsgesetz Mathematische Beziehung, die den Zerfall eines Stoffs als Funktion der Zeit beschreibt. Das Z. wird insbesondere auf den radioaktiven Zerfall angewendet: $N(t) = N_0 \cdot e^{-k \cdot t}$; k wird als Zerfallskonstante bezeichnet.

Zerfallsreihe Reihe von Isotopen verschiedener Elemente, die durch radioaktiven Zerfall eines instabilen Isotops gebildet werden. Am Ende jeder Zerfallsreihe steht immer ein stabiles Isotop eines Elements.

Weiterführende Literatur

M. Binnewies, M. Finze, M. Jäckel, P. Schmidt, H. Willner, G. Rayner-Canham, Allgemeine und Anorganische Chemie, ISBN 978-3-662-45066-6, Springer-Spektrum, Heidelberg, 2016.

Stichwortverzeichnis

W

Z

Printed in the United States
By Bookmasters